道 路 土 工

切土工・斜面安定工指針

（平成21年度版）

平成 21 年 6 月

公益社団法人　日本道路協会

道路土工
切土工・斜面安定工指針

（平成21年度版）

平成 21 年 6 月

公益社団法人　日本道路協会

序

　我が国の道路整備は,昭和29年度に始まる第1次道路整備五箇年計画から本格化し,以来道路特定財源制度と有料道路制度を活用して数次に渡る五箇年計画に基づき,経済の発展・道路交通の急激な伸長に対応して積極的に道路網の整備が進められ整備水準はかなり向上してまいりました。しかし,平成21年度から道路特定財源が一般財源化されることになりましたが,都市部,地方部を問わず道路網の整備には今なお強い要請があり今後ともこれらの要請に着実に応えていくことが必要です。

　経済・社会のIT化やグローバル化,生活環境・地球環境やユニバーサルデザインへの関心の高まり等を背景に,道路の機能や道路空間に対する国民のニーズは多様化し,道路の質の向上についても的確な対応が求められています。

　また,我が国は地形が急峻なうえ,地質・土質が複雑で地震の発生頻度も高く,さらには台風,梅雨,冬期における積雪等の気象上きわめて厳しい条件下におかれています。このため,道路構造物の中でも特に自然の環境に大きな影響を受ける道路土工に属する盛土,切土,あるいは付帯構造物である排水施設,擁壁,カルバート等の分野での合理的な調査,設計,施工及び適切な維持管理の方法の確立とこれら土工構造物の品質の向上は引き続き重要な課題です。

　日本道路協会では,昭和31年に我が国における近代的道路土工技術の最初の啓発書として「道路土工指針」を公刊して以来,技術の進歩や工事の大型化等を踏まえて数回の改訂や分冊化を行ってまいりました。直近の改訂を行った平成11年時点で「道路土工－のり面工・斜面安定工指針」,「道路土工－排水工指針」,「道路土工－土質調査指針」,「道路土工－施工指針」,「道路土工－軟弱地盤対策工指針」,「道路土工－擁壁工指針」,「道路土工－カルバート工指針」,「道路土工－仮設構造物工指針」の8分冊及びこれらを総括した「道路土工要綱」の合計9分冊を刊行しています。また,この間の昭和58年度には「落石対策便覧」を,昭和

61年度には「共同溝設計指針」を刊行しました。

しかし，これらの中には長い間改訂されていない指針もあるという状況を踏まえ，道路土工をとりまく情勢の変化と技術の進展に対応したものとすべく，このたび道路土工要綱を含む道路土工指針について全面的に改訂する運びとなりました。

今回の改訂では技術動向を踏まえた改訂と併せて，道路土工指針全体として大きく以下の3点が変わっております。

① 指針の利用者の便を考慮して，分冊化した指針の再体系化を図ることとし，これまでの「道路土工要綱」と8指針から，「道路土工要綱」及び「盛土工指針」，「切土工・斜面安定工指針」，「擁壁工指針」，「カルバート工指針」，「軟弱地盤対策工指針」，「仮設構造物工指針」の6指針に再編した。

② 性能規定型設計の考え方を道路土工指針としてはじめて取り入れた。

③ 各章節の記述内容の要点を枠書きにして，読みやすくするよう努めた。

なお，道路土工要綱をはじめとする道路土工指針は，現在における道路土工の標準を示してはいますが，同時に将来の技術の進歩及び社会的な状況変化に対しても柔軟に適合する土工が今後とも望まれます。これらへの対応と土工技術の発展は道路土工要綱及び道路土工指針を手にする道路技術者自身の努力と創意工夫にかかっていることを忘れてはなりません。

本改訂の趣旨が正しく理解され，今後とも質の高い道路土工構造物の整備及び維持管理がなされることを期待してやみません。

平成21年6月

日本道路協会会長　藤　川　寛　之

まえがき

　我が国は山岳国であり，急峻な地形のところに道路を建設せざるを得ないことが多いため，切土も多くなります。また，我が国は降雨・降雪が多く，また世界有数の地震国であるといったことから，これらに起因して道路のり面とそれに続く自然斜面の崩壊や落石，地すべり，土石流等が発生することが多くあります。さらに，切土をする際には，自然環境・景観への配慮も求められています。このような災害を防止し，道路のり面・自然斜面の安定を図るための指針として「道路土工－のり面工・斜面安定工指針」が発刊されました。この指針の発刊後ののり面工・斜面安定工の技術の進歩は目覚ましいものがあり，昭和61年，平成11年に改訂を行いました。

　一方，道路土工指針全体の課題として，近年の土工技術の目覚ましい技術開発を踏まえた，新技術の導入しやすい環境整備や，学会や関連機関等における基準やマニュアル類の整備等，技術水準の向上に伴う対応が必要となってきました。

　このため，道路土工指針検討小委員会の下に6の改訂分科会を組織し，道路土工の体系を踏まえたより利用しやすい指針とすべく道路土工要綱を含む土工指針の全面的な改訂を行い，新たな枠組みとして切土のり面及び自然斜面の安定を図ることを目的とした「道路土工－切土工・斜面安定工指針」の作成に至りました。

　道路土工指針全体に共通する，今回の主な改訂点は以下のとおりです。
① 　指針の利用者の便を考慮して，分冊化した指針の再体系化を図ることとし，これまでの「道路土工要綱」と8指針から「道路土工要綱」と6指針に再編しました。
② 　各分野での技術基準に性能規定型設計の導入が進められているなか，道路土工の分野においても今後の技術開発の促進と新技術の活用に配慮した指針を

目指し，性能規定型設計の考え方を道路土工指針としてはじめて取り入れました。
③　これまでも，道路土工に際して計画，調査，設計，施工，検査，維持管理の各段階において，技術者が基本的に抱くべき技術理念を明確にすることを目的として記述をしていたが，より要点がわかりやすいように考え方や配慮事項等を枠書きとし，各章節の記述内容を読みやすくするよう努めました。

また，「道路土工－切土工・斜面安定工指針」に関する今回の主な改訂点は以下のとおりです。

①　これまでの指針では，調査，設計，施工，維持管理の各段階にのり面工・斜面安定工の記述が混在しており，わかりづらい面があったことから，指針の記述構成を再編し，「共通編」，「のり面工編」，「斜面安定工編」の3編構成としました。
②　技術開発動向を踏まえた新技術に関する記述を加えました。
③　環境・景観対策においては，環境影響評価法や景観法といった新たな法令を踏まえた記述を加えました。
④　のり面排水においては，寒冷地では凍上現象により春先ののり面・斜面が泥濘化し，切土のり面・斜面が崩壊するといった問題が顕在化しており，凍上対策の記述を充実しました。
⑤　岩盤崩壊対策については，これまでは現象，技術方策等不明な点が多いとして本指針での記載対象としていなかったが，道路管理上は落石等と同様に検討しなければならないことから，基本的な事項を新たに記述しました。
⑥　地盤の不均質性や風化等の経年変化に対応するためには，維持管理の役割が重要であり，維持管理に関する記述を充実しました。

なお，本指針は，切土工・斜面安定工における計画，調査，設計，施工，維持管理の考え方や留意事項を記述するものであり，切り盛り境の考え方，擁壁工の考え方，排水等の共通的な調査等，道路土工要綱を含めた他の指針と関連した事

項が多々あるのでこれらと併せて活用をしていただくよう希望します。

　最後に，本指針の作成にあたられた委員各位の長期に渡る御協力に対し，心から敬意を表するとともに，厚く感謝いたします。

平成21年6月

　　　　　　　　　　　　　道路土工委員会委員長　　嶋　津　晃　臣

道路土工委員会

| 委員長 | 嶋津 晃臣 |

委員

岩立 忠夫	梅山 和治
太田 秀樹	岡崎 義博
岡原 美知夫	岡本 博之
小口 浩	梶原 康
金井 道夫	河野 広隆
木村 昌司	桑原 啓三
古賀 泰之	古関 潤一
後藤 敏行	佐々木 康
塩井 幸武	下保 修
関 克己	鈴木 克宗
田村 敬一	常田 賢一
徳山 日出男	苗村 正三
長尾 哲	中野 正則
中西 憲雄	中村 俊行
弥屋 誠	馬場 正敏
早崎 勉	尾藤 勇
平野 勇	廣瀬 伸
深澤 淳志	福田 正晴
松尾 修	三木 博史
三嶋 信雄	水山 高久
見波 潔	村松 敏光
吉崎 収	吉田 等
吉村 雅宏	脇坂 安彦
渡辺 和重	

幹事　荒井　猛義　　　　　稲垣　孝己
　　　岩崎　信義　　　　　大窪　克己
　　　大下　武志　　　　　大城　　温
　　　川崎　茂信　　　　　川井田　実
　　　倉重　　毅　　　　　後藤　貞二
　　　小橋　秀俊　　　　　小輪瀬　良司
　　　今野　和則　　　　　佐々木　喜八
　　　塩井　直彦　　　　　杉田　秀樹
　　　前佛　和秀　　　　　田中　晴之
　　　玉越　隆史　　　　　長尾　和茂
　　　中谷　昌一郎　　　　中前　修之
　　　福井　次夫　　　　　持丸　聖一
　　　森田　康徳　　　　　横田　　　哉
　　　若尾　　将　　　　　渡邊　良一

道路土工指針検討小委員会

小委員長	古賀　泰之	
委　　員	荒井　　猛	五十嵐　己寿
	稲垣　　孝	岩崎　信義
	岩崎　泰彦	大窪　克己
	大下　武志	大城　　温
	川井田　実	川崎　茂信
	河野　広隆	北川　　尚
	桑原　啓三	倉重　　毅
	後藤　貞二	小橋　秀俊
	今野　和則	小輪瀬　良司
	佐々木　喜八	佐々木　康
	佐々木　靖人	塩井　直彦
	島　　博保	杉田　秀樹
	前佛　和秀	田中　晴之
	玉越　隆史	田村　敬一
	苗村　正三	長尾　和之
	中谷　昌一	中前　茂之
	平野　　勇	福井　次郎
	福田　正晴	藤沢　和範
	森田　康夫	松尾　　修
	三木　博史	三嶋　信雄
	見波　　潔	持丸　修一
	森川　義人	横田　聖哉
	吉田　　等	吉村　雅宏
	若尾　将徳	脇坂　安彦

	渡邊 良一	
幹 事	阿南 修司	石井 靖雄
	石田 雅博	市川 明広
	岩崎 辰志	小野寺 誠一
	甲斐 一洋	加藤 俊二
	倉橋 稔幸	神山 泰
	澤松 俊寿	竹口 昌弘
	土肥 学	浜崎 智洋
	樋口 尚弘	藤岡 一頼
	星野 誠	堀内 浩三郎
	松山 裕幸	宮武 裕昭
	矢野 公久	藪 雅行

切土工・斜面安定工指針改訂分科会

分科会長	三木 博史	
委　員	相川 淑紀	荒井 猛
	石坂 健彦	稲垣 孝
	上野 将司	大熊 英二
	大窪 克己	大下 武志
	大城 温	長田 真一
	小山内 信智	工藤 隆
	倉重 毅	小橋 秀俊
	小輪瀬 良司	近藤 淳
	今野 和則	佐々木 喜八
	佐々木 靖人	佐藤 尚弘
	塩井 直彦	杉崎 光義
	田中 晴之	鳥井原 誠
	内藤 幸美	長尾 和之
	中川 義治	中前 茂之
	西本 聡	花岡 正明
	藤沢 和範	星野 和彦
	松江 正彦	松尾 修
	水谷 和彦	持丸 修一
	森 三代次	森崎 耕一
	安江 朝光	柳 武市
	山本 彰	横田 聖哉
	吉村 雅宏	和田 弘
	若尾 将徳	渡邊 良一
幹　事	青山 秀樹	秋山 一弥

司雄　修　　阿　南　　一行　健　　浅
志郎　靖辰太　石　井　　樹太也　淨大　天泉
安雄　公　　岩内　崎内　　秋幸　恒拓　牛内
幸一　俊一　大　　　　二　千敏　小
子　　稔　　甲　斐　　泰　　俊　　加
和史　伸厚　倉　橋　　亘己　藤山　神
学子　智知　小　嶋　　　将嗣　井　　桜
輝弘　陽　　佐　藤山　　大一　田本　柴
幸久　和尚　築　瀬　　洋輔　田平　竹
　　　裕　　土　肥　　明彦　田崎　千藤
男　　公隆　中　冨田　　　　木野内　永浜細水山
　　　　　　樋　村口
　　　　　　松　山野
　　　　　　矢山　越

目　　次

共　通　編

第1章　総　　説 ································· 1
1－1　適用範囲 ································· 1
1－2　用語の定義 ······························· 7
1－3　のり面・斜面の災害発生形態 ··············· 11
　1－3－1　のり面・斜面崩壊の発生形態 ········· 12
　1－3－2　落石の発生形態 ····················· 15
　1－3－3　地すべりの発生形態 ················· 17
　1－3－4　土石流の発生形態 ··················· 19

第2章　のり面工・斜面安定工の基本方針 ········· 27
2－1　のり面工・斜面安定工の目的 ··············· 27
2－2　のり面工・斜面安定工の基本 ··············· 28
2－3　のり面工・斜面安定工の計画と検討事項 ····· 32
　2－3－1　設計時の検討 ······················· 37
　2－3－2　施工時の検討 ······················· 38
　2－3－3　道路供用中（維持管理時）の検討 ····· 39
　2－3－4　新技術の活用 ······················· 40

第3章　調　　査 ································ 43
3－1　調査の基本方針 ··························· 43
3－2　概略調査 ································· 44
3－3　予備調査 ································· 45
　3－3－1　予備調査の目的 ····················· 45
　3－3－2　予備調査の着眼点 ··················· 45

3−3−3	予備調査の内容（既存資料の収集）	48
3−3−4	予備調査の内容（空中写真判読）	52
3−3−5	予備調査の内容（現地踏査）	56
3−3−6	予備調査結果の整理	64
3−3−7	問題箇所の抽出と評価	66
3−3−8	対策の概略検討	70
3−4	詳細調査	71
3−4−1	詳細調査の目的	71
3−4−2	詳細調査計画の立案	71
3−4−3	土工に伴う地下水環境保全に関する調査	72
3−5	施工時及び供用中の調査	73
3−5−1	施工時及び供用中の調査の目的	73
3−5−2	施工時の調査	73
3−5−3	供用中の調査	75
3−5−4	災害時の調査	75
3−6	詳細調査における主な調査方法	76

第4章	環境・景観対策	87
4−1	自然環境への配慮	87
4−2	景観への配慮	88
4−3	環境・景観の調査	89
4−3−1	調査の着眼点	89
4−3−2	道路特性調査	90
4−3−3	周辺環境調査	90
4−3−4	景観調査	90
4−4	環境・景観対策	91
4−4−1	環境・景観対策の基本的考え方	91
4−4−2	環境対策の一般的手法	92
4−4−3	景観対策の一般的手法	96

4-4-4	のり面形状による対応	99
4-4-5	構造物のデザインによる対応	102

第5章 維持管理 ………………………………………………… 105
5-1 維持管理の基本 ………………………………………………… 105
5-2 のり面・斜面の点検 …………………………………………… 107
 5-2-1 点検の種類 ……………………………………………… 108
 5-2-2 点検における留意事項 ………………………………… 109
 5-2-3 防災点検 ………………………………………………… 110
 5-2-4 平常時点検 ……………………………………………… 111
 5-2-5 臨時点検 ………………………………………………… 113
 5-2-6 災害時の調査 …………………………………………… 113
5-3 応急対策 ………………………………………………………… 115
 5-3-1 応急対応の実施 ………………………………………… 115
 5-3-2 監視（モニタリング） ………………………………… 117
 5-3-3 応急対策工の検討 ……………………………………… 118

のり面工編

第6章 切土工 …………………………………………………… 123
6-1 切土工の基本的考え方 ………………………………………… 123
6-2 切土部の調査 …………………………………………………… 125
 6-2-1 切土部の調査の基本 …………………………………… 125
 6-2-2 安定に関する調査 ……………………………………… 126
 6-2-3 注意が必要な現地条件 ………………………………… 127
 6-2-4 環境・景観に関する調査 ……………………………… 131
 6-2-5 のり面排水に関する調査 ……………………………… 132
 6-2-6 調査結果の整理 ………………………………………… 132
6-3 切土のり面の設計 ……………………………………………… 133

6−3−1	切土のり面の設計の基本的考え方	133
6−3−2	切土のり面の勾配	134
6−3−3	切土のり面形状	149
6−3−4	切土のり面の小段	151
6−3−5	切土のり面の安定計算	153

6−4 切土のり面の施工 ……………………………………………… 153
 6−4−1 切土のり面の施工における注意事項 ……………… 153
 6−4−2 施工中の切土のり面保護 …………………………… 156
 6−4−3 岩盤のり面の施工 …………………………………… 157
 6−4−4 土砂のり面の施工 …………………………………… 160
6−5 切土のり面の維持管理 ………………………………………… 160

第7章 のり面排水 ……………………………………………… 165

7−1 のり面排水の目的 ……………………………………………… 165
7−2 のり面排水の調査 ……………………………………………… 166
7−3 のり面排水工 …………………………………………………… 168
 7−3−1 のり面排水工の計画 ………………………………… 168
 7−3−2 のり面排水工の設計・施工 ………………………… 171
7−4 施工時の排水 …………………………………………………… 175
 7−4−1 道路敷内外の排水（準備排水） …………………… 175
 7−4−2 土取場・発生土受入地の排水 ……………………… 176
 7−4−3 切土施工時の排水 …………………………………… 177
 7−4−4 構造物裏込め部の排水 ……………………………… 179
7−5 流末処理 ………………………………………………………… 180
7−6 のり面排水工の維持管理 ……………………………………… 180
 7−6−1 排水工の清掃 ………………………………………… 180
 7−6−2 のり面排水工の点検 ………………………………… 182
7−7 凍上対策 ………………………………………………………… 183
 7−7−1 のり面の凍上対策 …………………………………… 183

7-7-2　排水工の凍上対策 ……………………………………… 187

第8章　のり面保護工 …………………………………………… 191
8-1　のり面保護工の種類と目的 ……………………………… 191
8-2　のり面保護工の選定基準 ………………………………… 193
8-3　のり面緑化工 ……………………………………………… 202
　8-3-1　のり面緑化工の目的と留意点 ……………………… 202
　8-3-2　のり面緑化工の構成と調査 ………………………… 203
　8-3-3　緑化目標の設定 ……………………………………… 211
　8-3-4　植生工の種類と特徴 ………………………………… 212
　8-3-5　植生工の設計 ………………………………………… 222
　8-3-6　植生工の施工 ………………………………………… 252
　8-3-7　成績の判定 …………………………………………… 256
　8-3-8　植生工における新技術の活用 ……………………… 259
　8-3-9　のり面の植生管理 …………………………………… 269
8-4　構造物工 …………………………………………………… 275
　8-4-1　構造物工の目的と工種選定 ………………………… 275
　8-4-2　構造物工の設計・施工 ……………………………… 276
　8-4-3　構造物工の維持管理 ………………………………… 307

斜面安定工編

第9章　斜面崩壊対策 …………………………………………… 311
9-1　斜面崩壊対策の対象とする現象と基本的考え方 ……… 311
9-2　斜面崩壊対策の調査 ……………………………………… 312
　9-2-1　調査の基本的考え方 ………………………………… 312
　9-2-2　調査項目 ……………………………………………… 313
　9-2-3　調査結果の整理と対策工の選定・設計 …………… 316
9-3　斜面崩壊対策工の種類と目的 …………………………… 318

9－4　斜面崩壊対策工の設計・施工 ･････････････････････････････ 319
  9－4－1　予防工 ･･･ 319
  9－4－2　防護工 ･･･ 320
    9－4－2－1　防護工の基本的考え方 ･････････････････････ 320
    9－4－2－2　設計外力 ･････････････････････････････････ 320
    9－4－2－3　待ち受け擁壁工 ･･･････････････････････････ 321
    9－4－2－4　土砂覆工 ･････････････････････････････････ 322
9－5　斜面崩壊対策工の維持管理 ･････････････････････････････ 323

第10章　落石・岩盤崩壊対策 ･･････････････････････････････････ 325
10－1　落石・岩盤崩壊対策の基本的考え方 ･･･････････････････ 325
10－2　落石・岩盤崩壊の調査 ･･･････････････････････････････ 328
10－3　落石の規模等の推定 ･････････････････････････････････ 336
10－4　落石対策工の種類と選定 ･････････････････････････････ 339
10－5　落石対策工の設計・施工 ･････････････････････････････ 344
10－6　落石対策工の維持管理 ･･･････････････････････････････ 361
10－7　岩盤崩壊対策 ･･･････････････････････････････････････ 363

第11章　地すべり対策 ･･ 369
11－1　地すべり対策の基本 ･････････････････････････････････ 369
  11－1－1　地すべり対策の基本的考え方 ･････････････････ 369
  11－1－2　路線の小シフトと対策工の概略検討 ･･･････････ 371
11－2　地すべり調査 ･･･････････････････････････････････････ 374
  11－2－1　調査の目的 ･････････････････････････････････ 374
  11－2－2　現地踏査 ･･･････････････････････････････････ 380
  11－2－3　地表変動計測調査 ･･･････････････････････････ 382
  11－2－4　ボーリング調査等 ･･･････････････････････････ 388
  11－2－5　すべり面調査 ･･･････････････････････････････ 389
  11－2－6　地下水調査 ･････････････････････････････････ 392

11－2－7	室内試験・原位置試験	395
11－2－8	地すべり自動観測システム	395
11－2－9	主な対策工設計と調査	396

11－3　地すべりの安定解析　　397

11－4　地すべり対策工　　403
　11－4－1　地すべり対策工の種類と選定　　403
　11－4－2　地すべり対策工の設計及び施工　　410

11－5　地すべり対策工の維持管理　　427
　11－5－1　概　説　　427
　11－5－2　点検作業　　427
　11－5－3　地すべり対策工の維持補修　　429

11－6　地すべり地の応急対策　　431
　11－6－1　応急調査　　431
　11－6－2　応急対策　　433

第12章　土石流対策　　439

12－1　土石流対策の基本的考え方　　439
12－2　土石流の調査　　440
12－3　土石流の規模等の推定　　444
12－4　土石流対策の選定　　451
12－5　土石流対策工とその留意点　　453
12－6　土石流対策工の維持管理　　455

＜付　録＞

付録1．地すべり対策の検討例　　459
付録2．高速道路における切土のり面勾配の実態　　466
付録3．のり面・斜面の安定度判定法の例　　474
付録4．掘削の前処理及び掘削工法　　485
付録5．労働安全衛生規則（抄）　　501

付録6. 植生工のための測定と試験 ･････････････････････････････････　503
付録7. のり面緑化工の施工及びのり面の植生管理のための調査票 ･････　506
付録8. 環境・景観を考慮したのり面工計画事例 ･････････････････････　519

共　通　編

第1章　総　説

1-1　適用範囲

> ⑴　切土工・斜面安定工指針（以下，本指針）は，道路土工における切土部ののり面工（切土工・のり面保護工）及び自然斜面の安定工（斜面安定工）において，のり面・斜面の安定の確保及び環境・景観への配慮を適切に行うための計画，調査，設計，施工，維持管理に適用する。
>
> ⑵　のり面工・斜面安定工の計画，調査，設計，施工，維持管理等の各段階において，関連法規を遵守しなければならない。

⑴　切土工・斜面安定工指針の構成及び概要

　斜面に隣接した道路において安全かつ快適な道路空間を確保するためには，適切な切土工及びのり面保護工（これらを合わせて以下，のり面工）によるのり面の安定の確保及び自然斜面災害を防止するための対策工（以下，斜面安定工）の実施が必要である。
　特に，豪雨や地震等による道路災害のうち，土砂災害により道路が被災する事例が圧倒的に多いのが現状である。道路における土砂災害には，崩壊，落石，地すべり，土石流のように様々な形態があるが，いずれの場合にも，道路が被災したときには道路交通機能の阻害はいうまでもなく，周辺地域の生活，経済等に及ぼす影響も大きく，人的災害につながる可能性もある。道路管理者としては，できる限りこのような災害を未然に防止していくよう努力する必要がある。
　また，のり面工及び斜面安定工においては自然環境の保全や周辺環境との調和，

景観への配慮も重要な課題であり，地域の自然的・社会的状況を十分に把握し，土地利用や地域計画等との整合性に留意しながら実施する必要がある。

本指針は，道路建設に伴う切土のり面及び隣接する自然斜面の安定化を図るための計画，調査，設計，施工，維持管理の基本方針と一般的な技術事項を示すもので，共通編・のり面工編・斜面安定工編を設け，以下の内容で構成される。

共 通 編

のり面工，斜面安定工において共通する基本的な考え方や留意事項について示し，以下の5つの章で構成する。

　第1章　総説
　第2章　のり面工・斜面安定工の基本方針
　第3章　調査
　第4章　環境・景観対策
　第5章　維持管理

のり面工編

切土工，のり面保護工における調査，設計，施工，維持管理に関する詳細の考え方や留意事項について示し，以下の3つの章で構成する。

　第6章　切土工
　第7章　のり面排水
　第8章　のり面保護工

斜面安定工編

自然斜面災害を防止するための対策工を実施する際の，調査，設計，施工，維持管理に関する詳細の考え方や留意事項について示し，以下の4つの章で構成する。

　第9章　斜面崩壊対策
　第10章　落石・岩盤崩壊対策
　第11章　地すべり対策
　第12章　土石流対策

共通編では，のり面工，斜面安定工を実施する上での共通事項を示すこととし，

第1章，第2章は，のり面工及び斜面安定工において共通する基本的な考え方や留意事項について，第3章では，のり面工や斜面安定工を実施する必要がある箇所の抽出を行うまでの概略～予備調査の内容と維持管理段階までの調査の基本的な考え方を示す。また，第4章，第5章では，切土のり面工及び斜面安定工は自然環境・景観の改変への配慮が必要であること，のり面・斜面の永続的な安定確保のための維持管理が重要であることから，特に配慮すべき共通事項として環境・景観対策及び維持管理の考え方について示すこととした。さらに，のり面工及び斜面安定工の詳細調査，設計，施工，維持管理の考え方については，のり面工・斜面安定工の工種・工法は多岐に渡りそれぞれに特徴があることから，のり面工編及び斜面安定工編を設けて個別に記述することとし，のり面工編においてはのり面の安定には適切な排水を行うことが重要であることから，特に配慮すべき事項としてのり面排水の考え方について章を立てて示すこととした。斜面安定工編においては，自然斜面で発生する災害形態は多様に渡り，それぞれに適した対策を実施する必要があり，災害形態毎に章立てをした。また，岩盤崩壊対策について，これまでは現象，技術方策等不明な点が多いとして指針での記載対象としていなかったが，道路管理上は落石等と同様に検討しなければならないことから，基本的な事項を新たに記述した。

なお，本指針は技術基準ではないが，要点がわかりやすいように考え方や配慮事項を枠書きとした。

(2) 関連法規

のり面工・斜面安定工を実施する際には，計画，調査，設計，施工，維持管理の各段階において関連する各種法令・条令を遵守する必要がある。法令・条令は，土砂災害防止を目的としたものと，自然環境の保全を目的とするものの2つに大別できる。

土砂災害防止を目的とした各種の法令は各省庁によりそれぞれの目的にしたがい制定されているが，これらの法令による指定地及びその付近は素因的にも土砂災害の危険性が高いと考えるべきであり，指定の有無は危険地判定の手がかりとなる。また，自然環境保全のための法令では，指定地内での一定の行為が禁止ま

たは制限されている。

　以下に，主な関連法令を示す。
（ｉ）　土砂災害防止を目的とした法令
①　災害対策基本法（昭和36年）

　防災計画の作成，災害予防，災害応急対策，災害復旧等の災害対策の基本を定めることを目的としている。これに基づき防災の基本計画の作成及び災害復旧を実施する。各自治体及び指定公共機関は，災害発生時には当該災害に対する応急処置が完了するまでの間，災害の状況や応急処置の経過・概要を，政令の定めるところにより内閣総理大臣に報告しなければならない。また，災害復旧事業の実施は調査結果を主務大臣へ報告し，主務大臣より事業費または災害復旧事業の実施に関する規準の決定を受けなければならない。
②　砂防法（明治30年）

　主として渓流とそれに連なる斜面からの土砂の生産，流出が治水上悪影響を及ぼすときに，それらを防除することを目的としている。このため，治水上砂防設備を要し，または一定の行為を禁止もしくは制限すべき土地として砂防指定地が設けられている。砂防指定地において道路建設を行う場合には行為の許可を受ける必要がある。
③　地すべり等防止法（昭和33年）

　地すべり及びぼた山の崩壊による被害を除去または軽減するため，その崩壊防止を行うことを目的としている。防止区域の指定は公共の利害に関連をもつもので，その対象物によって所管区分が異なる。また，地すべり防止区域の指定は地すべりの危険地をすべて網羅しているものではなく，現在活動しておりかつ重要なものに限られているので，指定地が地すべり危険地のすべてではないことに注意しなければならない。また，地すべり防止区域内において道路建設を行う場合には行為の許可を受ける必要がある。
④　急傾斜地の崩壊による災害の防止に関する法律（昭和44年）

　急傾斜地（傾斜度が30度以上ある土地）の崩壊による災害から国民の生命，財産を保護するため，行為の制限，崩壊防止工事の施工，崩壊に対する警戒避難体制を整備すること等を目的としている。なお，この法律に基づく急傾斜地崩壊防

止区域の指定は，全国の危険箇所すべてが指定されていない点に注意を払う必要がある。また，急傾斜地崩壊防止区域内において道路建設を行う場合には行為の許可を受ける必要がある。

⑤ 森林法（昭和26年）

　森林の保続培養と森林生産力の増進を図り，もって国土の保全と国民経済の発展に資することを目的としている。法律の中で，土砂の流出の防備や土砂の崩壊の防備等，土砂災害防止のため必要があるときには，森林を保安林として指定している。のり面・斜面崩壊に関係が深い保安林としては，土砂の流出防備保安林と土砂の崩壊保護保安林がある。これらの保安林地区内では，一定の行為が制限されているので，道路建設により保安林としての機能を失う箇所については指定の解除が必要である。

⑥ 土砂災害警戒区域等における土砂災害防止対策の推進に関する法律（土砂災害防止法）（平成12年）

　土砂災害から生命を守るため，土砂災害の恐れのある区域を「警戒区域」並びに「特別警戒区域」として明らかにし，危険の周知及び警戒避難体制の整備を図るとともに，著しい土砂災害が発生する恐れがある土地の区域では一定の開発行為を制限するほか，建築物の構造規制等の処置を行う法律である。

（ⅱ）　自然環境保全等を目的とした法令

① 自然環境保全法（昭和47年）

　自然環境の適正な保全を行い，国民の健康で文化的な生活の確保に寄与することを目的としている。このため，原生自然環境保全地域及び自然環境保全地域が設けられ，一定の行為が制限されている。

② 自然公園法（昭和32年）

　すぐれた自然の風景地を保護するとともに，その利点の増進を図り，国民の保健・休養及び教化に資することを目的としている。自然公園法による地域としては，国立公園，国定公園，都道府県立自然公園があり，一定の行為が制限されている。

③ 文化財保護法（昭和25年）

　文化財を保存し，その活用を図り，もって国民の文化的向上に資するとともに，

世界文化の進歩に貢献することを目的としている。このため，重要文化財に関しその現状を変更し，またはその保存に影響を及ぼす行為をしようとするときは，文化庁長官の許可を受ける必要がある。特に，周知の埋蔵文化財埋蔵地で土木工事を行う場合には，工事着手の60日前までに文化庁長官へ届出が必要となるので注意を払う必要がある。また，予測せずに遺跡と認められるものを発見した場合には，その現状を変更することなく，直ちにその旨を文化庁長官に届け出なければならない。

④ 景観法（平成16年）

景観法は，景観計画の策定等を中心とした総合的施策を講じることにより，美しく風格ある国土の形成，潤いのある豊かな生活環境の創造及び個性的で活力ある地域社会の実現を図ろうとすることを目的とするものである。

景観法では，景観行政を担う主体を「景観行政団体」としている。景観行政団体は，政令市，中核市，都道府県の他，都道府県知事の同意を得たその他の市町村であり，景観計画として，計画の対象区域や景観形成の方針，行為の規制に関する事項等を定める。景観計画区域内における景観上重要な公共施設（道路，河川等）は管理者の同意を得て景観計画に位置づけることができる（景観重要公共施設）。道路が景観重要公共施設として指定され，景観計画にその整備に関する事項が定められた場合には，当該道路の整備は景観計画に則して行われなければならない。また，道路の占用に当たっては，道路法によって規定される許可基準だけではなく，「景観計画に定められた許可の基準」にも適法する必要がある。

⑤ 環境影響評価法（平成11年）

環境影響評価法では，何らかの大規模な建造物等（道路，鉄道，飛行場，ダム，廃棄物最終処分場等13種類の事業が対象）をつくる場合，事業者は，建設によりその場所に引き起こされる環境への負荷を自ら調査・予測・評価し，早い段階からその方法や結果を公表し，住民等から意見を聴き，事業計画に反映させることを定めている。

本法律は，対象事業の規模の大きさによって第一種事業と第二種事業の2つの適用区分があり，第一種事業は必ず適用されるが，第二種事業の場合，その事業が本法律を適用すべきかは，第三者によって調査される。道路における分類は次

の通りである。
　a）第一種事業
　　・高速自動車道：すべて
　　・首都高速道路等：4車線以上
　　・一般国道：4車線・延長10km以上
　　・大規模林道：2車線・延長20km以上
　b）第二種事業
　　・一般国道：4車線以上・延長7.5～10km
　　・大規模林道：5車線・延長15～20km
(ⅲ)　その他の関係法令等
　工事中の労働安全に関連する法規として，労働安全衛生法，同施行令，労働安全衛生規則（「付録5．労働安全衛生規則（抄）」参照）等があり，施工に当たってはこれらの定めるところによらなければならない。

1－2　用語の定義

　本指針中において，のり面工・斜面安定工に関連する用語については，それぞれ次の内容を示すものとする。また，崩壊形態及び対策工の分類については**解図1－1，解図1－2**を参照されたい。
① のり面・斜面
　盛土工または切土工によって人工的に形成された土または岩の斜面をそれぞれ盛土のり面及び切土のり面といい，これらを総称してのり面というが，本指針では切土のり面を指す。斜面は，道路土工によって人工的に形成された斜面，すなわち盛土のり面及び切土のり面と，地山のままの自然斜面の双方を含んだ広義の意味で使われる場合があるが，本指針では自然斜面を指す。
② 土砂災害
　道路における土砂災害は，風化，降雨，地震等によりのり面・斜面の土砂や岩等が崩壊あるいは崩落し，安全かつ快適な道路交通に支障をきたす状態になることをいい，発生形態から崩壊，落石，地すべり，土石流の4つに大きく分

類される。
③　崩壊
　のり面あるいは斜面での土塊（岩塊）の移動は一般に崩壊と地すべりの2つに分けて考えられている。
　崩壊をさらに分類すると，のり面崩壊，斜面崩壊に分けられる。
　崩壊と地すべりの境界は必ずしも明確ではないが，崩壊の特徴としては，移動速度が急で，移動土（岩）塊の擾乱が激しいことがあげられる。
④　切土部，切土，切土工
　路床面を原地盤面より低くするために地山を切り下げて築造した道路の部分を切土部といい，地山を切り下げて形成された人工斜面から路床面までの部分を切土という。切土工とは地山を切り下げて土または岩ののり面及び路床面を形成する一連の行為を指す。
⑤　のり面崩壊・のり面保護工
　のり面内で発生する浸食や崩壊をのり面崩壊といい，のり面の浸食や風化，崩壊を防止するために行う植生や構造物によるのり面被覆等をのり面保護工という。のり面保護工には，のり面緑化工と構造物工がある（**解表8-1参照**）。
⑥　のり面工
　のり面を造成するための土工（盛土工及び切土工）とのり面を保護するための種々ののり面保護工とを合わせて実施する工事をのり面工という。狭義の意味でのり面保護工の略称として使われる場合もあるが，本指針では切土工及びのり面保護工を合わせたものを指す。
⑦　斜面安定工
　自然斜面の崩壊等による災害から道路を保護し，または災害の徴候の現れたものを改善するために自然斜面の安定を図る工事をいう。対象とする災害形態に応じて，斜面崩壊対策工，落石・岩盤崩壊対策工，地すべり対策工，土石流対策工がある。
⑧　斜面崩壊，斜面崩壊対策工
　斜面崩壊とは，斜面の比較的浅い部分から土砂が滑り落ちる現象（表層崩壊）をいう。斜面崩壊対策工は，予防工（発生源対策）と防護工（待ち受け対策）

に大別される。予防工は崩壊発生源に行う対策で，斜面の風化・浸食を抑制したり崩壊発生を抑止する工法であり，防護工は崩壊により発生した崩土の運動を停止させたり，その方向を変化させて道路や通行車両を防護する工法である。

⑨ 落石，落石対策工，岩盤崩壊，岩盤崩壊対策工

落石とは岩盤の割れ目（岩盤中に発達する節理，片理，層理等の割れ目）が拡大し，岩塊または礫がはく離したり，崖錐堆積物，火山砕屑物，固結度が低い砂礫層等に含まれる岩塊，玉石，礫が表面に浮きだして斜面より落下する現象をいう。落下した岩塊等も落石ということが多い。

岩盤崩壊は崩壊に分類されるが，岩石が主体となるため落石と類似しており，確たる区分はないが，便宜上落石とは，個数で表現できる少量のものをいい，岩盤崩壊とは，体積で表現される大量のものをいうことにする。しかし，小規模な岩盤崩壊は対策の観点からは，落石と同じように取り扱われることが多い。

また，落石の発生源での落石発生を防止する落石予防工（発生源対策）と，発生した落石を待ち受けてその運動を止めたり，あるいは通行車両等に落石が当たらないように下方または側方へ誘導したりする落石防護工（待ち受け対策）とを総称して落石対策工という。

⑩ 地すべり，地すべり対策工

地すべりとは，地下深部のある面を境界として，その上部の土塊が徐々に下方へ移動する現象である。特定の地質や地質構造を有する地域に集中して分布する傾向が強く，崩壊に比較して緩勾配の斜面が大規模に移動し，特有の地形（地すべり地形）を形成する。

地すべり対策としては，地形・地下水位等の自然条件を変化させ，移動土塊が安定する方向に導く抑制工と，地すべりの滑動力に対抗する力を構造物によって与え，地すべりの活動を完全に止めようとする抑止工があり，これらを総称して地すべり対策工という。

⑪ 土石流，土石流対策工

土石流とは，山間の渓流において，土砂・巨礫・流木が，地表水または地下水によって流動化し流下する現象をいい，通常強大なエネルギーと破壊力を持つ。

急勾配の渓流に多量の不安定な砂礫の堆積している場合，流域内で豪雨に伴なう斜面崩壊の危険性が大きい場合に起こりやすい。
　また，土石流に対する道路の被害を軽減あるいは防止するために行う道路の改良，あるいは道路自体の回避等による対応が困難な場合に行う土石流発生区域，流下区域及び堆積区域での対策工を総称して土石流対策工という。

　道路におけるのり面・斜面で発生する土砂災害は，大きく崩壊，落石，地すべり及び土石流に分類され（1-3 参照），規模や状態等によってさらに細分化される（**解図1-1**参照）。これらのり面・斜面の崩壊等の形態に応じて個々の対策工がある（**解図1-2**参照）。適切な対応策を選定するためには，現場における様々な状況を適切に把握するとともに，想定される災害形態について十分に理解しておくことが必要である。

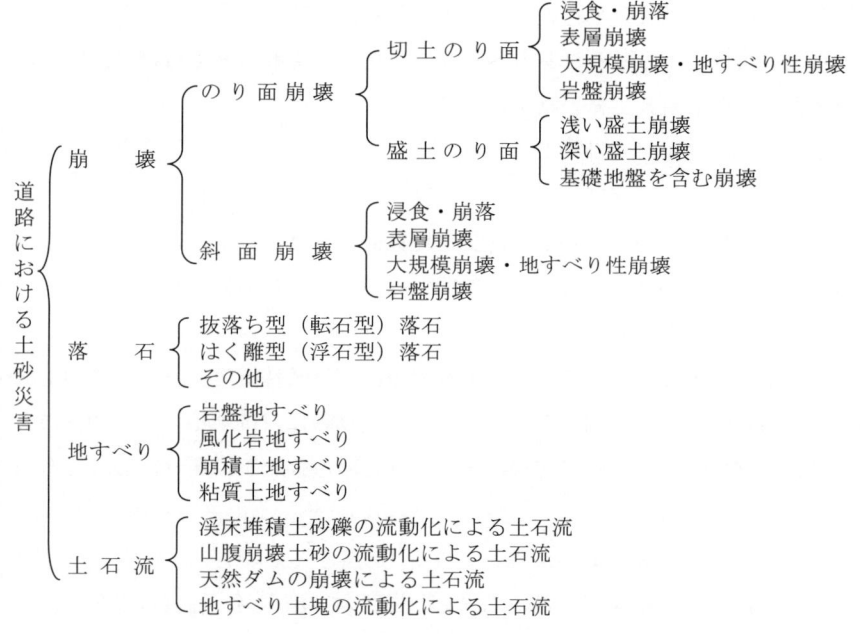

解図1-1　道路における土砂災害の分類

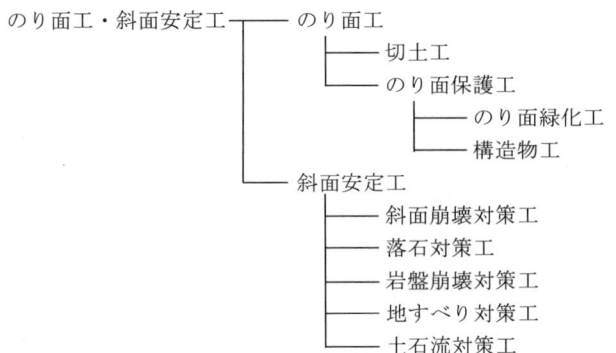

解図1−2 のり面工（盛土のり面を除く）・斜面安定工の分類

1−3 のり面・斜面の災害発生形態

> のり面・斜面で発生する土砂災害の発生形態は，崩壊，落石，地すべり，土石流の4つに大きく分類される。これらの発生原因は様々であり，またいくつかの原因が複合して生じることが多い。このため，現地状況から想定される災害の発生形態を判断し，発生原因と災害形態に応じた適切な対策をとる必要がある。

　のり面・斜面の安定は，主として地山の自重とせん断抵抗のバランスの上で保たれているが，豪雨や地下水の浸透等による地山強さの低下及び間隙水圧の増大や土砂の流動化，人工的な盛土及び切土による自重とせん断抵抗のバランスの変化，地震による振動等によってその安定が乱され，土砂災害が発生することがある。
　のり面・斜面で発生する災害の発生形態は，崩壊，落石，地すべり，土石流の4つに大きく分類されるが，その発生についてはさまざまな原因が考えられ，また，いくつかの原因が重なって生じることが多いためにその形態も複雑で，発生の位置・規模等も予想し難いのが現状である。素因としての地質との関連も複雑・不規則な地質の把握が困難であり，また誘因としての降雨や地震との相関も予測という点では精度はいまだ不十分であり，それらの現象のピーク時から時間をおいた後に崩壊，落石，地すべり，土石流が発生することも多い。

そのため，崩壊，落石，地すべり，土石流については発生時期と発生場所の事前の予知を行うことが困難であり，防災点検によって災害要因を抽出し，将来これら災害の発生が予測される不安定な斜面から順次対策工を実施している。しかし，対策工単独では対応しきれない場合には，通行規制等による対応や対策工と通行規制等の併用あるいは路線の変更という対応をとらざるを得ないこともある。また，対策工による対応を考える場合においても，道路用地内での対策工の設置のみでは対応しきれなかったり，あるいは道路用地外に対策工を設置する方がより効果的である場合も少なくない。このような場合，砂防事業，治山事業等との連携も必要となる。

　切土のり面の崩壊と斜面崩壊は，前者が人工斜面，後者が自然斜面で発生するといった違いはあるものの，現象自体はほとんど同様のものであるため，後述する**参表1－1**では両者を併せて取り扱っている。これらの崩壊の規模が大きくなると，地すべりと明確に区分することが難しい場合もある。

　また，いわゆる岩盤崩壊は，上記分類の中では斜面崩壊に含まれ，現象としては岩の崩落，すべり，トップリング，バックリングの形態がある。なお，これらと類似した現象であっても，規模が小さく個数で把握できるものは落石として取り扱うこととする。

　以下，切土のり面の崩壊及び斜面崩壊，落石，地すべり，土石流の発生形態について述べるとともに，それぞれの分類別の模式図と解説を本章末尾の**参表1－1**に示した。対応する具体的な対策工については，「第8章　のり面保護工」，「第9章　斜面崩壊対策」，「第10章　落石・岩盤崩壊対策」，「第11章　地すべり対策」，「第12章　土石流対策」を参照されたい。

1－3－1　のり面・斜面崩壊の発生形態

　切土のり面の崩壊及び斜面崩壊は，以下のように分類される。
（ⅰ）浸食，崩落
　乾湿，凍結，雨食等により表面がはく離するかガリーができるもの，斜面のオーバーハング状を呈する部分が崩落するもの，亀裂や節理に富んだ岩が崩落

するものがある。
　（ⅱ）表層崩壊
　表土が滑落するもの，岩の表層が風化等に伴って滑落するもの，流れ盤構造や岩盤の割れ目に沿って岩が滑落するものがある。
　（ⅲ）深い崩壊，地すべり性崩壊
　軟弱で固結度の低い地層からなる斜面や不安定要因を持つ斜面が地下水の上昇によって大規模に滑落するもの，流れ盤や断層・破砕帯等の地質構造を有する岩体が大規模に滑落するもの，受け盤の斜面や割れ目の発達した岩の斜面が前方に転倒するものがある。
　（ⅳ）岩盤崩壊
　上記（ⅰ）～（ⅲ）を含め岩盤斜面における大規模な岩体の崩壊現象を総称して岩盤崩壊という。
　岩盤崩壊は，地下水の凍結融解や風化等により，亀裂が開口したり岩盤が細片化したりすること等で発生する。発生形態は，大きく「崩落」，「岩すべり」，「トップリング（転倒）」，「バックリング」に分類される。

（ⅰ）浸食，崩落
　切土のり面が浸食を受けやすい土砂あるいは粘着力に乏しい砂や火山灰等で構成されている場合や，表土に覆われた比較的急勾配の斜面では，地表水や浸透水によってのり面や斜面が浸食を受けたり崩落（はく離）したりする。この現象に対しては，早期に適切な処置を講じれば大きな問題となることは稀である。
　しらす，段丘堆積物，火山砕屑物等の分布地帯では，急崖をなす斜面上部の表土や玉石が崩落したり，湧水の作用でオーバーハングとなった部分が崩落する場合がある。
　亀裂や節理に富んだ岩の一部が崩落する現象も斜面で発生しやすい。また，土砂の崩落と同様，のり面の下部が抜け落ちたような場合には切土のり面においても発生することがある。このような崩落が大規模な崩壊や地すべりの前兆である場合や，それを契機として崩壊が拡大することも考えられるため注意を要する。崩落物が岩塊で個数で把握できるような場合は，一般に落石として取り扱われる。

（ⅱ）表層崩壊

　難透水性の地層の上に砂質土や崖錐性の堆積物が堆積しているような場合や固結度の低い地層の場合，豪雨等に伴う浸透水が誘因となって深さ2m程度以下の浅い崩壊を生じることがある。この種の崩壊は，豪雨等に伴って突発的に発生することが多く予測が難しいため，工事中はもちろん，工事完成後でも人命にかかわる大きな災害になることも稀ではない。

　破砕の進んだ岩や風化し易い岩を切土する場合には，作業に伴う振動，切土による応力開放，及び風化等の影響を受けて，のり面が部分的に抜け落ちることがある。また，自然斜面においても風化を受けやすい岩の斜面では同様の崩壊がしばしば見られる。このような崩壊を放置するとしだいに拡大することになるため，早期に対処することが原則である。

　結晶片岩や砂岩・頁岩の互層等で片理や層理がのり面・斜面の方向に傾斜している場合（流れ盤），または断層や連続性の良い割れ目，シーム等が流れ盤の場合には，しばしばそれらの構造の面に沿って崩壊が起こる。また，割れ目や亀裂が交差しているような場合には，くさび状の崩壊が発生する場合も多い。この種の崩壊は瞬時にして発生することが多いため，災害に結びつく恐れがある。特に降雨中や降雨後には注意が必要である。

（ⅲ）深い崩壊，地すべり性崩壊

　崖錐性の堆積物の層厚が非常に厚いような場合や粘性土層及び砂質土層の互層からなる流れ盤の洪積地盤を切土したような場合，降雨による地下水位の上昇を契機として大規模な地すべりが発生することがある。このような崩壊は徐々に滑動する場合が多く，斜面の変状等から崩壊の方向や範囲等を早期に推定できることがある。したがって，崩壊はかなり大規模であるが，対策について検討を行う時間的な余裕のあることもある。厚い強風化岩，断層破砕帯，変質の著しい凝灰岩あるいは半固結のシルト岩・泥岩の斜面や，それらを切土した場合，斜面の広い範囲に渡って大規模な崩壊や地すべりを起こすことがある。特に流れ盤構造や断層破砕帯等の地質構造に支配される場合が多く，主として降雨後や融雪時に発生する。多くの場合，対策は地すべり対策に準じて行われる。

　地層の傾斜が鉛直に近い受け盤の斜面や，割れ目の発達した岩からなるのり

面・斜面では，下部のある点を支点として前方へ転倒することがある。比較的稀な現象ではあるが，上部斜面へ波及する恐れもあり，一般に短時間に進行することから注意を要する。この現象も，岩の崩落と同様，小規模な場合は落石として分類される場合もある。

(ⅳ) 岩盤崩壊

急傾斜地や崖等において，岩塊が落下する現象を「崩落」という。節理，へき開，層理面に沿って滑る現象が支配的な場合には「岩すべり」という。さらに「岩すべり」は，卓越した一つの不連続面に沿って滑る「平面すべり」，二つの不連続面で形成されるブロックが滑る「クサビすべり」，無数の不連続面が連結して土砂斜面のように滑る「円弧すべり」に分類される。主要な不連続面が斜面と鈍角に交差し転倒するように破壊する場合を「トップリング」という。主要な不連続面が座屈破壊する場合を「バックリング」という。

岩盤の亀裂に浸透した水の凍結・融解が繰り返されると，亀裂を開口させたり岩盤を細片化して風化破砕を促進する可能性がある。特に，垂直亀裂間や水平亀裂の境界部に湧水や氷柱が見られる場合には，亀裂部での間隔が発達していたり，氷柱くさびが成長していたりして，亀裂間隔を拡大させる可能性がある。また，水との接触反応による化学的な風化も考えられ，長期的には岩盤の風化や不連続面のせん断抵抗の低下の原因ともなる。

なお，前述のように岩盤崩壊は崩壊に分類されるが対象が落石と同じ岩で発生機構もはく離型落石と似ており，また発生した場合の影響が大きく特に注意が必要であることから，本指針では新たに項立てすることとし，対策の考え方について落石対策と合わせて記述することとした。

1－3－2　落石の発生形態

落石は，以下のように分類される。
(ⅰ) 抜落ち型（転石型）落石
岩塊，玉石，礫とマトリックス（礫間充てん物）からなる地質の斜面でみられ，マトリックスが地表水や地下水によって浸食され，落石のもととなる岩塊

> 等が表面に浮き出し，ついにはバランスを失って抜け落ちるタイプである。
> （ⅱ）はく離型（浮石型）落石
> 　割れ目の多い硬い岩よりなる斜面でブロック状に岩がはく離して，落石となるタイプと，硬い岩と軟らかく風化・浸食に弱い岩との互層よりなる斜面でオーバーハングとなる部分ができて，この部分がはく離するタイプがある。
> （ⅲ）その他の落石
> 　風化・浸食で残留した尾根上の巨礫等が，支持部の風化や浸食，あるいは地震等により，不安定化して発生する落石がある。

（ⅰ）抜落ち型（転石型）落石

　抜落ち型（転石型）落石は，崖錐堆積物，段丘礫層，火山砕屑物，火山性泥流堆積物，新第三紀の凝灰角礫岩，風化花こう岩類等で代表されるような岩塊，玉石，礫とマトリックス（礫間充てん物）からなる地質の斜面でみられるタイプである。崖錐堆積物は，一般に傾斜の緩い斜面を形成するから，抜け出した直後に跳躍運動することは稀であるが，他のケースでは，抜け出した直後に跳躍運動することが多い。

（ⅱ）はく離型（浮石型）落石

　はく離型（浮石型）落石は，割れ目の多い硬い岩よりなる斜面で発生するものと，硬い岩と軟らかく風化・浸食に弱い岩との互層よりなる斜面で発生するものがある。前者は割れ目（断層を含む）の発達した岩の場合，地表水の浸透や地下水の湧出により，時間とともに割れ目の結合力が弱められ，また，凍結によって割れ目が拡大され，ブロック状に岩がはく離して，落石となるタイプであり，古生層，中生層等の古い年代の地層や溶岩類に多い。

　後者は硬さの異なる地層が互層となっている場合で，地層によって風化・浸食に対する耐久性が異なるため，オーバーハングとなる部分ができて，この部分がはく離するタイプである。この場合，最初から割れ目がなくとも，新しい引張亀裂（テンションクラック）が発生して，はく離することが多い。第三紀層等の新しい年代の地層や火山噴出物に多い。

（ⅲ）その他の落石

風化・浸食で残留した尾根上の巨礫等が，支持部の風化や浸食，あるいは地震等により，不安定化して発生する落石は，風化花こう岩，亀裂間隔の比較的大きな火山岩や凝灰岩等の地層に多く見られる。

　落石の発生形態は上記の３種類に分けられる。これらはそれぞれの発生機構や，誘因が異なるため，この区分は落石の危険性を判断したり，対策工を計画するための基本となる。

　また，落石対策の観点からは，上記の３種類のほか，小規模な岩の崩壊と沢部での礫の移動（流下）をつけ加えることがある。

1－3－3　地すべりの発生形態

>　地すべりは，応力開放，地下水等の影響により発生する。突発的に発生する表層崩壊と異なりすべりが緩慢であり，以下の４つのタイプがある。
> （ⅰ）岩盤地すべり
> 　移動土塊は，比較的新鮮な岩盤よりなり，一般に地すべり土層の厚さが大きい。
> （ⅱ）風化岩地すべり
> 　移動土塊が風化岩からなるもので，岩盤地すべりが風化してこのタイプに移行したものを含む。
> （ⅲ）崩積土地すべり
> 　移動土塊は主として礫混じりの土砂によって構成されている。風化岩地すべりがさらに風化されてこのタイプに移行したものを含む。
> （ⅳ）粘質土地すべり
> 　移動土塊の大部分は礫混じりの粘土で構成され，風化岩地すべりや崩積土地すべりがさらに風化されてこのタイプに移行したものを含む。

　地すべりは地形，地質，あるいは運動形態等によって分類されるが，地すべりの防止を目的とした調査・対策の計画のためには地すべり土塊の性質及び地すべりの運動過程における土塊の性質の変化に着目した分類が適切である。これによれば上記の４つの型に分類される。

（ⅰ）岩盤地すべり

　頭部に明瞭な滑落崖，または帯状の陥没を生じそこに地下水が集中する。運動中に次第に頭部が明瞭になってくるが，発生前には頭部は不明瞭な場合が多い。地形的には凸型斜面に多く発生し，すべり面は平面状で頭部の引張亀裂は70～90°に直立し，ちょうど椅子のような形のすべり面になる。すべり面粘土もせいぜい厚さ2cm位がみられる程度である。運動した距離に比例して土塊を形成する岩盤に亀裂が発生し，側面部，末端部及び陥没部では礫状化が進み側面部では2次的に浅い地すべりを発生することもある。

（ⅱ）風化岩地すべり

　風化岩地すべりの初生的なものが，強風化あるいは強変質岩地域で発生することがある。地すべりの末端部や側面部，陥没帯では巨礫混じり土砂の形態をとることもある。岩盤地すべりが風化したタイプの場合は，地形的には岩盤地すべりのときにできた頭部（台地状部）と滑落崖（たいていは馬蹄形）が明瞭であるので空中写真や1/2,500～1/5,000の地形図で判読することができる。すべり面は末端部では平面状であるが頭部付近では弧状に変化し，円弧と直線の複合した形の場合が多い。末端部と側面部には2次的な崩積土や粘質土の地すべりを伴うことがある。集中豪雨，異常融雪等の異常事象や中規模の土工が誘因となりやすい。

　地すべり土塊は強風化岩であるから多くは褐色系に変色しており，ボーリングを行うとすべり面を境にして明瞭に色が変わるので，これによってもすべり面の分布を確認することができる。

（ⅲ）崩積土地すべり

　地形は典型的な地すべり地形となり，すべり面は弧状を呈する場合が多い。地表の乱れがはなはだしく，池や沼，湿地，凹地等が各所に見られるようになるので空中写真や1/5,000～1/10,000の地形図から容易に判読できる。降雨や融雪等で発生しやすく，末端部は粘質土の流動状を呈する場合もある。

（ⅳ）粘質土地すべり

　地形的には凹形斜面であり，運動によって地表の状態が変化しやすいので，地元の聞き込みによっても比較的容易にその分布を探ることができる。運動は流動状で，地すべり土塊が高含水比を持つ場合には，泥流化することがある。

1-3-4　土石流の発生形態

> 　土石流は，以下のように分類される。
> （ⅰ）渓床堆積土砂礫の流動化による土石流
> 　急勾配の渓床上に堆積している土砂礫に豪雨や急激な融雪等によって水が供給されて流動化する。
> （ⅱ）山腹崩壊土砂の流動化による土石流
> 　山腹崩壊土砂が斜面を落下する間にその構造が壊れ，水と混合されて流動化する。この種の土石流は斜面崩壊と区別することが困難な場合がある。
> （ⅲ）天然ダムの崩壊による土石流
> 　崩壊土砂が渓流を一時せきとめて天然ダムをつくり，水が天然ダムを越流浸食して，または天然ダムが崩壊して土石流となる。
> （ⅳ）地すべり土塊の流動化による土石流
> 　主に高含水比を持った地すべり土塊が流動化して土石流となる。

　土石流は，谷底及びその上流域の土砂が，豪雨，融雪，地震等により流動化し，谷から段波的に流出するものであり，上記の4種類の発生形態が考えられる。
　土石流の発生には，急な勾配，十分な水，移動し得る土砂の三つの要素を同時に満足することが必要である。土石流の多くは，勾配が15度以上の渓床に発生し，大半は渓床勾配10度以下，2度以上の区間に停止堆積するが，細粒の土砂はさらに緩勾配の区間まで到達することがある。
　土石流は水，土砂の他巨礫や大量の木幹，枝葉を含むことが多く，巨礫を含む場合には，それらが土石流先頭部に集中する傾向があり，土石流先頭部の粗粒化現象と呼ばれる。土石流が到達する直前の渓流は，通常に比較して流量がかなり小さくなるのが一般的で，土石流の到達とともに流量は急激に増加する。
　土石流の流速は，礫の割合の多い土石流（砂礫型土石流）では数m～10m/sec程度であるが，火山地帯の土石流（泥流型土石流）では，含水比の多寡によりかなり遅いものから15～20m/secに達することもある。

参表1−1(a)　切土のり面の崩壊及び斜面崩壊の発生形態

分　類	解　　説	模　式　図	代　表　地　質	備　考
Ⓐ浸食,崩落	①乾湿，凍結，雨食等により表面がはく離，あるいはガリー（掘れ溝）ができる。放置すると深い崩壊に移行することがある。	（平面図）　　　平面図	火山灰土，まさ土，細砂，凝灰岩（新第三紀），風化した粘板岩，表土	切り放しののり面か，活着度の悪い植生工において発生することが多い。
	②斜面上のオーバーハング状を呈する部分が崩落する。		しらす，段丘砂礫層，崩積土，火山砕屑物	特に斜面で発生し易いが，切土ののり面の下部斜面が抜け落ちた場合等にも発生する。
	③亀裂や節理に富んだ岩が崩落する。		中・古生層，火成岩	同上。個々に分かれて発生する小規模のものは落石に分類され，大規模なものは岩盤崩壊に分類される。
Ⓑ表層崩壊	①表土が滑落する。時には下層の強風化岩層を含んで滑落する。湧水が誘因となることが多い。	湧水	砂質土，粘性土，崩積土，花こう岩，凝灰岩，泥岩，粘板岩，安山岩等の強風化層	

分類	解説	模式図	代表地質	備考
	②岩の表層が風化等に伴って滑落する。		泥岩，凝灰岩，輝緑岩，風化した粘板岩，片岩等	切土のり面では急速に風化が進むため，特に注意を要する。
	③流れ盤構造や，岩盤中の割れ目（節理，小断層，薄層）に沿って岩が滑落する。後者の場合，くさび状の崩壊も多い。		流れ盤構造を有する岩（互層，結晶片岩，粘板岩等），層理，片理，節理等の発達した岩（粘板岩，結晶片岩，蛇紋岩，花こう岩，流紋岩，安山岩，チャート，石英はん岩等）	
ⓒ大規模崩壊・地すべり性崩壊	①軟弱で固結度の低い地層からなる斜面や地質構造的に不安定要因をもつ斜面が地下水位の上昇に伴って大規模に滑落する。	上層と透水性の異なる下層	砂層，しらす，岩盤や旧すべり面上に崖錐層，崩積土，砂礫，火山灰土等が厚く堆積している場合	地下水が多い場合特にこの型の崩壊が多い。土質や地形条件により大規模な崩壊となる場合がある。

分類	解説	模式図	代表地質	備考
	②流れ盤や断層・破砕帯等の地質構造を有する岩体が大規模に滑落する。岩盤崩壊の一つのタイプである。	(破砕帯)	流れ盤構造を有する岩（互層，結晶片岩，粘板岩等），中古生代の堆積岩。花こう岩，石英はん岩等火成岩でも発生する。	
	③受け盤の斜面や割れ目の発達した岩の斜面が前方へ転倒する。岩盤崩壊の一つのタイプである。		中・古生層，第三紀層，火成岩，蛇紋岩	小規模のものは表層崩壊に分類される。

参表 1-1(b) 岩盤崩壊の発生形態

崩落	滑動			トップリング	バックリング
	円弧・複合すべり	平面すべり	クサビすべり		

参表1−1(c) 落石の発生形態

分 類	解 説	模 式 図	代 表 地 質	備 考
ⓖ抜落ち型 (転石型)	①礫を含む土砂斜面上の礫が抜け落ちるタイプ。		段丘,火山砕屑物等	
	②岩盤上の土砂中の礫が転落するタイプ。		崖錐,崩積土,山腹斜面や切土のり面上の強風化岩等	岩盤と土砂の位置関係によっては浮石型落石も複合して発生する場合がある。
ⓗはく離型 (浮石型)	①岩盤中の不連続面に沿ってはく離するタイプ。		亀裂の多い,または亀裂が連続する岩盤全般	斜面と亀裂の方向によってすべり,転倒,落下等の様々な形態を示す。ゆるみの度合いに注意。
	②風化・浸食しやすい岩盤の表面がはく離するタイプ。		新第三紀以降の風化しやすい軟岩,硬軟互層等	一般に規模は小さいが硬軟互層のオーバーハング部等で大きな落石を生じることがある。
①その他	①風化・浸食で残留した尾根上の巨礫等が不安定化するタイプ。		風化花こう岩等	頻度は小さいが規模が大きい場合が多い。

参表1－1(d)　地すべりの発生形態

分　類	解　　説	模　式　図	代　表　地　質	備　考
ⓙ岩盤地すべり	①凸状尾根形地形ですべり面は椅子型、舟型。鞍部から発生。 ②頭部では岩盤または弱風化岩、末端で風化岩状。 ③突発性で予知は非常に困難、綿密な踏査、精査を必要とする。	断面 平面 凸状尾根形地形	断層や破砕帯の影響を受けるものが多い。第三紀層、結晶片岩、中・古生層等	大規模土工、斜面水没、地震、豪雨が原因となって発生する。
ⓚ風化岩地すべり	①凸状台地形または単丘状、凹状台地形ですべり面は椅子型、舟型。 ②頭部で亀裂の多い風化岩、末端では巨礫混じり土砂よりなる。	断面 平面 単丘状地形 凸状台地状地形	結晶片岩、中・古生層、新第三紀層で断層、破砕帯の影響を受けたもの	集中豪雨、異常融雪、地震、中規模な土工が原因となる。

分類	解説	模式図	代表地質	備考
Ⓛ 崩積土地すべり	①多丘状,凹状台地形をなし,すべり面は階段状,層状で2～3ブロックに分割できる。 ②主として礫混じり土砂よりなり末端で粘土化。 ③5～20年に再発を繰り返すやや断続的な運動形態となる。地形的に地すべり履歴が明らかで1/5,000～1/10,000地形図でも確認でき地元での聞き込みも有用。	断面 平面 多丘状地形	結晶片岩,中・古生層,新第三紀層,蛇紋岩地質における崩積土	融雪,台風,集中豪雨,中規模土工が原因で発生
Ⓜ 粘質土地すべり	①凹状緩斜地形をなし,すべり面はさらに階段状,層状形となって多数のブロックに分けられる。ブロック間の相互関連度は深まる。 ②主として粘土または礫まじり粘土からなる。 ③1～5年のうちに再発し継続的な移動を示すため,地すべりの存在は地元に通常知られている。	断面 平面 凹状緩斜地形	新第三紀層,破砕帯,温泉余土等	豪雨,融雪,河川浸食,小規模土工で容易に活発化

参表1-1(e)　土石流の発生形態

分　類	解　説	模　式　図	備　考
Ⓝ渓床堆積土砂礫の流動化による土石流	急勾配の渓床上に堆積している土砂礫が豪雨や急激な融雪等によって大量の水が供給されて流動する。		
Ⓞ山腹崩壊土砂の流動化による土石流	山腹崩壊土砂が斜面を移動する間にその構造が壊れ，水と混合されて流動化する。		
Ⓟ天然ダムの崩壊による土石流	崩壊土砂が渓流を一時せき止めて天然ダムをつくり，水が天然ダムを越流浸食してまたは天然ダムが崩壊して流動化する。		
Ⓠ地すべり土塊の流動化による土石流	高含水比を持った粘質土地すべりの土塊が流動化する。		

第2章　のり面工・斜面安定工の基本方針

2-1　のり面工・斜面安定工の目的

> のり面工・斜面安定工は，斜面の崩壊等による土砂災害から道路利用者を守り，安全かつ快適な道路の走行空間を確保することが基本的な目的である。

　のり面工・斜面安定工の主目的は，斜面の崩壊等による土砂災害から道路利用者を守り，安全かつ快適な道路空間を創造することである。このため，のり面工・斜面安定工を構築するに当たっては，まず第一に，崩壊等の発生形態と規模を想定し，土砂災害をどのように防止または回避するかなど，安全に対する適切な対応策を選定することが重要である。特に，斜面には崩壊，落石，地すべり，土石流の複数の災害現象が混在しており，個々の現象を考慮して複合的に対策を講じなければならない。したがって，現地の状況を十分に調査し，必要な対応策を適切に判断しなければならない。

　また，のり面工・斜面安定工は，改変による自然への影響をできるだけ緩和し，周辺の自然環境や景観といかに調和させることができるかといった視点も重要である。さらに，大規模なのり面や構造物は，道路を走行する者に対して圧迫感・威圧感を与えるため，これを軽減させるとともに，視点の移動速度に応じた連続性や快適性を図ることにより，安全・快適な走行を確保する必要がある。そのうえ，道路に重要施設や住居が隣接している場合もあるので，のり面工・斜面安定工を実施している際に，これら第三者への影響がないように配慮することも必要である。

2-2　のり面工・斜面安定工の基本

> (1)　のり面工・斜面安定工は，使用目的との適合性，構造物の安全性，耐久性，施工品質の確保，維持管理の容易さ，環境との調和，経済性を考慮して，実施する。
>
> (2)　のり面工・斜面安定工の実施に当たっては，のり面工・斜面安定工の特性を踏まえて，計画・調査・設計・施工・維持管理を適切に実施する。

(1)　のり面工・斜面安定工の配慮事項

　のり面工・斜面安定工の配慮事項は，のり面工・斜面安定工を実施するに当たり，常に留意しなければならない基本的な事項を示したものである。

① 　使用目的との適合性

　使用目的との適合性とは，のり面工・斜面安定工が計画どおりにのり面・斜面で発生する災害を防止し，支障なく道路が交通に利用できる機能のことであり，通行者が安全かつ快適に使用できる供用性等を含む。

② 　構造物の安全性

　構造物の安全性とは，地下水，気象等の作用に対し，のり面工・斜面安定工が適切な安全性を有していることである。

③ 　耐久性

　耐久性とは，のり面工・斜面安定工に経年的な劣化が生じたとしても使用目的との適合性や構造物の安全性が大きく低下することなく，所要の性能が確保できることである。例えば，のり面の浸食や崩壊等に対して耐久性を有していなければならない。

④ 　施工品質の確保

　施工品質の確保とは，設計においてその構造が使用目的との適合性や構造物の安全性を確保するために確実な施工が行える性能を有することであり，施工中の安全性も有していなければならない。このためには，施工の良し悪しが耐久性に及ぼす影響が大きいことを認識し，品質の確保に努めなければならない。

⑤ 　維持管理の容易さ

維持管理の容易さとは，供用中の日常点検，材料の状態の調査，補修作業等が容易に行えることであり，これは耐久性や経済性にも関連するものである。

⑥　環境との調和

環境との調和とは，のり面工・斜面安定工が建設地点周辺の社会環境や自然環境に及ぼす影響を軽減あるいは調和させること，周辺環境にふさわしい景観性を有すること等である。

⑦　経済性

経済性に関しては，ライフサイクルコストを最小化する観点から，単に建設費を最小にするのではなく，点検管理や補修等の維持管理費を含めた費用がより小さくなるよう心がけることが大切である。

(2)　のり面工・斜面安定工の基本的考え方

1)　のり面工・斜面安定工の基本方針

のり面工・斜面安定工においては，土砂災害の発生形態が多様であることを踏まえ，道路区域内外の広い範囲に分布する危険性について，災害発生形態を予測し，次の①から④の方針のもとに適切な対応策を選定する。

① 想定される災害規模が大きい場合には，対策工による抑止・抑制が困難であり，災害が発生した場合には社会的影響が大きいので，概略・予備調査の段階で問題箇所を抽出してできる限りそこを回避した路線や道路構造の選定を行う。

② 路線選定後，対策工を行う箇所については，現地の地盤条件や地形条件を踏まえて想定される災害形態と規模に応じた対策工を行う。

③ 維持管理の段階でも弱点を見つけて対応し，地盤の不均質性や風化等による経年変化等の不確実性に対応して，段階的に性能を高めていく。

④ のり面工・斜面安定工は，周辺の自然環境や景観に影響を及ぼすものであり，安全性の確保と併せて，できる限り周辺の環境・景観に配慮した対応策を検討する。

2)　のり面工・斜面安定工の特殊性

（i）自然の地山の多様性への対応と環境への配慮

安全な道路空間を形成するためには，地山の性状を把握し適切な対策を選定し，道路に隣接するのり面・斜面の安定を確保することが必要である。切土工によって新たに露出した土や岩は，応力を解放されたことによるゆるみ並びに風化現象によって，時間の経過とともに劣化が進み強度が低下するのが一般である。このため，切土のり面の安定性は，岩質，土質，堆積状況，気象条件等が複雑にからんだ進行度で低下していく傾向にある。また，のり面・斜面の安定性に与える水の影響は非常に大きく，特に表流水による浸食，地下水による強度低下を十分考慮しなければならない。さらにのり面・斜面の状況は変化に富み，いかにそれに合った対策を行うかが，防災性，経済性，維持管理の難易に大きく影響する。

　また，のり面工・斜面安定工は，自然地形や植生の改変を伴い，のり面・斜面に人工物を設置するものであるため，周辺の自然環境及び景観に影響を及ぼす。そのため，切土部ではなるべくのり面が生じないように配慮すると共に，のり面工・斜面安定工を実施する際は安全性の確保と併せて，周辺の自然環境と調和する植生を再生したり，改変部や構造物を目立たせなくするなど，できる限り周辺の環境・景観に配慮することが必要である。環境・景観対策では植物も扱うことから，植生管理も重要である。

　さらに，地盤の掘削に伴う地下水障害や自然由来の重金属及び酸性水の溶出等，周辺への配慮も必要である。

（ⅱ）現場の工学的判断の重要性と段階的に性能を高めていくことが基本

　のり面工・斜面安定工は，対象となる地山の性状が複雑で一様でないため調査や試験の結果に基づいて定量的に評価し得る度合は低く，既往の実績・経験等に照らし合わせて総合的に判断しなければならないことが多い。このため，のり面工・斜面安定工は，現場の技術者の経験と適正な判断に対する依存度が高い。「１－３　のり面・斜面の災害発生形態」で示すように，道路における土砂災害の分類は，崩壊，落石，地すべり，土石流の４つに大きく分類されるが，さらにこれらの発生形態は極めて多様であり，現地の状況を見てどのような現象の災害が発生するかを予測して，適切な対応策を選定することが重要である。

　特に，想定される災害規模が大きい場合には，対策工による抑止・抑制が困難であり，災害が発生した場合には社会的影響が大きく，概略・予備調査の段階で

問題箇所を抽出してできる限りそこを回避した路線や道路構造の選定を行う必要がある。想定される災害規模が大きい箇所について対策工を実施すると，維持管理の際にも膨大な労力が必要となるため，できる限り回避することが望ましい。

事前に回避せず路線選定後に対策工を行う箇所については，想定される個々の災害の発生形態に応じた対策工を実施するが，地山の構造や土質の変化等の元来不均質である地盤の全容を明確にすることは困難であり，調査段階で得られた結果から現場技術者の予測に基づき対策工を選定し，設計する。

施工段階においても，調査段階で想定した地盤の状況との違いに注意して対応するとともに，維持管理の段階でも弱点を見つけ出して対応し，段階的に性能を高めていく必要がある。

(ⅲ) 調査・設計・施工・維持管理の各段階の情報の共有化が必要

のり面工・斜面安定工においては，地盤の不均質性や経年変化等の不確実性に対して，調査・設計・施工・維持管理の各段階で得られる情報を反映して対応する必要がある（解図2－1参照）。不確実性の影響は，のり面工・斜面安定工を実施した後に現れた変状によって明らかになることもあり，その中でも維持管理の役割が大きい。

このように，のり面工・斜面安定工においては，計画・調査・設計・施工・維持管理の各段階において，のり面・斜面に対する作用やのり面・斜面の状況を考慮しながら，適切な対応を実施することが必要である。

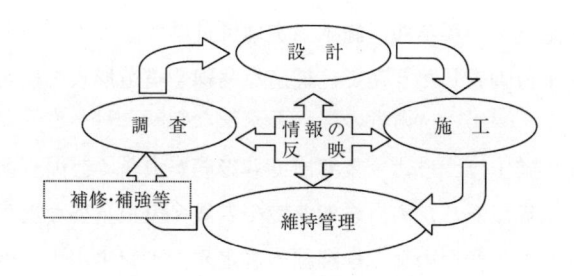

解図2－1 各段階での情報の蓄積と伝達

2-3　のり面工・斜面安定工の計画と検討事項

> のり面工・斜面安定工は，道路建設の各段階において，想定される災害の形態及び規模に応じて，路線の変更，発生源対策，待ち受け対策，通行規制等を適切に組み合わせ，防災面及び環境・景観面から総合的に対応策を検討する。

(1) 路線選定時における配慮事項

　道路を新設する場合，上位の道路計画に基づいて，数本の比較検討路線が設定される。この比較検討路線について，社会的，技術的，経済的及び環境・景観的側面からの調査・分析を行い，計画路線が選定される。

　大規模な崩壊や落石，地すべり，土石流等のように対策工だけでは対応しきれないような道路の区間において，既設道路では通行規制等を併用することがある。しかし，道路を新設する場合には，計画段階において路線の要注意箇所を把握し，できる限り回避した路線の選定・変更，トンネル及び橋梁等による構造型式の選定等により対応するのが望ましい（**解図2-2**参照）。

　地すべり地等において大規模な盛土工や切土工を行うと思わぬ災害を引き起こすことがあるほか，地山の掘削に伴う地下水障害や自然由来の重金属や強酸性水の溶出等，周辺環境への影響が問題となる場合もあるので，道路の計画段階においては資料調査や地形判読，地質概査等により路線上の要注意箇所を把握するとともに，問題が予想される場合には，現地踏査，ボーリングや物理探査等によって事前に地形・地質・土質条件，施工予定地付近の既設ののり面・斜面における崩壊・変状等を十分調査したうえで，最適な路線や構造形式を検討するのが望ましい。

　また，大規模な切土は，自然・景観面でも影響が大きく，のり面保護工等での保全や再生には限界があるため，自然環境や景観保全上重要な場所においては，できるだけのり面が生じないような路線の選定や，トンネル化や橋梁化等により大規模な地形の改変を回避することが望ましい。

(2) 計画路線の選定後における安全性の確保の基本的考え方

　計画路線の選定後，切土箇所及び斜面安定工実施箇所が決まるので，想定される現象と規模に応じた個々の必要な恒久対策を実施して，道路の安全の確保を図ることになる。しかしながら，対象とする地形・地質は複雑で不均一であるうえ，風化等気象作用による経年変化もあるため，規模も含めて現象の想定が容易ではなく不確実なものである。

　この自然の不確実性の影響を少しでも緩和するために，のり面工・斜面安定工は道路建設の流れに沿って大局的な検討から詳細検討，設計・施工，維持管理まで適切に実施しなければならない（解図2－2参照）。

　一方，既設の道路では，想定される災害が道路用地外で発生するもので現状では対応ができない規模の場合や，災害の仮復旧等の応急的な対応を行っている場合等，道路利用者が安全に走行できないと判断される場合もある。また，予算等の制約から個々の対応を段階的に実施して少しずつ全体の安全性の向上を図っていかなければならないのが現状である。このため，必要とされる対策，あるいはトンネルやバイパスによる抜本対策等の恒久的な対応策が完了するまでは，通行規制による暫定的な対応により，災害から回避して道路利用者の安全を確保することが必要である。

　安全確保のための主な対応策は，以下の通りである。
① 路　線　の　変　更：既存の道路を災害発生危険箇所から迂回し回避（移設する）。路線の小シフトを含む。
② 発　生　源　対　策：想定する規模の浸食や崩壊等を防止する。
③ 待 ち 受 け 対 策：想定する規模の崩壊土砂等の道路への流出を防止する。
④ 通　行　規　制：道路交通を規制し，災害から道路利用者を回避する。

　のり面工・斜面安定工の設計では，一部の構造物工を除き経験的技術が重視されている。例えば，切土の標準のり面勾配がそれにあたる。これは規定された切土高の範囲においては，地質・土質別に，そののり面勾配によって日本の自然環境のもとで交通に大きな支障となる被害が避けられる基準を実績に照して示したものである。したがって豪雨，地震等についても，特別な異常時を除いて考慮されているものとみなしている。

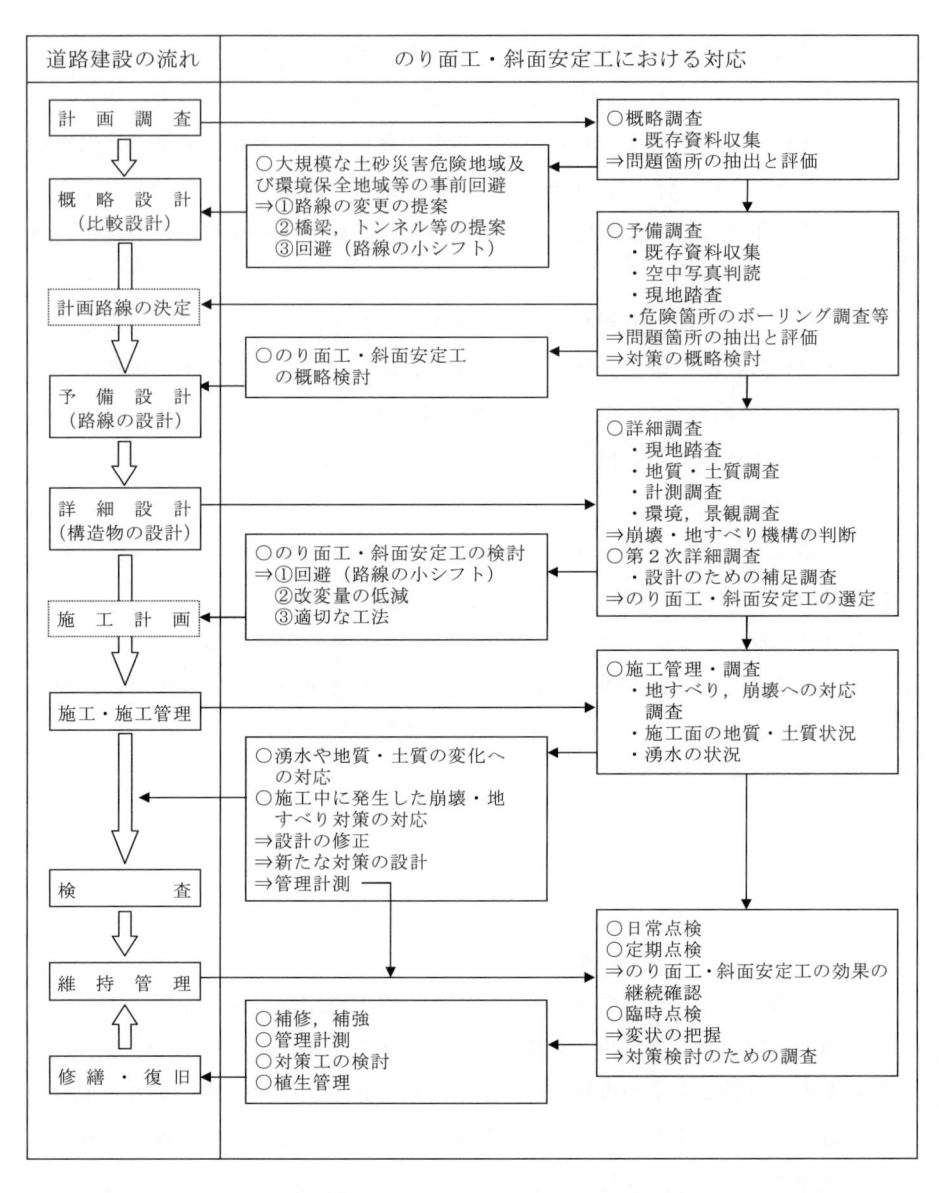

道路建設の流れ	のり面工・斜面安定工における対応
計画調査	○概略調査 ・既存資料収集 ⇒問題箇所の抽出と評価
概略設計 (比較設計)	○大規模な土砂災害危険地域及び環境保全地域等の事前回避 ⇒①路線の変更の提案 　②橋梁，トンネル等の提案 　③回避（路線の小シフト）
	○予備調査 ・既存資料収集 ・空中写真判読 ・現地踏査 ・危険箇所のボーリング調査等 ⇒問題箇所の抽出と評価 ⇒対策の概略検討
計画路線の決定	
予備設計 (路線の設計)	○のり面工・斜面安定工の概略検討
詳細設計 (構造物の設計)	○詳細調査 ・現地踏査 ・地質・土質調査 ・計測調査 ・環境，景観調査 ⇒崩壊・地すべり機構の判断 ○第2次詳細調査 ・設計のための補足調査 ⇒のり面工・斜面安定工の選定
施工計画	○のり面工・斜面安定工の検討 ⇒①回避（路線の小シフト） 　②改変量の低減 　③適切な工法
施工・施工管理	○施工管理・調査 ・地すべり，崩壊への対応調査 ・施工面の地質・土質状況 ・湧水の状況
検査	○湧水や地質・土質の変化への対応 ○施工中に発生した崩壊・地すべり対策の対応 ⇒設計の修正 ⇒新たな対策の設計 ⇒管理計測
維持管理	○日常点検 ○定期点検 ⇒のり面工・斜面安定工の効果の継続確認 ○臨時点検 ⇒変状の把握 ⇒対策検討のための調査
修繕・復旧	○補修，補強 ○管理計測 ○対策工の検討 ○植生管理

解図 2-2 道路建設事業の各段階におけるのり面工・斜面安定工による対応

異常時におけるのり面・斜面の安定については未解明な点は多いが，調査等により災害の発生源や素因を予測・想定することが大事で，その結果を踏まえて安定の検討を行い，経験的技術を重視しつつ発生源対策，待ち受け対策，通行規制を複合的に駆使して安全性を確保しなければならない。

　また，施工段階では，斜面の地質・土質の変化や湧水等が明確になることが多く，施工箇所の状況に注意しなければならない。異常が確認された場合には，実施している工法でのり面・斜面の安定を保つことができるか再検討し，最適な対応策を実施する必要がある。特に，のり面・斜面の崩壊の最大の要因は水で，降雨や地下水の適切な排水を実施することが重要であり，施工中に湧水が発見された場合には適宜排水対策を検討しなければならない。

　さらに，経年変化や潜在する地盤の不確実性に対しては，維持管理段階においてものり面工・斜面安定工の効果を確認し，補修あるいは補強により目的とする機能を維持していかなければならない。

　のり面・斜面の地震時の安定については，通常規模の地震においては被害が限定的であること，及び橋梁等の鋼あるいはコンクリートでできた構造物に比べて復旧が容易であること等の理由により，これまで特別の場合を除き必ずしも力学的な耐震設計がなされていなかった。しかし，平成7年1月に発生した兵庫県南部地震を契機として，道路をはじめとする公共土木施設の地震に対する安全性のより一層の向上が求められるようになったこと，また，道路のネットワークとしての機能を考慮すれば，橋梁，トンネル，のり面・斜面等の土工部において地震に対する安全性のバランスを確保する必要があることから，のり面・斜面においても地震に対して従来以上の安全性を確保することが望まれる。ただし，のり面・斜面は延長が膨大であるため，一律に地震に対する安全性を向上させるのは財政的制約あるいは投資効率等の観点から必ずしも現実的ではないことから，地震に対して確保すべき安全性については，構造物の重要度，復旧の難易度等を考慮して設定するのが望ましい。

　地震時に対するのり面・斜面の安定については未解明の点が多く，耐震設計を明確に規定できないという技術的な制約があるのも事実である。したがって，このような点については現時点での技術的知見を最大限に活用して対応していくと

ともに，解明のための調査研究を進めていく必要がある。

(3) 環境との調和について

　自然環境や景観の保存・保全の必要な地域を回避する路線の選定や，地形の改変を軽減する道路構造を検討する。また，緑化により周辺と調和させたり，構造物自体の形状・表面の工夫等を検討する。

　のり面工・斜面安定工は，安全性の確保と併せてできる限り道路内外の環境・景観に配慮することが必要である。路線選定に当たってはまず，保存・保全の必要な地域を回避したり，トンネル化や橋梁化等により改変を軽減するとともに，切り盛りのバランスの取れた路線の選定を検討する必要がある。また路線の回避等が困難な場合には，緩勾配化により自然植生の復元を容易にする手法や，積極的に周辺と同様の樹種による樹林化を行う等の手法を採用するなど，周辺の自然条件を十分考慮して検討する必要がある。

　また，道路利用者の安全・快適な走行の確保に当たっては，緑化により周辺と調和を図ったり，色彩や明度等を工夫して構造物自体を見えにくくしたりすること，構造物自体の形状や表面の工夫等が挙げられる。

　これらの詳細は，「第4章　環境・景観対策」を参照されたい。なお，環境・景観対策として植物の活用は有効であるが，植物の生育には時間がかかるので，長期的な視点が必要である

　以下，「2-3-1」～「2-3-4」にのり面工・斜面安定工の設計時・施工時・供用中（維持段階時）における考え方について示す。

2−3−1　設計時の検討

道路の設計段階においては，事前の調査結果を踏まえて以下の観点から検討する。
(1)　予備設計時（路線の設計）
　　地形条件から用地に余裕がある場合，路線の修正（小シフト）により，土砂ポケットを確保して災害を回避したり，災害の誘発要因となるような切土部分を減らすような対応を検討する。
(2)　詳細設計時（構造物の設計）
　　のり面・斜面の状態は一様ではなく，落石や崩壊等複数の災害形態が混在している場合がほとんどである。また，対策に当たっては周辺の環境・景観にできるだけ配慮しなければならない。このため，適切な対策を複合的に検討するとともに，自然環境や景観に配慮した工法を検討する。

(1)　**予備設計時の検討**

　のり面・自然斜面の不安定化は，降雨や地震等の自然の営力によるものが一般である。小規模なのり面・斜面であれば想定される災害への対応も容易であるが，災害の規模が大きくなるにつれ，対応も困難になるうえ要する時間と費用も膨大になる。このため，のり面工・斜面安定工の調査，設計に当たっては，対象とするのり面・斜面のみに着目した調査，試験，安定解析を行う前に，それらを含む広い範囲の地形，地質的な観点からの巨視的な評価を行い，できるだけ災害の可能性を回避する方向で路線の微修正を検討するのが望ましい。

(2)　**詳細設計時の検討**

　のり面・斜面において，水に対する配慮は最も大切である。のり面・斜面の安定性は，水によって支配されるといっても過言ではない。したがって，のり面・斜面の安定のためには，表流水，湧水を処理するとともに，地山の地下水位を少しでも低下させる努力が必要である。また，のり面・斜面においては様々な災害形態が複合している場合が多いので，地形，地質，地山形態，土地利用，気象条

件等のそれぞれに対応するとともに，発生源対策（災害の発生源を除去・抑止・抑制する工法）と待ち受け対策（崩壊土砂等を道路側で待ち受けて抑制・回避する工法）の併用等，複合的な対策を検討するのがよい。

　さらに，道路事業の実施に当たって，地域の特性に応じて動植物等の自然環境や景観に対し配慮する必要がある。のり面工・斜面安定工においては，地域の自然的・社会的状況を十分把握したうえで，土地利用や地域計画等の上位計画との整合性に留意しつつ，動植物対策や景観対策を必要に応じて実施するものとする。また，切土の掘削ずりに含まれる重金属や酸性水の溶出等の自然由来の汚染に対応する場合には，改変量の少ない工法や適切な排水対策を検討する。

　なお，土工構造物は構造的な補強を比較的容易に後から行えることから，初期の工事費を節約しておいて，維持補修によって順次機能を高めていくのが得策であるという考え方が以前から強かった。しかし，最近，道路のネットワークとしての機能を確保するために，従来にも増して道路構造の安全性を高めておくことの必要性が認識されている。また，道路の維持補修作業における省力・省人化も今後避けられない課題となってくると考えられる。したがって，道路を災害に強く維持補修を軽減できる構造としておくことが望まれる。

2－3－2　施工時の検討

> 　適切な施工管理を行うとともに，施工箇所の地盤状況を詳細に観察して，必要に応じて設計条件の修正や工法の再検討をする。

　のり面工・斜面安定工においては，工事中に調査段階で予測できなかった状況に遭遇することが多い。その場合，施工中の地山状況をよく調査し，その結果を設計にフィードバックし，修正することをおろそかにしてはならない。調査，設計段階に知り得た土質等に関する情報は完全なものと思うべきではなく，施工段階における詳細な観察によって設計時の条件を再検討していかなければならない。

2−3−3　道路供用中（維持管理時）の検討

> 　点検により変状の有無を確認し，必要に応じて補修や補強あるいは新たな対策を検討する。また，防災上必要と判断される場合には，通行規制の併用も検討する。緑化した場合は，点検及び調査を行って植生管理について検討する。

　既設道路の安全性確保のために，点検を含む維持管理の果たすべき役割は大きい。点検には防災点検，日常点検，定期点検，臨時点検等があり，詳細は「第5章　維持管理」を参照されたい。

　のり面やのり面保護工について，はらみ出しや沈下等の変状が点検によって発見された場合には，その原因を追求し大事に至らないうちに補修等を行うべきである。森林伐採や宅地開発等でのり面・斜面の周辺状況が著しく改変した場合には，降雨時の集水域や浸透条件等が変わり，のり面・斜面の安定に影響を及ぼすことがあるので注意が必要である。

　なお，大規模な崩壊や落石，地すべり，土石流等のように対策工だけでは対応しきれないような道路の区間において，既設道路では通行規制等を併用することがある。

　のり面・斜面の防災性を向上させるためには，調査から施工段階までにおける地質・土質等のデータ，点検結果及び被災履歴，補修・補強履歴等の維持管理上必要となる情報を長期間に渡って保存し，活用していくことが重要である。

　また，のり面緑化工は施工完了後に植物が時間をかけて生育することで目標が達成される。目標群落の成立には長期間を要することが多く，点検及び調査により成立度合いを把握して，植生管理について検討する。のり面の植生管理には育成管理と維持管理があり，詳しくは「8−3−9　のり面の植生管理」を参照されたい。

2－3－4　新技術の活用

> のり面工・斜面安定工の調査・設計・施工・維持管理の各段階において，技術動向を踏まえて新技術の活用を検討する。
> 新技術の活用に当たっては，対象とするのり面・斜面での対策等の目的と新技術・新工法の特徴を理解し，導入効果の十分な検討を行う。

　環境・景観への配慮や性能の向上，省力化等の観点から様々な新工法が開発されてきている。これらは，材料，施工方法，形状，構造等の違いはあるものの，各工法の基本的な目的は既存の分類工種に包括されるものである。新技術は実績の少なさから十分検証されていないものもあるため，試験施工及び追跡調査の実施等その導入効果の確認を必要に応じて行うものとする。
　なお，最近では，建設技術に関する新技術情報提供システム（NETIS）における新技術の事後評価が充実し，評価結果のついた新技術情報が容易に入手可能になってきているので参考にするとよい。また，入札後VEやプロポーザル方式等の技術提案型の契約方式を積極的に活用し，新技術を導入しやすい環境を整備することも重要である。
　以下，(1)～(3)にのり面緑化工，斜面崩壊対策工（構造物工）及び落石，地すべり，土石流対策工の技術の開発動向と特徴を述べる。

(1)　のり面緑化工
　植生工においては，材料にリサイクル素材を使用した環境負荷低減性の高い工法や環境・景観に配慮した植生を目指す工法，急勾配斜面や硬質土・モルタル吹付のり面等の緑化困難地への緑化工法が開発されてきている。
　リサイクル素材を使用する緑化では，現場で発生した伐採木・伐根等をチップ化し，生あるいは堆肥化した上で基材として利用するものや，その他建設副産物や一般廃棄物等をそのままもしくはリサイクル資材として加工したものを基材として利用する工法が多く，植生基材吹付工と同様の機械を用いて施工されることが多い。これらの工法はリサイクルの観点から環境負荷低減性は高いが，良好な

植生の確保や高い緑化目標の設定が困難な場合もあるので，事前の十分な検討が必要である。また，植生基材吹付工の接合材として石炭灰等を使用して基材と地山との接着性を堅固にして金網等の緑化基礎工を必要としない工法も開発されているが，活用に当たっては安定性や安全性に関して十分な検討が必要である。

緑化困難地への緑化工法では，厚い基盤や大量の客土材を保持するための階段状やポケットの保持部材を併用したものが多く，活用に当たっては保持部材の耐久性や客土材について十分な検討が必要である。

その他，植生工の新技術に関しては「8−3−8 植生工における新技術の活用」を参照されたい。

(2) 構造物工（斜面崩壊対策工）

構造物工（斜面崩壊対策工）においては，高所のり面等の施工困難地へのモルタル吹付工法や高い吹付品質(強度)を確保することで断面を小さくする工法等，施工性や品質向上，コスト縮減を考えた工法が開発されてきている。

また，一般的に風化・浸食防止を目的とした密閉型のモルタル・コンクリート吹付工に対し，開放型であるポーラスな透水性のあるコンクリート吹付工も開発されているが，安定性や耐久性の面から適用箇所には十分な検討が必要である。

環境・景観に配慮した工法として，既存木を残したままで鉄筋挿入工の頭部を連結するのり枠や，連続した繊維を混入した土工構造物を造成することで緑化を可能にする工法等も開発され，採用事例も増加している。

地山補強土工やグラウンドアンカー工では，頭部支承構造物を工場生産されたコンクリート製品の他，鋼製や樹脂製等で軽量化したものや植生により被覆可能な製品が開発されている。いずれも抑止力を地山に均等に伝達する本来の機能に，施工性や環境・景観への配慮等を付加したものである。グラウンドアンカー工においては，特殊な場所に対応可能な新素材の引張材（連続繊維補強材）を使用する工法も出てきている。

(3) 地すべり対策工，落石対策工，土石流対策工

地すべり対策工においても，構造物工（斜面崩壊対策工）で述べたような新技

術が開発されてきている。さらに，杭の継ぎ手処理等の施工性向上を図る新技術，集水管の形状を工夫して地下水排除工の集水効果を高めるなどの性能向上を図る新技術，部材の耐久性向上を図る新技術の開発も見られる。また，地すべり調査においては，航空レーザー測量を用いることで，従来用いてきた地形図では表現されない地すべりの兆候を示す微地形が判読できる場合がある。

すべり面を決定するためのボーリング調査では，界面活性剤を用いたボーリングの実施により，良好なコアが得られる場合がある。必要に応じて活用するとよい。

落石対策工においては，原位置で落石を防止する方法として岩盤等の接着工法が開発されている。現状ではその機能や性能を評価するには不明な部分があるので，適用実績を考慮して活用するのがよい。大規模な落石の防護工として高エネルギーを吸収できる防護網工や防護柵工も多く開発されてきているが，これらの新工法は規模が大きいために景観面で問題となる場合もあるので，環境・景観に配慮が必要な箇所での採用の際には検討が必要である。緑化をすることにより環境・景観に配慮した防護擁壁工は，基本的な機能は従来の擁壁工と変わらないものであるので，環境・景観に配慮が必要な箇所では有効な工法である。また落石調査等においては，岩盤斜面の振動計測によって不安定岩盤ブロックを簡便かつ精度よく抽出する手法等が提案されている。

土石流対策工においては，高エネルギーを吸収できる落石防護網を利用した透過性のものが開発されてきており，その効果及び部材の耐久性等を考慮して活用するのがよい。

第3章 調　査

3－1　調査の基本方針

> のり面・斜面の調査は，のり面・斜面安定を基本に環境・景観の調査（第4章参照）についても考慮し，調査結果に基づいて道路の計画・設計・施工時，及び供用中（維持管理時）や災害時に適切な対応を行うために実施する。このため，どのような調査をどの段階で実施し，どう反映させるかをよく認識してそれに適した調査を行う。

　道路においてのり面・斜面の崩壊や地すべり等が発生すると，その対策に予期せぬ多額の費用を要したり，また交通途絶が社会経済活動に損害を与え，あるいは直接人命を損なうこともある等，その及ぼす影響は大きい。したがって道路の機能が長期間に渡って発揮されるためには，その計画・設計の段階からのり面・斜面崩壊等の災害の起こりにくい，かつ維持管理しやすい路線を計画する必要がある。また，環境影響評価等の結果を踏まえ，技術的な対応が必要とされる場合等は，早期に環境・景観の調査を行い対策に反映させることが望ましい。

　このためには，道路建設の各段階においてのり面工・斜面安定工での適切な対応を行う必要があり（**解図2－2参照**），のり面・斜面安定や環境・景観の調査のうちどのような調査をどの段階で実施し，道路の計画・設計・施工時及び供用中や災害時にどう反映させるかをよく認識してそれに適した調査をしなければならない。

　のり面・斜面の安定は，地山の性状に左右されるが不確実性が大きいので地山の全容を知ることが困難である。適切な対応策を実施するためには，調査等で災害発生の素因や誘因である地質・土質の変化や湧水等の予測・想定をすることが大事である。

3-2 概略調査

> 概略調査は，道路概略設計に必要な計画地域周辺の地形・地質及び環境条件の概要を把握するために実施する。

　概略調査は，道路計画段階で比較検討路線を含む路線選定を行う道路概略設計のために必要な情報を得るために行うものであり，調査対象地域の地形・地質や環境面での全般的な資料を収集・分析し，さらに巨視的な観点から広い範囲で現地踏査を実施する。これらの調査結果を，路線選定に当たって重大な影響を及ぼす問題箇所の抽出と評価や，複数の路線候補の優劣等を比較するための基礎資料として整理する。

　概略調査は，比較路線を含む広い範囲で行われるため，次のことが要求される。
① 路線が不確定な時期に行われる調査のため，広範囲の調査を行う必要があり，したがって経費がかからない経済的な調査方法であること。
② 路線選定のための設計に必要な情報が十分な精度で得られること。
③ 路線選定後に実施する調査の計画立案に役立つ情報が得られること。

　これらの調査結果は，路線選定後の予備調査の基礎資料となる。概略調査の詳細については，「道路土工要綱　基本編　2-3-1　概略調査」を参照されたい。

　なお，路線選定を行うための概略調査とその後に対応策の予備的検討を行うための予備調査とは，調査項目・手法も共通する部分が多く，調査結果の活用の面から有機的な連携が必要であるので，「3-3　予備調査」に両者を踏まえた解説を行っている。

3－3　予備調査
3－3－1　予備調査の目的

> のり面・斜面の予備調査の主たる目的は，計画路線付近でのり面・斜面の崩壊や地すべり等を生じる恐れのある範囲の分布を既存資料調査，現地踏査によって抽出し，その安定度を判定した上で，必要な対応策の概略検討をすることである。

　予備調査は，調査項目において概略調査と大きな違いはないが，計画路線を対象とした切土部及び自然斜面部の対策等の概略構造を決めるための調査となる。

　概略調査結果から比較検討段階で，崩壊多発地域，土石流多発地域等の問題箇所を避けるような選定を行っているが，予備調査により現状ですでに変状を生じている地すべりや地すべりが新たに生じる可能性の大きい箇所等の問題箇所が認められた場合は，できるだけこれを避けるような路線の選定（路線変更や小シフト）を行うことが望ましい。

　また，環境・景観上から考慮すべき問題点を抽出して環境・景観整備の基本方針を検討しておけば，統一性のない場当たり的な対応や部分的なオーバーデザインや手戻りを回避することができる。

3－3－2　予備調査の着眼点

> のり面工・斜面安定工の予備調査では，崩壊・地すべり等を起こしやすい地域を見出し，その大略の災害の可能性を評価し対応策の概略検討に役立てなければならない。このため，地形，植生，土地利用の現況，また地質・土質の項目では，崩壊・地すべりを起こしやすい地質・土質の分布状況・その地質構造等に着目する。さらに崩壊・地すべりに密接な関係がある湧水状況についても調べる。

崩壊・地すべり等を起こしやすい地域の抽出，評価に必要な調査の主要着眼点と調査方法を**解表** 3−1 に示し，概略調査・予備調査のフローを**解図** 3−1 に示す。

　予備調査の手法としては，主に既存資料の検討・空中写真判読及び現地踏査が用いられる。人工衛星によるリモートセンシング技術を用いて，土地被覆や植生状況の変化等のデータを活用することもある。

　予備調査のとりまとめに際しては，路線計画に役立てるために，問題となる現象の種類，規模，安定性，道路に対する影響等について整理する。この結果をもとに概略の対策方針について検討を加え，必要に応じて危険箇所にボーリングやサウンディングを実施する場合もある。

　これらは，路線の比較検討資料を得るため概略調査でも行われているので，概略調査結果は予備調査の計画立案のための基礎資料として活用するのがよい。

　また，ここに述べる着眼点は，道路の維持管理におけるのり面・斜面状況の全体的な把握と問題箇所の抽出を行うための調査に準用することができる。

　斜面の安定性の検討や切土のり面勾配を決定する場合，対象箇所について調査試験を行うことが大切であるが，近隣の類似した条件における既設のり面の実績（のり面勾配やのり面保護工の設計条件）と安定性の把握，変状をきたしている場合にその原因を知ることは極めて有効である。

　なお，個々の調査方法については，「3−3−3」〜「3−3−5」に示す予備調査の内容を参照されたい。

解表3-1 予備調査時の着眼点と調査方法

区分	調査の着眼点	地形図	地質図	空中写真	地質・土質調査報告書	工事記録	災害記録	土地条件図	土地利用図	地すべり分布図	現地踏査	備考
大地形	崩壊跡地	○		◎		△	△	◎			◎	
	地すべり地	○		◎		△	△	◎		◎	◎	
	土石流跡地	○		◎			△	○			◎	
	線状模様（リニアメント）	○	○	◎				○			△	
	傾斜変換線	○		◎				○			◎	
	崖錐	○	△	◎		△		○			◎	
	小起状面	○		◎				○			◎	
	河川攻撃傾	○		◎				○			◎	
	非対称山稜	○		◎				○			◎	
微地形	わずかな沢状の凹み	○		○				○			◎	
	斜面途中の坦面	○		◎				○			◎	
	段落ち、亀裂のある斜面	△		○				△			◎	
	泥・池・湿地帯の有無と配列	○		◎				○			◎	
	斜面上部及び斜面内に不安定土塊のある場合	△		○				○			○	
土質	概略の土質構成				◎	◎	◎				◎	
	問題のある土質・土層構成の把握				○	○	○				◎	
	概略の土性（含盛土材料）				◎	◎	○				◎	
	問題のある土性の把握（含盛土材料）				○	○	○				◎	
地質	概略の岩質・地質構成		◎		◎	◎	○				◎	
	問題のある岩質・地質構成の把握		○		○	○	○				◎	
	概略の地質構造		◎	△	◎	◎	○				◎	
	問題のある地質構造の把握		○	△	○	○					○	
植生	植生区分	○		◎			△		◎		◎	
	植生の疎密度			◎			△				◎	
	周囲の植生と相違箇所			◎			△				◎	
	伐採跡地及び山火事跡地			◎			△				◎	
水文状況	湧水箇所				△	○	○				◎	
	透水層の位置				△	○	○				◎	
	地表水の状況	△		○	△	△	△				◎	
	地下水位の状況				△	△	△				△	
土地利用の現況		○		◎				◎			○	

注）予備調査時の精度として ◎よく判るもの ○ある程度判るもの △場合により判るもの

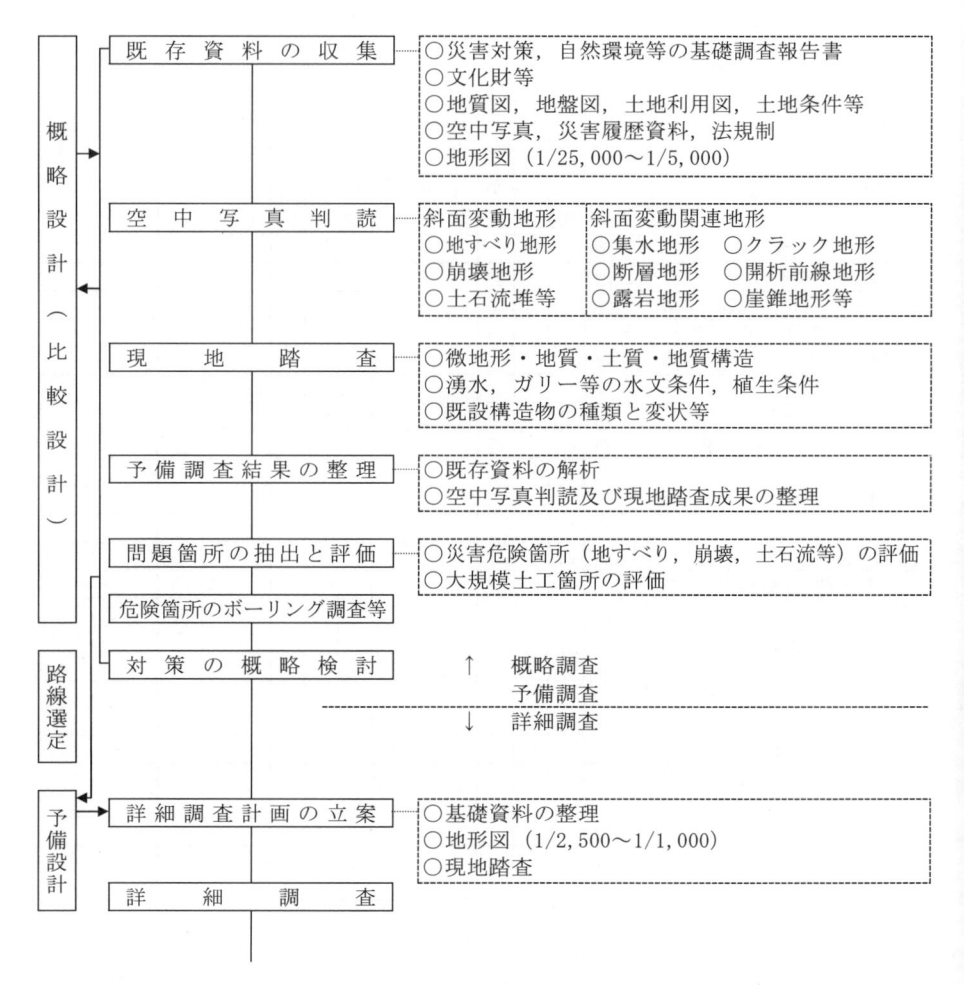

概略設計（比較設計）	既存資料の収集	○災害対策，自然環境等の基礎調査報告書 ○文化財等 ○地質図，地盤図，土地利用図，土地条件等 ○空中写真，災害履歴資料，法規制 ○地形図（1/25,000～1/5,000）
	空中写真判読	斜面変動地形　　　　斜面変動関連地形 ○地すべり地形　　○集水地形　○クラック地形 ○崩壊地形　　　　○断層地形　○開析前線地形 ○土石流堆等　　　○露岩地形　○崖錐地形等
	現地踏査	○微地形・地質・土質・地質構造 ○湧水，ガリー等の水文条件，植生条件 ○既設構造物の種類と変状等
	予備調査結果の整理	○既存資料の解析 ○空中写真判読及び現地踏査成果の整理
	問題箇所の抽出と評価	○災害危険箇所（地すべり，崩壊，土石流等）の評価 ○大規模土工箇所の評価
	危険箇所のボーリング調査等	
路線選定	対策の概略検討	↑　概略調査 　　予備調査 ↓　詳細調査
予備設計	詳細調査計画の立案	○基礎資料の整理 ○地形図（1/2,500～1/1,000） ○現地踏査
	詳細調査	

解図3-1　地形・地質を主体とした概略調査・予備調査のフロー

3-3-3　予備調査の内容（既存資料の収集）

のり面・斜面調査に利用される既存資料は以下のようなものがある。
（ⅰ）地形図
（ⅱ）地質図・地質図幅説明書及び地質・土質調査報告書
（ⅲ）空中写真

(ⅳ) 災害記録・工事記録
(ⅴ) 土地条件図・土地利用図・地すべり分布図
(ⅵ) 気象資料
(ⅶ) 文献資料

　「**解表3-1**　予備調査時の着眼点と調査方法」に示すように，これらの既存資料から多くの情報を得ることができる。以下に示すような点に注意して資料の収集・整理を行うのがよい。
(ⅰ) 地形図
　地形図は，すべての調査の基図となるものであり，各調査目的に応じた縮尺の地図を使いわける必要がある。つまり，調査対象が広域に渡る概略調査や予備調査では，1/25,000～1/5,000が用いられ，詳細調査では1/2,500～1/1,000が用いられることが多い。
　なお，人工改変や都市開発により地形の変化が著しい地域は，地形の変化を把握するためできる限り旧版地形図を入手することが望ましい。
　すぐに入手可能な既存の地形図としては，国土地理院発行の1/200,000地勢図，1/50,000，1/25,000等の地形図と1/5,000，1/2,500の国土基本図がある。さらに山地部では国有林は林野庁が，民有林は県等が森林調査計画用に作成した森林基本図(1/5,000)がそろっている。都市計画区域では都道府県及び市町村によって発行された1/10,000，1/5,000，1/2,500等の地形図がある。
　また，財団法人日本地図センターが販売している国土地理院発行の数値地図は，地表を250mメッシュや50mメッシュに区切り，その中心点の標高データを数値化したもので，鳥かん図の作成や傾斜等の地形情報を大局的ではあるが定量的に把握することに活用できる。
(ⅱ) 地質図・地質図幅説明書及び地質・土質調査報告書
　地質図は地形図の上に地盤を構成する各種地層の分布，それらの重なり方，走向・傾斜，断層，しゅう曲等を模様，色彩，記号等で示したものである。この資料の利用に当たって，特に断層の存在と崩壊・地すべりを起こしやすい地質の分布状況，地層の走向・傾斜等に注意しなければならない。

地質図としては，独立行政法人産業技術総合研究所地質調査総合技術センター発行の地質図（1/200,000，1/50,000等），都道府県発行の県別地質図（1/200,000，1/100,000，1/50,000），旧国土庁発行の土地分類図（1/200,000），都道府県発行の土地分類基本調査（1/50,000），財団法人国土技術研究センター発行の地方土木地質図（1/200,000）等がある。

これらの地質図は縮尺が小さいので，道路土工箇所ごとの地質状況の違いがわかるほど精密ではない。しかし，路線全体の地質の大要がわかるので，他の調査方法に対する有効な資料となり，また設計・施工上注意すべき点の概略は予想することができる。

なお，地質図には説明書が付いているものがあり，これから道路土工に直接利用できる情報を得ることも多い。

また，国土交通省や県の出先機関には，地すべり調査や既設構造物を設計する際の調査に関する地質・土質調査報告書があるため，当該箇所に関係する記載や地質図を入手できる場合がある。

(ⅲ) 空中写真

空中写真を実体視（立体視）することにより，地形，地質，植生等を判読し，その結果から落石，崩壊，地すべり，土石流等の問題箇所の抽出を行うことができる。

空中写真は，鉛直方向より撮影された縮尺1/8,000～1/40,000のものが多く，広い範囲の地形，地質，植生，リニアメント，崩壊地，地すべり地の分布等をとらえるのに適しているが，斜面上の浮石，転石，亀裂等の細かな事物は判読しにくい。このような欠点を補完するために，大縮尺空中写真及び斜面に垂直な方向から撮影した斜め写真を用いるとよい。

既存の空中写真は**解表3－2**に示したような種類のものがある。道路管理者や地方自治体等が独自に撮影した空中写真（垂直写真，斜め写真）もある。それぞれ撮影位置と撮影記録を示した標定図があり，それを用いて必要な空中写真を入手することができる。通常は密着焼印画でよいが，特に拡大する必要があれば，引き伸ばしたものも入手する。

解表3-2 既存空中写真の種類

撮影機関	区域	年次	およその縮尺	色	購入（入手）先
国土地理院	全国	1694〜	1/40,000	白黒	㈶日本地図センター
国土地理院	平野部	1960〜	1/20,000 一部 1/10,000	白黒	㈶日本地図センター
国土地理院	全国	1974〜	1/8,000 〜1/15,000	カラー	
林野庁・都道府県林務部	山地部	1980〜	1/20,000	白黒	㈶日本林業技術協会
米軍	全国	1946〜1948	1/40,000	白黒	㈶日本地図センター
米軍	主要部	1946〜1948	1/10,000	白黒	㈶日本地図センター

(ⅳ) 災害記録・工事記録

計画路線付近の地すべり，崩壊，落石，土石流等の災害記録を集めて整理する。災害記録は，道路や鉄道及びダム等の管理者，市町村，気象庁，日本気象協会（支部）等において，地形・地質を含めた災害箇所に関する資料，発生時刻までの気象資料等を集めるほか，地元住民からの聞き取りによる災害情報を集めて整理する。また，建設時の工事記録の中にも貴重な情報が含まれている場合もある。

土砂災害は，地形，地質，気象と関連があるので，地形及び地質の類似した地域では，ほぼ同じ形態の災害が起こりやすい。したがって，計画地域外の近隣地域も含めて災害発生記録を調べると，その地域での災害の発生の特徴が把握できる。

これらの資料から得られた情報は，発生箇所別に整理し地形図にプロットし，次の項目について整理しておくと便利である。

① 発生場所　② 発生日時　③ 災害発生時の降雨量
④ 移動または崩壊状況及び規模　⑤ 地質　⑥ 過去の災害履歴

(ⅴ) 土地条件図・土地利用図・地すべり分布図

土地条件図は国土地理院が作成しており，1/25,000〜1/10,000の地形図を用い，地形分類と地盤高（特に低地の地盤）を表示している。地形分類として，山地，台地，低地の3つに大分類し，山地部ではさらに斜面の形状及び斜面傾斜角によって9種に細分類されており，特に変形地（崖・崩壊地・やせ尾根・禿しゃ地・地すべり等）は記号で表示してある。したがって，崩壊や落石等の問題のある箇

所を判断するのに有効である。

　土地利用図は国土地理院の他にかなり多くの省庁や地方自治体で作成されている。国土地理院発行の1/25,000土地利用図は，都市，村落，耕地，林地，産業施設，交通等の項目に分け，それぞれを細分類している。関連するものとしては，国立公園，自然公園，特別史跡，名勝，天然記念物，林地の種類（林種区分，林令区分，樹高区分），伐開跡地等で，色・記号等で容易に判別できる。

　また，土地保全図は，旧国土庁が作成しており，1/50,000～1/200,000の地形図に土地利用や自然条件の各種情報が示されている。

　地すべり分布図は，学会等が作成しているもののほかに各県で国土交通省所管，農林水産省所管の地すべり防止区域図がある。独立行政法人防災科学技術研究所が作成・発行する1/50,000地すべり地形分布図が全国的に整備されつつあり，地すべり地形の抽出に有効である。

　なお，これらの地図は，作成年次や精度に注意して使用しなければならない。

(vi) 気象資料

　気象条件は，斜面とそれを構成する土や岩石に直接作用する外力である。例えば，豪雨や強風，凍結融解等の気象作用は災害発生誘因となりやすい。したがって，計画路線沿いやそれに近接する地点の長期間に渡る気象資料を収集することが望ましい。

(vii) 文献資料

　地質・土質，土壌，植生，気象，気候，災害，法規制等に関する調査に必要な文献資料を収集する。

3-3-4　予備調査の内容（空中写真判読）

> 　空中写真を反射実体鏡等によって実体視すると，地形の小さな凹凸が立体的に見えるため，様々な情報を読みとることができる。この利点を活かして，次のような項目の把握に活用する。
> 　① 　地形学的特徴による斜面の概略的な区分（単位斜面区分）
> 　② 　道路からは視角外となる上部斜面の不安定物質（崖錐堆積物，崩壊残土，

> 　　地すべり土塊等）の分布状況の把握。
> ③　上部斜面のクラックや線状模様（断層や節理等を反映した線状模様）の分布状況の把握。
> ④　植生の被覆状況や小渓流（ガリー等）の把握。
> 　空中写真判読した結果は 1/25,000～1/5,000 程度の地形図に記入し，予察図とする。これを持って現地に入り，判読の結果が妥当であるかどうか，また，判読の際に疑問になった箇所，問題点等を含めて踏査を行う。現地踏査によって得られた確認事項に基づき判読結果の見直しと補足を行い，予察図を修正して斜面の詳細区分を行うとともに，地域の特性や問題点の所在，判読不能箇所等を明らかにする。

　上空から地表面を撮影した空中写真は，地表のありのままの状態を縮小し記録しているので，机上でこれを判読し，土地に関する種々の情報を容易にとり出すことができる。また，航空レーザー測量によって作成された地形図では詳細な微地形が表現されるので，空中写真判読と併用して植生を除く上記の項目を高い精度で把握することができる。

　空中写真判読で得られる情報を表示する場合の見本例を**解図3－2**に示す。
　以下に，空中写真判読図に抽出すべき地形等について説明する。

(1) **斜面変動地形**

(a) 崩壊地形・崩壊跡地形

　崩壊地は，周辺と比べて植生がないため容易に識別できる。
　崩壊跡地は，地形的に上部に滑落崖をもつ馬蹄形状の凹地形を示すことが多く，周辺と異なる植生を示す。すなわち，崩壊跡地は崩壊が新しいものは裸地・草地を呈し，古くなるほどかん木・高木へと移行する。
　計画路線周辺に崩壊跡地が見られる場合には，その周辺でも崩壊しやすい地形・地質条件を有している場合が多く，同様な崩壊を起すことが多い。
　形態については，**参表1－1** (a), (b) を参照されたい。

(b) 地すべり地形

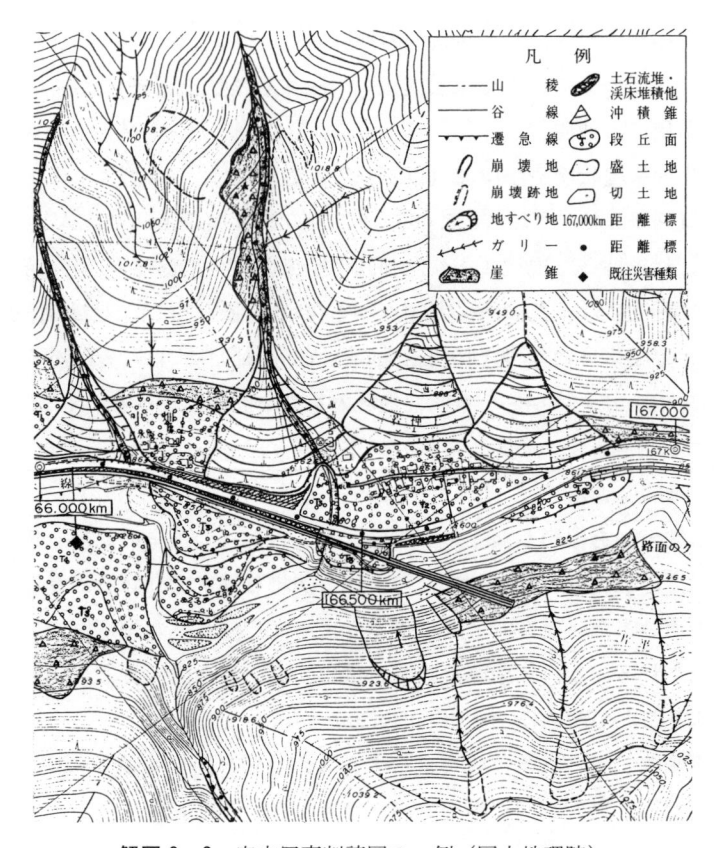

解図 3－2 空中写真判読図の一例（国土地理院）

　多くの地すべり地は過去に活動を繰り返した経歴を持ち，独特の地形を呈している。上部に滑落崖に相当するすり鉢状の急傾斜面，その下部に地すべり土塊の頭部に相当する緩い傾斜の斜面，さらにその下部に地すべり末端部に相当する急傾斜面があってそこでは小規模な崩壊を生じていることがある。
　このような地すべり箇所で末端部の切土や頭部の盛土等の土工を行うと，小規模な地すべりであっても斜面の安定が損なわれ，大規模な地すべりを誘発する恐れがある。
　形態については，**参表1－1**（d）を参照されたい。
(c) 土石流堆積地形

沢の出口付近に，扇状に土砂や岩塊の堆積がみられる渓流は，土石流の発生頻度が高いと考えてよい。土石流は通常2～10度の勾配で堆積する。このような土石流堆積物がみられる渓流では，上流に土砂を供給した崩壊や地すべりがみられることが多い。渓流の途中に緩勾配の部分があるときは，一時的に土砂が堆積し，将来流出する恐れがあるので注意する必要がある。

以上のような特徴は，新しい土石流跡地では比較的明瞭であるが，時間とともに植生の回復，地質・土質の風化・浸食が進み不明瞭となる。土石流は繰り返し発生する傾向があるので，古い土石流跡地も十分に注意する必要がある。

形態については，**参表1-1**（e）を参照されたい。

(2) 斜面変動関連地形

(a) 線状模様，断層地形

空中写真で地形，色調等が線状に連続するもので，例えば直線的に連続する谷，ケルンコル・ケルンバット（分離小丘）と呼ばれる鞍部地形，滝，地形急変地点の連続等は，断層あるいは破砕帯等の地質的弱線を示し，地質はぜい弱なことが多い。このような箇所を切土すると大規模な崩壊を生じることがある。

(b) 傾斜変換線

傾斜変換線は山地において斜面傾斜が急変するところで，浸食領域と堆積領域の境界，断層破砕帯等の弱線の存在，岩質の硬軟の相違，崖錐地形，扇状地等を示すものである。また，傾斜変換線は遷急線と遷緩線に分けられる。特に遷急線は開析前線とも呼ばれ，崩壊や地すべりの発生源となりやすい。したがって傾斜変換線付近で土工を行う場合には，岩質が急変したり，風化・ゆるみの状態が急変したりすることが多いので慎重に計画・施工する必要がある。

(c) 崖錐地形

崖錐は上方にやや凸で30～40度程度の勾配を持つ半円錐状，またはこれらが複合した特徴ある地形である。崖錐堆積物は上方斜面から落下した岩石がゆるい状態で堆積したもので，空隙に富み，透水性が大きく安息角に近い勾配のことが多い。したがって，切土や河川の増水による洗掘によって大きく崩壊することがある。また，崖錐上に高盛土を行うと基礎地盤のすべりを生じることがある。

(d) 露岩地形

　露岩地は，一般に急崖をなす場合が多く，落石や岩盤崩壊の危険箇所となる。空中写真判読では浮石の状況やクラック（亀裂）の分布と規模を把握し，道路への影響について検討する必要がある。

(e) 集水地形

　一般に0次谷あるいは山ヒダと呼ばれる集水地形は，水が集まりやすいために山腹崩壊にともなう土石流や土砂の流出が発生しやすい。空中写真判読では，山腹の崩壊状況とともにガリー洗掘の分布と規模を把握しておくことが望ましい。

(f) 大規模崩壊・地すべり前兆地形

　大起伏山地では，二重山稜，小崖地形，あるいは線状凹地と呼ばれる，稜線にほぼ平行な線状あるいは舟くぼ状の凹地が山稜や山腹斜面上部に存在することがある。これは，山体の重力クリープによる変形によって形成されたものが多く，それが継続的に進行すると大規模崩壊や地すべりに発展することがある。空中写真判読では，このような大規模崩壊・地すべり前兆地形とその周辺の重力クリープが推定される範囲を把握しておくことが望ましい。

(ⅳ) 植生

　空中写真判読は，広域な植生情報を得るのに欠かせないものである。判読すべき一般的な植生情報は次のようなものがあげられ，それらを基図上に移写し，土地利用図あるいは保安林等の法規制図とあわせて活用するとよい。

- 樹　　種（針葉樹，広葉樹，混交樹，幼齢樹，草地，伐採地，竹林，かん木林，畑地，その他）
- 樹　　高（0～2m，2～10m，10m以上）
- 粗 密 度（粗，中間，密）
- 枯損状況

3－3－5　予備調査の内容（現地踏査）

　現地踏査は，地形，地質，土質，湧水，植生，土地利用及び地すべり，崩壊，土石流等の土砂災害の状況を調査し，既存資料の収集及び空中写真判読による

> 検討結果の確認と道路建設上問題となる箇所の発見及びその問題の大きさを把握するために実施する。さらに現地踏査の結果は，詳細調査の計画立案の基礎資料として活用する。
> 　また，現地踏査は極めて重要な意味を持つ調査であり，資料や観察事項の解釈及び判断に高度の技術的知識を要するので十分な経験を持った技術者が担当する必要がある。

　現地踏査で得られる情報を一覧表として**解表3-3**に整理し以下に説明する。

解表3-3　現地踏査で得られる情報

地形情報	斜　面　形　状	高さ，勾配，縦横断形等
	一　般　地　形	崖錐，段丘，丘陵，一般斜面等
	異　常　地　形	オーバーハング，露岩，遷急線等
	斜　面　変　動　地　形	地すべり，土石流，崩壊等
地質情報	地　質　，　岩　質	地層，岩相
	割　　れ　　目	断層，破砕帯，節理，層理
	地　質　構　造	走向，傾斜，しゅう曲
	風　化　，　変　質	風化状況，変質状況，強度
	未　固　結　堆　積　物	種類，構成物，層厚等
表層の情報	浮石・転石の分布	規模，分布密度，不安程度
	植　　　　　生	種類（森林，草地，裸地等）密度，生育状況
	湧　　　　　水	位置，量
既設構造物	種　　　　　類	治山・砂防施設，地すべり防止施設，道路，構造物，河川構造物
	規　　　　　模	高さ，延長，ポケット，堆砂状況等
	変　　　　　状	亀裂，はらみ出し等

(1)　地形情報

　一般地形や大きな斜面変動地形は，現地踏査よりも空中写真判読の方が明確に判別できる。しかし，微地形や地表面の変状は植生に覆われて見えない場合が多いため，現地踏査で確認する必要がある。また，湧水等の情報も同様である。以下に崩壊，落石，小規模な土石流の発生しやすい斜面形態を示した上で，斜面変動地形別に現地で確認すべき情報を整理すると次のようになる。

谷頭部斜面（0次谷）は谷の最上部の凹地形であり，一般にスプーン状の形状を示す。この斜面形態は過去の崩壊によって形成されることが多く，降雨により集水しやすい環境にある谷頭斜面がいったん崩壊すると下流では土石流に発展することもある（**解図3-3**参照）。

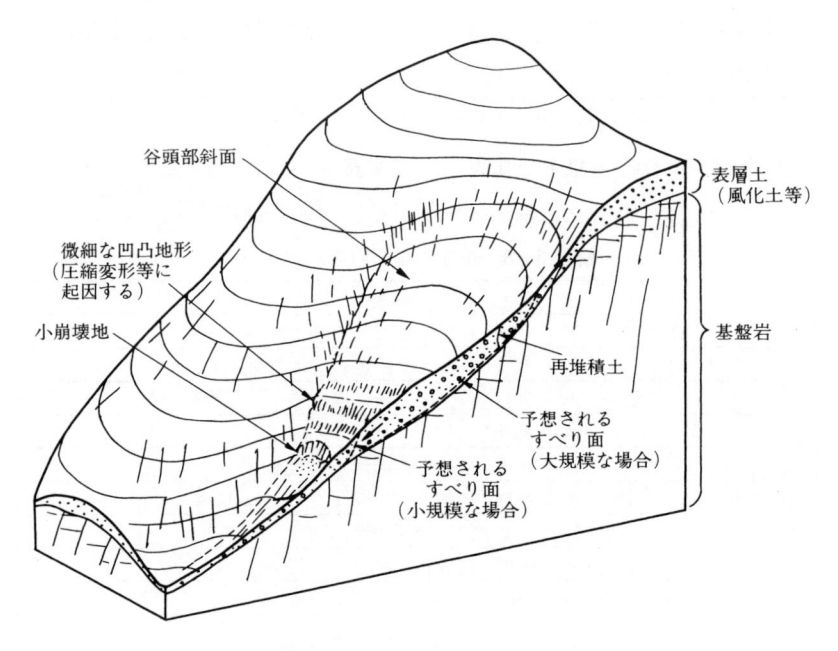

解図3-3　谷頭部斜面とその変状

　沢の源頭部では湧水が見られ，その上部は一般に急斜面となっており，この急斜面が降雨時に崩壊することがある。沢の源頭部では，直上が急斜面であること，その急斜面に表土のオーバーハングやパイピング孔，小規模な陥没地形等がみられること，等に注意する必要がある。沢の源頭部の崩壊規模を予測することは難しいが，一般に崩壊厚さは表層土厚と同程度，崩壊頭部は湧水箇所の直上部における数m～数十mの範囲内であり，土石流化する場合がある（**解図3-4**参照）。
　山腹斜面の遷急線（開析前線）は，斜面の浸食作用が活発に行われている箇所である。開析前線は，これを境として上部が緩斜面で表層厚が厚く，下部が急傾斜で表層厚が薄いことで特徴づけられる。山腹斜面の開析前線付近では，開析前

線の明瞭さ，崩壊跡が多く見られること，表層クリープやオーバーハング，パイピング孔等が見られること等に，特に注意する必要がある。崩壊幅は斜面上の表層厚の分布や地質によって異なるが，通常は表層厚の数倍〜十数倍である。また，開析前線の地質が比較的新鮮な岩盤の場合には岩盤崩壊や落石が多発する斜面になる（**解図3-5**参照）。

　台地の縁辺部は脚部浸食や山腹斜面の開析前線と同様な風化作用等によって崩壊しやすい。また，段丘崖は通常砂礫からなるため比較的安定であるが，礫が大きい場合には落石が発生しやすい斜面である。

　しらす台地の縁辺部等では数十年〜数百年の周期で崩壊が発生し，急斜面部の表層厚の厚いところが崩壊しやすい。これは山腹斜面の急斜面部の特徴と同様である。このような斜面では，過去の崩壊履歴や表層厚の分布，植生状況等から危険斜面や崩壊規模を推定することが有効である。

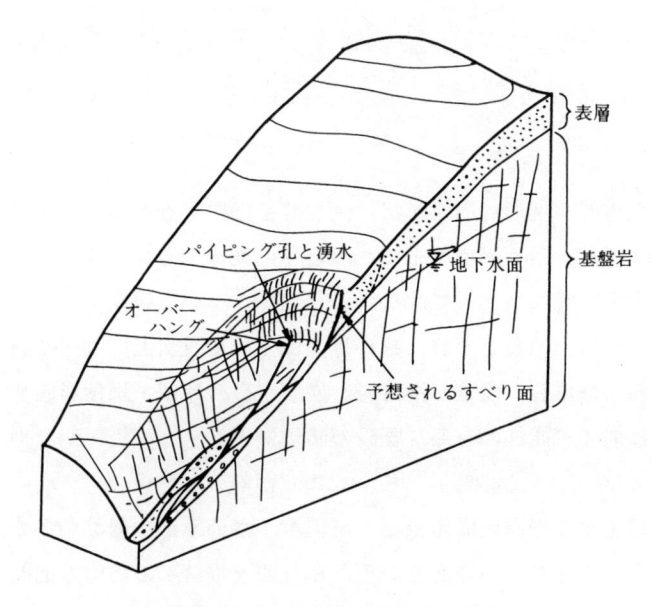

解図3-4　沢の源頭部とその変状

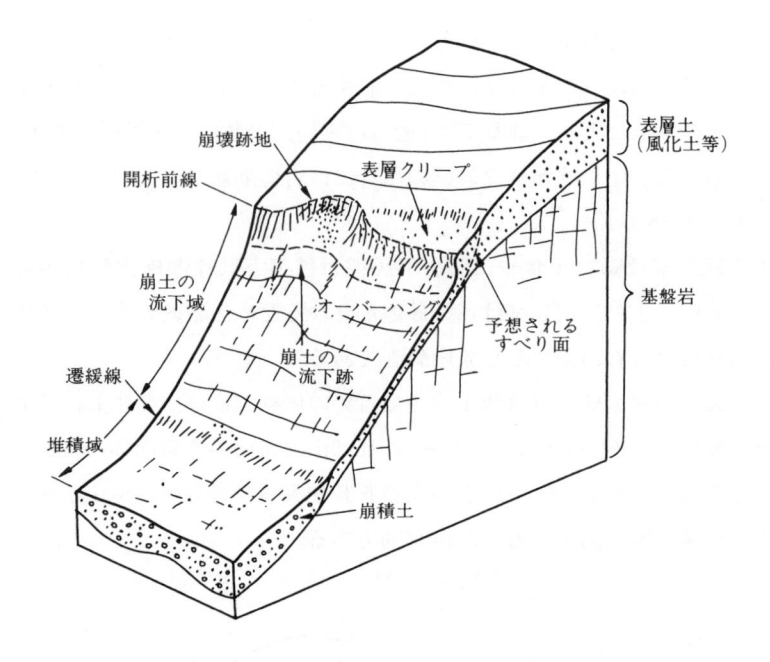

解図 3-5　山腹斜面の開析前線とその変状

(a) 崩壊

　崩壊は，全体的な地形，崩壊形状，植生等を把握するために周囲から入念に観察し，さらにできる限り崩壊地まで踏み込み，地質・土質，湧水，植生等について調べる。現地踏査に当たっては次のような点について観察する。

　長さ，幅，深さ，地質・土質，割れ目，風化・変質状況，すべり面の勾配，湧水，植生，斜面の亀裂，段差，滑落崖，崩壊土砂の残留・堆積形態及び落石，崩壊の再発・拡大の可能性の有無，既設の防災対策。

(b) 落石

　落石は，地すべりや崩壊に比較し，規模が小さいうえに個数も多く，また急勾配の斜面で発生することが普通であるから，個々の落石の実態の把握，発生の予測をするのは非常に難しいが，対岸，周囲の斜面から観察を行い，可能なかぎり落石発生源まで踏み込んで次のような点に留意して現地踏査を実施する必要がある。

転石の多い斜面，亀裂・浮石の多い岩が急斜面をなして分布しているところ，オーバーハング箇所，崩壊地，露岩・崖錐堆積物・崩積土・未固結層・ガリー浸食のみられる斜面，裸地，斜面の凹凸，小尾根・小沢地形，植生，転石の分布状況。

(c) 地すべり

現地踏査は，対岸の斜面から調査の対象とする地区の全景を入念に観察し，ついで側面から全体の地形，勾配，傾斜変換線の位置等を観察して地すべり地の概略の形態を把握する。その後地すべり地内を詳細に踏査して，次のような点について観察する。

① 地表面の変状

滑落崖・沼・池・湿地等の有無及びその配列状況・形状・規模，頭部陥没，中間部の状況，亀裂の形状，末端部の隆起・押出しの有無及び崩壊，湧水状況，樹木の生育異常，水田・畑の状況等。

② 構造物の変状

建物，擁壁，道路，鉄道，電柱，トンネル，井戸，石垣，その他構造物の変状。

(d) 土石流

土石流の発生は斜面・渓流・降雨条件等が複雑にからみ，また土石流の流下範囲も地すべりや崩壊に比較すると長い区間であることが多い。土石流に対する現地踏査の留意点は次のようである。

① 発生源

土石流発生源における崩壊・地すべり等の状況，渓岸及び渓床の強風化層・未固結層・崩積土・崖錐堆積物・渓流堆積物等の厚さ・分布，勾配等。

② 流下部

勾配，渓流幅，渓岸の浸食状況，岩塊等の分布，植生等。

③ 堆積部

渓流出口等における土石流堆の厚さ・分布，岩塊・砂礫の粒径，岩種，植生状況等。

(2) 地質情報

　地質・土質調査は資料調査や空中写真判読等で問題のある地域，規模の大きい切土が計画されている地域，あるいは切土が長い区間に渡って連続する地域等において実施する。現地踏査で調査すべき地質・土質情報を整理すると次のようになる。

(a) 地質・土質

　① 地質の種類及び岩質

　　地質の種類（礫岩，砂岩，花こう岩等の岩種名），硬さ，間隙

　② 土質

　　分布形態（残積風化物と崖錐堆積物の違い等）と厚さ，礫の大きさと形状，マトリックスの粒度，含水状態，礫とマトリックスの比率と締り具合い

(b) 地質構造

　① 地質的不連続面

　　地層面，片理，節理，不整合面等の地質的不連続面の性状（密着性，面の粗さ，狭在物の有無等）と分布状況（走向・傾斜，連続性，間隔等），しゅう曲構造等

　② 火成岩の貫入形態

　　接触面の走向・傾斜，周縁急冷相・接触変質の有無と性状

　③ 断層及び破砕帯

　　走向，傾斜，規模，性状（断層面または破砕部の状況，鏡肌の発達状況，固結状況，湧水の有無）

　④ 変質帯

　　原岩の岩種，変質の程度，分布，軟らかさ，色調，鏡肌の発達状況，含水状況

(c) 風化状況

　① 岩盤のゆるみ

　　割れ目の間隔と開口程度

　② 風化変質状況

　　岩石の硬さ，間隙，色調

(3) 表層の情報
(a) 浮石，転石の分布
　大きさと形状，硬さ，安定性，分布状況
(b) 湧水及び表面水の状況
　湧水の位置・量，地質・土質の含水状態及び冬期における凍結・融解の状況
(c) 植生の状況
　植生は気温や降雨量等の気象条件，地質・土質，地下水の状況等にも大きく影響を受けている。したがって，植生の状況によって地質・土質，地下水等の状況をある程度推定することができる。しかし，植生は人為的改変の影響もあるので，植生のみの調査からこれらのことを推定することは危険で，他の調査と併せて判断する必要がある。植生と斜面の安定性との関連・着眼点は次のようである。

① 裸地，倒木，樹幹の損傷，立木の根曲り（積雪によるものとの識別が必要）等植生の生育が周囲より不良なところは，落石，崩壊，地すべり等の不安定斜面であることが多い。

② 竹は軟らかい土質，集水しやすい地形に多く，崩壊跡地や沢地形に多い。

③ ヤナギ類，フキ等の湿潤地植生は地下水位の高い粘質土のところに多く，山地部では一般に地すべり地や崩壊地に多く生育している。

④ 生育の良い杉林は表土が厚く水が浸透しやすい。

⑤ ススキ，イタドリ，タケニグサ等の多年生草本類の群落及びオオアレチノギク等の一年性草本類の群落は崩壊跡地，伐採跡地等に一番先に生える植生で，斜面が十分安定していないことを示す。

⑥ 伐採跡地・山火事跡地では，根株の腐食による地表面土壌のゆるみ，根株沿いの地表水の大量の浸透等と相まって，地表付近の土層が不安定になり，崩壊やガリー浸食が起こりやすい。

⑦ ミカン，ナシ，クリ等の果樹園は浸透しやすい砂質土壌，崖錐堆積物，扇状地等に多い。

⑧ 植生の状態が周囲と著しく異なる場合，すなわち自然林で周囲の状態と全く異なる林相を示す場合は，地表付近の含水状況，土層構造が特異であるか，過去の崩壊跡地または崩土堆積部である。

(4) 既設構造物に関する情報

既設構造物については，空中写真で確認できない場合が多いため既存資料をもとに現地踏査で各施設の種類，規模，変状等について確認する必要がある。各施設別の主要構造物の種類は次のようになる。

(a) 治山・砂防施設・地すべり防止施設

ダム工，山腹工，床固工，流路工，集水井等

(b) 河川施設

護岸工，堤防，樋門・樋管，用水施設等

(c) 道路施設

のり面保護工，舗装，橋梁，排水工等

(d) その他

住宅等の建築物，鉄道施設等

3-3-6 予備調査結果の整理

予備調査結果は，対応策選定のための基礎資料や詳細調査計画立案のために利用するもので，主に次のように整理する。

(1) 既存資料の整理

① 地形図の編さん

② 既存の地質図や土地条件図の基図への移写・編集

③ 気象資料や災害資料の整理

(2) 空中写真判読及び現地踏査結果の整理

① 予察図（空中写真判読図）の作成

② 路線地質図の作成

---

(1) 既存資料の整理

予備調査の初期段階では，まず収集した地形図を編さんする作業がある。これは空中写真判読や現地踏査の基図になるものであり，できるだけ大縮尺(1/10,000～1/5,000)が望ましい。統一縮尺のものが部分的に欠如している場合は，全国を

カバーしている 1/25,000 地形図(国土地理院発行)を拡大編さんする方法もある。また路線の調査の範囲は，横に長くなることが多いため，不要部分を削り使いやすく編集することも大切である。

次に空中写真判読や現地踏査を実施する前に，既存の地質図や土地条件図を基図に移写し編集しておくことも重要な作業である。特に地質図と地質文献は，部分的であったり縮尺や凡例が異なっている場合が多いため，内容を理解できる技術者が担当すべきである。

気象資料や災害資料は，概略調査から設計段階まで活用することを念頭において整理する。

(2) 空中写真判読及び現地踏査結果の整理

空中写真判読によって得られた情報は，既存資料の整理によって作成された地質編集図の上に重ねる形で予察図（空中写真判読図）として整理するとよい。この予察図から，地すべりや崩壊の分布と地質との関連性を容易に読み取ることができる。

踏査結果の一つの整理方法は，地質編集図を補完する形で「路線地質図」を作成することである。この地質図は，後の詳細調査や土工計画等の基礎資料となるものである。

一方，予察図で示された問題箇所は，現地踏査で得られた情報を加えて「災害地形分類図」という形で整理することが望ましい。この分類図は，路線に影響を与える地すべり等の災害現象が表示されており，安定度評価や対策の概略検討も加えることによって，詳細調査計画の立案のための貴重な基礎資料となるものである。

予備調査結果の整理の一例を**解図3-6**に示す。

災害地形分類図	（図）		
距　離　標	151K200-151K400	151K400-151K800	151K800-152K000
問題となる現象	地すべり	崩壊・洗掘	土石流
空中写真判読による地形情報	明瞭な地すべり地形を呈し，滑落崖上部にも亀裂がある。	植生の違いから，2箇所の崩壊跡地が確認され，河岸洗掘も進んでいる。	下流に土石流堆がみられ，流域内にも山腹崩壊がある。渓床も堆積物が多い。
現地調査による地質情報	第三紀層泥岩が分布し，地層の走向傾斜はN50°W，20°Sで流れ盤にあたる。湧水もみられる。	深さ1m程度の表層崩壊であり，かん木が分布する。洗掘は出水毎に進行中。	下流の土石流堆は，植生からして数年前に堆積したものである。最大礫径2m。
＊安定度評価と所見	活動性の高い地すべりで何らかの対策が必要。	崩壊地は拡大傾向が認められない。洗掘は進行中で不安定。	土石流頻発渓流の1つである。
＊今後の調査方法及び対策の概略検討	中心線に3本のボーリングを実施し，深さを確認したのち小シフト等の対策の検討が必要。	洗掘防止対策（護岸工事）が必要。	橋梁による横断が望ましい。

＊については「3-3-7」，「3-3-8」を参照

解図 3-6 災害地形分類図と問題箇所の概況の整理の例

3-3-7　問題箇所の抽出と評価

　空中写真判読や現地踏査結果から計画路線にとって問題となる表層崩壊・落石・岩盤崩壊注意箇所，地すべり注意箇所，土石流注意箇所等の問題箇所を抽出し，計画路線への影響度を考慮して安定度を評価する。
　なお，大規模土工箇所やトンネル坑口等については概略設計の結果を参考にして問題箇所を抽出する。

　問題箇所の評価手法について以下に示す。
（i）表層崩壊及び落石・岩盤崩壊
　以下の条件に加えて，想定される崩壊規模や計画路線への影響度を考慮して，

その安定度を評価することが望ましい。

① すでに崩壊地が分布する斜面，及びその隣接斜面
② 断層破砕帯等の影響で全体に破砕されている斜面
③ 表土や崖錐堆積物が厚く分布する斜面で，急傾斜でかつ傾斜変換線がみられる斜面
④ 植生が貧弱な斜面
⑤ 強風化している斜面
⑥ 急傾斜でかつ亀裂が発達した岩盤斜面

なお，大規模な落石・岩盤崩壊は，長大で，しかも亀裂が発達した岩盤斜面あるいは風化の進行が比較的速い岩盤斜面で生じやすい。このような箇所が計画路線沿いに存在する場合には，その概略の安定度を「落石対策便覧」等を参考にして判断することが望ましい。表層崩壊と落石の安定性を判定する目安を**解図3－7**に示す。

（ⅱ）地すべり

地すべり地形を呈する箇所を優先的に抽出する。また，地すべりの発生箇所は，第三紀層や結晶片岩等の分布地に集中する傾向があるため，地質に注意する必要がある。周辺に地すべりが多い斜面も不安定箇所の目安となる。地すべりの安定度は，予備調査段階では**解表3－4**に示すような定性的な判断にしたがって決められるが，大規模で安定度が低いものについては，ボーリング調査等を実施して地すべり機構をより明確に把握する必要がある。

（ⅲ）土石流

一般に渓床に不安定土砂が堆積し，渓床勾配が15°以上の渓流は，土石流発生の可能性が高い。

土石流発生の可能性及び発生した土石流が道路に与える影響の程度等を考慮して，必要に応じて対策を検討する。

（ⅳ）大規模土工箇所

概略設計の結果，大規模な切土や盛土が予定される区間では，予備調査のうちの現地踏査で得られる地質情報が問題箇所か否かの判断に大きな役割を占めることとなる。大規模な切土区間であれば，地すべり地形でなくても，切土後にすべ

評　価	《表土層》	《浮石・転石》
「不安定」	・表土層が厚く（50cm程度以上），表層の動きが見られたり，浸食を受けている。	・以下のようなものが多数散在する場合 ① 直径のほぼ2/3以上が地表から露出するもの。 ② 完全に浮いており，人力で容易に動くと判断されるもの。
「やや不安定」	・表土層が厚くても表層の動きや浸食が見られない。 ・表土層は薄いが，動きや浸食の可能性がある。	・上記の①，②のようなものが少ない。 ・露出の程度が小さい。 ・やや浮いてはいるが，人力では動かせない。
「安　定」	・表土層が薄いかほとんどなく，植生状況からも表層の動きがない。	・浮石・転石がない。 ・あっても比較的安定しているもの。

解図3－7　表層崩壊と落石の安定性評価の目安

解表3-4 地すべりの安定度判定一覧表

安定度区分	地すべりの変状・地形特性	地すべり変動ランク	道路土工に対する留意点
A	斜面に地すべりによる亀裂, 陥没, 隆起, 小崩壊等が発生しているもの, 路面や擁壁, 水路等に地すべり性の亀裂や隆起等が発生しているもの, あるいは過去に地すべり等の災害が発生した記録や確かな伝承があり, 地すべり対策工が施工されていないもの等, 今後人為的な改変がなくても道路等に直接の被害を及ぼす可能性の大きいもの	変動 a 変動 b	原則として路線を避けるが, やむを得ない場合は計画安全率を確保できるような対策工を検討する。
B	明瞭な地すべり活動は認められないが, 滑落崖が分布する等, 明らかな地すべり地形（崩積土、風化岩地すべり）を示し, 地形的にも地すべり発生の素因を有するもので, 人為的な環境変化を直接の誘因としてすべり出す可能性が大きいもの, または地すべり災害発生後, 地すべり対策工を実施したもの	変動 c	地すべり頭部の盛土や末端部の切土をなるべく避けるために, 路線の線形の修正及び対策工の実施を検討する。やむを得ない場合はその安全率を一時的に5％まで低下させることができる。
C	地すべり地形を示すが, 滑落崖等の微地形が不明瞭なもの	変動 c を生じる可能性あり	Bに準ずる

注：変動ランク a, b, c は計測によるもので**解表 11-5, 11-6** を参照

りや崩壊が予想される地山（地質構成・構造）か, またその背後への影響がどの程度まで及ぶかの判断が要求される。また盛土区間であれば, 盛土後の沈下やすべりが予想される地盤であるかどうかの判断が必要となる。

(v) トンネル坑口

トンネル坑口予定箇所では, 地すべりや崩壊・落石あるいは土石流の可能性について検討する必要がある。

3-3-8 対策の概略検討

> 予備調査による問題箇所とその安定度評価結果を踏まえて，以下の項目を整理して適切な対策を検討する。
> ① 問題となる現象の種類と特性を明確に示す。
> ② 現象の規模と安定性からみて，原則的に路線の変更を要する箇所を明示する。
> ③ 問題箇所については，現象の特性からみた対策の基本方針を箇所別に示す。

以下に現象別の対策方針について述べる。
（ⅰ）崩壊・落石

崩壊注意箇所が計画路線に影響することがはっきりした場合には，対策工の概略検討を行う必要がある。崩壊に対する対策工の考え方や工法選定は，「第9章 斜面崩壊対策」で述べる手法に従って検討を行うこととする。また，落石については「第10章 落石・岩盤崩壊対策」で述べる手法に従って落石対策工の概略検討を行う。崩壊，落石とも大規模なものになると，のり面保護工や落石対策工等で対処することが困難になるので，トンネル，橋梁案を含めた路線の変更を検討するのが望ましい。

（ⅱ）地すべり

地すべり多発地帯は原則として路線変更を考慮することが望ましいが，抜本的な路線変更ができない場合，小シフトにより地すべりの回避や安全率の大幅な低下を来たさない位置での通過を考慮する。

地すべり発生注意箇所の取扱いは，**解表 3-4** で示した安定度区分に応じて，次のとおりとする。

① 安定度区分がAランクと判定されるものは，原則として路線変更を考慮することが望ましい。
② 安定度区分がBランクとされる地すべりは，路線の線形の若干の修正及び対策工の実施について検討する。
③ 安定度区分がCランクとされる地すべりは，道路土工によって安全率の大幅な低下をきたさないように注意する。

(ⅲ) 土石流

　土石流発生注意渓流が計画路線上に存在する場合には，道路構造上の対策（橋梁，カルバートの断面拡大等）を基本とし，土石流対策工を含めて検討する。

3-4　詳細調査
3-4-1　詳細調査の目的

> 　のり面・斜面の詳細調査は，選定された路線上及びその周辺に分布するのり面・斜面に対し，現地踏査，ボーリングや弾性波探査等による地質・土質調査及びひずみ計や傾斜計等の計器による計測調査を実施し，崩壊機構の推定とその安定度の検討を行うとともに，のり勾配や緑化等の環境・景観上の問題を考慮して適切な対策工の設計を行うために実施する。

　詳細調査は，予備調査の結果（3-3-6，3-3-7，3-3-8），問題の所在が明らかとなった土工箇所及び斜面変動地形を対象として，対策工の詳細設計に必要な地質・土質の資料を得ることを目的として実施するものであり，併せて環境・景観に関する調査を組み込む。なお，環境・景観調査の詳細は，「4-3　環境・景観の調査」を参照されたい。

3-4-2　詳細調査計画の立案

> 　詳細調査の計画は，予備調査の結果を用いて立案する。
> 　詳細調査の項目は，道路の概略設計から問題の所在が明らかとなった切土箇所に対するものと，予備調査から明らかとなった斜面変動地形（崩壊・落石・地すべり・土石流）に対するものがある。また，これに併せて実施する環境・景観に関する調査がある。

　概略設計で提示された切土箇所に対する詳細調査計画は，次のような方針のもとに検討し立案する。

① 大規模な切土箇所や地質的に問題のある切土箇所については，予備調査で得られた地質情報と地すべり等の災害地形情報をもとに，切土の際に発生するであろう問題点を整理し，この解決に必要な調査の計画（種類・位置・数量等）を立案する。
② 排水については，予備調査で得られた地形・地質・水文情報をもとに，上記切土での問題点を整理し，必要とされる排水工の検討やその設計のための調査計画を立案する。

なお，詳細調査の詳細については，以下を参照されたい。
　排水工の調査：「7-2　のり面排水の調査」及び「道路土工要網　共通編　第2章　排水」
　切土部の調査：「6-2　切土部の調査」

斜面変動地形に対する詳細調査の計画は，次のような方針のもとに検討し立案する。
① 問題箇所において，問題となる現象の形態・規模・影響範囲等を明示する。
② 問題箇所の安定度評価結果を踏まえて，優先的に対策を実施すべき箇所の調査計画を立案する。
③ 対策の概略検討結果を踏まえて，対策工を設計するのに必要な調査の種類・位置・数量等を検討する。

なお，斜面変動地形に対する詳細調査の詳細については，以下を参照されたい。
　斜面変動地形（斜面崩壊）の調査：「9-2　斜面崩壊対策の調査」
　斜面変動地形（落石・岩盤崩壊）の調査：「10-2　落石・岩盤崩壊の調査」
　斜面変動地形（地すべり）の調査：「11-2　地すべりの調査」
　斜面変動地形（土石流）の調査：「12-2　土石流の調査」

3-4-3　土工に伴う地下水環境保全に関する調査

> 大規模な切土工等を行う場合，地下水位の低下，地下水脈の分断等が生じ，周辺地域の地下水状況に影響を与えることがある。このような状況の可能性について事前に十分調査を行う。

地下水に関して明らかにすべき主な事項は，
①地下水位の分布または地下水圧
②浸透層または帯水層の広がり，不透水層の広がり
③地下水流の方向，水脈，かん養源

等があるが，これらはいずれも単独の調査で結果がわかるものではなく，現地踏査，ボーリング，サウンディングをはじめとした広範な調査の結果を総合して地下水の状態を判断しなければならない。

また，地下水は季節的な変動の激しい例が多いので，これらの変化も把握しておくよう心がける。

なお，調査の詳細については「道路土工要綱　共通編　第1章　調査方法とその活用」，「地盤調査の方法と解説」（社団法人地盤工学会）を参照されたい。

3－5　施工時及び供用中の調査
3－5－1　施工時及び供用中の調査の目的

> 施工時には設計段階までの調査結果から想定した地盤状況と異なる場合があり，また完成後には経年劣化による変状や災害が発生することがある。施工時及び供用中の調査は，それらに対応するために実施する。

設計段階で確認されなかった地盤の不均質性に対する施工時の調査，風化等によるのり面・斜面の不安定化に対する供用中の調査，豪雨・地震等による自然災害に対応するための災害時の調査を，適切に実施する必要がある。

3－5－2　施工時の調査

> 施工時の調査は，のり面・斜面が想定した設計条件と異なって，崩壊が発生しそうな場合あるいはそこに異常を発見した場合に行う。調査結果を踏まえて設計・施工法を変更するなど臨機応変に対応し，災害を未然に防止しなければならない。

予備調査，詳細調査の結果に基づきのり面工・斜面安定工の設計を行うが，地盤の不均質性により施工段階で実際に切土を行って初めて地盤中の湧水や岩盤の亀裂の方向等の異常箇所がわかることが多い。このため，調査の不確実性を施工段階でカバーすることが重要であり，適切な施工管理を行うとともに調査・設計時に想定できなかった異常箇所を発見した場合には，設計・施工法の変更等臨機応変に対応し，災害を未然に防止することが必要である。

　また，ここで得られたスケッチ，写真，計測データ等の調査結果は，維持管理

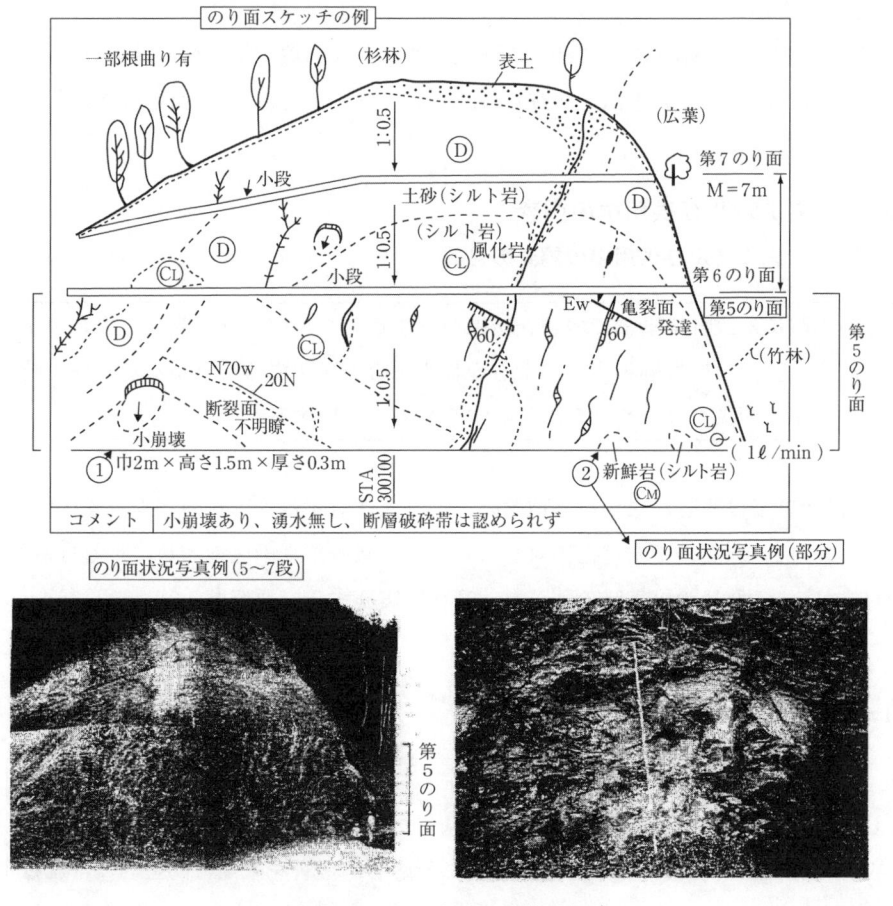

参図3-1　調査結果の整理例[1]

時に活用できるように**参図3-1**に示す例のようにわかりやすく整理するとよい。供用後に何らかの変状が確認された場合，これらの記録により合理的に調査・対策を進めることができる。このため，特に「6-2-3　注意が必要な現地条件」に該当する場合には，施工面の異常が確認されなくとも施工時の状況写真等の記録を残しておくことが望ましい。

3-5-3　供用中の調査

> 供用中の調査は，維持管理における平常時点検において変状が認められた場合に実施する。供用中の調査では，現地踏査を実施するとともに，必要があれば詳細調査を実施する。その結果をもとにのり面・斜面崩壊等に対する災害防止対策を立て，必要に応じて通行規制等危険防止の緊急手段を講じる。

地盤の不均質性に対し，調査・設計・施工段階において様々な対応を適切に行ってきたとしても，地盤の不均質性に完全に対応できているものではない。このため，供用中についても平常時点検（日常点検や定期点検）等の維持管理を適切に行い，変状が確認された場合には必要な調査を実施して災害防止対策を講じることが必要である。詳細は，「第5章　維持管理」を参照されたい。

3-5-4　災害時の調査

> 災害が発生した場合の調査は，早期に現地踏査，ボーリング等による地質・土質調査及び計測調査を実施し，崩壊機構を検討して応急対策を含む災害復旧工事の設計を行うために必要な基礎資料を得る。

災害時の調査の詳細は「第5章　維持管理」を参照されたい。また，「1-3-1　のり面・斜面崩壊の発生形態」，「1-3-2　落石の発生形態」，「1-3-3　地すべりの発生形態」，「1-3-4　土石流の発生形態」を参考にして，調査結果より崩壊機構について明らかにし，災害復旧工事の設計に適切に反映しなければならない。

3-6 詳細調査における主な調査方法

地質平面・断面図，岩区分や土質区分，想定すべり面，各種物性値，地下水状況等，設計に必要な資料を得るための調査として以下のような方法がある。
(1) 現地踏査
(2) 物理探査
(3) ボーリング，サウンディング，サンプリング
(4) 地下水調査
(5) 現地計測
(6) 室内試験

解図3-8に詳細調査における主な調査方法の分類を示すとともに，以下に各調査の概要を述べる。また，調査の主要着眼点と調査方法の関係について，**解表6-1**に示しているので参照されたい。なお，調査方法の詳細については，社団法人地盤工学会発行の「地盤調査の方法と解説」及び「土質試験の方法と解説」を参照されたい。

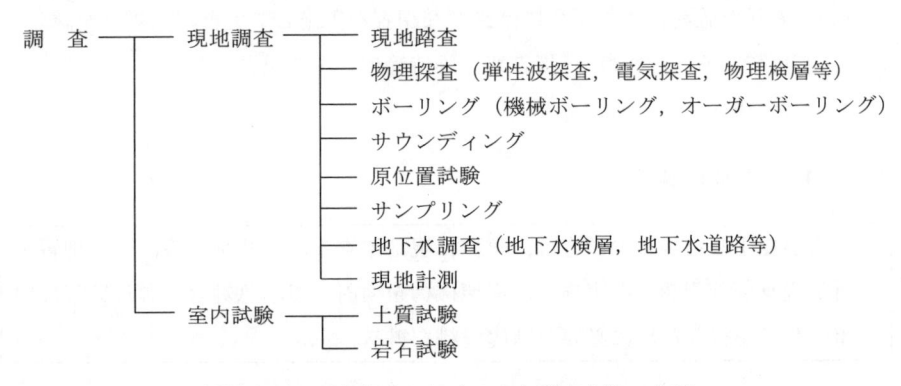

```
調査 ─┬─ 現地調査 ─┬─ 現地踏査
      │            ├─ 物理探査（弾性波探査，電気探査，物理検層等）
      │            ├─ ボーリング（機械ボーリング，オーガーボーリング）
      │            ├─ サウンディング
      │            ├─ 原位置試験
      │            ├─ サンプリング
      │            ├─ 地下水調査（地下水検層，地下水道路等）
      │            └─ 現地計測
      └─ 室内試験 ─┬─ 土質試験
                   └─ 岩石試験
```

解図3-8　詳細調査における主な調査方法の分類

(1) 現地踏査

現地踏査は予備調査でも行うので，詳細は「3-3-5　予備調査の内容（現地踏査）」を参照することとするが，詳細調査ではより綿密に行う必要がある。特に詳

細調査では，切土部分の地質構造とその物性，及びすべり面となる弱部の把握に主眼を置く。

詳細調査では，まず切土部周辺のできる限り多くの露頭の観察結果から，地質及び土質を工学的に判別するとともに，地質構造を把握することによって，切土部に出現する地質を推定する。この結果から，設計に用いることができる程度の縮尺で地質平面図や断面図等を作成する。また，作成された地質図は，物理探査やボーリング調査等の結果と対比し，必要に応じて追加の現地踏査を行う等により適宜修正を行う。

なお，崖錐堆積物，崩積土，強風化部，強変質部，風化浸食しやすい地質・土質，割れ目が多い岩盤等の不安定な地質条件を有する斜面では，これらの分布と性状を特に詳細に調査する。また，すべり面となるような断層，軟質層，劣化した層理面，あるいはゆるみにより開口した節理等が存在する場合は，その方向性や連続性，性状を特に詳細に調査する。

(2) 物理探査

土木の分野で一般に用いられている物理探査には次のようなものがある。

① 弾性波探査（屈折法，反射法）
② 電気探査（比抵抗法，自然電位法）
③ 物理検層（速度検層，電気検層，地下水検層等）
④ その他（電磁探査，放射能探査等）

適切な物理探査を用いることにより，薄い弱層等の調査も可能であるが，地質条件や探査上の制約によって，探査の分解能力は大きく異なる。また，物理探査によって得られる情報は，それぞれの地盤の特定の物理的地下構造を示すものである。そのために弾性波探査で得られた地下構造と電気探査によって得られた地下構造は必ずしも一致せず，またボーリングやサウンディング等で得られた地下構造とも必ずしも一致しない。したがって物理探査の実施に当たってはまず探査目的を明確にし，それに対する各物理探査の適用性とその限界を把握して適切な探査方法を選定し，探査後は地表踏査やボーリング調査等の各種情報を組合せ総合的な地質解析作業を行うべきである。ここでは，切土部の調査に特に有効な幾

つかの物理探査法について概述する。
(a) 弾性波探査

　弾性波速度はゆるい堆積物や間隙の多い岩盤中では遅く，また，地層境界や割れ目等の弾性的境界面等で屈折や反射を生じる。したがって弾性波の伝播走時や反射波の分布・形態から表層の厚さ，断層・破砕帯等の地質構造上の弱層の位置及び規模，地山の岩石の割れ目の程度等を推定することができる。弾性波探査には屈折法と，反射法があるが，切土部の調査では一般に屈折法を用いる。弾性波探査の目的は，

① 表土，崖錐堆積物等の厚さ
② 風化層の厚さ
③ 岩盤の割れ目の状態
④ 断層・破砕帯の概略位置，規模，性状

等を知ることであり，斜面における掘削の難易やのり面の安定の検討等を目的として実施される。また，弾性波探査によって土砂，軟岩，硬岩の区別が可能である。

　弾性波探査をのり面の調査に利用する場合は現地踏査の資料等を参考にして測線の配置，延長等を定めるべきである。

　測線配置の例を**解図3-9**に示す。基本的な考え方は以下のとおりである。

(a) 道路の計画線が稜線に直交し，両切りとなる場合

　道路の延長方向にできるだけ長く主測線を設定し，副測線は主測線に直交方向30～50m前後の間隔で1～数本設定する。測線長は，少なくとも道路の計画高まで推定可能な長さを持つことが望ましい。

(b) 計画線が稜線に斜交し両切りとなる場合

　切土高が最も高くなる付近を通って稜線に直角方向に主測線を設定し，副測線は主測線に直交方向及び必要に応じて主測線に平行に設定する。

(c) 片切り箇所の場合

　のり高が最も高くなる地点で斜面の傾斜方向に主測線を設定し，主測線に平行に1～数本及び直交方向に必要に応じて副測線を設定するとよい。

　なお，それ以外の場合には，現地踏査で得られた地質構造に対してなるべく直

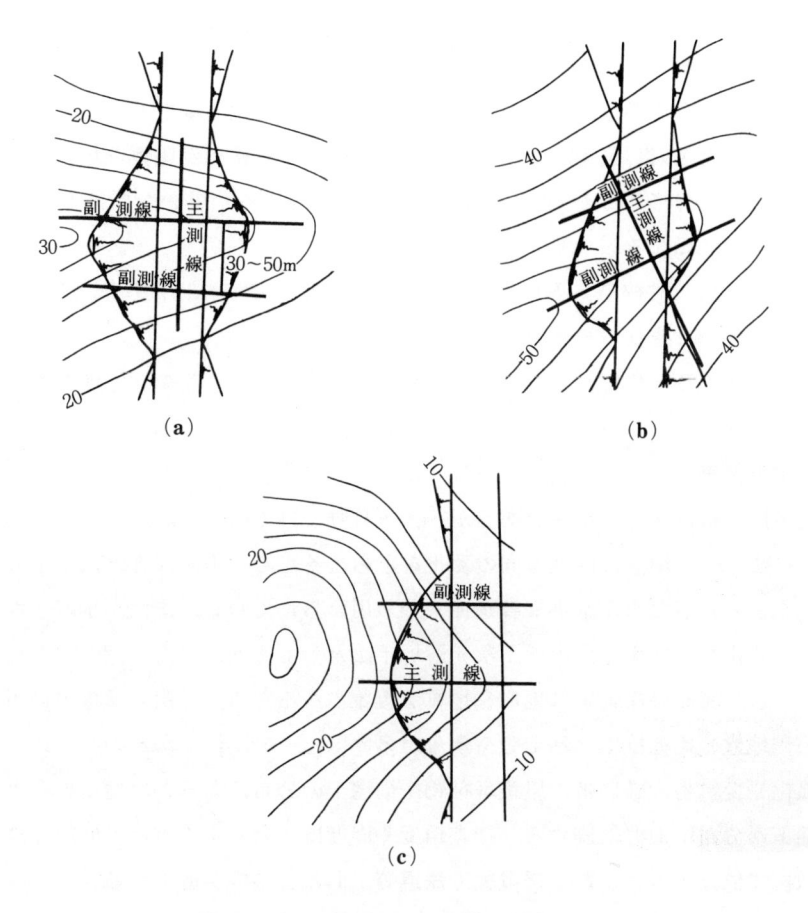

解図 3-9 弾性波探査の測線配置図の例

交方向に測線を設定することが望ましい。

受振器の間隔は斜距離で 5 m を標準とし，測定は自動車の走行等による雑振動を避けて行う。

なお，弾性波探査の実施適用に当たっては次の点に注意する必要がある。

① 屈折法による弾性波速度から風化帯の厚さ，岩盤内の割れ目の性状，破砕帯の性状等を推定するには，現地踏査による地質観察を考慮した解析を必要とする。

② 屈折法では下層に速度の低い層がある場合は検出できない。
③ 中間にある層が薄い場合は見い出せないことがある。
④ 精度のうえから，測線長は探査深度の5～6倍は必要である。
⑤ 低速度帯（断層，破砕帯）の層厚が3m以下では検出が困難な場合がある。
⑥ 風化やゆるみが同程度であっても地下水があるか乾いた状態かで速度は非常に異なる。
⑦ 軟質岩，破砕帯，風化岩のそれぞれの伝播速度がほぼ同程度であるため，探査ではそれらを判断できないことがある。

弾性波速度及び亀裂係数とのり面勾配との関係からのり面の安定性を検討した例を「付録2．高速道路における切土のり面勾配の実態」に示す。

(b) 電気探査

電気探査には多くの手法があるが，土木分野では比抵抗法がよく用いられる。比抵抗法には，地盤の深度方向の変化をとらえるための垂直探査と，水平方向の変化をとらえるための水平探査が従来から用いられている。また，垂直・水平の両方の変化を把握するための二次元解析手法として比抵抗二次元探査法も利用されている。斜面の探査では地形や地質が複雑であるため，二次元解析の適用性が高い。地盤の比抵抗は，粘土分や水分が多いほど一般に低くなるので，比抵抗法は風化や変質帯，破砕帯，崖錐堆積物や崩積土の分布，あるいは地山の含水状態や地下水分布の把握に適する。探査精度や深度は，設置する電極の間隔や地盤の比抵抗に依存する。また，送電線や鉄道等があると精度が低下する。

(c) 地下レーダー

地下レーダーは地表から地中に電波を発信し，地層の境界等からの反射波を受信して地下構造を画像化するものである。岩盤中の破砕帯等では，堅岩部と破砕部で電磁気伝播特性に大きな差があるために,その分布を探査できることがある。したがって地下レーダーは，風化層と堅岩の境界が明瞭な場合や，岩盤斜面で幅の狭い破砕帯や開口亀裂等の不連続面の分布が斜面安定上問題となる場合に利用できる。探査深度は堅岩で10数m以上の例もあるが含水状態の高い土質地盤等では数m以浅である。また，探査精度は測定周波数により異なり，測定対象に合わせて適切な周波数を選定する。

(d) 電気検層

　電気検層は，ボーリング孔壁周辺の電気的性質を測定するものであり，土木分野では主に比抵抗検層が用いられる。比抵抗検層は地盤の比抵抗をボーリング孔中に降下した電極により測定するもので，地層の相対的な粒度，風化や変質，破砕帯の位置，含水状態等を把握するのに用いる。また，電気探査の解析精度を向上させる目的で実施する場合がある。

　地下水の電気比抵抗を測定する地下水検層は，滞水層の分布や地下水流動を測定するのに用いられることがある（「11-2　地すべり調査」を参照）。

(e) 速度検層

　速度検層は，ボーリング孔と地表の間，またはボーリング孔間，あるいは単一のボーリング孔内の2箇所において，P波やS波の弾性波の伝播速度を求めるものである。本手法により地盤の変形性（動弾性係数）や減衰特性を把握できる。また，弾性波探査の解析精度を向上させる目的で実施する場合がある。

(f) その他の物理探査・物理検層

　空中や地表から，断層や不安定土塊等の存在を測定する手法として放射能探査や電磁探査が用いられることがある。ただし，これらは探査分解能が必ずしも高くないため，空中写真判読や地表踏査の補助手段として予備調査段階，あるいは詳細調査の初期段階で用いるべきである。

　ジオトモグラフィ（弾性波，比抵抗，電磁波）は，ボーリング孔間やボーリング孔と地表等の間の構造を画像化する物理探査技術である。ジオトモグラフィは，ある程度調査が進み，数本のボーリング調査が行われた時点で，弱層や風化・変質帯等斜面の安定上問題となる要注意箇所の詳しい地質構造が不明な場合等に，ボーリング調査の補助手段として利用できる。

　また，物理検層の一手法として，放射能検層が用いられることがある。放射能検層はボーリング孔周辺の岩盤の密度や間隙率，含水率等を求めることができる。

(3)　ボーリング，サウンディング等

(a) ボーリング・標準貫入試験等

　ボーリングは斜面の安定に重要な関係があると思われる地盤構造と地質・土質

の判定，岩石・土質試験用の試料採取，標準貫入試験等の各種原位置試験，すべり面の位置の調査のために行う。採取された試料を直接肉眼で観察して，その性状を把握できる反面，点の調査であり面の調査を行うためには多くのボーリングが必要になる。このため，ボーリングの位置，深度，あるいはサウンディングの併用等について十分に検討すべきである。原則としてオールコアボーリングとし，必要に応じて未固結層や風化層等の軟質な地質では標準貫入試験を実施する。地すべり等の斜面安定上問題のある箇所で，すべり面の確認等を行う場合は，比較的口径の大きなボーリングを採用した方が良い試料が採取できる場合もある。なお，オーガーボーリングは比較的軟質な地盤において5～6mまでの土質調査を簡単に行えるため，表土の厚さ，風化層の厚さの確認等に用いられることがある。

　予備調査の段階ではボーリングやサウンディングはできないことが多いが，崩壊跡地，地すべり地や断層破砕帯等のように特に斜面の安定上問題となる箇所において実施する。詳細調査ではまず地形，地盤の変化や計画のり面形状を考慮して道路中心線上で実施する。予備調査や詳細調査の結果，斜面安定上問題になる箇所や長大のり面となる箇所ではさらに横断方向に2箇所以上のボーリングを実施することが望ましい。弾性波探査を実施した箇所では，測線の交点でボーリングを実施することが望ましい。

　ボーリングの位置，深度，孔径等は，水質調査，地下水位観測，物理検層，計器埋設等に利用されることがあるので，計画当初から必要とされる事項を想定して決める必要がある。また，地すべり地の調査ではボーリング調査後直ちに計画した計測調査を実施しないと，孔壁崩壊や孔曲がりのため調査が不可能になることがある。

　ボーリングの深さは周囲の地質条件によって異なり，一概に決め難いが，道路中心線上であれば計画路床下数mの深さが一応の基準である（**解図 3－10(a)**）。現地踏査等でこの深さに達する前に安定した硬岩が続くと確認される場合にはその途中の深さで打ち切って良い（**解図 3－10(b)**）。

　ただし，斜面の地質条件等に対して次のような注意が必要である。
① 直高 20mを越えるような長大のり面となる場合や現地踏査等で地質が充分把握できない場合は，代表的な位置で，切土予定線下数m以上のボーリ

ングを最低1本実施しておくことが望ましい（**解図 3-10(d)**）。
② すべりを誘発するような軟弱層あるいは不連続面が予想され，それが計画路床面以下に出現すると判断される場合には，軟弱層，不連続面を把握できる深さまで行う（**解図 3-10(c)**）。
③ 切土予定線あるいは想定すべり面のいずれか深い方から数mの深さが一応の標準である（**解図 3-10(d)**）。

ボーリングの結果を有効に利用するためには，ボーリング柱状図を作成するとともに，コア写真にはカラーチャートやスケールを写し込んでおく。

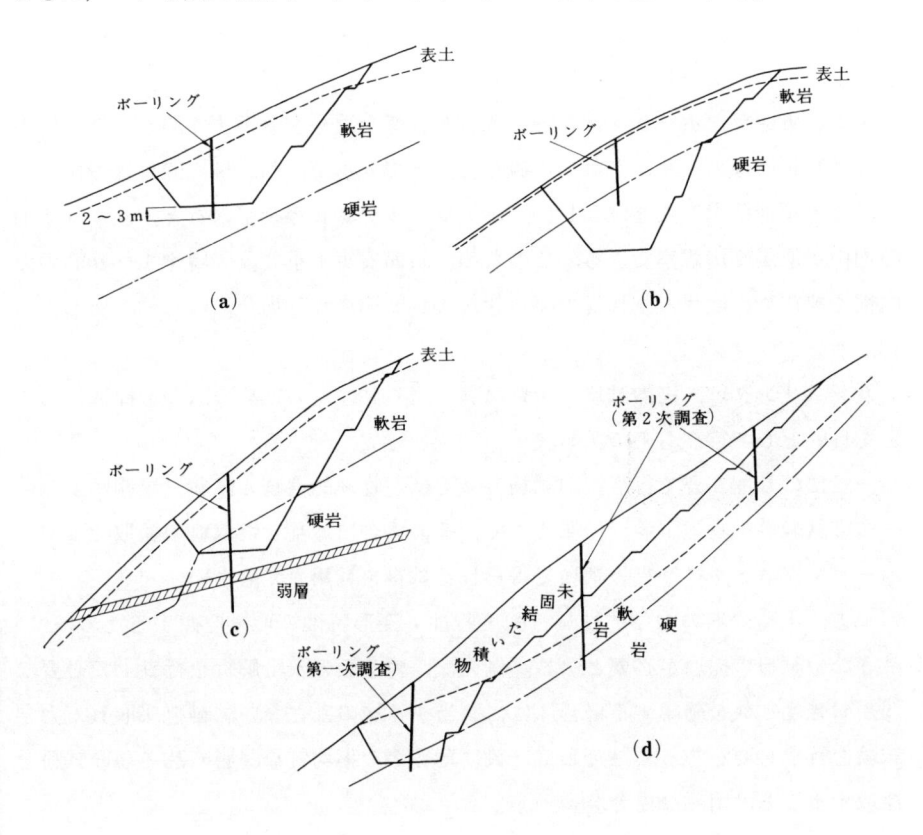

解図 3-10　ボーリング位置図例

特に，ボーリング結果は，概略的な地質の把握だけでなく，不安定斜面の範囲や，すべり面の位置等の推定の際にも最も重要な地質データであるため，細かな弱層を見逃さず観察し，周辺の現地踏査結果や，他のボーリング結果と対比できるように記載する必要がある。

(b) サウンディング

　サウンディングは土層構成や性状を簡易に調査する方法で，ボーリングのように直接コアは観察できないが，簡易で安価に調査できボーリング孔間を補完する調査法として実施される。斜面の調査には簡易な動的貫入試験，スウェーデン式サウンディング，ポータブルコーン貫入試験等が用いられる。

(c) ボアホールテレビ

　テレビカメラをボーリング孔内に入れて孔壁を観察する手法である。一般に地山の地質状態はボーリングコアの観察で評価できるが，割れ目の開口幅や挟在物の詳細等を把握することは難しい。ボアホールテレビ等を用いると，乱される前の地山状態が直接観察できる。このため，斜面安定上重要な弱層やすべり面の方向性や挟在物の性状，割れ目の開口状況等が問題になる場合には有効である。

(d) サンプリング

　サンプリングは，室内試験（土質試験，岩石試験）のための試料を採取することを目的として行うものである。

　一般にのり面調査で行う室内試験の多くは，物理的性質の試験（湿潤密度試験や粒度試験等の物理試験）であるので，その場合には乱した試料の採取でよく，ボーリングコアや標準貫入試験で得られる試料を利用してもよい。

　一方，土や岩石の力学的性質（強度特性，変形特性等）を把握するためには，乱さない試料の採取が必要となる。例えば，のり面の安定解析を行う上で必要な弱層の強度定数を確認する場合には，該当する層の乱さない試料を採取して力学試験を行う必要がある。ただし，一般に薄くかつ不均質な弱層の乱さない試料を採取することは困難な場合が多い。

　なお，施工中の切土のり面では乱さない試料を比較的容易にブロックで採取することができ，弱層に対する力学試験が可能な場合がある。

(4) 地下水調査

　切土部の安定に地下水が大きく影響する場合，例えば，ゆるい砂質地山や粘性土地山，透水性の低い基盤上に軟弱な層がある地山，大規模な破砕帯等がある地山，地すべり地等では，地下水調査を詳細に行う。地下水調査としてはボーリング孔を用いた地下水位や間隙水圧の調査の他，地下水検層や多点温度検層，流向流速測定，トレーサーによる地下水追跡調査等がある。特に豪雨時や長雨の時期に発生する間隙水圧に関しては，通常時と大きく異なる場合があるので，変状の調査と併せて実施することが望ましい。

　なお，地すべり地における地下水調査は，「11－2　地すべり調査」を参照されたい。

(5) 現地計測

　現地計測は，のり面・斜面の変位や傾斜を計測するものであり，亀裂や段差等の変状が発生している場合や変状発生の可能性が高い場合等に行われる。

　のり面・斜面の現地計測は，切土前，施工中及び供用中に行われる。

　切土前の現地計測は主に斜面に亀裂等の変状が生じている場合や，切土部の周辺で明瞭な地すべり地がある場合に行われる。この際の調査方法は「11－2　地すべり調査」を適用する。

　施工中の現地計測は，一般に目視観察による亀裂やせり出し等の発生のチェックであるが，切土が長大となる場合や，不安定でぜい弱な地山等の場合には，計測機器を用いた現地計測を行うことが望ましい。現地計測の項目としては変位，傾斜等があり，現地状況に応じて適した手法を単独または組み合わせて用いる。現地計測は，切土前後の地山の変化量を把握できるように，掘削前に開始することが望ましい。測定間隔は，施工の安全等が確認できる間隔で行い，地山に応じた管理基準値を設定して計測・管理を行う。変状が発生した場合，変状箇所とその性状から，不安定な範囲と不安定化機構，不安定度を迅速に判断し，適切な対策を行う。また，現地計測の種類によっては計測結果から地山の物性値（変形係数等）を求められるので，必要に応じて設計に活用するとよい。

　供用中の変状の調査については，「第5章　維持管理」を参照されたい。

(6) 原位置試験

　土や岩の工学的性質は，採取した乱さない試料を試験することによって明らかにできるが，採取した試料には地中応力の解放等避けられない要素もある。またすべての土や岩から乱さない試料を採取できるわけではない。したがって室内試験からだけでは，土の工学的性質を把握することは困難である。採取した試料に対して実施する室内試験やサウンディング等の調査方法では，不十分あるいは確認困難な地盤の状態や性質を調べるのが原位置試験である。

　比較的よく用いられる原位置試験には次のようなものがある。

　ボーリング孔内水平載荷試験，平板載荷試験（JIS A 1215 参照），現場 CBR 試験（JIS A 1211 参照）等。

(7) 室内試験

　室内試験は，地山の物理特性等の基礎的性状や安定解析を行う際の強度定数等を調べるために行う。切土のり面の設計では，室内試験で求められた試験値をそのまま用いて設計することは比較的少なく，したがって試験を実施する必要性はあまり高くない。ただし，のり面の基礎的性状を明らかにするための一般的な試験（物理試験が主体）は実施しておくのが望ましい。

　切土のり面では，すべり面が既存の不連続面や軟質層等を利用して形成されることが多いため，これらの弱部が連続して流れ盤を形成するような場合には，不連続面や軟質層等の力学試験（強度試験）を実施するのが望ましい。ただし，このような弱部の連続性は，詳細な調査によっても把握できないことがあるので，強度試験結果を用いて安定解析を行う場合には，すべり面の確実性や，斜面の変状，近接斜面の状況等を考慮し，強度定数の妥当性について充分な検討を加える必要がある。

参考文献

1) 東日本高速道路㈱・中日本高速道路㈱・西日本高速道路㈱：土工施工管理要領，2007.

第4章　環境・景観対策

4−1　自然環境への配慮

> のり面工・斜面安定工は，のり面・斜面の安定を確保したうえで，自然環境の保存・保全に十分に配慮しなければならない。このため，のり面の計画においては，以下に示す事項に十分配慮する。
> (1) 自然環境保全上重要な地域においては，道路による改変を極力少なくすることが重要であり，保存・保全の必要な地域を回避する路線の選定やトンネル化や橋梁化等，改変を軽減できる道路構造を選択する等，十分に配慮する。
> (2) 動植物対策における基本的事項は，周辺と調和した多様な動植物が生存できる状態にすることである。のり面緑化に当たっては，のり面が早期に周辺環境と調和するよう，導入植物や植生遷移等を十分考慮のうえ計画する。
> (3) 周辺の自然公園等の大規模な緑地に接する位置にあるのり面は，当該地区の生物の生息域となるよう，特に周辺の緑地との連続性に配慮することが望ましい。

　自然環境保全上重要な地域においては，のり面工の検討に先立ち，道路による改変を極力少なくすることが重要である。そのためには，保存，保全の必要な地域を回避する路線の選定やトンネル化や橋梁化等，改変を軽減できる道路構造を選択する等，十分に配慮する（**参図4−1参照**）。

　また，のり面工を検討するに当たっても，のり面の安定を確保したうえで，対象地区の周辺の状況に応じて，平面・縦断線形の検討による土工量やのり面積の縮小，のり面のラウンディング，勾配の修正や周辺と調和した緑化等の手法を選定する。

　特にのり面・斜面は，植物を使用することにより，隣接する多種多様な環境との一体化や道路と隣接地との緩衝に寄与することができる。このため，のり面の計画においては積極的に植物の利点を活用する。

(a) 路線の移動による回避

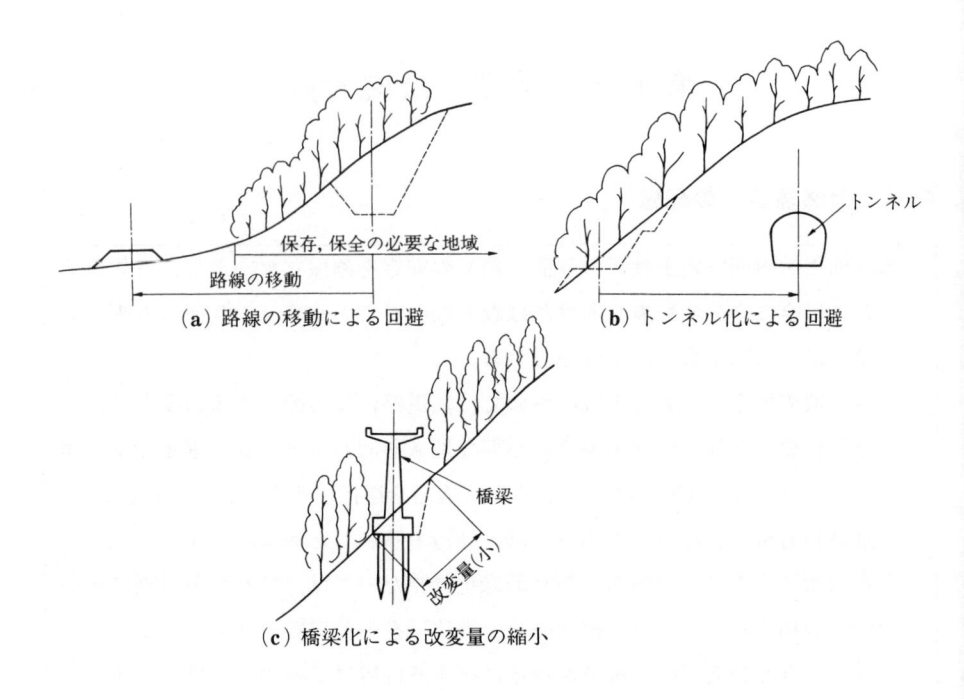

(b) トンネル化による回避

(c) 橋梁化による改変量の縮小

参図4-1　道路計画段階における自然環境への配慮方法の例

4-2　景観への配慮

　山岳地の多い我が国の道路計画においてはのり面が造成されることが多い。景観への配慮においては，のり面だけでなくのり面を含む道路全体や道路から見える景観も対象であり，以下に示すことに留意する。
(1)　環境影響評価の対象となる対象道路事業区域に主要な眺望点及び景観資源があり，かつ，その周辺の主要な眺望点からの可視領域に対象道路が存在する場合には，主要な眺望点からのフォトモンタージュ法やスケッチ・パースによる方法，ＣＧによる方法等により景観の予測を行っており，この結果をのり面景観検討に活用する。
(2)　のり面景観は，道路利用者からの視点による道路内部景観と道路周辺からの視点による道路外部景観に区分できる。道路内部景観に配慮する場合は視

点の移動速度に応じた「連続性」や「快適性」が，道路外部景観に配慮する場合は周辺景観との調和を重視する。
(3)　緑化は，周辺環境に対し景観保全や調和の対策として有効な手法である。緑化技術は播種工と植栽工等に区分され，対象地の各種条件に応じて使用を検討する。
(4)　のり面構造物は周辺景観との連続性，構造物自体の安定性を感じさせるとともに，圧迫感を軽減するように配慮する。
(5)　景観法の規定により「景観重要公共施設の整備に関する事項」が定められた場合で，道路が「景観重要公共施設」に定められた場合には，当該道路(のり面を含む)の整備は景観計画に即して行う。

　景観に関する検討は，道路計画の初期段階から行い，後日手戻りが生じないよう配慮するとともに，計画の各段階において問題が発生した場合には，その時点での修正に対する配慮が必要となる。
　構造物自体の形状や表面の工夫とともに，緑化により周辺と調和させたり，見えなくすることも有効な手段である。しかし，構造物の造形や表面への作画等の手法は十分な検討を実施しても評価が分かれることが多く，安易に採用するのは慎むべきである。

4－3　環境・景観の調査

4－3－1　調査の着眼点

　　のり面の出現が周辺の環境・景観に与える影響を明らかにし，具体的な対策の検討に使えるように取りまとめる。のり面の出現は新しい環境・景観を創出するとともに，周辺の環境・景観にも影響を与えることが多いため，これらの影響の回避や緩和を図る。

　特に自然環境の豊かな地域を通過する箇所の環境と景観は，相互の関連性が非常に強く，同時に検討することが必要となる。

調査結果は「4-4　環境・景観対策」に反映するものとする。

4-3-2　道路特性調査

> のり面の環境・景観への影響を検討するに当たっては，当該道路の道路構造等の特性を充分把握しておく。

特に緑化を行う場合には，その道路の特性が緑化の規模や内容の決定等に関する重要な配慮項目となる。

調査項目としては，道路構造，路線の性格（生活道路，観光道路，産業道路等）及び交通量等を調査し，路線全体の特性として取りまとめる。

4-3-3　周辺環境調査

> 周辺環境に対する影響を検討するに当たっては，自然環境の状態や周辺の土地利用状況，文化財の存在について把握しておく。
> 自然環境に関する調査は動物と植物に関して実施し，また周辺の土地利用状況，文化財の存在に関する調査は主に文献による調査を実施する。

調査の内容，項目，区域及び方法については「道路環境影響評価の技術手法」（財団法人道路環境研究所）によるものとし，調査結果は，のり面工の工種やその規模，内容等の検討に反映することを目的に「3-3-6　予備調査結果の整理」にとともに取りまとめる。

4-3-4　景観調査

> 沿道の主要眺望点・景観資源の分布，主要眺望点からの眺望景観を把握し，のり面景観が周辺の貴重な景観や地域景観を損なうことにならないよう検討するとともに，道路利用者から見た景観についても把握しておく。

調査は，道路の内部景観と外部景観の調査に大別して行う。道路内部景観は，道路利用者から見た景観で,視点の移動速度が数 km/hr～100 km/hr まで異なるため，同じのり面であっても見える時間や，構造の認識度合い等が大きく異なる。このため景観の評価に当たっては,のり面の延長や構造等による影響を配慮する。

道路外部景観は，道路周辺や展望施設から見た景観で，視点が停止またはそれに近い状態であるため，評価に当たっては周辺景観との「統一性」や「一体性」について配慮する。

道路内部景観及び道路外部景観の調査には，景観資源とそれを取り巻く景観構成要素の調査，及び道路内部・外部の視点場からの眺望の状況の調査がある。これらの調査については「道路環境影響評価の技術手法」（財団法人道路環境研究所）を参考に行うものとするが,のり面自体が道路景観の重要な構成要素となるため，のり面工の種類，規模，勾配，使用材料等を調査し，景観に与える影響の程度を評価する。

調査結果は，調査した視点の場所と景観資源，景観阻害要素等の内容を「3－3－6　予備調査結果の整理」に基づき景観要素図として取りまとめる。この場合，①統一性　②連続性　③円滑性　④一体性　⑤安定性　⑥軽快性（圧迫感の回避）を主要な項目として評価する。

4－4　環境・景観対策
4－4－1　環境・景観対策の基本的考え方

> のり面工の環境・景観対策は,「4－3　環境・景観の調査」の結果を基に検討する。のり面工は，立面的な施工がなされることから，その規模が大きいほど施工後に目に付きやすく環境への影響も少なくない。このため設計においては,斜面の改変を抑えたり，のり面勾配の緩和やのり面の規模を極力小さくすることによって周辺の環境や景観への影響を可能な限り回避，低減することが基本である。

のり面の造成により改変された部分には積極的に樹林化を行う等，自然環境の

回復を行うことも重要である。しかしながら，実際の設計においては地形的，技術的あるいは経済的制約等から必ずしもこのような条件を満足することが難しい場合が少なくない。したがって，まずのり面工の第一目的であるのり面の安定を図り，その上で周辺の環境や景観への影響を抑えるための対策を講じる必要がある。

4－4－2　環境対策の一般的手法

> 環境対策，特に自然環境対策の一般手法としては，改変面積を少なくすることが基本であるが，場所によっては緩勾配化により自然植生の復元を容易にしたり，積極的に周辺と同様の樹種による樹林化を行う等の手法を採用することが効果的である。また環境対策の検討に当たっては，用地取得から設計・施工・維持管理まで含めたトータルコストも考慮する。
>
> 自然環境の保全を考慮した計画を行う場合には，次の点に留意する。
> (1)　自然環境の把握
> (2)　改変面積の縮小化
> (3)　影響の緩和
> (4)　自然環境との調和

(1)　自然環境の把握

　道路の通過する地域の自然環境は，人為の加わった里山的なものから自然度の高い天然林までであり，それを構成する生態系は地域毎に大きな差がある。天然林や湿原環境では，一旦改変が加わると復元が困難なことが多い。一方で，ススキ群落やアカマツ林等では改変されても年月の経過とともに復元する。このように，地形を改変する影響や自然環境の復元度合いは，地域の各種条件によって大きく異なる。

　解表4－1に，自然環境対策を検討するうえでの考え方の一例を示す。

解表4-1 自然環境対策の考え方の一例

分 類	対 象 地 域	対策方針
A. 特に注意を要する自然環境地域	・環境庁植生自然度8以上の自然性の高い地域（自然草原，自然林，二次林のうち自然林に近いもの） ・自然環境の保全を目的とする法令により指定された地域（国立公園，国定公園等の特別地域） ・学術上の観点から重要と認められる地域 ・貴重種，重要種の生息地域 ・生物相が多様な地域（例：樹林と水環境がセット） ・脆弱な自然環境地域，個体群（湿地等）	・改変後の復元性が低い地域 ・改変面積を抑える工法を工夫する
B. 上記以外の自然環境地域	・二次草原，造林地，二次林	・改変後の復元性に期待できる地域
C. 自然の豊かな都市環境地域	・Bに準じているが，都市的な建造物が景観構成要素として存在する地域	・むしろ緩勾配に造成し植生侵入を促すことも有効

(2) **改変面積の縮小化**

 のり面工の計画段階において，切土による自然の改変を最小限にとどめ，貴重な環境をできる限り残しながら道路を造成する対応である。具体的には，のり面の安定を検討した上で，切土の勾配を標準より急にして構造物等で安定化を図ったり，道路の中心線を谷側に少し移動したりすることによって，土工量とのり面積を減らすこと等が挙げられる（**参図4-2参照**）。

 また，急勾配の岩盤斜面等では，道路の中心線を少し谷側へ移動させて桟橋にしたり，架橋することによって，土工量とのり面積を減らすこともできる（**参図4-3参照**）。

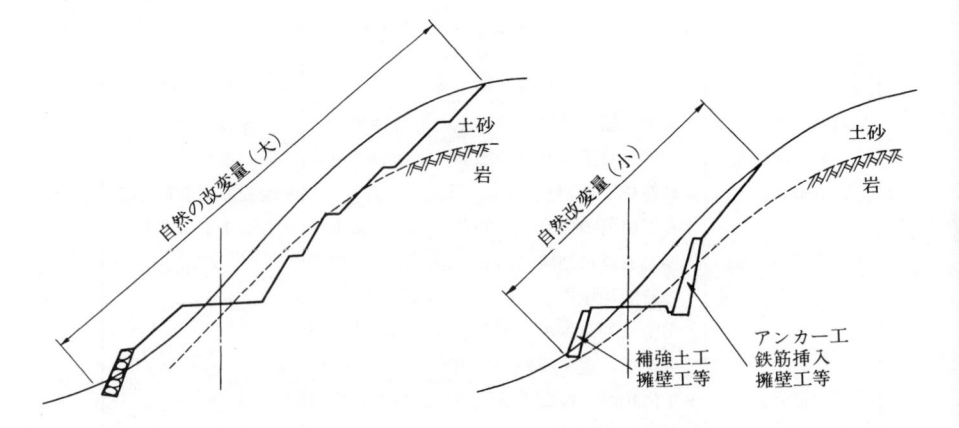

(a) 標準勾配による切り盛りの基本形状　　(b) 構造物等を利用して切・盛土量を減らす

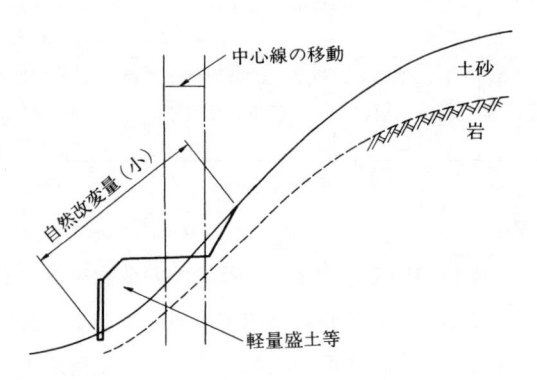

(c) 路線を谷側に少し移動して切土量を減らす

参図 4-2　土工量やのり面積を減じる切り盛りの例

(3) 影響の緩和

　周辺の環境を保全するためには，道路建設の影響を極力緩和することが必要である。

　隣接する樹林の伐開面から一定範囲の林縁部は，土壌の乾燥，風の吹き込み等の環境の変化に伴い，植生や動植物相が影響を受けやすい状態となる。林縁部を保護するためには，環境の変化の緩衝を目的としたマント植栽等の緑化が有効と

― 94 ―

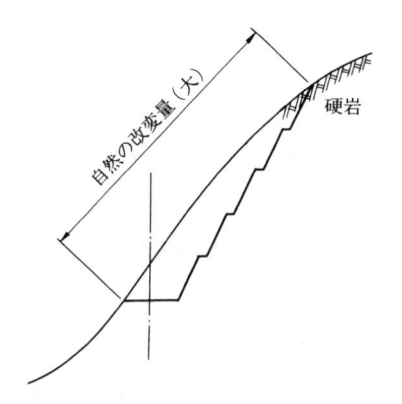

(a) 標準勾配による切土の基本形状　　(b) 路線の移動と桟橋併用により
　　　　　　　　　　　　　　　　　　　　切土量を減らす

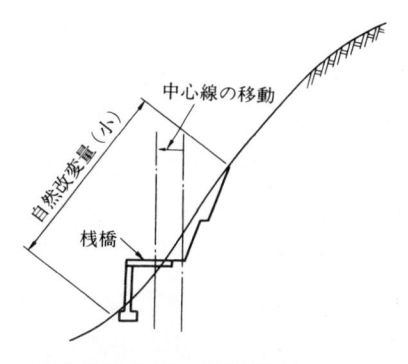

参図 4-3　桟橋や架橋の利用例

なる(**解図 4-1** 参照)。

のり面工での対応としては，緩衝機能が発揮されるように十分な植栽と植栽基盤（土壌・植栽余裕幅等）を確保すること等が挙げられる。

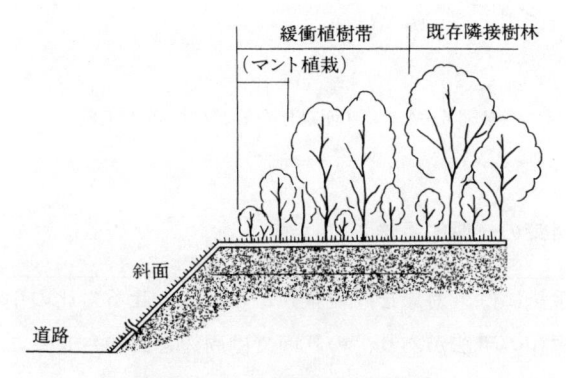

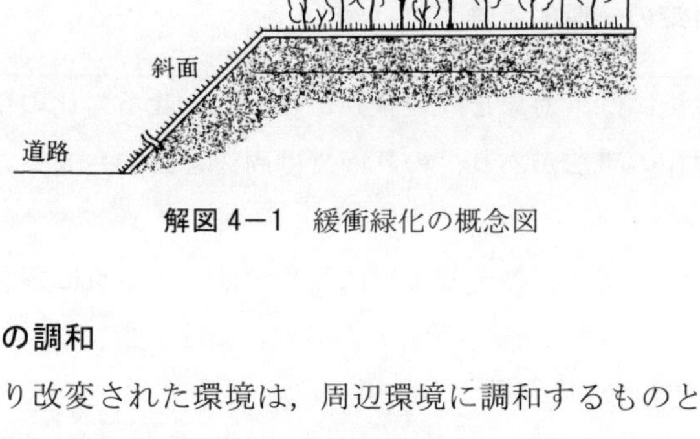

解図 4-1　緩衝緑化の概念図

(4) **自然環境との調和**

道路建設により改変された環境は，周辺環境に調和するものとして修復していくことも必要となる。のり面を周辺環境に調和させ自然を回復するためには，の

り面における植生を周辺植生に調和したものとする。

　のり面の植生を周辺植生に調和させたものにするためには，時間の経過による自然遷移に任せる方法や積極的に地域の植生を導入する等の方法があり，個々の箇所に求められる自然環境条件や社会的条件等を考慮して選定しなければならない。ただし，目標とする植生を導入するためには，のり面構造自体がその植生の成立を可能とするよう，のり面勾配を緩くするなどの対応が必要となる場合がある（参図4－4参照）。

　積極的に地域の植生を導入する手法としては，森林表土利用工や自然侵入促進工等がある。なお，これらの植生工については，「8－3－8　植生工における新技術の活用」を参照されたい。

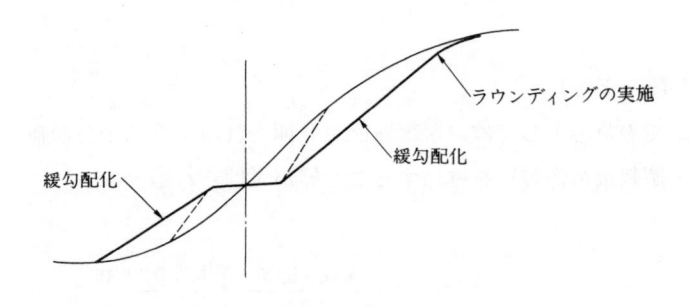

参図4－4　のり面緑化を容易にする土工例

4－4－3　景観対策の一般的手法

　景観対策の手法には，対象を周辺景観から際立たせる対比の手法と周辺景観に埋没させる調和の手法があり，のり面では周辺と調和させることが原則である。

　のり面に施工する構造物のデザインに関しては，次の点に留意する。
(1)　統一性
(2)　連続性
(3)　円滑性

(4) 一体性
(5) 安定性
(6) 軽快性

　景観対策の手法には，対象を周辺景観から際立たせる対比の手法と周辺景観に埋没させる調和の手法があり，のり面では周辺と調和させることが原則である。調和を図るには，造景三要素と呼ばれる①形態，②材質，③色彩を周辺の景観と近似のものとして周辺景観と同化融合をすることにより目立たなくさせる。また，単に目立つものや周辺景観と調和しがたいもの等を，周辺景観と馴染むものにより遮蔽して見えなくする手法も調和の手法の一つとして利用されることが多い。
　のり面に施工する構造物のデザインに関しては，次のような点に留意する。

(1) 統 一 性
　景観整備を図るうえで，最も基本となる概念である。
　造景三要素の①形態，②材質，③色彩や様式等の要素のうちのひとつ，またはいくつかを統一することによって，景観に統一性をもたせ良好な景観を形成することができる。のり面景観整備においては，一部の構造物や区間だけが造形的に優れていても全体として統一性に欠ける場合には奇妙な景観となったり，逆に統一を図りすぎると画一的になり，単調で「飽き」のくる景観となるため，注意が必要である。

(2) 連 続 性
　大きくは「統一性」に包含される概念であるが，特に「連続性」は時間の要素を含んだシークエンス景観（自動車から外を眺めるように変化していく景色）に用いられる（**解図4-2**参照）。
　人々の行動が一定の方向性を有している場合，事象（景観）の変化が予測の範囲内にとどまっているうちは安心感があるが，予測し難い急激な変化あるいは予測に反する変化は心理的不安定をもたらすため，心理的な安定感を阻害するような景観の急激な変化の連続は避けなければならない。

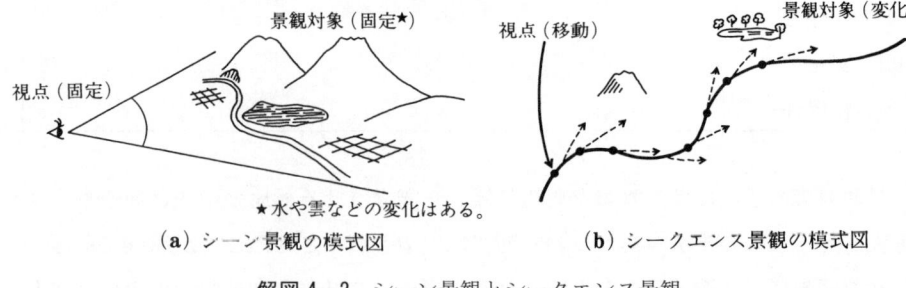

解図4−2　シーン景観とシークエンス景観

(3) 円滑性

　人々は基本的には丸いもの，滑らかなもの等，円滑な形状のものに安心感を覚え，逆に尖ったもの，角張ったもの等の鋭敏な形状に対しては本能的に身の危険を感じ，心理的安定が乱されやすい。このため，のり面景観を形成する構造物等は鋭敏な形状は避け，円滑な形状を採用することも必要である。

(4) 一体性

　これも広い意味での「統一性」であり，素材あるいは材質の統一という言い方ができる。
　構造物は，一体的に見えることにより安心感を与える。構造物の一部が，一つの部品または別の物体として認識されることは好ましくない。

(5) 安定性

　視覚的に不安定な構造物に対しては，身の危険を覚え心理的安定感が得られにくい。安定感の得られやすい形状としては，三角形やピラミッド式，雛段式等があり，逆三角形やオーバーハングしたものは安定感を損ないやすい。

(6) 軽快性

　一般には，圧迫感の解消という表現がなされる。ヒューマンスケールを超える巨大な構造物や空間に架かる構造物は，人々に圧迫感を与え心理的な安定を乱す。構造物等を軽快に見せるためには，見られる側の面を小さく又はスマートにする，

壁面にスリットを入れ陰影をつける，周辺と馴染むように材質の色をトーンダウンさせるような彩色を施す等の手法が考えられるが，いずれも人間の錯視等の視覚特性を利用したものである。ただし，彩色については，季節・天候等により調和しているかどうかに関して受け止め方がかなり異なる場合が多いので，慎重に行う。

環境・景観に配慮したのり面工に関する計画の事例を「付録8．環境・景観を考慮したのり面工計画事例」に添付するので，参考とされたい。

4－4－4　のり面形状による対応

> のり面の形状と周辺景観とを調和させるため，特に切土のり面の場合，その形状を山の地形なりに仕上げるアースデザインの手法を用いて，自然地形とのスムーズな連続性を確保することが望ましい。

(1)　アースデザイン

のり面の形状と周辺景観とを調和させるためには，のり面と地形との間に生じる折れを無くして，地形とのり面のスムーズな連続性を確保し，のり面形態を自然に近づけることが重要である。アースデザインは，そのための造成手法であり，のり面の浸食防止に効果があるほか，周辺の植生の侵入が容易となり，自然復元のためにも効果がある。

アースデザインにはラウンディング，元谷造成，グレーディング等の手法がある。

(2)　ラウンディング

ラウンディングは，土工定規で定められたのり面を，現地盤になだらかにすりつけるために行う丸みづけ造成である。特に地山が緩斜面の場合に有効であり，のり面の勾配を緩くした上でラウンディングを行うとのり面の形はほとんど目立たなくなる。

ラウンディングでは不安定なのり肩部の風化土壌を除去するので，自然植生の侵入が容易になり，のり面と周辺植生との景観上の一体化が促進される（**解図 4-3** 参照）。同時に，不安定なのり肩部の風化土壌を除去するということは，のり肩部の小崩落を防止することにもなるのでのり面の安定から見ても有効な手法であるといえる。さらに，風化土壌やすべり層より上層の地層等を取り除くことにより，のり面の地層面等を利用した，より安定性や自然さを期待できるラウンディングの可能性も考えられる。切土のり面ののり尻端部が内カーブに来る場合には，運転者等に対して目立つ景観となる。このような箇所には原地盤の等高線に沿った横方向のラウンディングを実施し，周辺の景観と滑らかにすりつくよう配慮することが望ましい。

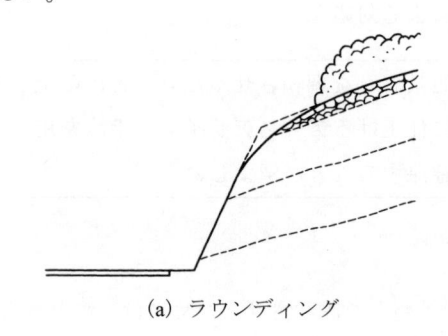

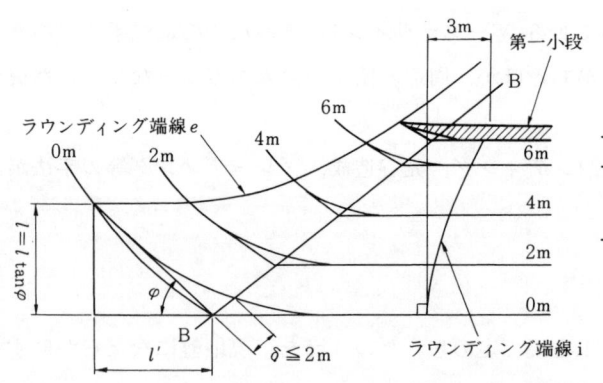

(a) ラウンディング

φに対するlの値	
φ	l
0°〜10°	0m〜1.5m
10°〜20°	1.5m〜3m
20°	3m〜6m

(b) 1小段以下のラウンディング

解図 4-3　ラウンディング

(3) 元谷（もとたに）造成

のり面が横方向に一定の勾配で続く場合には，のり面の端部のみにラウンディングを行い自然地形にすりつけても，自然地形との間に違和感が残る。

元谷造成は，のり面の背後に元々の谷地形が残る箇所において，その部分ののり面勾配を緩くする造成手法である。さらに，自然地形にならって，のり面勾配を変化させ地形にすりつけるラウンディングを合わせて行うことにより，元からそこにあったように感じられる地形を出現させようとする造成手法である（**解図4－4**参照）。

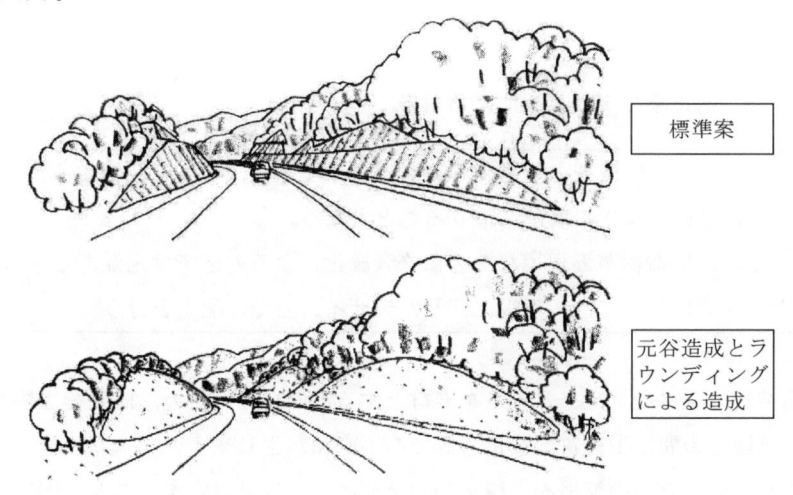

解図4－4 元谷造成とラウンディング

これにより，人工的なのり面の表面形態に生じがちな景観上の問題を解消すると同時に，谷地形を復活するため，自然の地形秩序が継承させることとなる。また谷線に沿って集まる雨水によって生じるのり面の表面浸食を回避する対策としても有効に働く。

(4) グレーディング（緩傾斜化）

切土のり面の勾配は，土質条件等を勘案してのり面の安定が図れる最急勾配により決定されるのが一般的であるため，自然地形よりもきつく，地形とのり面と

の接点が折れ曲がってスムーズに連続しなくなることが多い。そこで景観対策に重点をおく場合は，地山の傾斜勾配を勘案することもある。

　地山が緩斜面の場合は，のり面の勾配を緩くすることで地山とのり面の不連続線が目立たなくなり違和感を緩和できる。

　グレーディングは，標準断面で示される土工定規によって定めるのり面勾配よりも緩く造成する手法であり，地形にならってのり面勾配を自在に変化させたり，ラウンディングを伴うことにより，地形との連続性をさらにスムーズなものとする造成手法である。

4－4－5　構造物のデザインによる対応

> 　構造物は，周辺景観との間で不調和が生じやすく，これを解消するために，一般的には修景緑化の助けを借りることとなる。
> 　ただし，構造物が大規模なために修景緑化による対応では困難あるいは不十分な場合等においては，現場に即したデザイン面での配慮を行う。

　構造物は金属やコンクリートを素材とするものが多いため，植生を主体とする周辺景観との間で①材質，②色彩等での不調和が生じやすい。

　これらの不調和の解消を，構造物のデザインのみで対応することは困難であり，一般的には修景緑化の助けを借りることとなる。

　ただし，構造物が大規模なために修景緑化による対応のみでは困難あるいは不十分な場合等には，現場における不調和の原因を明確にした上で，それを解消するために以下に示すようなデザイン面での配慮を行う。

(1)　端部のすり付け

　構造物を周辺地形にすり付けて，周辺地形との連続性を確保すること，あるいは境界部を植栽して周辺部にとけ込ませることにより，より周辺との調和を図ることが望ましい（**写真4－1**参照）。

写真 4-1　端部のすり付け例

(2) スリット等による陰影

　構造物が続く場合には縦方向のスリットを設けることにより，陰影を与えるとともに，軽快感を与えることが望ましい。

(3) 不安定的形状の除去

　のり面上部に下部よりも重量感のある構造物が配置されると，不安定な印象を与えることとなるのでバランスに注意する。

(4) 材質感の統一

　隣接箇所に形状や材質感が異なる構造物を用いると煩雑な印象を与えることとなるので，できるだけ統一することが望ましい。

(5) 表面輝度の抑制

　コンクリート表面は，はつり仕上げ等の処理を行うことにより輝度を抑えるなどの工夫が必要である。

(6) 自然素材の使用

　木材や天然石等の自然の素材を利用すると，周辺景観に馴染んだものとなりや

すい。一方，擬木や擬岩の安易な使用は，周辺景観との不具合を生じることもあるので，使用には注意が必要である（**写真 4－2 参照**）。

　周辺の自然植生の色彩との調和を図るべく，構造物の色の明度及び彩度をトーンダウンさせ,目立たなくさせるように,彩色をする手法がとられることがある。ただし，周辺と同じような色調の彩色でも，季節により周辺の自然景観の色彩が変化することから通年で調和を図ることは困難である。また，一般的に構造物に彩色を行った場合，自然景観の色彩に比べて明度や彩度が高くなる（2度以上は高くなると言われている）傾向にある。さらに，時間の経過とともに色が劣化したり，剥がれ落ちるなど耐久性，維持管理上も問題が残るため，原則として避ける方が望ましい。

写真 4－2　自然素材利用

第5章　維持管理

5-1　維持管理の基本

(1) 供用中の道路の安全性の確保のために，点検計画を立案し効率的かつ適切に維持管理を実施する。
(2) のり面やのり面保護工について，はらみ出しや沈下等の変状が点検によって発見された場合には，のり面の安定を維持して大事に至らないうちに補修を行う。
(3) のり面・斜面の防災性能を向上させるために，調査から施工段階までにおける地質・土質等のデータ，点検結果及び被災履歴，補修・補強履歴等の維持管理上必要となる情報を長期間に渡って保存し，活用していくことが重要である。

　地山の構造や土質の変化等元来不均質である地盤の全容を明確にすることは困難であり，調査から施工段階まで適切に行ってきたとしても，地盤の不確実性に対応できているとは限らない。このため，維持管理の段階でも弱点を見つけ出して対応し，のり面工・斜面安定工の性能を段階的に高めていく必要がある。また，気象作用による地山の性状の経時変化や植生管理も重要である。維持管理は，調査，設計，施工の各段階で得られる情報を反映して対応する必要があり，のり面工・斜面安定工においては，地盤の不確実性に対応するための維持管理の果たすべき役割が大きい。
　維持管理の内容は，防災業務の計画検討，点検及び維持・防災工事から構成される。維持管理の一般的な流れを**解図5-1**に示す。
　のり面・斜面の維持管理を効率的に行うためには，まず防災業務の計画を整える必要がある。これには，のり面等の管理台帳の整備や通行規制基準，各種点検の頻度や体制の設定等を行うことが望ましい。その際には，防災点検により危険箇所の抽出とその状況を把握し，平常時の点検において着目すべき点等を整理し，

その結果を点検計画に反映するなど，効率的に点検を実施して変状の早期発見に努める必要がある。

平常時の点検は，主に道路パトロール車等から視認可能な範囲を目視で点検する日常点検と，比較的長い間隔（例えば半年や年に1回程度）で状況を詳細に確認する定期点検よりなる。点検によってはらみ出しや沈下等の変状が発見された場合には，のり面の安定を維持して大事に至らないうちに補修や補強を行い，段階的に性能を高める必要がある。

豪雨や地震等の異常時においても，防災点検や平常時の点検結果を踏まえて災害の発生や変状の有無等の確認を行う。変状や災害の発生を確認した場合には，速やかに応急対策を実施するとともに，現地の調査を行い必要な対応策の検討を行うことが必要である。

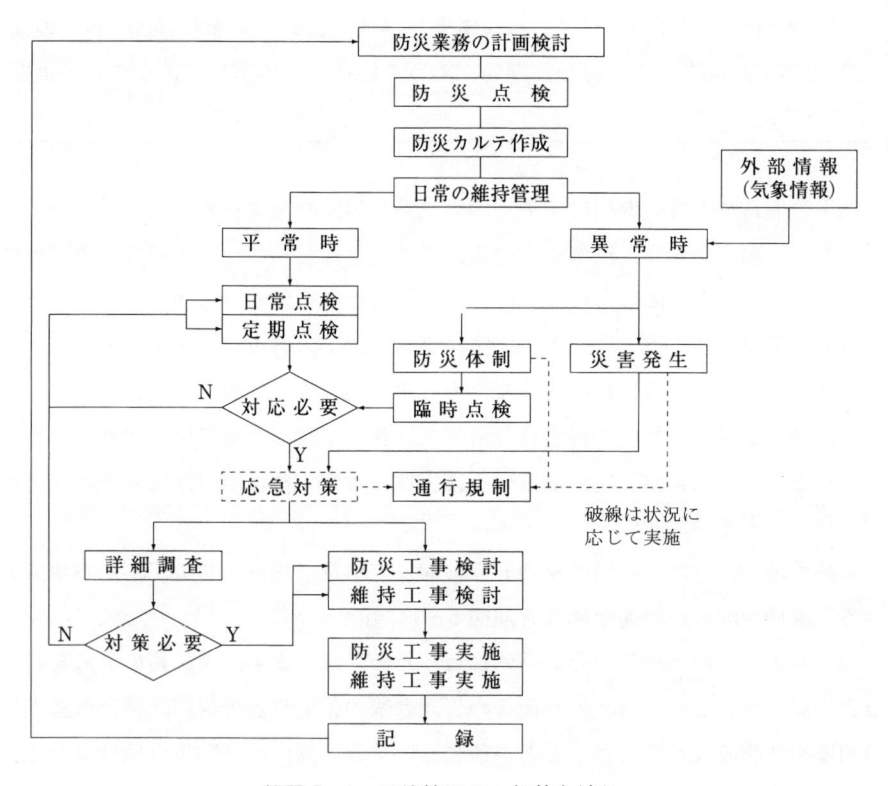

解図5-1 維持管理の一般的な流れ

また，のり面・斜面の防災性能を向上させるために，調査から施工段階までにおける地質・土質等のデータ，点検結果及び被災履歴，補修・補強履歴等の維持管理上必要となる情報を長期間に渡って保存し，活用していくことが重要である。このため，過去の被災履歴，対策工の実態，地形・地質情報等を踏まえて災害危険箇所を把握し，必要に応じて防災管理基図（ハザードマップ）等を整備し，用地外からの災害への対応や状況に応じて維持管理の重点化等を検討することが望ましい。

　以下，「5－2　のり面・斜面の点検」に維持管理における各種点検の留意事項を，「5－3　応急対策」に点検時に異常を確認した場合や災害が発生した場合の応急対策の考え方について示す。

5－2　のり面・斜面の点検

> 　のり面・斜面の特性や各道路がもつ社会的役割等の基本的な背景を十分考慮して，点検業務によりのり面・斜面の状況を把握し，得られた情報に基づき維持・防災工事を実施し，常にのり面・斜面を良好な状態に維持するよう努める。

　のり面・斜面は年を経るにつれて老朽化し脆弱化して行くものである。また，施工時には考えられなかった外力が働いて変形し，甚だしい時は崩壊することがある。もちろん予期せぬ外力が働くような場合には新しく対策を立案する必要がある。なお，最近における土地開発の目覚しい進展，土地利用の多様化に伴って，道路沿いの土地利用の状況が著しく変化し，これが表流水や地下水の流れを変えてのり面・斜面の安定に大きな影響を与えるような事例も生じており，維持管理上の注意すべきことの一つである。

　また，道路交通空間に接しているのり面・斜面の変状は，道路交通の安全に直接関わりを持っており，一旦崩壊が発生すると交通が途絶するだけでなく，生命や財産を脅かし，また場合によっては，道路に近接した地域（第三者）に対しても影響を及ぼすこともあり，その復旧には多大な費用を要することになる。

　したがって，点検によってのり面・斜面のの変状を把握し，変状に応じてのり

面・斜面の維持・防災工事を適切に行う必要がある。のり面・斜面の維持・防災工事は，大きく「道路構造の保全管理」と「防災管理」の2つに分けられる。前者は①経年変化により老朽化した植生やのり面保護工や斜面安定工における構造物の補修等をする現状維持のための作業であり，後者は②変状・崩壊を監視する業務，③危険防止のための対策を行う工事である。

①の補修作業は，のり面保護工の機能を十分発揮させるもので，植生の追肥，落石防護網等の待ち受け対策の裏の堆積土砂の除去，排水溝に溜った土砂の除去等を定期的に行うものである。

②の監視業務は，のり面の変状，のり面保護工の変状等を監視するもので，変状の兆しがあれば必要な測定を行い，その経時的変化よりのり面の安定度を判定するものである。

③の対策工事は，崩壊の可能性があるのり面に構造物を構築し，崩壊を防ぐことや，緊急の場合は不安定土砂の除去を行うことである。崩壊した場合には排土等を行い，その後の崩壊を防ぐ対策工を施工するものである。

5－2－1　点検の種類

(1)　防災点検
　　防災点検は，地形・地質等の斜面の状況，既設対策工の効果，災害履歴等を専門技術者等により詳細に点検する。
(2)　平常時点検
　　平常時点検は主に，日常点検及び定期点検よりなる。
　　日常点検は，道路パトロール車等から視認可能な範囲を目視で点検し，変状の早期発見を目的とする。また，道路の利用状況を日常的に点検する。
　　定期点検は，徒歩にてのり面・斜面を可能な限り接近して，防災点検等で発見された変状等の経過観察と早期発見をするためにできる限り細部に渡り点検するもので，年1回程度の比較的長い間隔で実施する。
(3)　臨時点検
　　臨時点検は，地震，降雨等の後に実施し，日常点検または定期点検を補完

するために，必要に応じて実施する。
(4) 災害時の調査
　　災害時の調査は，地震，降雨等により災害が発生した場合あるいは臨時点検で災害に至るような変状が確認された場合に実施するもので，対策工等の対応策を検討するための資料収集を目的とする。

　点検は，のり面・斜面の状況を把握するための基本的な作業である。点検には，その目的によって防災点検，平常時点検（日常点検，定期点検），臨時点検の種類がある。防災点検は，道路に隣接するのり面・斜面について安定度を評価して，降雨等に対して不安定と判断されるのり面・斜面を抽出するとともに，その後の平常時の点検や対策の進め方を検討するための防災対策の基本となるものである。このため，防災点検によって要注意箇所を抽出し，各箇所毎に専門技術者等の精査により平常時点検において着目すべき点等を記した様式（防災カルテ等）を作成し，また点検の頻度，範囲等の必要事項はあらかじめ定めて効率的に点検が進められるようにしておくことが望ましい。防災カルテの例を「付録3．のり面・斜面の安定度判定法の例」に示す。

5－2－2　点検における留意事項

(1)　点検業務は，調査及び補修等の関連する業務と連携を図って実施しなければならない。
(2)　点検の実施に当たっては，作業の安全確保に留意するとともに，業務を効率的かつ効果的に執行するように努める。
(3)　点検の実施に当たっては，新設時ののり面形状及び施工時の状況等を知って臨むことが大切であるので，新設時の工事完成図及び工事施工中における崩落，湧水等のあった位置，形態，規模等の記録を簡単にまとめて備えておく。
(4)　点検の結果，発見された損傷の程度を区分するため，対象構造物の点検項目ごとに判定の基準を定める。

(5) 点検結果は，所定の様式に記録し，点検計画，調査計画及び補修計画等の策定の資料として活用することが重要である。また，必要に応じて写真を撮影する等して，点検者が交代しても判定できるよう取りまとめることが望ましい。

安定度調査表，防災カルテ，施工記録表の例を「付録3．のり面・斜面の安定度判定法の例」に示すので，点検結果等の整理に当たって参照されたい。

5－2－3　防災点検

防災点検では，道路に隣接するのり面・斜面（既設ののり面保護工及び斜面安定工を含む）について安定度や健全度を評価して，豪雨・豪雪等に対する要注意箇所を抽出し，箇所毎に状況に合わせてその後の平常時の点検や対策の進め方の検討を行う。

防災点検は，点検結果を防災対策事業や日常の道路管理を通じて活用して，災害の発生をできる限り防止するとともに，仮に発生した場合の被害を最小限に抑えることを目的として実施するものである。したがって防災点検では，道路に隣接するのり面・斜面（既設ののり面保護工及び斜面安定工を含む）について安定度や健全度を評価して，豪雨・豪雪等に対する要注意箇所を抽出し，箇所毎に状況に合わせてその後の平常時の点検や対策の進め方の検討を行う。このため，抽出した箇所毎に専門技術者の精査により平常時点検において着目すべき点等を記した様式（防災カルテ）を作成するとともに，点検の頻度，範囲等の点検計画をあらかじめ定めて効率的に点検が進められるようにしておくことが望ましい。さらに，点検計画に基づいて平常時点検を進め，変状の有無や変状の進行状況等の経時的な変化について防災カルテに記録し，補修や対策工の計画等の策定の資料として活用することが重要である。

5-2-4 平常時点検

> 平常時点検には，日常点検と定期点検がある。平常時点検では，のり面や斜面，のり面保護工，斜面安定工等の変状の有無を調査する。また，必要に応じて現地計測等を行って変状の有無を把握するのが望ましい。
> 平常時点検においては，着目すべき変状の位置，想定される災害形態，点検すべき時期，変状が見られた場合の対応方針等を専門技術者等の精査によりとりまとめて作成した様式を十分に活用する。

(1) 日常点検に当たっては，のり面及びのり面保護工のはらみ出し，肌落ちまたは亀裂，落石対策工の破損，路上への崩落土，盛土のり面等の破損による路面の亀裂，構造物との空隙等の異状の有無に留意するとよい。
(2) 定期点検が望まれる対象箇所としては，施工中特に問題になった箇所，またはのり面の破損が道路交通上大きく影響するであろうと予測されるような箇所及び防災点検で経過観察が必要とされた箇所等とする。なかでも特に重点的に実施すべき箇所としては，地すべり地帯，軟弱地盤，沢水・湧水の多量な箇所，凍結融解の起こりやすい斜面，落石，土石流等の頻発する箇所等があげられるが，これらの箇所は災害の可能性が他の箇所に比べて大きいので，それを意識して点検を行う必要がある。
　点検に当たっては，のり面，斜面，のり面保護工並びに排水・落石対策工の変状，植生の生育及び雑草木の繁茂，浮石・転石の位置の変動，表流水及び地下水の流出，斜面の亀裂等の異状の有無に留意するとよい。
(3) のり面・斜面の周辺における土地開発や土地利用の多目的化が，のり面・斜面の安定に大きな影響を与える場合があり，周辺の環境条件の変化は点検上留意すべきことの一つである。特に，のり面上部の地形改変によりのり面への雨水流出量が増大して，既設の道路排水施設の容量を超えていることがないかどうかなど，のり面・斜面への水の流入状況の変化に留意することが大切である。
(4) 点検によって変状が認められたときは，その変状が今後進行し，道路交通及び施設等の維持管理上甚だしく悪影響を及ぼすものか，あるいはそのまま放置し

ても支障がないものかどうかの判断を行う必要がある。大きな影響を及ぼすと考えられる場合は、「5-2-6 災害時の調査」の調査を行うとともに、必要に応じて対策工や通行規制等の適切な処置をとる。

(5) 解図5-2は既設のり面の変状実態を図示した例である。このような表面的な変状は、のり面内部の変状を反映したものである場合が多く、目に見えない地中で風化や緩みが進行し、豪雨や地震によって瞬時に大規模な崩落となることもある。したがって、日常の管理においてこれらの変状の進行度合を継続監視するのがよい。また、内部の風化の進行状況を把握するために、ボーリング調査が行われることがある。

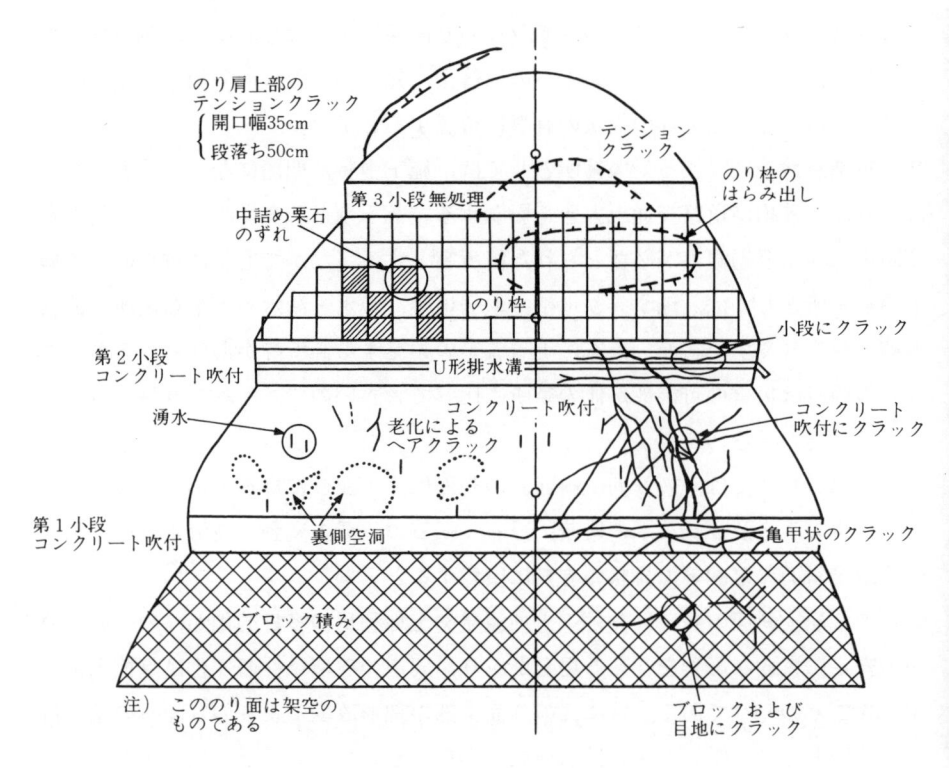

解図5-2 のり面変状正面図

5−2−5　臨時点検

> 暴風雨，豪雨，波浪，地震等が発生した後は，のり面・斜面，のり面保護工・斜面安定工等に変状を生じている恐れがあるので，速やかに点検を実施する。

　暴風雨，豪雨，波浪，地震等が発生した後は，のり面・斜面，防災施設等に変状を生じている恐れがある。特に防災点検で，要対策あるいはカルテ対応と判断された箇所，平常時の点検において災害の恐れがあると判断された箇所については，必要に応じて専門家等を入れて速やかに臨時点検を行う。
　点検により何らかの変状が確認された場合には，「5−2−6　災害時の調査」により防災対策を立案するための調査を行い，状況に応じて適切な対策を実施する。
　また，暴風雨，豪雨，波浪，地震等により災害が発生した箇所がある場合には，臨時点検の際に類似の箇所を抽出して今後同様の要因で災害が生じることがないか検討し，必要に応じて適切な対策を実施するのがよい。

5−2−6　災害時の調査

> 災害時の調査は，地震，降雨等により災害が発生した場合あるいは臨時点検で災害に至るような変状が確認された場合に実施するもので，対策工等の対応策を検討するための資料収集を目的とする。

　調査内容は災害の規模の大小等によって大いに左右され，統一的な調査計画を示すことが難しく，担当技術者の判断によられなければならないが，一応の考え方として次の留意事項を参考にするとよい。
(1)　災害の発生箇所及び臨時点検によって災害の恐れがあると判断された箇所は，専門家等と一緒に現地踏査による詳細な調査を重点的・多角的に行い，斜面の形状や亀裂の位置，方向，巾等を記入したスケッチ，現況写真，亀裂分布図等を作成することが必要である。また必要に応じて計測調査を行い，地形図，断面図等を作成するとよい。現地踏査等の調査が困難な場合は，必要に応じて，ラジコン

ヘリコプター等による空撮や，ノンミラー測量等を利用することも考えられる。

(2) のり面，斜面の変状の徴候が現れたとき等には，土塊の移動や亀裂等，即ち地形の変状，構造物の変形，移動，沈下等が部分的であるか全体的であるかがわかるような詳細な調査が必要である。

(3) (2)の調査を行った結果，変状が進行中のものは今後の進行状態を続けて観測し，安定度判定の資料とする。さらに，災害発生の可能性が懸念される箇所については，追加調査を実施し，対策工及び管理・監視の強化を検討する必要がある。また変状はあるがすでに停止し落ち着いたと思われるものについても必要に応じて適宜調査を行うことが大切である。調査の方法としては，土塊の移動や亀裂の進行状況を調べるための地表面伸縮計，地盤傾斜計等の測定装置の設置，**解図 5-3**に示すような簡易な測定方法がある。

(4) のり面崩壊，地すべり等が発生したときはその現況を把握するため，一般には運動方向の断面を調べるボーリングを行い，すべり面，地下水，土質等を調査する。また必要に応じて地盤変動量調査を行い，崩壊，地すべり箇所の変状が進

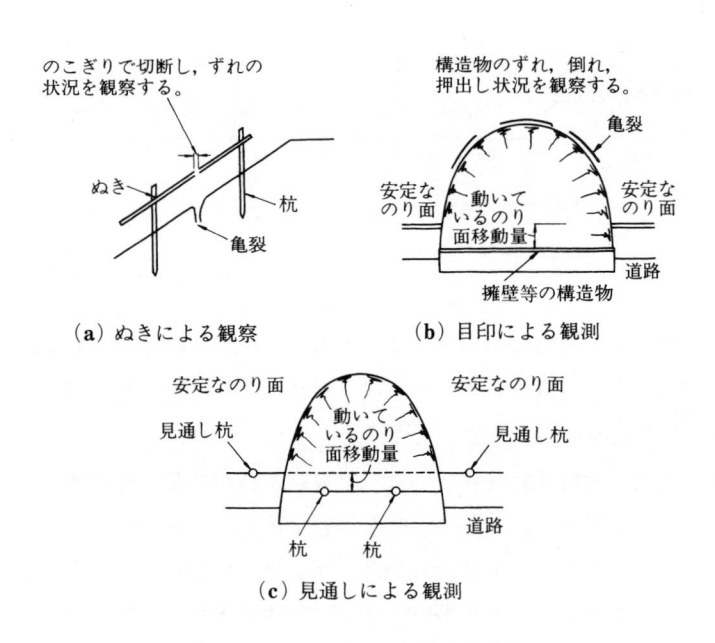

(a) ぬきによる観察

(b) 目印による観測

(c) 見通しによる観測

解図 5-3　のり面の変動調査方法

行中のものはその進行状態を観測する必要がある。これらの調査の詳細については,「11-2　地すべり調査」を参照されたい。また応急対策については「5-3　応急対策」を参照されたい。

(5)　既設の構造物とは異なる構造物を対策工として施工する場合には,これに合致した調査計画を立てることが大切である。対策工の検討に当たっては当初設計時の調査のみでは資料が不足していることが多いので,調査項目や数量を増加して正確な地盤状況を把握する必要がある(詳細調査)。

　災害発生時の調査に当たっては,作業の安全には十分留意する必要がある。また二次災害を引き起こす恐れのあるような調査方法は避けるよう注意すべきである。

(6)　災害が発生し通行規制を行う場合は,迂回道路の安全性等について現況調査を行う。

(7)　災害箇所は道路区域外を含んで発生する場合が往々にしてあるので,災害発生箇所の隣接地における用地の有無及び物件,立木等の現況調査が必要となる。

(8)　災害の規模が大きく現在位置での道路復旧が困難と考えられる場合は別の路線選定調査が必要となることもある。

(9)　広域的な豪雨,地震が発生した後には災害あるいは変状の発生箇所が多数かつ広域に渡る恐れがあるのに加え,通行不能箇所が数多く生じて地上調査では災害の全体状況を把握するのが困難である場合がある。このような場合にはヘリコプターによる調査,空中写真撮影等を行うことが望ましい。

5-3　応急対策
5-3-1　応急対応の実施

> 災害発生時は,二次災害の防止を第一に考慮し,応急対応を行う。
> 　応急対応としては,まず一般交通への危険があるか否かを考え,崩壊の状況に応じた通行規制を行う。その上で,部分的な土砂排除や防護柵の設置,被害の拡大を防止するための仮排水路等の水処理等の応急処理を実施する。

応急対応は，道路利用者の安全を確保したうえで，暫定的ではあるが早期の交通開放と応急対策工の準備のため，災害発生直後に行う緊急措置である。応急対応には，①交通開放のための道路に到達した土砂の排土，②二次災害の防止のためのシート掛けや排水等の水処理，③道路利用者の安全と応急対策工の作業ヤード確保のための仮設防護工がある。以下，これらを実施する際の留意事項を示す。

(1) 土砂排除

土砂排除は，被害の拡大や作業の危険性がないように実施することが大切である。次の留意事項を念頭に，交通機能の早期復旧や応急・恒久対策を図る必要がある。

① 一般に，崩壊の崩土を取り除く際，下から排土することはバランス状態を失わせ，再崩壊する危険性が高く，作業中は上部のり面の監視が必要となる。

② 崩壊面上部の滑落崖は一般に急勾配となり不安定な状態であることが多く，崩壊部分の下部での作業は，状況によっては滑落崖の安定化を図った後に行う必要がある。

(2) 仮設防護工

仮設防護工は，崩壊による土砂の流失防止及び二次災害の発生防止（道路利用者や周辺施設の安全確保），復旧作業ヤードの道路利用者からの分離（目隠し）等を目的として設置される。その構造は，H鋼等を適切な間隔で配置し，その間にデッキプレート等の土留板を設置するものである。

解図5−4に仮設防護工の例を示す。

(3) 水 処 理

水処理は，被害を最小限に留めるうえで重要である。一般に土は水の影響により強度低下することから，早期に的確な水処理を行うことが必要である。水処理の留意事項を次に示す。

① 崩壊面をシートで覆う。なお，この場合シートのラップ部から表流水が地

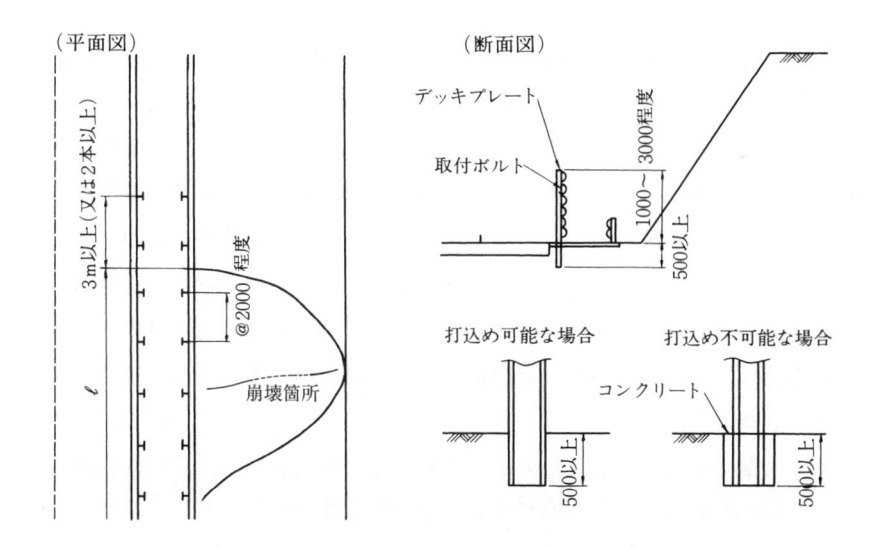

解図 5-4 仮設防護工の例

中に浸透することがあるので，注意が必要である。
② 崩土の流出が懸念される場合，のり尻付近に土のうを設置し，一般交通への支障がないようにする。その場合，完全閉塞とすると水を溜めることとなり，悪影響を及ぼすことから仮排水口を１，２箇所程度設けることが必要である。
③ 崩壊のり面上方からの雨水の浸透を防ぐために，滑落崖の上部に土のう等を用いて仮排水溝を設置する。
④ のり面小段の変状については，小段排水溝の変状により水を貯めたり，集中水としてのり面に流す結果となる等，のり面崩壊を促進することがあるので早急に機能を回復する必要がある。

5-3-2 監視（モニタリング）

計測器等による監視（モニタリング）は，災害時の調査により進行中の変状を確認した箇所や，災害箇所で二次崩落等の恐れがあると判断された箇所において，対策工を実施するまで必要に応じて行う。

地震や豪雨等により災害が発生した場合，災害時の調査により崩落の恐れのある進行中の変状やゆるみ域を抽出して，対策工の検討を行う。このような箇所は，対策工を実施するまでの間に崩落する危険性があるため，本来は対策を行うまでは通行規制を実施することが望ましい。しかしながら，ほとんどの場合は周辺に迂回道路の確保が困難であり，対策工を実施するまでの間も何らかの形での交通開放が必要である。このため，仮設防護工や仮設の道路を設置して交通の確保を行う。この場合，隣接する斜面のゆるみ域の規模や亀裂の状況等災害時の調査の結果を考慮して，必要に応じて計測器による監視を行い道路利用者等の安全の確保に努めるのがよい。

　また，災害発生箇所では，対策工を実施している最中でも，思わぬ変状が発生することがあるため，設計の検証や施工中の安全確保を目的として継続的に監視を行うことが望ましい。

　計測器等による監視（モニタリング）については，「11－2　地すべり調査」を参照されたい。

5－3－3　応急対策工の検討

> 　応急対策工の検討に当たっては，交通の状況等に応じて，のり面・斜面とその周辺の状況，災害後の天候等を十分考慮する。応急対策工の検討に当たっての主な留意事項を次に示す。
> ①　二次災害の発生の恐れ，作業の安全性を確認し，二次災害の防止を第一に考慮する。
> ②　迂回道路の有無を考慮する。
> ③　応急対策工が本復旧工として利用できるか，本復旧工の施工時に大きな手戻りを生じないかを考慮する。
> ④　応急対策工として必要な規模のものかどうかを考慮する。
> ⑤　応急対策工は，極力交通を確保しながら本復旧工事が施工できることが望ましい。
> ⑥　材料手配等の状況も考慮して応急対策工の選定を行う。

> ⑦ 変状・崩壊原因を推測するうえで，防災管理基図（ハザードマップ）や各種台帳等を活用することが有効である。

　のり面・斜面の応急対策は，被害等を受けた箇所に対する当面の速やかな機能回復が目的であるから，現場の復旧条件を満たす対策で臨むことが肝要である。
　点検により変状や崩壊箇所の早期発見に努め，変状や崩壊が発見された場合には応急対策により第三者への被害の回避や道路機能の回復，及び被害の拡大防止に努める必要がある。
　変状や崩壊が発見された場合に，早期に対応が出来るよう応急対策に必要な土のう，矢板（木，鋼），シート，パイプ，杭（H鋼，松），番線，塩ビパイプ，覆工板等を常備しておくことが望ましい。さらに，施工の対応も検討しておく必要がある。
　解表 5－1 に応急対策工の種類と適用条件を示す。これらの応急対策工は，必要に応じて組み合わせて用いられる。

解表 5－1　応急対策工の種類と適用条件

区　分	応急対策工	応急対策の適用条件 （のり面・斜面）	備　考
主として水に対するもの	土のう工 仮排水工 じゃかご工 地下排水溝 水抜きボーリング シート被覆工 仮排水路工	①流入水の遮断・排除 ②湧水の処理 ③雨水の浸透防止 ④集水の流末処理	崩土流出防止や局所的な安定にも用いられる。
のり面・斜面自体の安定に関するもの	排土工 押え盛土工 じゃかご工 ふとんかご工 土のう積工 杭　　工 編　柵　工 崩土切落し工	①のり面・斜面の安定 ②のり面またはのり尻の補強 ③のり面またはのり尻の補強 ④のり面・斜面のゆるみ防止 ⑤表層崩壊の防止	①規模が大きい場合 ②湧水のある場合 ③湧水のない場合 ④木杭・単管パイプ等が主に用いられる。 ⑤被害拡大の恐れのない場合（一般交通への危険防止の初期対応として有効）
一般交通の危険防止に関するもの	落石防護工 保安柵工 防護柵工 仮設防護工	①落石，崩土等に対する危険防止 ②路肩欠壊等に対する危険防止 ③落石防止や目隠し等に用いる。	
交通確保に関するもの	仮桟橋 迂回路工	①急傾斜地における道路の欠壊等に対しての早期の交通確保 ②復旧が長期に渡り，かつ，現地における応急復旧が困難な場合	

以下，各変状・崩壊の状況による応急対策工の適用を述べる。
（i）のり面・斜面上部に亀裂または崩壊が生じた場合

例えば，**解図5-5**のように切土上部に亀裂が発生したり崩壊が生じた場合は，速やかに亀裂箇所にシートを被せるなどの水処理を行い，亀裂，崩壊の拡大を防ぐ必要がある。崩壊の規模から考えて崩壊部を排土しても崩壊の拡大等がない場合は，一般交通の安全を考慮して崩壊箇所や崩壊の恐れのある箇所の土砂排除を行う。なお，崩壊が局所的で当面破壊の恐れがない場合は編柵工が最も簡単である。これに対して崩壊の規模が大きく局所的な対策工では不安定な場合は，**解図5-5**に示すようにのり面を切り直し，勾配を緩くする等の恒久対策をとらざるを得ない。また，早期に交通解放する場合には防護柵や規制方法（迂回路の造成も含む）等の検討も必要である。

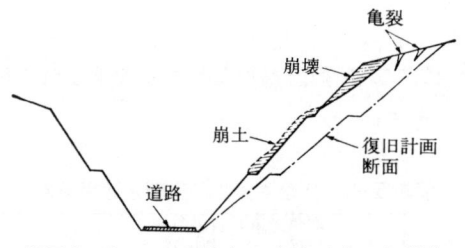

解図5-5 のり面上部に崩壊が生じた場合

（ii）のり面・斜面上部に亀裂または崩壊が生じ，かつ湧水を伴う場合

のり面・斜面上部の崩壊で湧水を伴う場合は，（i）に示す工法に加えて**解図5-6**に示すように水平排水孔等によって湧水を適切に処理しなければならない。

また，上部の亀裂には土等を充填し，表面水の流入を防ぐ必要がある。

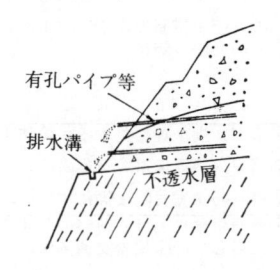

解図5-6 横ボーリングによる排水

(ⅲ) のり面・斜面下部に亀裂または崩壊を生じた場合

　局所的な場合は，崩壊が拡大しないよう土のう積等の応急対策を行う（**解図 5－7**）。最近では，重機や崩壊土砂の活用等の作業性・効率性を考慮して大型土のうが多く用いられている。なお，湧水を伴う場合は，ふとんかご等により対策を行い，排水処理を行わなければならない。一方，切土高が高く，放置すると雨水による浸透が進行し大崩壊を起こす恐れがある場合は，押え盛土を行うなどして恒久対策である切り直しまでの間の地山の安定を図る必要がある。この場合，早期に交通解放を行うには必要に応じて迂回道路をつくる等の配慮を行う。なお，押え盛土により水を溜めないよう地下排水工を設ける等の配慮も必要である。

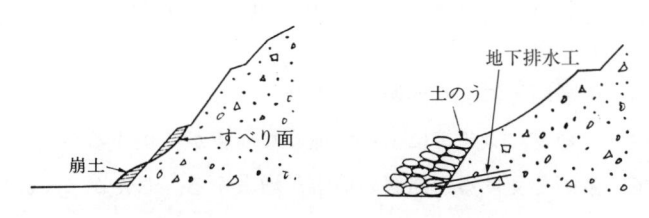

解図 5－7　土のう工による応急措置

(ⅳ) のり面・斜面に転石または浮石のある場合

　のり面・斜面に転石または浮石があり落石の恐れがある場合は，直ちに転石または浮石の除去を行うことが望ましいが，それが不可能な場合には落石防護工を設置しなければならない。応急的な対策としては落石防護網が適切である。除去を行う場合には，一般交通への危険防止や作業に対する安全対策に十分留意しなければならない。

(ⅴ) モルタル・コンクリート吹付工における排水不良，風化による場合

　経年変化とともにモルタル・コンクリート吹付のり面の排水孔に泥，ごみ，落葉等が詰まって排水不良となり，水が内部に滞留し風化が進むなどして崩壊した場合や，崩壊の恐れがある場合には，吹付枠工や鋼繊維補強モルタル・コンクリート吹付工（補強土工や裏込注入工を併用する場合もある）等で部分的に補強するか，落石防護網工で応急対策を施す必要がある。応急対策として落石防護網工を施工する場合は，はく離防止のためには覆式，斜面上部から落石の恐れもある

ときはポケット式とするのがよい（**解図5-8**）。

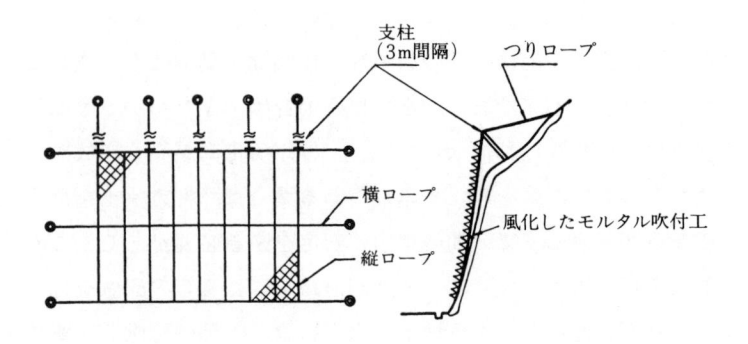

解図5-8 ポケット式落石防護網による応急対策例

(vi) 斜面が集中豪雨等により崩壊した場合

　斜面は，地形，地質，気象等によって様々な崩壊が発生するが，一般に降雨が続いた後に集中豪雨を受けると崩壊の被害が増大する。したがって，梅雨時期に台風が通過した後や寒冷地における融雪時期に注意する必要がある。

　応急対策工については，恒久対策を実施することを念頭に置いて前述のそれぞれの崩壊形態に合致した対応をとる必要があるので，併せてのり面工編及び斜面安定工編も参照されたい。

のり面工編

第6章 切土工

6-1 切土工の基本的考え方

切土工は，地山の不均質性から過去の技術的経験や現場における技術者の判断によるところが高いので，調査，設計・施工，維持管理の各段階において以下のことに配慮し，適切に対応していかなければならない。

(1) のり面の安定に関する設計は，詳細調査により安定度を判断することが望ましいが，予備調査段階で特に問題がないと判断される場合には，経験に基づく標準のり面勾配や周辺の既設切土のり面の状況を参考にして行ってもよい。

(2) 施工時においては，地山の不均質性による調査の不確実性もあり，湧水等の問題のある箇所が見つかることが多い。

(3) 施工後も，施工面以深の地盤状況については不確実であり，また風化による経年変化に対応するためにも維持管理が重要である。

(4) 切土工は，自然環境の改変を伴うため，できる限り周辺環境や道路内外景観に配慮しなければならない。

切土工は，交通に障害が発生しないよう道路を維持し，切土のり面が安定するようにのり面保護工と併せて行う。さらに，切土のり面に続く自然斜面の安定を図る必要がある場合には，斜面安定工を実施する。切土工は，地山の不均質性から過去の技術的経験や現場における技術者の判断によるところが高いので，調査，設計・施工，維持管理の各段階において現場状況を判断し，適切に対応していか

なければならない。

(1) 切土のり面の設計は，土質調査，周辺の地形・地質条件，過去の災害履歴及び同種のり面の実態等の調査並びに技術的経験等に基づき，のり面勾配と必要なのり面保護工を検討する。のり面保護工は植生によるものと構造物によるものとに大別でき，一般に環境・景観等を考えると植生を用いたのり面緑化工が望ましい。しかし，気象，地形，地質，土質，勾配，湧水の状態等から，のり面緑化工により安定性を確保することが難しいときは構造物による工法を採用する。

(2) 施工中に明らかになった条件についても絶えず考慮を加え，より合理的な施工が行われるよう処置していくことを心がけることが大切である。のり面を崩壊に導く最大の要因は表流水・地下水の作用であり，のり面の安定を確保するためには水に対する処置が極めて大切である。このためには恒久的な排水施設はもちろん，施工中の排水対策に対しても十分な配慮が必要である。

(3) 適切に調査，設計，施工を実施しても，施工面以深の地盤状況については不確実であり，また風化による経年変化についても配慮が必要である。このため，点検により変状を早期に発見し，補修や補強等の適切な対応をとり，段階的に性能を高め，のり面の安定確保に努める必要がある。

(4) 最近では，道路の機能の確保とともに，環境・景観との調和を更に高めることが重要な課題となっている。切土工は，自然環境を改変する割合が多く，施工後に目につきやすいことから，周辺環境及び景観と調和させることや，道路利用者の快適性（内部景観）についてもできる限りの配慮を行うことが必要である。切土のり面の設計に当たっては，のり面積を減じること，のり面の形状，緑化の質と量の向上を図ること等を踏まえた工法を検討し，対象地区の環境・景観に配慮することが必要である。

　なお，のり面保護工選定の詳細については「第8章　のり面保護工」による。落石や自然斜面の崩壊の発生が予想される斜面・切土のり面の対策については「第9章　斜面崩壊対策」及び「第10章　落石・岩盤崩壊対策」により，また明瞭な地すべり地や大崩壊跡地を切土する場合や，切土後に**参表1-1(a) c**のような大規模崩壊や地すべり性崩壊が発生した場合の対策については「第11章　地すべり対策」によるものとする。

6-2 切土部の調査
6-2-1 切土部の調査の基本

> 切土部の詳細調査は，切土のり面の詳細設計に必要な現場の地質・土質状況等の情報を得るために実施する。調査に当たっては，以下の(1)～(3)に関して工事の規模及びその他予備調査結果から得られた内容を踏まえて適切な調査計画を立てて実施する。特に，予備調査の結果から問題の所在が明らかとなった土工箇所については，より詳細な調査を実施する。
> (1) 安定に関する調査
> (2) 環境・景観に関する調査
> (3) 排水に関する調査
> 　また，調査結果は設計・施工，維持管理の際に活用できるように整理する。

　切土部の詳細調査は，現場の地質・土質状況，工事の規模等によって異なるものであり，画一的に実施するものではない。このため下記に示すような点に注意し，現地状況を踏まえた適切な調査を行うよう心がけなければならない。
　① 予備調査結果を踏まえて必要な調査項目を検討し，調査計画を立案する。
　② 目的及び現地状況に応じて適切な調査法を選定する。
　③ 調査は系統的かつ効果的に行う。
　④ 調査においては常に現地の状況を十分に確認し，必要に応じて追加の調査を実施する。
　⑤ 調査結果は，施工時，維持管理時にも活用しやすいように整理する。
　切土区間が長い区間に渡って連続している場所では，のり長自体はそれほど長くなくとも適切な間隔で代表的な断面を選んで調査を行い，設計のための資料を求めておくことが望ましい。
　また道路建設において，切土部は盛土部の土取場としての役割をもつことが多いため，そのような場合は盛土材料としての適用性に関する調査を併せて実施するのがよい。盛土材料に関する調査の詳細は，「道路土工－盛土工指針」を参照されたい。

6-2-2 安定に関する調査

> 安定に関する詳細調査は,切土部に出現する土質や岩質,地質構造や物性,すべり面となるような弱部等,切土のり面の断面(勾配・小段)等の詳細設計を決定する際に必要な情報を得るために実施する。

　安定に関する詳細調査は,地質平面・断面,岩区分や土質区分,想定すべり面,各種物性値,地下水状況等,設計に必要な情報を得るために実施する。
　予備調査の結果,特に問題がない箇所では,後述の「**解表6-2　切土に対する標準のり面勾配**」を参考に標準断面を決定するのが一般的である。したがってこの場合は,切土部に出現する土質や岩質(軟岩,硬岩等)の分布を主に現地踏査から推定する作業が主体となる。特に,地山が硬岩や軟岩ののり面勾配を検討する際には,切土箇所と地形・地質・水理条件がほぼ同一と考えられる周辺の自然斜面の勾配が長期風化後の安定勾配とみなせることが多いので,参考とすることができる。
　一方,予備調査の結果から特に問題があると思われる箇所,長大切土箇所等では,地山性状のより詳細な調査が必要とされる。この場合の調査は,現地踏査及び物理探査・ボーリング等が主体となる。地すべり地については,「11-2　地すべり調査」を適用する。
　解表6-1に調査の主要着眼点と調査方法の関係を示す。予備調査の結果から特に問題があると思われる箇所,長大切土箇所等における調査の着眼点の詳細は,次項「6-2-3　注意が必要な現地条件」に示す。また,個々の調査方法については,「3-6　詳細調査における主な調査方法」を参照されたい。

解表6-1 調査の主要着眼点と調査方法との関係

調査の主要着眼点			現地踏査	物理探査					ボーリング調査	テストピット	サウンディング	ボアホールテレビ	土質試験	岩石試験	地下水調査	現地計測
				弾性波探査	電気探査	地下レーダー	電気検層	速度検層・音波検層								
土質・岩質[1]			◎	○	△			△	◎	△	△	△	◎	◎		
地質構造	地質構造	地層構成（互層等）断層・破砕帯等 受け盤・流れ盤	◎	○	△		△	△	○		△						
	割れ目・亀裂の分布や性状		◎	△		△		△	◎	△		○	○				
	風化や変質の程度		○	○	△		△		△	○	△	○		△			
	表土や崖錐・崩積土等の厚さ		○	○	△				△	○	△						
地山の強度				△									◎	◎		△
段落ち・亀裂等変			◎													○
地下水・湧水の状況			○		○				○	△					◎	
地下水位の変動									○	△					◎	

注1) 土質とは土質名，成層状態，深さ方向強度変化（N値のグラフ），硬軟の程度，締まり具合の状況をいい，岩質とは岩石名，成層状態，固結の程度，風化のしやすさ，割れ目の程度等をいう。
注2) ◎最も多く用いられる手段　○よく用いられる手段　△補助的に用いられる手段

6-2-3 注意が必要な現地条件

次に該当する場合，切土によって崩壊が発生しやすいので特に注意して調査し，切土工・のり面保護工の設計・施工に適切に反映する必要がある。

(1) 地すべり地
(2) 崖錐，崩積土，強風化斜面
(3) 砂質土等，特に浸食に弱い土質
(4) 泥岩，凝灰岩，蛇紋岩等風化が速い岩
(5) 割れ目の多い岩
(6) 割れ目が流れ盤となる場合

(7) 地下水が多い場合
(8) 長大のり面となる場合

(1) 地すべり地

切土部の周辺で地すべり地がある場合には，切土に伴い地すべりが発生する可能性があるので，注意が必要である。

地すべり地の調査は「11-2　地すべり調査」を参照されたい。

(2) 崖錐，崩積土，強風化斜面

崖錐，風化岩，火山泥流等が分布する斜面，その他旧崩壊地等では，固結度の低い土砂等が堆積し，斜面の傾斜が地山の限界斜面勾配を示していることがある。このような箇所を地山より急な勾配で切土すると不安定となり，崩壊が発生することがある。

この場合，次に述べる項目が安定性を左右する主な要因と考えられる。

① マトリックスの固結度，粒度
② 基岩線が深いか（土砂層，風化層の厚さ）
③ 基岩線がのり面と同じ方向に傾斜しているか
④ 集水地形か

したがって，ボーリング調査結果から地下水位，N値，また土質試験結果から粒度分布（マトリックスが粘質土か砂質土か），ボーリングや弾性波探査及び現地踏査結果から基岩線の形状等を的確に把握しておかなければならない。

(3) 砂質土等，特に浸食に弱い土質

まさ，しらす，山砂，段丘礫層等主として砂質土からなる土砂は表流水による浸食に特に弱く，落石や崩壊，土砂流失が起こることが多い。

このような土質の場合，次の要素を重点として調査する必要がある。

① 硬さ：ボーリング調査時のN値，または現地踏査において近隣の既設のり面で土壌硬度を測定し，その値等で評価する。
② 浸食されやすさ：土質試験による粒度分布から砂，シルト分の含有量，ま

たは近隣の既設のり面で浸食程度を調査する。

(4) 泥岩，凝灰岩，蛇紋岩等風化が速い岩

　第三紀の泥岩，頁岩，固結度の低い凝灰岩，蛇紋岩等は切土による応力開放，その後の乾燥湿潤の繰返しや凍結融解の繰返し作用等によってのり面表層から次第に土砂化して崩壊が発生することが多い。

　このような地質において，のり面の安定を支配する要素には次のようなものがある。

① 切土時の岩の硬さ：地山の弾性波速度，採取コアの一軸圧縮強さ，超音波伝播速度，近隣の既設のり面における土壌硬度等で評価する。

② 風化に対する耐久性：近隣の既設のり面風化帯（のり面表層軟化部）の厚さと切土後の時間経過の関係，採取試料のコンシステンシー試験結果，その他ボーリングコア（主に未風化試料）による乾燥湿潤繰返し試験，凍結融解試験結果等で評価する。

(5) 割れ目の多い岩

　断層破砕帯，冷却時の収縮によってできた柱状・板状節理等岩盤には多くの弱線が発達している。前者は中・古生層等古い時代の岩（片岩，片麻岩，チャート，砂岩，粘板岩，蛇紋岩，溶結凝灰岩，花こう岩等）に多く，後者は新しい時代の玄武岩，安山岩，流紋岩，溶結凝灰岩等火山噴出岩に多い。この種の岩の崩壊は**解図6－1**のようなものが多い。この場合のり面の安定を左右する条件は，割れ目の発達度合，破砕の程度で，この度合いを評価する方法としては次のものがある。

① 弾性波探査による地山の弾性波（P波）伝播速度

② 採取コア（無亀裂サンプル）の超音波伝播速度と地山の伝播速度から計算される亀裂係数

③ R. Q. D. (Rock Quality Designation)，ボーリングのコア採取率等

④ 近隣の既設のり面の観察

　割れ目の多い岩ののり面では，割れ目の方向が重要な要素となるが，詳細については「6－3－2　切土のり面の勾配」を参照されたい。

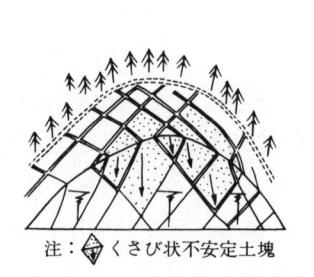

(a) くさび状不安定土塊の崩壊 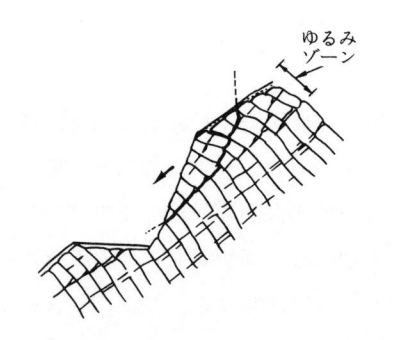　　(b) 受け盤の表層のゆるみゾーンの崩壊

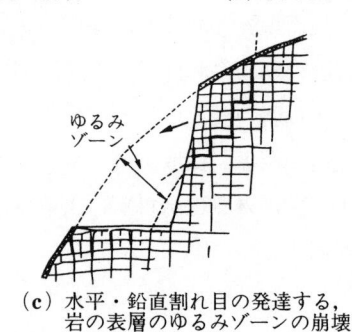

(c) 水平・鉛直割れ目の発達する，岩の表層のゆるみゾーンの崩壊

解図 6-1　割れ目の多い岩の崩壊模式図

(6) 割れ目が流れ盤となる場合

　層理，片理，節理等一定方向に規則性を持った割れ目が発達している場合で，この割れ目の傾斜の方向とのり面の傾斜の方向が同じ方向となった流れ盤の場合には崩壊が起こることがある。

　流れ盤か否かの判断は，現地踏査によって割れ目等の走向・傾斜を正確に測定して，道路のり面の走向（のり尻線の方向と考えてよい）との関係から判断する。詳細については，「6-3-2　切土のり面の勾配」を参照されたい。

(7) 地下水が多い場合

　のり面の崩壊の大部分は直接，間接に地下水が影響していることはいうまでもない。したがって，地下水調査は非常に重要になってくるが，地下水の動きは極

めて複雑であり，従来の地下水調査の手法を機械的に適用しても調査の目的に添わない場合があるので注意が必要である。

通常，地下水状況の把握はボーリング調査及び現地踏査時の湧水の状況等の観察によって行う。また，施工中，施工後の地下水位，湧水の変化についても調査しておく必要がある。

この他，特に詳細な調査を必要とする場合は「11－2　地すべり調査」を参照されたい。

(8)　**長大のり面となる場合**

長大のり面は，のり面全体の地質が均質で堅硬であることは稀で，断層，変質等の弱層を伴っていることが多い。切土が進行してからの変更（切直し）は経済的にも施工性からいっても不利な面が多いため，地質，地下水状況等をより詳細に調査する必要がある。

長大のり面の調査においては，次の点に留意する必要がある。

① 膨張性岩といわれるスメクタイト（モンモリロナイト等の膨潤性の粘土鉱物）を多量に含んだ岩も土かぶりの厚い深部では原位置試験（標準貫入試験，弾性波探査等）では比較的硬い岩と判定されやすい。しかし長大のり面の場合かなり大きな応力を開放することになり，切土後の二次的強度低下が著しい。この場合掘削直後はたとえ硬くとも，将来強度低下する可能性がある。

② 鞍部を切土する場合，鞍部は断層破砕帯となっていることが多く，ボーリングや弾性波探査により，その破砕の度合や方向を確認しておく必要がある。

6－2－4　環境・景観に関する調査

切土工は，地山を切り取り地形を改変するものである。切土においては，のり面の安定を確保するとともに，周辺環境や景観への配慮も重要である。このため，切土のり面の設計に当たっては安定の観点からやむを得ない場合を除き，

> 切土箇所の地域条件に応じて周辺の状況や動植物の生態等の調査を実施し，周辺環境や景観に配慮する。

　切土工における環境・景観に対する対応は，地形の改変量を減らしたり，形状やデザインを工夫するなどの方法がある。また周辺環境・景観との調和に当たっては，のり面保護工での植物の活用は有効である。これらの方法は，地域状況に合わせて適切な対応を検討する必要がある。調査方法及び対応策の詳細は「第4章　環境・景観対策」を，のり面保護工での植物の活用については「8－3　のり面緑化工」を参照されたい。

6－2－5　のり面排水に関する調査

> 　のり面の崩壊は，表流水あるいは浸透した地下水等の水の作用が原因で発生することが多い。のり面の安全性を高めるためには，十分な機能を持ったのり面排水工を設置することが重要である。このため，気象状況，地形と表流水の関係，地下水・湧水の状況，隣接地区での既工事の実績等入念に調査を行う。

　のり面の湧水の状況は，降雨後及び切土後に明らかになる場合が多いので，湧水の疑いがある箇所は降雨後にも確認するのがよい。また，施工時の切土面の状況も確認し，状況に応じて必要な排水工の追加を行う。
　詳細は，「道路土工要綱　共通編　第2章　排水」及び「7－2　のり面排水の調査」を参照されたい。

6－2－6　調査結果の整理

> 　調査結果は，切土工及びのり面保護工の設計や施工に反映させるように整理し，維持管理等においても参照・利用できるように長期間保管する。

　主な整理項目と内容は次のとおりである。

（ⅰ）地質平面図と推定地質断面図

現地踏査・物理探査・ボーリング調査等の結果を総合的に判断し，のり面の設計が可能となる程度の縮尺で図化する。

図化に当たっては，直接調査した部分（踏査ルートやボーリング位置等）と推定により図化した部分を区別できるように記載する。また，地下水位等のデータも図中に記載しておく。

（ⅱ）代表断面の工学的な土質・岩質区分図

現地踏査・物理探査・ボーリング調査・室内試験結果を総合的に判断した工学的な土質・岩質区分図（軟岩・硬岩・土砂等の区分や，より詳細な土質区分，岩級区分図）を作成する。

区分図には区分を行った基準を凡例として記載する。また，安定性の低い領域がある場合には，想定すべり面等を同図中に，または別図を作成して記載する。想定すべり面が複数考えられる場合には，想定すべり面毎，あるいは最も危険度の高いすべり面について，不安定化機構，すべり面や土塊内の状態，地下水の状態等について整理するとともに，不安定度，規模，考え得る対策工法等についても別途記載する。

（ⅲ）その他

地形や変状の調査結果，周辺環境の調査結果，各種調査・計測・室内試験等のデータを項目別に整理するとともに，各調査結果に対するコメントや考察を記載する。

整理及び記載に当たっては，調査位置・時期・方法や条件を明示するとともに，調査箇所の現況のわかる写真・スケッチ等を添える等，後にデータを参照・利用しやすいように工夫する。

6-3 切土のり面の設計

6-3-1 切土のり面の設計の基本的考え方

切土のり面の設計に当たっては，土質調査，周辺の地形・地質条件，過去の災害履歴及び同種のり面の実態等の調査，並びに技術的経験等に基づき総合的

な検討を行う。また施工中に明らかになった条件についても絶えず考慮を加え，より合理的な設計・施工が行われるよう処置していくことを心がける。

　切土のり面の設計において，調査結果で特に問題がない箇所では，6-3-2に示す「**解表6-2**　切土に対する標準のり面勾配」を参考に標準断面を決定するのが一般的である。調査の結果，標準のり面勾配で安定が確保できないと判断された場合や地形上標準のり面勾配での切土が困難な場合には，勾配の変更や適切なのり面保護工を設計する必要がある。

　のり面保護工は，植生によるものと構造物によるものとに大別できるが，一般に環境・景観等から考えて植生工が望ましい。しかし，気象，地質，土質，勾配，湧水の状態等から，植生工により安定性を確保することが難しいときは構造物による工法を採用する。のり面を崩壊に導く最大の要因は水の作用であり，のり面の安定を確保するためには水に対する処置が極めて重要である。このためには恒久的な排水工はもちろん，施工中の排水対策に対しても十分な配慮が必要である。

　また，前述のように環境，景観との調和が重要な課題となっており，切土のり面の設計に当たっては，対象地区の周辺の状況に応じて，土工量やのり面積を減じることやのり面の形状，工法等を工夫したり，緑化の質と量の向上を図ること等，周辺環境，景観と調和させることや，道路利用者の快適性（内部景観）についてもできる限りの配慮を行う必要がある。

6-3-2　切土のり面の勾配

　一般的な場合においては，**解表6-2**に示す標準のり面勾配を参考として調査結果及び用地条件等を総合的に判断してのり面勾配を決定してよい。
　ただし，**解表6-2**に示す標準のり面勾配は，次の条件に該当する場合は適用できないことがあるので，必要に応じてのり面勾配の変更及びのり面保護工，のり面排水工等による対策を講じる。
(1)　地域・地盤条件
　　①　地すべり地の場合

②　崖錐，崩積土，強風化斜面の場合
③　砂質土等，特に浸食に弱い土質の場合
④　泥岩，凝灰岩，蛇紋岩等の風化が速い岩の場合
⑤　割れ目の多い岩の場合
⑥　割れ目が流れ盤となる場合
⑦　地下水が多い場合
⑧　積雪・寒冷地域の場合
⑨　地震の被害を受けやすい地盤の場合

(2)　切土条件
⑩　長大のり面となる場合（切土高が**解表 6-2**に示す高さを越える場合）
⑪　用地等からの制約がある場合

(3)　切土の崩壊による影響
⑫　万一崩壊すると隣接物に重大な損害を与える場合
⑬　万一崩壊すると復旧に長期間を要し，道路機能を著しく阻害する場合
　　（例えば代替道路のない山岳道路における切土）

　地山は，不均質な土砂・岩塊，節理・断層等の地質的不連続面や風化・変質部を含むため極めて複雑で不均一な構成となっている。しかも降雨や地震あるいは経年的な風化によって，切土のり面は施工後徐々に不安定となっていくものである。このため切土のり面において，精度の高い地盤定数を求め有意な安定計算ができる場合は，均一な土砂等を除きほとんどないと考えてよい。したがって，一般的な場合においては，**解表 6-2**の標準値を参考として「第3章　調査」における結果及び用地条件等を総合的に判断してのり面勾配を決定する。なお，**解表 6-2**は，土工面から経験的に求めたのり面勾配の標準値で，無処理あるいは植生工程度の保護工を前提としたものである。

　ここに示す硬・軟岩の区別は掘削の難易性から判断されたもので主として岩片のせん断強さと割れ目の多少及びゆるみの程度に左右されるものである。**解表 6-2**に示した値の幅は，自然地盤が割れ目や不均一性に富み，かつそれらの把握が困難で不確定要素が多いため画一的に決めることが難しいことによる。特に軟

岩は，砂質・泥質・凝灰質等の様々な岩質にまたがる堆積岩類，蛇紋岩等の破砕や変質を受けて脆弱化した岩，あるいは風化岩等非常に多岐な地質が含まれ，さらにはこれらの軟岩の中には風化によってのり面の劣化が急速に進みやすいものもあるため，広い範囲で標準のり面勾配が示されている。

ここでのり面勾配の選定の目安として，地質毎ののり面勾配と採用頻度及び弾性波速度との関係を「付録2．高速道路における切土のり面勾配の実態」に記載してあるので設計の参考にするとよい。また切土のり面勾配の決定に当たっては，周囲の自然斜面の状況や勾配を十分調査することが重要である。

解表6-2 切土に対する標準のり面勾配

地 山 の 土 質		切 土 高	勾 配
硬 岩			1：0.3～1：0.8
軟 岩			1：0.5～1：1.2
砂	密実でない粒度分布の悪いもの		1：1.5～
砂 質 土	密実なもの	5m以下	1：0.8～1：1.0
		5～10m	1：1.0～1：1.2
	密実でないもの	5m以下	1：1.0～1：1.2
		5～10m	1：1.2～1：1.5
砂利または岩塊混じり砂質土	密実なもの，または粒度分布のよいもの	10m以下	1：0.8～1：1.0
		10～15m	1：1.0～1：1.2
	密実でないもの，または粒程度の分布の悪いもの	10m以下	1：1.0～1：1.2
		10～15m	1：1.2～1：1.5
粘 性 土		10m以下	1：0.8～1：1.2
岩塊または玉石混じりの粘性土		5m以下	1：1.0～1：1.2
		5～10m	1：1.2～1：1.5

注) ① 上表の標準勾配は地盤条件，切土条件等により適用できない場合があるので本文を参照すること。
② 土質構成等により単一勾配としないときの切土高及び勾配の考え方は下図のようにする。

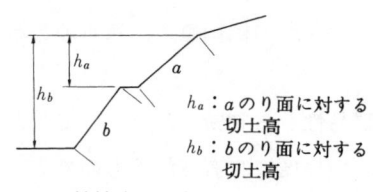

h_a：aのり面に対する切土高
h_b：bのり面に対する切土高

・勾配は小段を含めない。
・勾配に対する切土高は当該切土のり面から上部の全切土高とする。

③シルトは粘性土に入れる。
④上表以外の土質は別途考慮する。
⑤のり面緑化工を計画する場合には**参表8-2**も考慮する。

次に示す条件の場合には，のり面勾配の検討に当たっては，注意が必要である。

(1) 地すべり地の場合
　地すべり地の場合は，調査の結果を基に「**解表11－1　地すべりの安定度判定一覧表**」を参考に対応策を検討する。やむを得ず，切土による改変の検討が必要な場合は「11－3　地すべりの安定解析」に述べる安定計算によって行い，必要に応じて適切な対策を講じる。詳細は「第11章　地すべり対策」を参照されたい。

(2) **崖錐，崩積土，強風化斜面の場合**
　崖錐，泥流堆積地，土石流堆積地，崩壊跡地，強風化斜面等の土砂は，自然のままでも降雨時の水の飽和による強度低下と過剰間隙水圧の発生，地震等により，極めて不安定となり，さらには崩壊に至るものもある。このような箇所の切土の調査については，「6－2－3　(2)　崖錐，崩積土，強風化斜面」を参照されたい。調査の結果，「1－3　のり面・斜面の災害発生形態」に示す**参表1－1(a) B①，C①**のような崩壊が予想される場合には，次のような検討，対策が必要である。また，このような崩積土，強風化斜面の切土のり面勾配の検討に当たっては，「付録2．高速道路における切土のり面勾配の実態」を設計の参考にするとよい。

(a) B①（**参表1－1(a)参照**）のような崩壊が予想される場合
　解図6－2のように，基盤部分を比較的急勾配（必要に応じてブロック等で保護）としてでも基岩線付近に広いステップを設け，上からの崩壊土砂がステップ（平場）に留まりやすくする。崩積土や強風化層部分の切土のり面勾配は可能なかぎり緩くする。

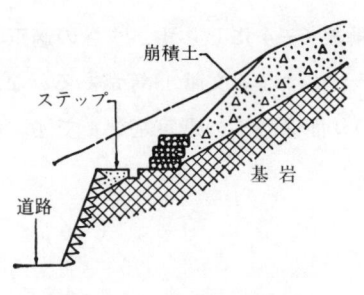

解図6－2　崩壊対策模式図

(b) C①（**参表1−1**(a)参照）のような崩壊が予想される場合

この場合の対策は大規模な排土（小段を含むのり面勾配 1：1.5〜2.0 またはそれより緩い）を行うか，十分な地下排水工を行うか，あるいは抑止工（くい工等）を行うことになる。いずれも工費を大きく左右する工法であり，設計に当たっては十分な検討が必要である。

この場合の検討は「11−3　地すべりの安定解析」で述べる安定計算を主体とする。安定計算は現場の状態によって計算条件が異なり，すべり面の位置の推定やそのせん断強さの決定は結果を大きく左右することになる。したがって計算に入るまえに，計算条件の検討を十分に行っておく必要がある。

(3) 砂質土等，特に浸食に弱い土質の場合

しらす，まさ，山砂，段丘礫層等は表流水による浸食に弱く，土砂流失が起きることが多い。このような土砂からなる切土の調査の詳細は「6−2−3　(3)　砂質土等，特に浸食に弱い土質」を参照されたい。

しらす等の砂質土は特に浸食に弱いので，のり面安定の検討においては，斜面としての力学的安定性のみならず，表流水・雨滴等の水の浸食に対する安定性も考慮しなければならない。したがって，排水等に関し次のように配慮すべきである。

① のり肩，のり尻排水を十分行う。
② のり肩付近からの水の浸透をできるだけ防ぐ。
③ のり尻には用地を余分にとって，万一崩壊しても路面に直接影響を与えないようにする。

ここで，**解表 6−3**，**解表 6−4** にしらす，まさの適正のり面勾配を検討した事例を示す。その他の例としては参考文献 1）等がある。なお，浸食対策は本来のり面勾配よりも「8−2　のり面保護工の選定基準」で述べるのり面保護工や排水工で対処すべきものである。

解表6-3 地山しらすの判断分類に基づく切土工の設計施工指針[2)]

分類		しらす					その他	
		極軟質しらす	軟質しらす	中硬質しらす[注1)]		硬質しらす	溶結凝灰岩	軽石層	火山灰質有機質土及び火山灰質粘性土
指標硬度 (mm)		20以下	20〜25	25〜30		30〜33	33以上	—	—
				植生工が容易	植生工が困難				
湧水がない場合	勾配 (割)	1.0〜1.5	0.8〜1.2	0.8〜1.0	0.5〜0.8	0.5〜0.8	0.5以下	1.0〜1.5	1.0〜1.5
	のり面保護工	のり枠,植生工,のり枠栗石張り,のり枠ブロック空張り,コンクリート張り	のり枠,植生工,植生マット,張芝	のり枠,植生工,植生マット,張芝	モルタル吹付け	モルタル吹付け	無処理	のり枠,栗石張り,のり枠ブロック張り,コンクリート張り	張芝,植生マット,種子吹付け
湧水がある場合	勾配 (割)	1.0〜1.5	1.0〜1.2	1.0〜1.2	1.0程度	1.0程度	0.5程度	1.0〜1.5	1.0〜1.5
	のり面保護工	のり枠,栗石張り,ブロック空張り,コンクリート張り	のり枠,栗石張り,ブロック空張り,コンクリート張り	のり枠,植生工,植生穴工,植生マット,張芝	のり枠,栗石張り,ブロック空張り,コンクリート張り	のり枠,栗石張り,ブロック空張り,コンクリート張り	無処理	のり枠,栗石張り,ブロック空張り,コンクリート張り	張芝,植生マット,種子吹付け
排水処理の必要[注2)]		あり	あり	あり	あり	あり	なし	あり	あり

注1) しらすは水に浸食されやすく,のり面の保護が極めて重要である。指標硬度が 27 mm以下を植生工が容易, 27 mm以上を植生工が困難なものと判断し,中硬質しらすを対象としてこの判別よりのり面保護工を設計するものとする。

注2) のり高(垂直高)が 10mを超える場合は,地質条件を考慮して約7mごとに幅 1.5〜2.0mの小段を設ける。また,後背地からの表面水をのり面に流さないようにのり肩の排水溝を完備するとともに,のり面に対して浸食されないように十分な排水施設を設けるものとする。

解表 6－4　まさ土に対する標準のり面勾配 [3]

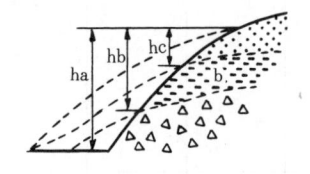

岩盤区分	従来の岩区分		地盤の状況				のり高とこう配(m)				
			風化状況	ボーリングコア状況	地山での弾性波速度(P波)		0　10　20　30　50				
					km/s						
まさ状風化岩	D	D_L D_H	土砂軟岩　　まさ	砂　状	0.4〜1.1		1.0 $\sim$ 1.2	1.2 $\sim$ 1.5	1.5 $\sim$ 1.8		
風化花崗岩	C	C_L	極軟岩	まさに近くなった岩で，割目の少ないもの及び割れ目が密集した岩	砂　状 $\sim$ 細片状	1.1〜1.5	0.6 $\sim$ 0.8	0.8 $\sim$ 1.0	1.0 $\sim$ 1.2	1.2 $\sim$ 1.5	
弱風化花崗岩		C_M	軟　岩	岩芯まで黄褐色に変質した岩。節理が発達する。	角レキ状 $\sim$ 短棒状	1.5〜2.3	0.4 $\sim$ 0.6	0.6 $\sim$ 0.8	0.8 $\sim$ 1.0	1.0 $\sim$ 1.2	1.2 $\sim$ 1.5
未風化花崗岩	B	C_H	硬　岩	大部分が新鮮な岩塊から成り，塊状に節理が発達する。	棒　状	2.3以上	0.3 $\sim$ 0.4	0.4 $\sim$ 0.6	0.6 $\sim$ 0.8		
	A										

のり高と岩区分
岩区分 a に対するのり高：ha
岩区分 b に対するのり高：hb
岩区分 c に対するのり高：hc

(4) 泥岩，凝灰岩，蛇紋岩等の風化が速い岩の場合

　第三紀の泥岩，頁岩，固結度の低い凝灰岩等の軟岩，蛇紋岩，温泉余土等の変質岩は，(a)もともとせん断強さが小さいため，(b)切土による応力解放，その後の乾燥湿潤や凍結融解の繰返し作用等の環境要因の影響を受け急速に風化するため，崩壊を発生することが多い。このような切土の調査の詳細は「6－2－3　(4)　泥岩，凝灰岩，蛇紋岩等，風化が速い岩」を参照されたい。

　(a)のケースにおいては，もともと硬岩であった岩石の風化のように，地山は地表面より深くなればなるほど硬くなるということは期待しにくい場合もあり，**参表 1－1**(a)のＣ①のような深く広い範囲に及ぶ崩壊が発生することがある。このような崩壊が予想される場合は「11－3　地すべりの安定解析」に述べる安定計算によって検討し，対策を講じる。

　(b)のケースにおいては，のり表面から次第に土砂化するため，**参表 1－1**(a)のＡ①，③のような崩壊が発生することが多い。

この種の崩壊は，たとえ掘削時には硬く安定したのり面でも切土後時間経過とともに土砂化して，道路開通後に起こることが多く，道路管理者にとって最も注意しなければならない現象の一つである。このため，設計時点から次のいずれかの配慮が必要である。
① 将来，風化が進んでも崩壊しないための安定勾配を確保しておく。または崩壊しても被害を最小限にとどめるためのステップ及び用地を設けておく。
② 風化をできるだけ抑制するために密閉型の保護工を用いる。

なお適正のり面勾配を決定する場合の参考資料としては，「付録2．高速道路における切土のり面勾配の実態」や参考文献4)等がある。第三紀の泥岩の場合で条件の良いものは平均勾配（のり肩とのり尻を結ぶ線の勾配）で1:0.8〜1.0，比較的悪いものが1:1.2の勾配が多く採用されている。蛇紋岩の場合，条件の良いものと悪いものとに差があるため10m以上ののり面では**解図6-3**に示すように1:0.5〜1.2の間の広い範囲での勾配が採用されている。

(5) 割れ目の多い岩の場合

地質的構造運動による破砕によって生じる断層や節理，溶岩の冷却時の収縮によってできた柱状・板状節理等岩盤には多くの割れ目が発達しており，**参表1-1(a)のB③，C②**のような崩壊が多い。このような切土の調査の詳細は「6-2-3 (5) 割れ目の多い岩」を参照されたい。のり面勾配は，割れ目の発達度合，割れ目の面の粗滑とゆるみ具合，挟在物の性質，面の方向と面どうしの交角並びに切土のり面の方向との関係を考慮して決定する。弾性波探査結果や亀裂係数からのり面勾配を検討する場合は「付録2．高速道路における切土のり面勾配の実態」を参考とし，同時に周辺の既設のり面の実績と比較し総合的に判断する。

(6) 割れ目が流れ盤となる場合

割れ目が流れ盤となる場合に，切土は**参表1-1(a)のB③，C②**に示すような崩壊を生じやすい。割れ目が流れ盤となる場合の切土の調査上の注意事項については，「6-2-3 (6) 割れ目が流れ盤となる場合の切土」を参照されたい。

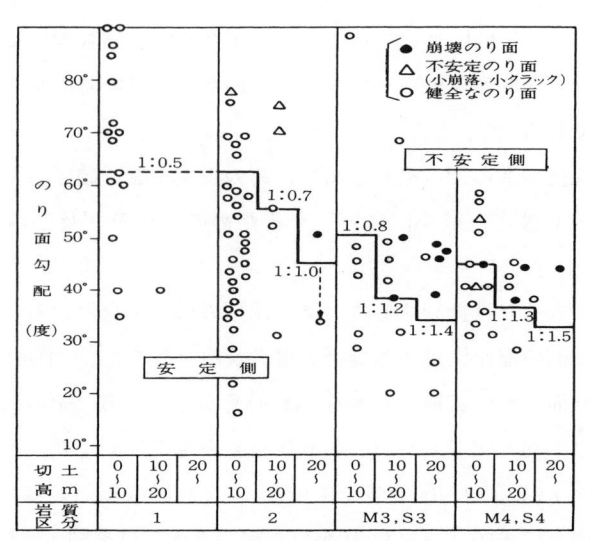

解図 6-3 蛇紋岩類の岩質区分と実績のり面勾配 [5]

区分	あまり片理が発達してないもの（塊状）			区分	片理が発達しているもの（片状）		
	き裂間隔	岩の見掛け	ハンマーの打撃		き裂間隔	岩の見掛け	ハンマーの打撃
1	cm 50～10	カンラン石は全て蛇紋石に変化しているが、まだカンラン石等の組織構造を残し、色は暗褐色が多い。	普通程度の打撃によって、割れ目に沿って割れる。打診によって澄んだ音。時に少し濁った音を出す。	1	cm 50～10	片理面間隔は粗で片理面は密着してはがれずらい。	普通程度の打撃で割れる。割れ方は片理面にあまり関係なく、塊状に割れることが多い。
2	10～2 き裂開口	原組織はほとんど認められない。色は脱色して帯褐色であることが多い。	普通程度の打撃で割れる。打診によって濁った音を出す。	2	10～2		
M3			容易に小片になって割れる。	S3	10～2	片理面間隔は3mm～30mmではがれやすい。	容易に小片になって割れる。
M4		風化または破砕によって、礫状部と基質部にわかれる。基質粒度は、砂～粘土サイズになっている。	容易に崩れ、一部ハンマー先端がつきささる。岩はもろく指先で容易にこわれる。	S4		片理面は非常に薄く、1mm～5mm程度粘土質で、水を含むと軟弱になる。	容易に崩れ、一部ハンマー先端がつきささる。岩はもろく指先で容易にこわれる。
5	ほとんど砂分の入らない軟質粘土			5	ほとんど砂分の入らない軟質粘土		
6	ラテライト質土壌			6	ラテライト質土壌		

流れ盤の切土のり面の安定性は**解図6－4**に示すようなのり面・割れ目の勾配と方向によって影響を受けるので，これらを考慮してのり面勾配を決定する。
　のり面の勾配は，原則として**解図6－4**(a)のように割れ目の見かけの傾斜角（α'）と同じかそれより緩い勾配とすることが望ましい。

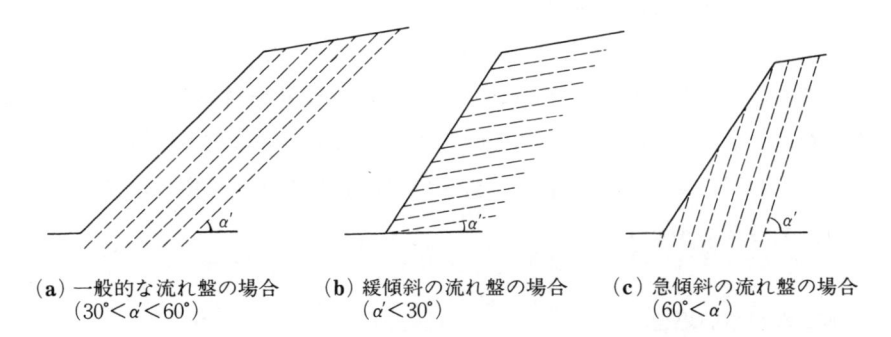

(a) 一般的な流れ盤の場合
　　（$30°<\alpha'<60°$）

(b) 緩傾斜の流れ盤の場合
　　（$\alpha'<30°$）

(c) 急傾斜の流れ盤の場合
　　（$60°<\alpha'$）

解図6－4　流れ盤における割れ目とのり面の関係

ここでα'は次のようにして求められる値である（**解図6－5**参照）。

$$\tan\alpha' = \cos\theta \cdot \tan\alpha \quad \cdots\cdots\cdots\cdots\cdots\cdots\cdots\cdots\cdots\cdots\cdots\cdots\cdots\cdots\cdots (解6-1)$$

ここに　θ　：割れ目の走向とのり面走向の交角（$\theta=0°\sim90°$）
　　　　α　：割れ目の走向に直角方向の傾斜角，つまり割れ目の真の傾斜角
　　　　α'：のり面と直交する断面における割れ目の見掛け傾斜角

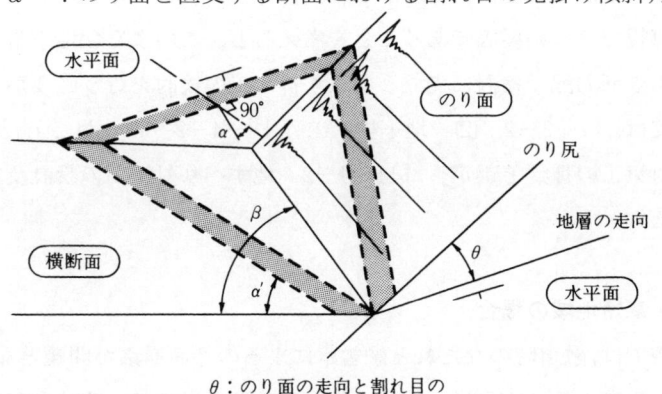

θ：のり面の走向と割れ目の走向の開き

解図6－5　割れ目傾斜とのり面傾斜との関係

しかし，**解図6－4**(b)のようにα′が30度以下となるような緩い傾斜の流れ盤の場合は必ずしも1：1.8より緩勾配でなければ不安定というわけではなく，他の要因（例えば割れ目の発達程度等）によってのり面勾配を決定してよい。ただし，地すべり地帯で岩盤地すべりが発生する可能性のある地域では，「11－2 地すべり調査」で述べる調査検討が必要である。

一方，逆にα′が60度を超えるような急傾斜の流れ盤の場合はたとえ1：0.6の勾配でも必ずしも安定とはいえないことが多い（**解図6－4**(c)参照）。一般に流れ盤の場合，全直高10m以上ののり面では1：0.8より急な勾配は採用しない方がよい。なお割れ目等の傾斜角から適正のり面勾配を決定する場合の参考資料としては，参考文献4)がある。

(7) 地下水が多い場合

のり面の崩壊の大部分は直接，間接に地下水が影響していることはいうまでもない。したがって，地質条件を問わず湧水が多い地点や地下水位の高い地点を切土する場合，そののり面は不安定な要素をもっており，のり面勾配もそれだけ緩くする必要がある。

しかし，地下水の多少を評価する方法が難しいこと，及び評価できたとしてものり面勾配に結びつく資料がないことから，現在のところ安定計算の場合に間隙水圧（地下水位から推定）を考慮する程度にとどめられている。しかしながら，地下水は無視できない要因であることを考えると，このような地下水の多い地域の切土はのり面勾配の検討に先立ってまず排水工の検討を行う必要がある。排水工については，「7－3－2 (2) 地下排水工」，「8－4－2 (10) かご工」，「11－4－1 地すべり対策工の種類と選定」，「11－4－2 地すべり対策工の設計及び施工」を参照されたい。

(8) 積雪・寒冷地域の場合

豪雪地帯では,融雪時のなだれと融雪水によるのり面崩壊が問題となる。また，寒冷地域で崩積土砂，風化岩，軟岩，割れ目の多い岩では，凍結融解による表層はく離や落石が問題となる。

① なだれ

　一般になだれの発生しやすい斜面勾配は1：1.0前後といわれている。しかし長大な切土のり面勾配は1：0.8〜1.2が最も多く、なだれ対策のためにのり面勾配を緩くすることは特殊な場合を除いてほとんど行われていない。この場合のり中腹に小段を設け、あるいは小段幅を広くとるか、なだれ防護柵で対処するのが普通である。

② 融雪時の崩壊

　融雪時における表流水の流量は豪雨時のそれに劣らない。しかもこの場合、地山はほぼ飽和していることが多く、特に飽和すると強度が低下するシルト分の多い土砂（崩積土、火山泥流、火山灰土、山砂等）における切土のり面は標準より緩い勾配で設計するか、表面排水・地下排水を十分検討しておく必要がある。

③ 凍結融解によるはく離・落石

　凍結融解によって起こる表層はく離や落石のためにのり面勾配をわざわざ緩くすることは一般に少なく、「第8章　のり面保護工」で述べるのり面保護工で対処される。しかし、あらかじめのり面勾配を緩くしておけば保護工にも負担がかからず維持管理上も有利である。北海道等の積雪寒冷地では、のり面を緩くして植生工にすることにより、すべり力を小さくさせるとともに、のり面の雪崩の緩和や凍結融解を防ぐ効果を期待した事例もある。

(9) 地震の被害を受けやすい地盤の場合

地震時に被害を受けやすい切土のり面及び斜面の特徴が、過去の地震時の崩壊事例の収集・分析の結果より以下のように判明している。

① 地震時に発生した斜面災害中では落石の発生件数が大きな比重を占める。尾根型地形でかつ亀裂の多い岩盤のり面・斜面やオーバーハング部が崩落しやすい。また山腹斜面上の浮石・転石が移動する例も多い。落石の規模は小さなものから、岩盤崩壊まで、広範囲に渡る傾向にある。

② 表層部の風化土層の崩落や表層崩壊等が発生しやすい。ただし、その規模は崩壊深の小さなものが多く、崩壊面積も小さいことが多い。

③ 地震時の崩壊はのり肩等の遷急線を含むものや稜線近くから発生するものが多い。特に，切土のり面や台地辺縁部の斜面等上部に遷急線を持つのり面・斜面では，崩壊範囲が遷急線をはさんでいる場合が多い。またその中でも，遷急線やのり肩での勾配変化の大きなのり面・斜面が，特に崩壊しやすい傾向にある[6]（**解図 6－6**(a)参照）。

④ 横断方向に突出部を有するのり面・斜面や勾配が 45 度以上の急勾配ののり面・斜面が崩壊しやすい（**解図 6－6**(b)参照）。また平面形についても同様に尾根型地形が崩壊しやすい（**解図 6－6**(c)参照）。

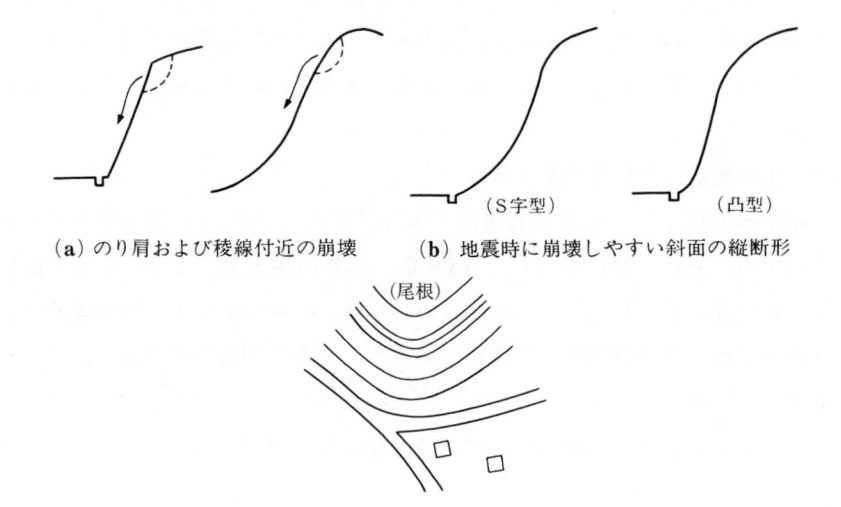

（a）のり肩および稜線付近の崩壊　　（b）地震時に崩壊しやすい斜面の縦断形
（S字型）　　（凸型）

（c）地震時に崩壊しやすい斜面の平面形
（尾根）

解図 6－6　地震時に崩壊しやすい斜面の形状

⑤ 斜面の下端から崩壊土砂の先端までの距離を崩土の到達距離とし，斜面の下端から崩壊地の上端までの高低差を崩壊高とすると，崩土の到達距離と崩壊高の比は，降雨による崩壊より地震による崩壊の方が小さい傾向がある。

⑥ 大規模崩壊・地すべり性崩壊は，落石及び表層はく離・表層崩壊と比較して発生件数はかなり少ないが，旧谷地形の埋没部に発生することがある。

その場合は，昭和59年の長野県西部地震の例のように激甚な被害をもたらす。

地震時の切土のり面・斜面の崩壊の予測を行う場合は，上記のような崩壊斜面の特性から斜面の崩壊要因を抽出して作成した，点数制による崩壊危険度判定手法[6]が提案されているので参照されたい。

斜面・切土のり面の地震対策について考える場合，地震対策工を独立なものとして考えるのではなく，地震以外の原因によって生じる崩壊，地すべりに対する対策と一体として考えているのが現状である。これは降雨に対する対策がある程度地震対策にもなると考えられるためである。

参考として，神戸市内で施工されたのり面保護工の兵庫県南部地震（震度6～7）による被災状況を踏まえた安定度の傾向を以下に示す。この傾向は新潟県中越地震においても同様に確認されている。

(a) コンクリート擁壁工，現場打ちコンクリート枠工，コンクリート張工等ののり面保護工を施工したのり面や斜面は，ほとんど被害を受けていない。また施設自体の被害も，クラック程度の軽微な損傷がほとんどであり，重大な被害を受けた施設はなかった。すなわち，以下のようなのり面保護工は比較的耐震性が高いと考えられる。

① 土圧を考慮した（設計に入っている）構造物（擁壁等）。

② 安定している地山に密着していたもの－地震時に地山と一体となっていたもの（現場打ちコンクリートのり枠等。ただし，構造物自体も何がしかの抑止効果を有している）。

③ フレキシブルな構造物－地震のエネルギーを変形により吸収したもの（井桁組擁壁等）。

(b) 石積工，ブロック積工で被害を受けているものは，空積みもしくは勾配が急でかつ胴込めコンクリートの極めて薄い練り石積・練りブロック積擁壁である。また高さの高いものが被害を受けている例が多い。

(c) モルタル・コンクリート吹付工や，落石対策工のうちの落石防護網，落石防護柵等も有効に働いていると見られる箇所が多数あるが，効果には限度があると判断される。

以上に述べたことから，安定度判定等により，地震に対して注意の必要と考えられる切土のり面や斜面に対しては，「第8章　のり面保護工」に後述するのり面保護工による対策を行うこととする。また，重大な被害をもたらす可能性の高いのり面・斜面に対しては，上述の耐震性が高いと考えられるのり面保護工を用いるのが望ましい。

⑽　長大のり面となる場合

　長大のり面は万一崩壊した場合大災害となる。また切土が進行してからの変更（切直し）は経済的にも施工性からも不利な面が多いため，事前に路線の小シフトで切土の改変量を減らすことや，余裕のある設計を行うことが望ましい。したがって，詳細な調査と十分な設計検討を行い，行き届いた安全管理体制のもとに施工しなければならない。

　長大のり面では，それぞれの条件に応じたのり面勾配を決定するが，この条件を検討する場合，次のような点に注意を要する。

(a) 膨張性岩や風化の速い岩の場合は，切土後の応力開放による二次的強度低下や急速な風化による脆弱化を考慮したのり面勾配を確保しておく必要がある。膨張性岩についての詳細は，「6-2-3 ⑻　長大のり面となる場合」並びに「6-3-2 ⑷　泥岩，凝灰岩，蛇紋岩等の風化の速い岩の場合」を参照されたい。

(b) 山の鞍部を切土する場合，鞍部は断層破砕帯となっていることが多い。この場合，一般の地山のように深く切土しても必ずしも硬い岩が現われるとはかぎらない。ボーリングや弾性波探査の結果，破砕帯が存在し，深部まで岩質が脆弱な場合，その破砕の度合や方向に応じてのり面勾配を検討する必要がある。

(c) 受け盤斜面は安定性が高いと考えられているが，急傾斜受け盤で地層の走向が路線と平行に近い場合，掘削高さが高くなると転倒崩壊（トップリング）が発生することがあるので，のり面下部の勾配や形状に注意が必要である。

(d) 解図 6-7 のような急傾斜地の切土の場合，まず地山を土砂，軟岩，硬岩

に区分し，それに応じた勾配で切土するのが一般的である。しかし斜面が急傾斜のため**解図6-7**の標準勾配案のようにスライスカット（薄い切土）が斜面上部まで達し，思わぬ長大のり面が出現することになる。景観や用地等の条件から，のり面の面積を狭くしたい場合には図の急勾配案のような抑止工法，あるいはそれに準じた構造物によって保護した急勾配ののり面とすることが考えられる。この場合，抑止工上部の自然斜面が安定していることが条件となる。また抑止工にかかる外力や根入れ地盤の支持力を決定する場合，十分な検討を行う必要がある。

(e) 長大切土のり面の小段は，「6-3-4 切土のり面の小段」を参照。

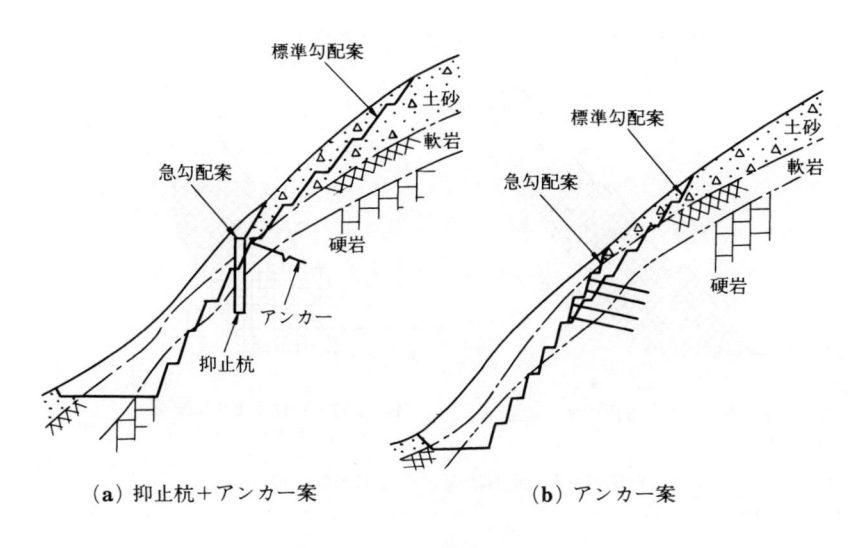

（a）抑止杭＋アンカー案　　　（b）アンカー案

解図6-7　急傾斜地の切土

6-3-3　切土のり面形状

> 切土のり面の形状には一般に次のようなものがあり，地質・土質が深さ方向，縦横断方向ともにほぼ等しい場合には一般に①を採用する。
> ① 単一勾配ののり面
> ② 勾配を土質及び岩質により変化させたのり面

地質，土質が異なっても，最も緩い勾配を必要とする土質に合わせれば，**解図6-8**(a)のように単一のり面勾配としてもよい。

　通常の場合，地山は地表面より深くなるほど硬くなり，のり面勾配はそれに応じて急にしても安定なものである。この場合②を採用することになるが，勾配の変換点には小段を設けるのが一般的であり，安定性，施工性の面からも得策である（「6-3-4　切土のり面の小段」参照）。切土ののり肩付近は，植生も定着しにくく，また一般にゆるい土砂，風化岩が分布しているため浸食も受けやすく崩壊しやすい。そこで，のり肩の崩壊を極力防止するとともに景観をよくする目的でラウンディングが行われる（**解図6-9**参照）。同様のことは小段の肩についても考えられるが，小段の幅員確保の面から困難な場合が多い。

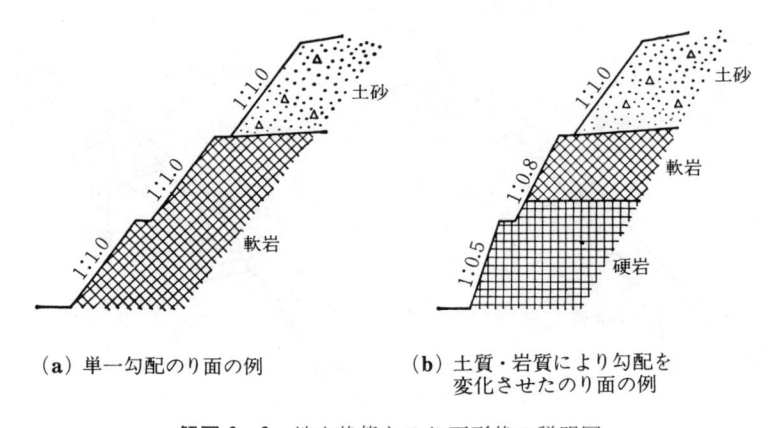

　　(a) 単一勾配のり面の例　　　(b) 土質・岩質により勾配を
　　　　　　　　　　　　　　　　　　変化させたのり面の例

解図6-8　地山状態とのり面形状の説明図

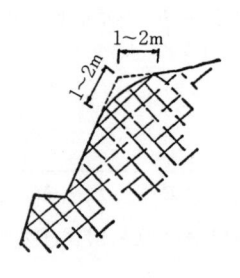

解図6-9　のり肩のラウンディング概念図

6-3-4 切土のり面の小段

　小段は，のり面排水と維持管理時の点検作業を考慮して設けるもので，その際には以下の点に配慮する。
(1) 小段の勾配
　小段の横断勾配は，通常5～10％程度つけるものとする。
(2) 小段の位置及び幅
　① 切土のり面では土質・岩質・のり面の規模に応じて，高さ5～10m毎に1～2m幅の小段を設けるのがよい。なお落石防護柵等を設ける場合や長大のり面の場合は小段幅を広くとることが望ましい。
　② 小段の位置は同一土質からなるのり面では，機械的に等間隔としてよいが，土質が異なる場合には湧水を考慮して土砂と岩，透水層と不透水層との境界等になるべく合わせて設置することが望ましい。

　一般に切土高が高いのり面ではのり面の途中に幅1～2mの小段を設けるのがよい。ただし，切土高が低い場合には，小段を設けることにより逆に排水上の弱点をつくることが考えられるので，硬岩，しらす，まさ等では小段を設けない例もある。
　小段は以下の利点と欠点を持ち合わせているため，小段を設置する場合は点検・補修の難易，のり面勾配，切土高，のり面を構成する土質，経済性等の諸条件を考慮して決定すべきである。
(a) 利点
　① 連続した長大のり面の下部では表面水の流量・流速が増加し，洗掘力が大きくなる。そこでのり面の途中にほぼ水平な小段をつけることによって流速を低下させることができ，また小段に排水溝を設けて，水をのり面の外へ排水させればのり面下部に表面水が集中することを防ぐこともできる。
　② 点検用の通路及び補修のための足場として便利である。
(b) 欠点
　① 表面水が小段面から切土のり面内に浸透しやすくなり，のり面の安定を低

下させる。

② しらす，まさ，その他浸食に弱い土質からなる場合小段に水が集まり，その下部ののり面に水が集中して流れ，ガリー浸食（掘れ溝）を急速に早めることがある。

(1) 小段の勾配

小段の横断勾配は，解図 6－10 のように 5～10％程度つけるのが普通である。

ただし，解図 6－10(a)，(b)は小段に排水設備を設置しない場合で，維持管理上の問題の少ない小規模なのり面で用いられる。

しかし，のり面のはく離が多いと推定される場合や小段の肩が浸食を受けやすい場合は，解図 6－10(c)，(d)のような逆勾配とする。なお，解図 6－10(c)の小段の表面はできるかぎりコンクリートで覆うほうが望ましい。この場合，流水の処理には「7－3 のり面排水工」に述べる注意が必要である。

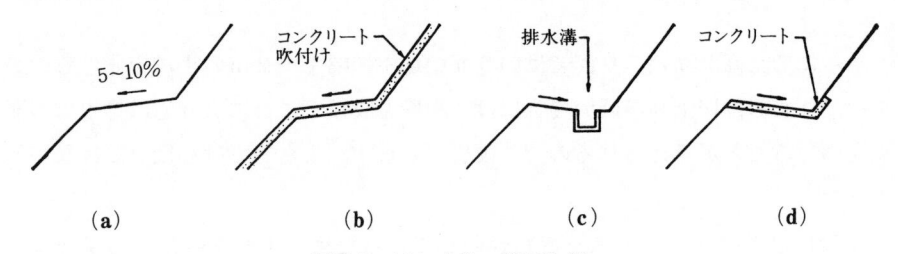

解図 6－10 小段の横断勾配

(2) 小段の位置及び幅

小段の位置は同一土質からなるのり面では，機械的に等間隔としてよいが，土質が異なる場合には湧水を考慮して解図 6－11 のように土砂と岩，透水層と不透水層との境界等になるべく合わせて設置することが望ましい。

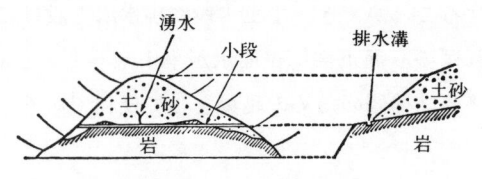

解図 6－11 小段の位置

(3) 長大のり面の小段

　長大のり面の場合，小段を高さ 20～30m 毎に広くし（幅 3～4m 程度）管理段階における点検，補修用のステップとすることが望ましい。これは落石やはく離した土砂を留める役目として効果的である。また管理用のはしご，階段等も当初から考慮することが望ましい。

6−3−5　切土のり面の安定計算

> 安定計算を行う場合は，「11−3　地すべりの安定解析」を準用する。

　切土のり面の設計のための安定計算は，地すべり地や崩壊跡地等における切土を除いて一般に行わないが，施工中あるいは工事完了後に変状の生じたのり面の復旧対策工の設計の検討に用いることがある。この場合，対象箇所の横断図を用い，不安定箇所のすべり面を推定し，すべりに対する安定計算を行う。
　なお，のり面勾配の設計に際し，安定解析が必要なケースについては，「6−3−2　切土のり面の勾配」を参照されたい。

6−4　切土のり面の施工
6−4−1　切土のり面の施工における注意事項

> (1) 施工機械は，地質・土質条件，工事工程等に合わせて最も効率的で経済的となるよう選定する。また掘削工法は，必要に応じて試験掘削等を行って選定する。
> (2) 切土の施工に当たっては地質の変化に注意を払い，当初予想される地質以外の場合にはひとまず施工を中止して当初設計と比較検討し，必要があれば設計変更を行うとともに，維持管理時にも参照できるように地盤状況を整理する。

(1) 工法選定

　切土工は，他の土工に比べて機械化が遅れ人力に頼る面が多いが，最近では機械化が進み，迅速かつ質の良い施工ができるようになった。施工機械の組み合わせや所要台数等は，施工能率に大きく影響するため，工事工程に合わせて最も効率的で経済的となるよう選定するとともに，必要に応じて試験掘削等を行って工法を選定するよう努めなければならない。

　掘削土が硬い場合には，**解図6-12**に示すように機械の掘削限界を弾性波速度によって知っておくと便利である。

　基本的な掘削方法としては，**解図6-13**に示すようにベンチカット工法（階段式掘削）とダウンヒルカット工法（傾斜面掘削）がある。ベンチカット工法は階段式に掘削を行う工法で，ショベル系掘削機やトラクタショベルによって掘削積込みが行われ，地山が硬いときは発破を使用し掘削する。この工法は工事規模が大きい場合に適し，掘削機械等に見合ったベンチ高さの選定が必要である。

　ダウンヒルカット工法は，ブルドーザ，スクレープドーザ，スクレーパ等を用いて傾斜面の下り勾配を利用して掘削し運搬する方法である。この工法においては施工中に降雨によって洗掘を起こし，大量の土砂が低地に流入する危険性があ

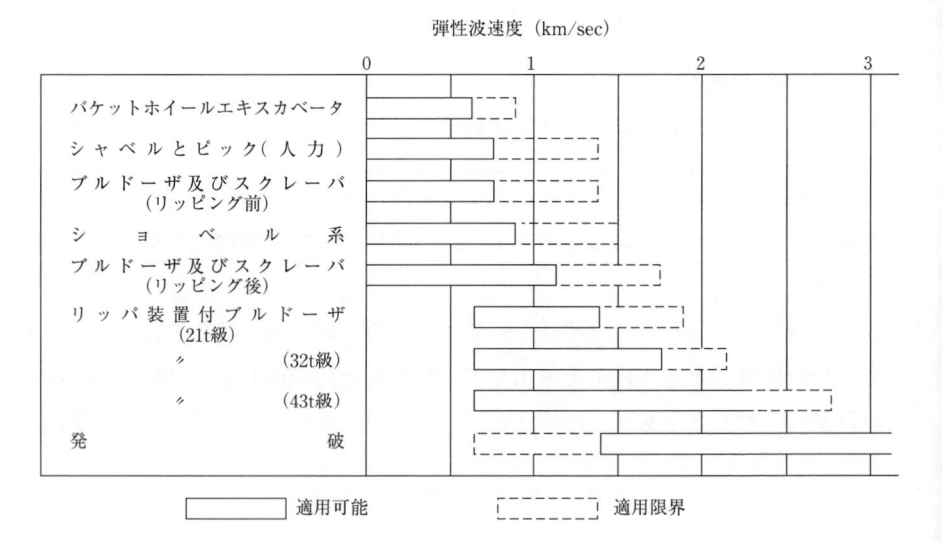

解図6-12　掘削工法の適用限界

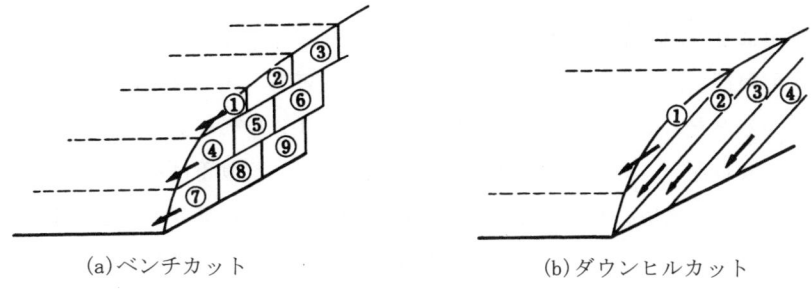

(a)ベンチカット (b)ダウンヒルカット

解図6-13　掘削方法

るので降雨期には注意が必要である。下り勾配はあまり急にすると危険になり，また帰りの上り勾配は使用機械の登坂能力によって決まる。これら掘削工法に関しては，「付録4．掘削の前処理及び掘削工法」を参照されたい。

(2) 施工中の観察と設計変更

　切土の施工に当たっては地質の変化に注意を払い，当初予想された地質以外の断層破砕帯，岩脈，のり面に対して流れ盤となる不連続面（節理，層理，片理，断層面）が現われた場合，ひとまず施工を中止して，当初設計と比較検討し必要があれば，設計変更を行うとともに，施工時に明らかになった地山の状況についても維持管理時に参照できるようにし，事前に行った調査結果とあわせて整理・保管するのがよい。

　例えば岩盤を風化土が覆っている箇所でののり面施工においては，岩盤と風化土の境界面の高さが予想と異なった場合はできるだけ早期にそれを確認して，のり面勾配の変更による手戻りを少なくするように心掛けなければならない。

　また，「6-2-3　注意が必要な現地条件」の条件に該当し，かつ重要なのり面では，切土施工前に観測機器を設置し，掘削しながら地山の挙動を観測し，その観測結果を次の掘削や対策工に反映させる情報化施工を行う場合もある。切土のり面では予定掘削線より奥へ切込んだ場合，部分的にのり面勾配が設計より急勾配となることがあるので，掘削に当たっては丁張を適切な数量・間隔で設置し，切りすぎないよう注意しなければならない。

　当初から擁壁類が計画されているのり面では，一般に掘削面の勾配が**解表6-2**

の標準値よりも急勾配となることが多いため，掘削中または掘削終了後に崩壊を起こす危険性が高い。この場合の掘削断面は「付録5．労働安全衛生規則（抄）」を考慮するとともに，掘削あるいは擁壁等の施工中には特に安全管理を十分行わなければならない。掘削前の地下水位より大幅に深く切り下げる場合，地下水のバランスを崩し崩壊の原因となることがあるので，急激に切り下げないように施工中何段階かに分けて，地下排水工を施工しながら切り下げて行くことが望ましい。

　切土のり面の崩壊や落石は，そののり面が元々持っている性質（地形，地質，湧水等）と関係が深く，切取り，凍結融解，降雨，風化等の誘因によって起こるものである。斜面の崩壊を予測することは困難であるが，施工中の切土のり面及びその周辺の斜面の崩壊は注意深く観察していれば，事前に察知することができる場合もある。切土工事のように自然斜面に手を加えることは，斜面の安定を低下させるのであるから，施工中においては常に地山の挙動を監視する態勢が必要であり，地山周辺のわずかな変化をも見逃さず，崩壊の可能性についてチェックすることが災害防止上絶対に必要な要件となる。一般的な崩壊発生の諸現象のチェックポイントを列記すると次の通りである。

　① 対象区域の地表面の踏査
　② のり肩部より上方の亀裂発生の有無の確認
　③ のり面の地層変化部の状況の確認
　④ 浮石の状況変化の確認
　⑤ 湧水，浸透水の発生の有無または湧水量の変化の確認
　⑥ 凍結融解状況の確認
　⑦ 周辺の地山斜面の崩壊，切土のり面の崩壊事例との対比

6－4－2　施工中の切土のり面保護

　施工中にも，雨水等によるのり面浸食や崩壊・落石等が発生しないように，一時的なのり面の排水，のり面保護，落石防止を行うのがよい。また，掘削終了を待たずに切土の施工段階に応じて順次上方から保護工を施工するのがよい。

完成時には安全が確保されるように設計されている切土のり面においても，のり面が仮仕上げされ，のり面保護工が本施工されるまでの間に，雨水等によるのり面浸食や崩壊・落石等が発生することがある。このため，一時的にのり面の排水，のり面保護，落石防止を行う場合がある。また，掘削終了を待たずに切土の施工段階に応じて順次上方から保護工を施工するのがよい。掘削終了後に保護工を施工すると，下から資材を運び上げることになり不経済なうえに，長期間のり面を無処理で放置することになり，風化，浸食を促進させることになる。施工中の切土のり面保護は，「7－4－3　切土施工時の排水」及び以下を参考に実施するとよい。

（ⅰ）排　水

　ビニールシートや土のう等の組合せにより，「7－3　のり面排水工」に準じ仮排水路をのり肩の上や小段に設け，これを集水して縦排水路で排水し，できるだけ切土部への水の浸透を防止するとともにのり面を雨水等が流れないようにすることが望ましい。

（ⅱ）のり面保護

　のり面全体をビニールシート等で被覆したり，モルタル吹付けによりのり面を保護することもある。

　また，切土のり面勾配が緩やかで，かつ植生に適した土質の場合には，発芽率が良好で初期生育に優れた草本植物の種子散布により短期的なのり面保護をはかることもある。

（ⅲ）落石防止

　亀裂の多い岩盤のり面や礫等の浮石の多いのり面では，仮設の落石防護網や落石防護柵を施すこともある。

6－4－3　岩盤のり面の施工

(1)　のり面の施工に当たっては，丁張を設置して本体部分の掘削後に削り落としながら仕上げる。

(2)　落石の恐れのある浮石等は，ていねいに取り除く。

(3) 仕上りのり面の凹凸については岩質によっても異なるがおよそ30cm程度までにすることが好ましい。

(4) 施工中に断層を発見した場合，幅，方向，連続性，破砕帯の有無・破砕程度，湧水の有無等を良く調査し，大規模な崩壊につながるものかどうかを検討する。

(5) 岩石の風化は岩質によって異なり，露出することにより風化の早く進む岩は，できるだけ早くコンクリートやモルタル吹付け等の工法による処置を行う。

のり面の施工に当たっては，**解図 6－14** に示すような丁張を立て，本体部分の掘削後バックホウ等により削り落としながら仕上げる。硬岩の場合はジャックハンマ等を用いて仕上がりのり面に沿ってせん孔し，後に残る岩盤をゆるめないように爆力の低い発破を行う。

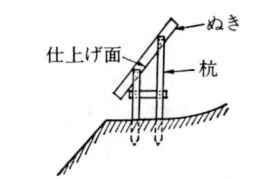

解図 6－14 切土のり面の丁張

岩の地山に対する大規模な土工工事の場合，**解図 6－15** に示すように，本体部分の爆破にはブラストホールドリルやドリルマスタ等の大孔径せん孔機によって150～200 mmのせん孔を行い，のり面に沿ってはトラクタードリルやドリフター等で 30～50 mmの小孔径せん孔を行い，弱装薬をしたうえ両者一度に爆破して，本体の爆破と同時にのり面の施工も併せて行う工法も採られるようになってきた。

このようにしてのり面の施工を行った後，将来落石の恐れのある浮石等は，ピックハンマやバール等によっててんねいに取り除く。

浮石を大きく取り除くことが困難な場合には，根固め工，ワイヤロープ掛工，グラウンドアンカー工法等によって処理しなければならない。

軟岩の場合はブルドーザによるリッパー工法が最も一般的であり，効率的であ

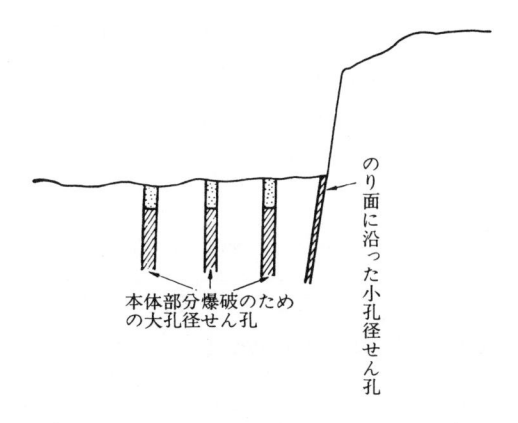

解図 6-15 のり面仕上げを同時に行う爆破法

(図中注記: 本体部分爆破のための大孔径せん孔／のり面に沿った小孔径せん孔)

る。最近は大型ブルドーザの普及や性能向上で，リッパー工法による岩掘削はその適用範囲が拡大されてきているが，地層面・割れ目の方向や傾斜等が掘削の難易に影響するので掘削する方向によっては，かなり適用範囲が違ってくる場合があるので注意する必要がある。

またのり高が高く施工中にも小さい落石等の危険があると認められる場合には落石防護網を用いる（「10-5　落石対策工の設計・施工　(3)　落石防護網」を参照）。

仕上りのり面の凹凸については，岩質によっても異なるがおよそ30cm程度までにすることが好ましい。

断層については，それが大きなものである場合は調査段階で判明し，その対策も十分立てられるが，施工中発見した断層についてはその大きさ，方向，断層破砕の程度，湧水の有無等を良く調査し，大規模な崩壊につながるものかどうかを検討しなければならない。それが大規模な崩壊の誘因とならないと思われても，部分的な小さな崩壊が起こりやすいので，必要に応じてその部分に対してブロック等による張工または積工及び水抜き等の処置を講ずる必要がある。

岩石の風化は岩質によって異なり，なかにはのり面に露出することによって急速に進むものがあるので，このような場合はできるだけ早くコンクリートやモルタル吹付け等の工法を用いて防護すべきである。特に数種の岩が互層をなしてい

る場合に，それが薄層であっても風化が速く進む岩（例えば凝灰質岩，泥岩，変質を受けた岩等）ではそこから表面の崩壊が起こり，かなり広範囲にのり面を損傷することがあるので，その処置をおろそかにすべきではない。

6－4－4　土砂のり面の施工

> のり面施工に当たっては，丁張にしたがって仕上げ面から余裕をもたせて本体を掘削し，その後のり面を仕上げるのがよい。

　地山が土砂の場合ののり面施工に当たっては，**解図6－14**に示すような丁張にしたがって仕上げ面から余裕をもたせて本体を掘削し，その後人力やバックホウ等で仕上げる方法がよく用いられる（**写真6－1**）。
　なお，植生工を施工する場合，のり面の仕上げは多少の凹凸があった方がよいこともある。

写真6－1　切土のり面の仕上げの状況

6－5　切土のり面の維持管理

> 切土のり面の維持管理では，のり面工の種類，地形，地質，気象等を考慮して点検項目を定めて実施し，不良箇所を発見した場合はその原因を調査し，適切な対策を講じる。

特に台風，集中豪雨，地震，その他道路交通に支障を与える恐れのある状況が発生した後には入念に点検を行い，異常があれば対策を立てるために詳細に調査する。

(1) 切土のり面の維持管理の基本

切土のり面の維持管理は，供用中において各のり面保護工が目的とする性能を満足した状態にあるかを点検確認し，必要に応じて適切な対応策を行うことである。維持管理は，**解図6－16**に示す手順で行うことが一般である。維持管理に当たっては，周辺条件やのり面の状態等を調査結果や施工時の状況等の記録を参考に整理し，適切な点検計画を定めておく必要がある。

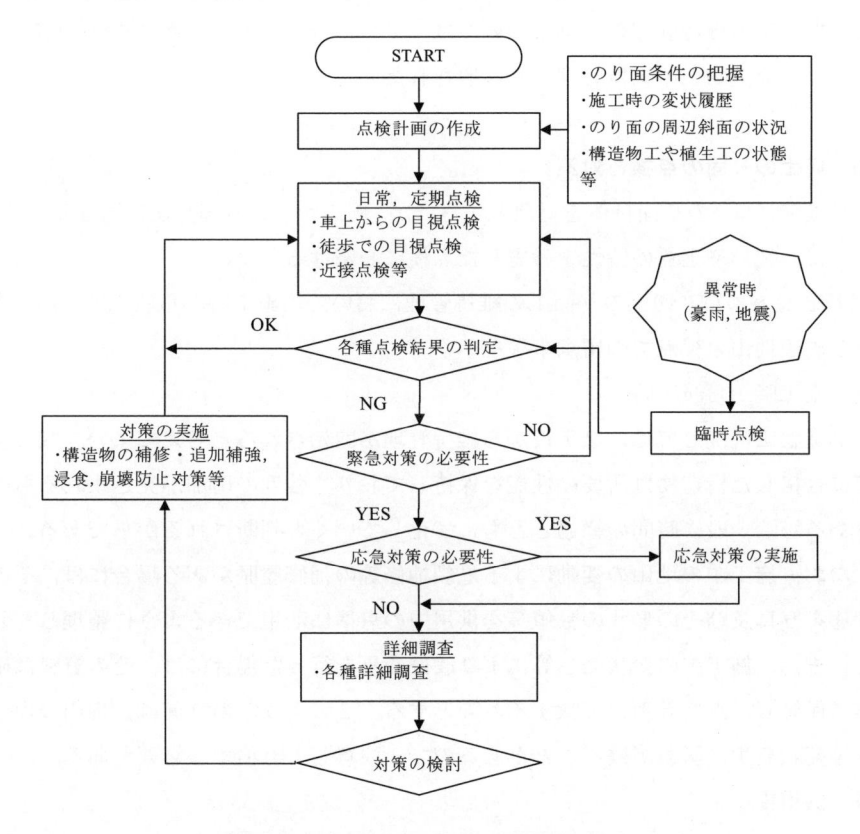

解図6－16 切土のり面の維持管理の流れ

点検では，下記①～③を踏まえてのり面保護工毎に点検項目及び点検方法を設定する。
① 設計時に設定した機能及び強度特性
② 降雨や湧水等による浸食や亀裂の発生等地山の安定性
③ 部材の剥離や基盤の滑落等の影響度

なお，通常の点検では，構造物の耐久性についての詳細な検討は省略することができるが，特別に検討が必要な場合については別途実施することとする。また，のり面に変状が確認される場合，状況によっては背後の自然斜面を含めて不安定となっていることもあるので，のり面・斜面全体を考えた維持管理が必要である。

のり面・斜面全体の維持管理の考え方については「第5章　維持管理」を，のり面保護工の維持管理の詳細については，「8-3-9　のり面の植生管理」及び「8-4-3　構造物工の維持管理」を参照されたい。

(2) 切土のり面の点検と対策

点検時には，のり面自体を対象とするほか，周辺からの水理状況にも注意する。さらに，地形や土質の特性を考慮した点検に心がけるとよい。

下記1)～3)は，切土のり面工の維持管理においての施工時から竣工時，供用中及び周辺地山の視点での留意事項を示す。

1) 施工時から竣工時

構造物工に関しては，竣工後から維持管理が開始されると考えてよい。竣工検査に合格した構造物は所要の性能を保持しており，強度の増加が見込まれるものもあるが，一般に時間の経過とともに劣化していくと判断されるからである。

なお，施工中の地山の変動による亀裂補修等の補修履歴がある場合には，その状態を写真及びその形状の数値等を供用中の点検に活用できるように整理しておく。また，施工中の変状発生等により設計変更を行った場合には，その資料は確実に保管し，点検計画に反映するものとする。このようなのり面は，地山のゆるみ等変状発生の影響が残ることがあるので，注意して点検する必要がある。

2) 供用中

日常点検や定期点検は，防災点検結果や調査記録や施工記録等を参考に適切な

点検計画を定め実施する。維持管理では，亀裂や変状等の分布や進展状況をもとに，地山や構造物に現れた現象を分析する点検結果の判定段階，対応を検討すべく必要に応じてボーリング調査等の詳細調査を行う段階，及び対策工を実施する段階がある。特に重要なのは，初期の点検段階で崩壊や破壊の予兆を見逃さないことであり，地盤の不均質性の観点から調査・設計の不確実性を補うために施工後数年の間は変状が発生していないか注意して日常点検や定期点検を実施する必要がある。

3) 周辺地山の状況

のり面保護工の変状や破壊による性能低下は，のり肩上部地山の変状やのり面保護工自体の劣化，あるいは予想を上回る外力によって発生する。地山の変状の具体的な現象は，植物の衰退等によるのり面周辺の地山の洗掘や沈下，割れ目，空洞の発生等によるもので，のり面保護工の種類にかかわらず次の①～⑦に示す事項に注意して点検を行う。

① のり肩上部地山の割れ目，沈下，浮石の有無
② のり肩上部地山の植生衰退等の変化
③ のり肩への流下水の集中状況
④ のり面と構造物の境界部の洗掘，割れ目，空洞等の有無
⑤ 構造物周辺の地盤の洗掘，沈下等の有無
⑥ のり面排水工の確保，機能不能の発見
⑦ のり面側方部，下方部からの湧水状況

これらに変化が認められた場合は，調査検討を行い，危険度を考慮して必要な処置を講じる。

(3) **異常時の臨時点検及び応急対策**

異常時の臨時点検及び応急対策は，豪雨，台風，雪崩，地震の直後等，のり面の状態に異常をきたすような自然現象の大きな変化があった場合や，のり面に大きな変状や崩壊が発生した場合に行う。

この場合には，緊急性に応じた避難連絡，交通の遮断，あるいは監視員の配置等の災害の予防措置を優先した後，**解表6-5**に示すような原因により生じる現象

の有無を確認して適切な応急対策を実施する。その後詳細な調査を行い,構造物,植物や植生基盤に発生した変状だけでなく,周辺地山を詳細に観察し原因を追及して,適切な調査や恒久対策を立案し早期に実施する。

解表6-5 異常時の応急対策(例)

主 な 原 因	現 象	応 急 対 策 (例)
表面水にかかわるもの	ガリーの拡大 流下水の集中による侵食	シートがけ 流路の変更
浸透水にかかわるもの	浸潤線の上昇,湧水増加 のり尻の小崩壊	浸透部へのシートがけ かご工の設置
地下水にかかわるもの	陥没,空洞,倒木 パイピング,膨張	土砂または土のう詰め 排水ボーリング
地山の滑動にかかわるもの	盛り上り,亀裂 すべり現象,倒木	押え盛土,かご工の設置 杭打ち,切り取り,集水井
	トップリング 構造物とのすき間	切取り,モルタル吹付 グラウト等による充填
	不安定土塊や落石の存在	大型土のうによる防護堤築造,防護柵の設置

参考文献

1) 九州地方建設局:しらす地帯の河川・道路土工指針(案),1978.
2) (社)土質工学会:土質工学会しらす基準化委員会案,土と基礎,Vol.29,No.4,p.48,1981.
3) (社)土質工学会:風化花崗岩とまさ土の工学的性質とその応用,土質基礎工学ライブラリー16,1979.
4) (社)土質工学会:切土のり面,土質基礎工学ライブラリー12,第4章,1981.
5) 東日本高速道路(株)・中日本高速道路(株)・西日本高速道路(株):設計要領第1集,2006.
6) (社)日本道路協会:道路震災対策便覧(震前対策編),2006.

第7章　のり面排水

7-1　のり面排水の目的

> のり面の排水は，降雨，融雪により隣接地からのり面や道路各部に流入する表流水，隣接する地帯から浸透してくる地下水，あるいは地下水面の上昇等，水によるのり面や土工構造物の不安定化防止及び道路の脆弱化の防止と，良好な施工環境の確保を目的として行う。

　一般にのり面・斜面の崩壊の原因には，表流水あるいは地下水等の作用が原因となっている事例が極めて多い。のり面・斜面では，降雨・融雪により表流水が発生すると浸食されることがあり，浸食作用と相乗して表層的なのり面崩壊がしばしば起こる。また，地下水がのり面に湧出する場合は，のり面を浸食する他，地下水がのり面を構成する土のせん断強さを減じたり，間隙水圧を増大させ，のり面崩壊を生じる場合もある。特に，のり面保護工が施工されるまでののり面は浸食が起こりやすく不安定な状態にあるので，施工時には降雨・融雪による表流水がのり面へ集中することを避けるよう配慮しなければならない。また，隣接地の施設等の排水状況によっては，そこから流出した水による災害が起こる場合がある。さらに，大量の土を扱う土工においては，現場の水の状況が施工面や対象土の軟弱化に大きく影響し，施工機械のトラフィカビリティーを損ない，工期を著しく遅延させたりすることもある。
　したがって，調査の段階から準備排水，工事中の排水及び隣接地からの排水等にも十分留意して，のり面排水工が確実に効果を発揮するように，設計・施工することが大切である。
　なお，流出量の算出等の土工全体に共通する排水に関する内容については，「道路土工要綱　共通編　第2章　排水」によるものとし，本章では，適切なのり面排水工を実施するための，調査，設計・施工及び維持管理についての考え方を示す。

7-2 のり面排水の調査

のり面排水の調査は，排水を合理的，機能的，経済的に行うと同時に施工性及び維持管理に必要な情報を得るために行うもので，次の調査を実施する。
(1) 表流水に関する調査
(2) 地下水に関する調査
(3) 凍上に関する調査
(4) 施工の円滑化のための調査

排水の調査は**解表7-1**に示す項目について行うが，実際の調査に当たっては特に下記に示すような点に注意が必要である。
① 表流水が局所的に集中して流れるような箇所
② 地山からの湧水の多い箇所
③ 地下水の状況
④ 後背地が集水地形である箇所
⑤ 集めた水を排除する流末の状況

解表7-1 排水工のための調査

	調 査 項 目	調 査 目 的
1	気　　象	流出量の算定 排水計画 凍上対策 除雪，融雪対策
2	地形及び地表面の被覆状況	流出量の算定
3	土質と地下水	排水計画 地下排水工の決定 のり面排水工の決定 凍上対策
4	同一排水系統に含まれる地域にある既設排水施設の断面と状況及び排水系統	流出量の算定 新設排水系統の計画

なお，地盤中の地下水の状況は地盤の地層構成，土質等の条件が複雑に関係するため，事前の調査のみによって正確に把握することは難しく，施工中に地下水や透水層の存在が判明することも多い。したがって，施工中においても常に表流水や地下水の動きについてよく観察することが重要である。

　以下に，排水の種類別に調査の進め方及び調査の留意点を述べる。

(1)　表流水に関する調査

　降雨または融雪による表流水や近隣地から道路内に流入する水等を対象とする表面排水工の場合には，気象調査と流域状況を調べることが主な調査となる。気象調査は気象台や学校等の過去5～10年間の記録を収集したり，また計画地点の近くで行われた他の工事の実績等を参考にするとよい。集水面積については，道路敷地内及び隣接地の双方について地表面の種類別にその面積を求める。特に，山岳地帯においては傾斜地が多く，集水範囲も不明確な場合が少なくないので，空中写真等を併用して集水面積を求めるようにするとよい。

　のり面排水の場合は，のり面を流下する表流水によるのり面の浸食を防止することが目的となるので，のり面箇所及び周辺の地形，地表面の状況，土質，地下水の状況，既設排水路系統等についても十分調査する。特に，表流水の集まりやすい箇所，すなわち沢地形，凹地，陥没跡地，小崩壊跡地，長大なのり面となる箇所については入念な調査が必要である。また，細砂，まさ，しらす，段丘礫層等の主として砂質土からなるのり面の場合は，表流水による浸食に弱いので特別の注意を要する。

(2)　地下水・湧水に関する調査

　地下水に関する調査は，地下排水工の計画を目的とするもので，代表的な井戸，湧泉等による水質，水量の変化，主要箇所のボーリングによる地質調査，電気探査，現場透水試験等を現地の状況に応じて行い，地盤の地層構成と地下水の状況等について詳細に検討を加える。特に，崖錐堆積物，断層，破砕帯，硬軟互層等からなる斜面は，砂礫層や砂層等の透水性の高い地層が介在していることが多く，これが帯水層となり，浸透水や地下水を供給してのり面崩壊等を誘発することに

なるので，地層構成，透水性，地下水の変動等について適切な調査することが重要である。

なお，地下水の浸み出す場所は，地表に繁茂する植物が周辺と異なっていたり，良く繁茂している場合が多いので，現地踏査の際に留意するとよい。

(3) 凍上に関する調査

凍上を支配する要素にはいろいろあるが，主要なものとして次の3点があげられ，しかもこれらの条件が重なったときに凍上現象が起こる。
① 地盤の土質が細粒で凍上を起こしやすいこと
② 地下水の補給が十分であること
③ 地盤の温度低下特性がアイスレンズの発生に都合の良い状態であること

したがって，凍上を防止するためには，凍上を起こしにくい土質材料を選択することや対象領域に地下水の補給が行われないように良好な排水を行うことが必要である。凍上に関する調査は，地山の土質と地下水の供給状況及び凍結深さについて実施する。凍結深さは，気象データを用いて推定することが多いので，気象調査を実施しておくとよい。詳細は「道路土工要綱　共通編　第3章　凍上対策」を参照されたい。

(4) 施工の円滑化のための排水に関する調査

これらには，土工現場の準備排水，土取場・発生土受入地の排水，切土施工時の排水がある。これらの排水計画を立てるために，地形，地下水位等を考慮して表流水，地下水を推定する。特に，土工に伴う泥水の処理が不適切で，工事地区から工事地周辺の田畑等へ溢れ出すことがあるので注意を要する。

7-3　のり面排水工

7-3-1　のり面排水工の計画

> のり面排水工は，表流水，地下水，湧水によるのり面の浸食や崩壊を防止するのに十分な効果を発揮するよう計画する。

(1) 表流水

　のり面浸食の防止には，のり面を流下する水を少なくする必要がある。そのため，必要に応じてのり肩排水溝，縦排水溝，小段排水溝等を設置するとよい。小段に集まる水の量が少ない時には小段排水溝を設けない場合もあるが，一度小段に集まった水が局所的に集まってのり面を流下することのないように小段に下り勾配をつけるなどの配慮が必要である。

　しらす，まさ，山砂等の浸食に弱い土ののり面の排水溝は，のり肩，小段及び縦排水のいずれも十分な余裕を持った断面とし，これら排水溝からの溢水，跳水，漏水等が生じないようにしなければならない。また，排水溝周辺ののり面は芝，草地として裸地のままにしないようにし，素掘りの溝は避ける。

　のり面に植生工を施工した直後で植生が十分活着していないときには，のり面の浸食や植生工の脱落（すべり）が生じやすいので，特に排水が支障なく行われるように注意しなければならない。

　排水工を計画する際は，切土に接続する自然斜面からも表流水が流入しないよう，排水溝等によって水の流下する方向を変えてのり面崩壊の防止を図る必要がある。また長大のり面では，降雨時にのり面を流下する水が下部ではかなりの量になるので，表流水による浸食を防ぐために小段に排水溝を設け，表流水を排除することが必要である。

　切土工事ではのり面勾配を地山の土質に合わせて決めて掘削を始めるが，のり面の安定性が悪いと，ほとんど計画面近くまでの掘削が終った後でも全面的にのりを切り直すことがあり，小段排水溝，縦排水溝等は原則としてのり面整形後に施工する。

(2) 地下水・湧水

　のり面の湧水は，地下水や地中に浸透した雨水や融雪水が原因である。切土により地下水脈を分断すると，切土のり面上部の自然斜面から浸透した雨水や融雪水により湧水が発生しのり面に悪影響を及ぼすことがある。のり面の湧水は，のり面を浸食する恐れのあるほか，場合によっては湧水の流出する地層に沿ってすべり面が形成され，のり面崩壊の原因となることもあるので注意しなければなら

ない。一般に，切土部と盛土部の境界は地下水位が高く，かつ地表面からの浸透水が集まるので湧水の量が多い。

のり面からの湧水の有無，量を知るため，切土に当たって地下水位の位置や浸透層が切土のり面に出る可能性の有無とその傾斜を調べる必要がある。しかしながら，事前の調査のみによって地下水の状態をすべて把握することは難しい。切土を進めていくと思わぬ所から湧水することもあるので，施工中に十分注意しながら工事を進めて，その都度対処していかなければならない。湧水を排水するものには，のり面じゃかご，地下排水溝，水平排水層，水平排水孔等がある。

切土面からの湧水や，また降雨時や融雪時に湧水が生じる恐れのある箇所には，あらかじめ水平排水孔や排水を考えたのり面保護工，例えばのり枠工等によって安定を確保する。この場合，水平排水孔は小段排水溝等に直結させ，のり面内への流入を防ぐとよい。

切土を進めていく過程で初めは地下水位が高く，多量の湧水があっても工事の進行に伴って急激に流量が減少することがある。この反対に掘削時期がたまたま乾燥期にあったために湧水は存在しないが，降雨・融雪のたびに激しい湧水が生じる地層もある。このような現象は破砕帯，断層及び雨水・融雪水による地下水の供給を受けやすい透水層等を含む地層で発生することが多く，あらかじめ排水孔を設ける等，湧水によって土砂が洗い流されないような処置をしておくことが必要である。

(3) 凍　　上

寒冷地域においては，のり面排水工が凍上により破損することがある。側溝等では切込砂利等の凍上抑制層により凍上被害を防止する方策もとられるが，切土のり面排水工に適用すると洗掘を起こしやすくなることがあるので注意が必要である。排水容量の大きい縦排水溝を設ける場合に，管路を用いて埋設し，土砂等で被覆することにより凍上被害を防止する例もある。詳細は「7－7　凍上対策」を参照されたい。

(4) 施工中の排水

　切土の場合，特に注意しなければならないのは施工中の排水である。自然地形における表流水の流れが切土によって大きく変えられるので，十分な容量の排水路を計画しておかなければならない。

　施工中の仮排水路であっても施工が悪いと水が集まらなかったり，水路の裏側に水がまわったりして，のり面崩壊の原因になるので注意しなければならない。工事中の仮排水路で地山を掘削して作ったものは，工事完了後も地下排水溝等にして活用できるように検討することが望ましい。

7-3-2　のり面排水工の設計・施工

　のり面排水工には，下記のように表流水を対象とするものと，地下水・湧水を対象とするものがあり，目的及び排水計画をもとに適切な施設を選定し設計・施工を行うとともに，維持管理に活用できるようにのり面排水工の所在を整理しておく。
(1)　表面排水工
　①　のり肩排水溝…のり面内への表流水の流下を防ぐ
　②　小段排水溝……のり面内に生じる表流水・湧水等を縦排水溝へ導く
　③　縦排水溝………のり肩排水溝，小段排水溝の水をのり尻へ導く
(2)　地下排水工
　①　地下排水溝……のり面内の地下水を排除する
　②　じゃかご工……地下排水溝と併用してのり尻を補強する
　③　水平排水孔……湧水をのり面の外へ抜く

(1)　表面排水工

①　のり肩排水溝

　隣接地からの表流水がのり面に流入しないよう，のり肩に沿って排水溝を設ける。のり肩排水溝の断面は流量に応じて定めるが，地形，傾斜，土質等を考え多少余裕を持たせる。のり肩排水溝にはコンクリート排水溝，鉄筋コンクリートU

形溝，石張り排水溝等がある。

流量，延長ともに大きくなると，鉄筋コンクリートU形溝等を用いるのが望ましい。排水溝の延長が長くなると，勾配も一様でなくなり，あふれた水によって排水溝の外側が洗掘され排水溝が破損し，のり面を破壊することもあるので，適切な位置に縦排水溝を設け，のり尻に導くようにする。U形溝のかわりにコルゲートを用いることもある。

② 小段排水溝

小段排水溝にはのり肩排水溝と同様にコンクリート排水溝，鉄筋コンクリートU形溝等によって作られた溝が用いられ，これによって集められた水は縦排水溝等によってのり尻に導かれる。

コンクリートあるいは鉄筋コンクリートU形溝によって作られる小段排水溝は，のり肩排水溝とほぼ同じ構造であるが，**解図7-1**に示すようにのり尻に接近させて配置する。また水が排水溝の側面や裏面にまわらないように注意し，鉄筋コンクリートU形溝を使用する場合には，ソイルセメント等を打設して周辺を固める。小段排水溝を設置するときには小段幅を1.5m以上とることが望ましい。

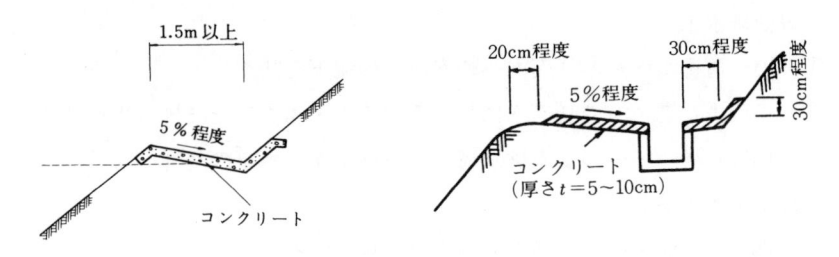

解図7-1 コンクリート排水溝及び鉄筋コンクリートU型溝の例（小段排水）

③ 縦排水溝

縦排水溝はのり面に沿って設ける水路で，のり肩排水溝や小段排水溝からの水をのり尻の水路に導くためのものであり，鉄筋コンクリートU形溝，遠心力鉄筋コンクリート管，半円管，鉄筋コンクリート管，石張水路等が用いられる。**解図7-2**にその一例を示す。U形溝，コルゲートはのり面に明渠とし，また鉄筋コンクリート管はのり面に埋設して暗渠として用いられるが，前者の方が施工及び維

持管理が容易である。U形溝はソケット付きがよく，水が裏面にまわらぬよう継目のモルタルを完全にし，3m毎にすべり止めを設置する。

　豪雨等により縦排水溝に土砂が大量に流れ込んだり，草木等により排水溝が閉塞されたりすることもあるので，現地の状況に応じて断面を大きくしておく必要がある。また縦排水溝を流下する水は流速が大きいため水がはね出し，両側を洗掘するおそれがあるので，側面に勾配をつけ，張芝や石張りを施すのが望ましい。

　縦排水溝が他の水路と合流する箇所や流れの方向が急変するところには，ますを設け，簡単な土砂だめを作り，流水の減勢を図る。ますには必ずふたを設ける。この他縦排水溝としてコンクリート水路等もある。

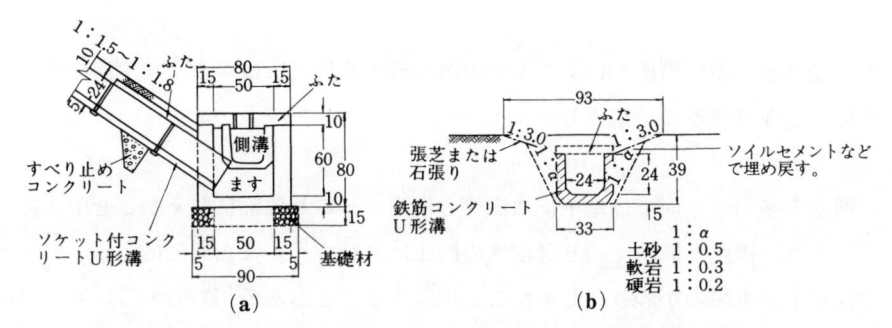

解図7-2　鉄筋コンクリートU形溝による縦排水溝の例（単位：cm）

(2) 地下排水工

① 地下排水溝

　のり面の湧水や地表面近くの地下水を集めて排水するためには，**解図7-3**のような地下排水溝が有効である。

　地下排水溝は地下水位や湧水状況から位置及び構造を決定するが，人力掘削の場合には底幅30cmの逆台形断面とし，掘削した溝の中にじゃかご，多孔質コンクリート管等を敷設する。また，上面や側面には目詰まりを防止するためのそだや砕石等による排水層を設けたり，底部に漏水防止のためのビニール布やアスファルト板を敷く場合もある。目詰まり防止のため2種の編柵の中に砕石を詰める構造にしたり，溝の中に高分子材料の布を敷き，砕石を詰めることもある。

　地下排水溝はのり面に生じる浸透の状況によってW形や矢はず形等に配置する

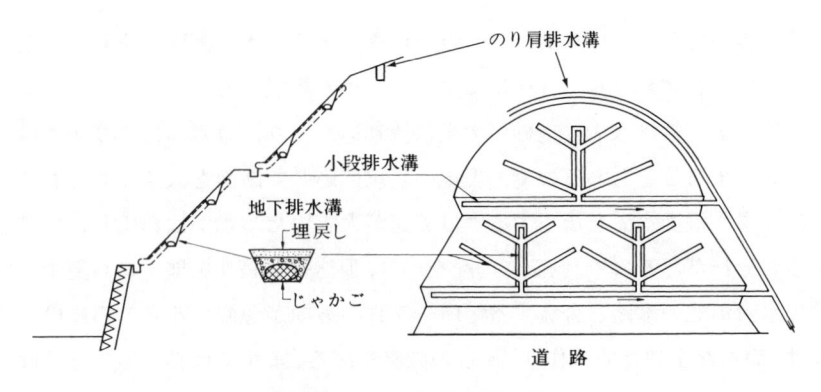

解図7-3 地下排水溝の例

が，浸透水の多い箇所やいくつかの溝が合流する箇所には集水ますや溝の中に穴あき管を埋設するのが望ましい。

② じゃかご工

湧水の多いのり面では地下排水溝等と併用し，のり尻部にじゃかごを敷き並べる。これは排水と同時にのり尻崩壊の防止にも役立つ。また比較的小さいのり面では地下排水溝のかわりにじゃかごを埋設することもある。じゃかごについては，「8-4-2 (10) かご工」を参照されたい。

③ 水平排水孔

のり面に小規模な湧水があるような場合には，**解図7-4**に示すような孔を掘って穴あき管等を挿入して水を抜くとよい。孔の長さは一般に2m以上とする。

長大のり面が地下水により安定性が脅かされると考えられる場合には帯水層まで孔をあけ水を抜く。この場合はボーリングにより孔をあけ，ストレーナーを付けた管を挿入する。削孔傾斜角は5度程度とし，上向きに帯水層をねらって削孔する。この場合帯水層の水の流出に伴って地山の細粒土が洗い流されたりパイピングを起こしたりするので，この点に注意して施工する必要がある。排水孔の孔口は排水により洗掘されたりするので，じゃかごやコンクリート壁等で保護するのがよい。

また，排水孔は土砂や酸性水による錆等のため詰まる場合があるので，定期的な清掃を行うとよい。水量によって排水トンネルを掘り，それに横ボーリングを

組み合わせることもあるが，工費がかさむので特別の場合を除きあまり用いられない。

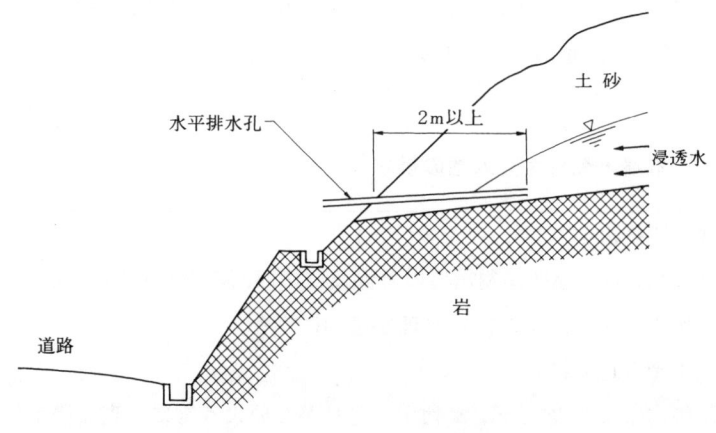

解図7-4 水平排水孔

7-4 施工時の排水

7-4-1 道路敷内外の排水（準備排水）

> 自然排水が容易な勾配に地山を整形するとともに，水が工事区域内に入らないように素掘りの溝，暗きょ等の排水施設を設ける。この際の排水末端は，隣接地へ影響を及ぼさないよう注意する。

準備排水は，土工のうちで最も大切なものの一つであり，まず地山の大きな不陸を大型機械でならし，自然排水が容易な勾配に整形しなければならない。また，水が工事区域内に入らないように区域内の水とあわせて素掘りの溝（トレンチ），暗きょ等で区域外に排水しなければならない。この際の排水末端は，隣接地へ影響を及ぼさないよう注意しなければならない。

切土の場合，切土部に流入する表流水をしゃ断するため，伐開除根の際周囲に適当なトレンチを設け，掘削するところにたん水しないようにし，工程の進捗とともにこのトレンチを移動させる。地形の低い場所で自然排水が不可能なときは，集水ますを設けポンプ排水する。切土の掘削作業は，地下水をしゃ断して水位を

下げて土の乾燥を図ったのち開始するのが得策である。この場合のトレンチはできるだけ深いところが望まれる。トレンチの掘削は，工事用運搬道路の分も合わせて施工するよう配慮が必要である。

7-4-2 土取場・発生土受入地の排水

> (1) 土取場の排水
>   良好な積込み・運搬作業環境の確保及び切取面の浸食・崩壊の防止のため，降雨，地下水・湧水等の排水処理を適切に行う。
> (2) 発生土受入地の排水
>   降雨等によって受入土が滑動する恐れがないよう常に周到な排水処理を行う。

(1) 土取場の排水

　表流水により，掘削面が泥濘化して積み込みや運搬作業に支障を来すとともに，土取り面が浸食して場合によっては崩壊を生じることがあるので，土取場には，排水を良くするため適切な素掘りの溝を設けるとともに，切取り面は自然乾燥を図るために南面に位置させるとか，季節風が一定方向から吹く地方では，この風による乾燥をも期待できるよう計画することが望ましい。

　土取場においては降雨，湧水，地下水等の排水処理を適切に行い，特に積込み場所，運搬路の排水に注意しなければならない。

　土取場の排水は，深い溝を掘って地下水を低下させるのが普通であり，溝の深さは地下水面よりも深くなければならない。この方法は砂質土の場合は有効であるが，粘性土の場合には，含水比の低下はあまり期待できない。

　なお，土取場の掘削は排水を考慮して常に上り勾配に進行するとよい。土取場内の運搬路も工事用道路と同様に側溝，横断排水管等を設け良好な状態に保たれなければならない。

　大規模な土取場の場合，掘削のために流水の方向や流域面積が変わり，既設の水路や河川等に影響を及ぼす恐れもあると考えられるので，あらかじめ必要に応

じて排水溝，沈砂池等の防災対策を考慮しておかなければならない。

(2) **発生土受入地の排水**

　発生土受入地は，一般に山間部，低湿地等地形や地質の悪いところに設置されることが多く，土の扱いも粗雑になりやすいので，排水処理に十分注意しなければならない。

　発生土受入地は，降雨等によって受入土が滑動する恐れがないよう常に周到な排水処理を行うことが必要である。発生土受入地に流入する地表面の水は，地下排水溝や暗きょ等であらかじめ排除しておく。

　また，発生土の受入れ作業中に水たまりができないように整地しながら行う。

　発生土受入地の表面やのり面の勾配が急な場合には，降雨等の際に表流水で土砂が流れ洗掘や崩壊が生じて，周辺へ流出しないよう，あらかじめ擁壁，土のう等による保護を行っておくとよい。

7-4-3 切土施工時の排水

> (1) 切土部は常に表面排水を考えて適切な勾配をとり，かつ切土面を滑らかに整形するとともに，雨水等がたん水しないように配慮する。
> (2) 切り盛りの接続区間では，雨水等が盛土部に流入するのを防ぐために，切土と盛土の境界付近にトレンチを設ける。

　切土のり面は気象条件によって種々の影響を受けるが，最も多いのは雨水の流下による浸食であり，集排水が十分であればのり面損傷防止に役立つ。したがってのり面の集排水設備やのり面の保護は，なるべく早めにのり面の仕上げを追いかけて施工する必要がある。特に火山灰質（しらす等）地山の崩壊は，ほとんどが不完全な排水処理によって生じているので，排水工の位置を決定する場合には十分な現地踏査が必要である。

　切土部は常に表面排水を考え，**解図7-5**に示すように3％程度の勾配をとり，かつ切土面を滑らかに整形し，また，雨水等がたん水しないように掘削断面の両

面にトレンチを設け,このトレンチで雨水等を排除することが望ましい。

　切り盛りの接続区間では,施工の途中で切土側から盛土側に雨水等が流れ込み,その境が泥ねい化しやすくなる。雨水等が盛土部に流入するのを防ぐためには,**解図7-6**に示すように,切土と盛土の境界付近にトレンチを設ける必要がある。また,このトレンチは地下排水溝に転用できることが多い。

地下水位の高い切取り部では,切土の各段階毎にその水位を下げて材料の脱水をして乾燥を図るため,地下水のある側に十分な深さのトレンチを設けることが望ましい。のり面付近に段階的に設けるトレンチは,徐々に集水を行って,切取りによる地下水位の急激な低下を防ぎ,工事中ののり面崩壊を防止するためにも大いに役立つ。なお,地下水位を下げる場合,周辺の井戸,用水等への地下水の利用状況等を確認し,対策を考えてから工事を進める必要がある。

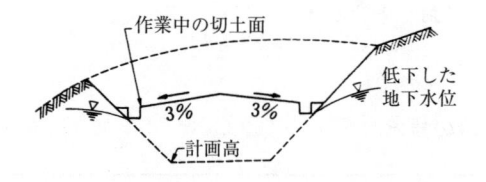

解図7-5 切土面の横断勾配

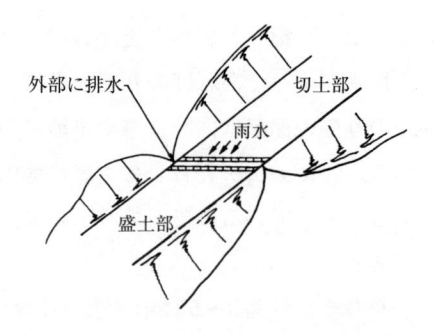

解図7-6 切り盛り境の素掘り排水溝の例

切土部の地質は，工事前の調査のみでは完全に把握できないので，切土作業中にもよく地質や湧水の状況を注意して観察し，排水工やのり面保護工の必要性の有無を常に考えながら，対応策をとることが大切である。

7-4-4 構造物裏込め部の排水

> 構造物裏込め部に，雨水等が流入しないように仮排水工等を設けて，施工中の排水に注意しなければならない。

構造物裏込め部は，降雨・融雪時の排水が不良になりたん水しやすいので，施工中の排水に注意しなければならない。また，降雨・融雪時には土砂が裏込め部に流入しないよう**解図7-7**に示すように横断方向に仮排水工を設けたり，土のうを積んだり，小土堤等を築いておくとよい。

裏込め部にたん水しやすい場合には，仮排水路等を設けて，水をすみやかに取り除くことが大切である。自然排水の不可能な箇所ではポンプ排水も考慮しなければならない。

裏込め完了後までかなり長期間放置する場合には，構造物の裏込め部に雨水等が流入しないよう処置する。

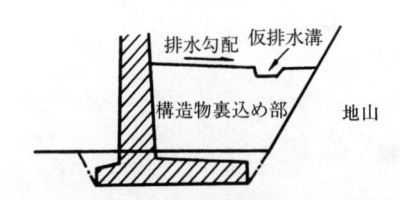

解図7-7 施工中の構造物裏込め部の排水処理の例

7-5 流末処理

> 排水の流末は，周辺に影響を及ぼさないよう適正に処理をする。

　山間部の道路の排水は，極力河川あるいは排水路まで導くよう計画すべきである。この場合それぞれの管理者と事前に協議する必要がある。
　市街地の道路の排水は，一般に下水道施設に放流される。したがって，その処理に当たっては，下水道管理者と十分調整を取る必要がある。

7-6 のり面排水工の維持管理

> 排水工の維持管理においては，十分に排水機能を発揮できるように清掃を行うとともに，定期的に点検を行い排水機能が十分果たされているか否かを確かめ，必要に応じて改良や修理を行い，その機能の保持に努める。

　路面，のり面等の破損は，排水の不良に起因することが多いので，排水工の整備は道路にとって重要なことである。特に，のり面排水が適切に機能していないと，のり面に変状が生じて場合によってはのり面崩壊に至ることになる。このため，のり面排水工の維持管理により表流水や湧水等の排水機能の保持に努めなければならない。

7-6-1 排水工の清掃

> 以下に示す要因を考慮して排水工の清掃の時期と回数を定め，清掃作業を能率的に行うのがよい。
> ① 雨期，台風期，融雪期等の季節的な要因
> ② 路面状況，地域状況，交通量等
> ③ 排水工の種別，形状

のり面・斜面の排水工の清掃は，土砂や落ち葉等が排水工を閉塞し，降雨・融雪時に排水不良で水があふれ出てのり面・斜面に浸透して安定を損なうことがないように，かつ路面に流出することがないようにするために行うものである。また，公共用水域の汚濁防止等の保健衛生上から見ても必要な作業である。
　豪雨時・融雪時には排水工に流れ込む量が一時的に増大するため，土砂等の堆積が少量でも溢水の危険が生じるので，雨期，台風期，融雪期の前後には計画的に清掃を実施することが望ましい。
　季節的に交通量が増加する箇所，低湿地帯，海岸等で風が強く土砂の移動の激しい箇所等では必要に応じて異常の有無を点検するとよい。
　排水工の定期的な清掃回数の一例を示すと**解表7−2**のとおりである。
　清掃作業は，作業労働者の安全確保の面からも昼間作業にするとよい。しかしながら，都市内の幹線道路で交通量の多い路線は昼間作業が困難なので早朝あるいは夜間等に清掃を行うなど，その地域の実情に合わせて作業時間帯を決定するとよい。
　人力清掃についての危険防止，清掃の迅速化，能率を考え，機械清掃を主体として行うことが望ましい。
　清掃作業はそれぞれの特性を発揮させながら安全かつ確実に能率のよい清掃作業を行うよう考えなければならない。
　なお，これらの機械作業がしやすいように排水工の設計に配慮し，既設のものは構造改良を行うよう心がける必要がある。

解表7−2　排水工の定期的な清掃頻度の一例

種　類	頻　　度
側　溝	年1回以上
ま　す	年1回以上
配水管	1〜2年に1回以上

7-6-2 のり面排水工の点検

> 排水工を点検し，その欠陥・破損のあるところまたはそれらの誘因となる事象を早期に発見し，適切な処置をとらなければならない。
>
> 排水工の点検は，のり面工の点検と合わせて行い，排水工からの水の流出や湧水の変化等に着目した点検項目を重点的に行うとよい。

のり面の崩壊は表流水及び地下水の処理不良に起因することが多いので，排水工を良好な状態に維持しなければならない。

このためには排水工を点検し，破損のあるところまたはそれらの誘因となる事象を早期に発見し適切な処置をとる必要がある。このため，点検の際には排水系統図と点検表を巡回の時に携行し，各排水施設の状況の把握に努めなければならない。

一般的には，のり面保護工，斜面安定工の平常時点検（日常点検，定期点検），臨時点検の際に併せて排水工の点検を行うものとし，その頻度はあらかじめ路線の重要度，道路の状況，または沿道の状況に応じて定め実施するのが望ましい。

点検は特に降雨時または降雨直後に排水状況を見回ると排水上の問題点を見出しやすく効率的である。

解表7-3 のり面排水工の維持管理の点検事項

目　的	原因となるもの	点検項目
のり面の浸食・崩壊防止	表面水の排水工からの流出	①降雨直後の排水施設の状況 ②排水工内の土砂，流木の堆積状況 ③のり面の浸食状況 ④排水工の変状・破損
のり面の崩壊防止	浸透水によるのり面の湧水	①降雨直後ののり面の湿潤状態 ②のり面からの湧水状況の変化 ③排水孔からの流出量の変化 ④排水孔内の目詰り状況 ⑤排水工底部の亀裂及び損傷

また，雨期，台風期，融雪期等には，特に入念に点検をするように注意しなければならない。

　土地の開発，宅地の造成等によって道路周辺の地表の被覆状態，地形等が変化し，既設の排水工の容量が十分でなくなったり，新規の排水工が必要となることもあるので定期的に点検し，機能の保持に注意しなければならない。

　のり面排水工の機能維持は，特に長大盛土・長大切土箇所において重要であり，小段に設けた排水溝及びのり肩に設けたのり肩排水溝は崩土，落石，雑草等で埋まっていることがないよう，またこれら排水溝の水が縦排水溝以外から流下しないよう注意しなければならない。

　縦排水溝がU形溝で作られている場合，施工が不十分で流水が跳ね出したり，裏水による洗掘によって土砂が流れたりするので破損が見つかったときは，その部分のU字溝を取りはずし，基礎及び周囲を十分補修しなければならない。

　のり面の浸食や崩壊を起こすような湧水を発見したときは新しく水抜き穴を設けたり，斜面の土砂が洗い流されないように適切な排水工を作るなど，早急に対策を講じなければならない。

　また，水抜き孔あるいはひびわれからの漏水量，濁り，漏水位置等の状況をみて構造物の裏側に滞水があると考えられる場合には，構造物に作用する荷重を増大させることになるので，場合によっては新しく水抜き孔を追加するなどの対策を講じなければならない。

　擁壁，コンクリート張工，ブロック張工等の水抜き穴は切口等の状況によって土砂の堆積，雑草等が生えて詰まりやすいので適宜掃除することが大切である。

7-7　凍上対策
7-7-1　のり面の凍上対策

　寒冷地における切土のり面は，冬期間の凍上現象や融雪期の凍結融解作用，並びに春先の融雪水の影響を受けて崩壊することがあるので十分な検討を行い，必要な対策を実施する。

北海道での調査によると，切土のり面の崩壊原因のうち，全体の約40%が凍上・凍結融解によって発生している。凍上現象の詳細，凍上に関する試験及び対策工法の詳細は「道路土工要綱　共通編　第3章　凍上対策」によるものとする。

融雪期の切土のり面の崩壊機構には**解図 7-8**に示すように2ケースあり，表層部分が流動し比較的浅い深さの位置（凍結深さ以内）でのり面に変状や崩壊を呈するものと，地下水とともにのり面がえぐれた状態になり比較的深い位置からの崩壊に至るものがある。

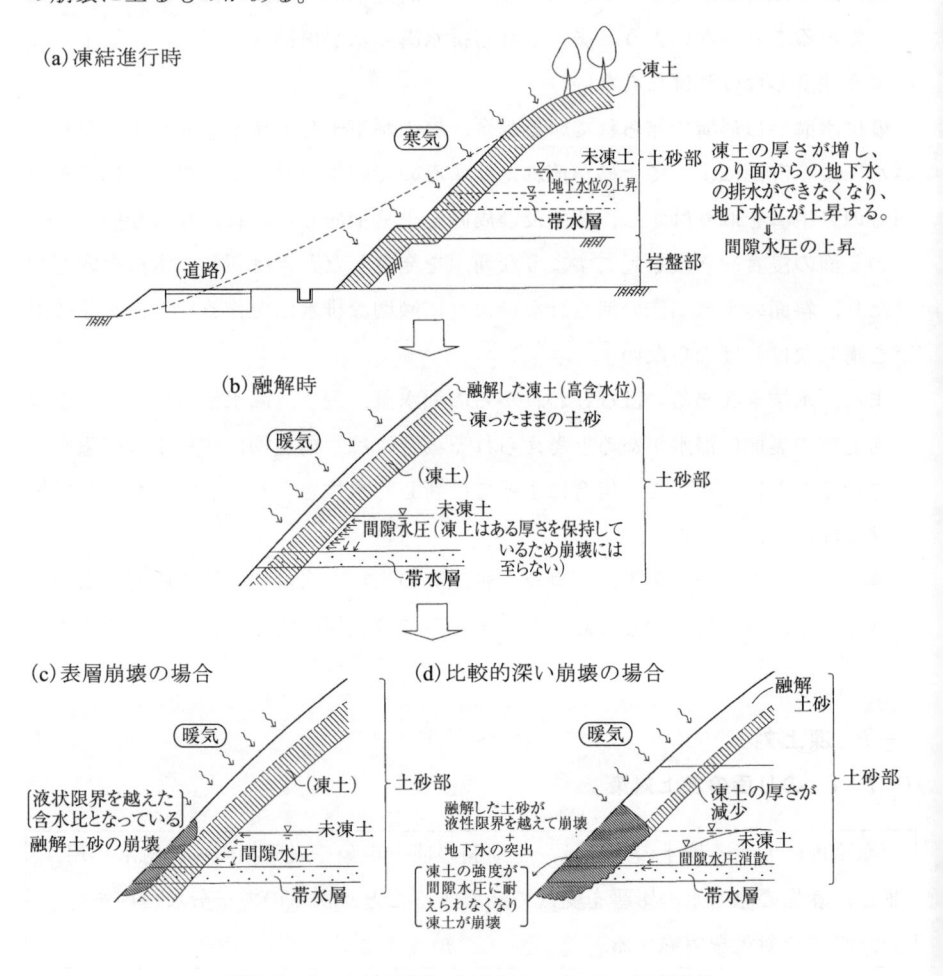

解図 7-8　凍結融解による切土のり面の崩壊機構

前者については，凍土内に形成されたアイスレンズ（氷の層）が気温の上昇にともない表面から融解し，含水比が増加して泥ねい化した土砂がせん断力を失いのり面を流下するものと考えられている。また，後者については，背面に地下水の供給がある場合，のり面に形成された凍土により逃げ場所を失った地下水がその水位を上昇させた状態となり，間隙水圧が増加する。この状態で融解期になると凍土が融解して薄くなり，その間隙水圧を支えきれなくなったときに一気に地下水とともに土砂が突出し，比較的深い位置からの崩壊を起こすものである。したがって，のり面への地下水の供給がある場合においては，あらかじめ十分な排水対策の検討を行う。含水比の高い土質の場合でも同様の検討を行う必要がある。

　写真 7-1 は，融雪期に切土のり面に見られる被災例である。積雪が少なく北向き斜面等の条件の場合には凍結深さが深いため崩壊が発生することが多い。

写真 7-1　融雪期における切土のり面の被災例

　写真 7-2 は，切土のり面の浸食防止や，緑化基礎工として用いられる軽量のり枠工の凍上被災例である。のり枠工周囲の土砂が凍上して持ち上がるとき，土砂とのり枠のアンカーバー表面との間に働く力により持ち上げられる凍着凍上が発生する。これにより，のり面にアンカーバーが突き出し，それに連動してのり枠自体も地面から引き離されるように持ち上げられて，崩壊が発生する。

　寒冷地におけるのり面の凍上対策が，設計段階から考慮されることは少ない。しかし，のり面が凍上性の高い土質であり，かつ施工段階で湧水が確認された場合，またはのり背面に森林や牧草地等の集水地形がある場合には，凍上対策を行

写真7-2 凍上による切土のり面の軽量のり枠の被災例

うことが望ましい。凍上が予測される場合及び凍上により崩壊した場合の対策として湧水処理が効果的であることが知られており，特殊ふとんかご工等が施工されている。

(1) 特殊ふとんかご工（かごマット工）

　特殊ふとんかご工は，かごマット工（「8-4-2　構造物工の設計・施工（10）かご工」参照）のうちの一つで，鉄線で直方体状に形状がほぼ固定されたものである（解図7-9，写真7-3）。一般に，のり面に使用する場合には特殊ふとんかごを使用している例が多い。このふとんかご同士は鉄線で連結されており，なおかつアンカーバー（凍結深さを考慮して1m程度の長さ）を打設してずれ止めとする。凍上及び融解によるのり面の上下の動きに追随する構造になっているのでその機能が損なわれることはなく，融雪期の融雪水やのり面に浸出する地下水を有効に処理できるため崩壊後の対策として使用頻度は高い。さらに，ふとんかご上面の植生工も工夫され，金網蓋内側に張芝工を二重にしたものを挟み込みこんだ施工例もある。

(2) その他

　植生工は，断熱効果の高い雪がのり面に堆雪しやすくなるため，凍上対策として期待できる。したがって，のり面の土質性状（もしくは岩質）が凍上・凍結融解作用を受けやすい場合，生育の早い植物を用いた植生基材吹付工や張芝工を採

— 186 —

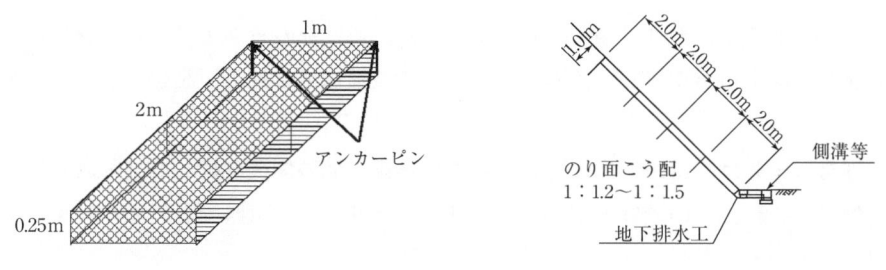

解図 7−9　特殊ふとんかご工

写真 7−3　特殊ふとんかご工の施工

用することが望ましい。
　また，積雪による断熱効果に期待し，堆雪しやすいように切土のり勾配を 1:1.5 にしている例もある。

7−7−2　排水工の凍上対策

> のり尻や小段部に設置される側溝や排水ます等は，凍上現象により持ち上げられたり，側壁部に凍上力が作用して破損することがあるので，埋設する箇所の地盤の凍上性や冬期間の積雪条件等を考慮して，必要な対策を実施する。

　道路のり尻やのり面小段部に設置される側溝には，鉄筋コンクリート製のU形排水溝が使われることが多い。寒冷地で雪が少ない地域においては，地表面（路面）からだけでなく側壁部からも冷却されるため，地盤の凍上現象が発生するよ

うなところでは、それ自体が持ち上がったり、側壁部の背面土にアイスレンズが発達して凍上力が作用し、側壁にクラックや破損に至る被害が発生することがある。

写真7-4は、道路側溝に用いられるU形排水溝の側壁が押し曲げられ破損した例で、これについては大型のコンクリートフリューム水路でも同様の被災が確認されている。

写真7-4 U形排水溝の凍上力による被災例

写真7-5は、切土のり面小段部に設置されるシールコンクリートとU形排水溝が、凍上現象により被災した例で、のり面小段部に入る凍結線が一様でないために発生するものである。シールコンクリート上面とU形排水溝の内空面からの複合的な凍結面の侵入により発生するものである。

これらの凍上対策としては、一般に解図7-11に示すように側壁背面に裏込材として粗粒材を入れる置換工法が主流であるが、その厚さについては、側壁に作用する凍上力及び側壁の変形量を最も効果的に抑制する厚さとして30cmが提案されている[1]。

写真7−5 切土のり面小段シールコンクリートとU型排水溝の凍上被災例

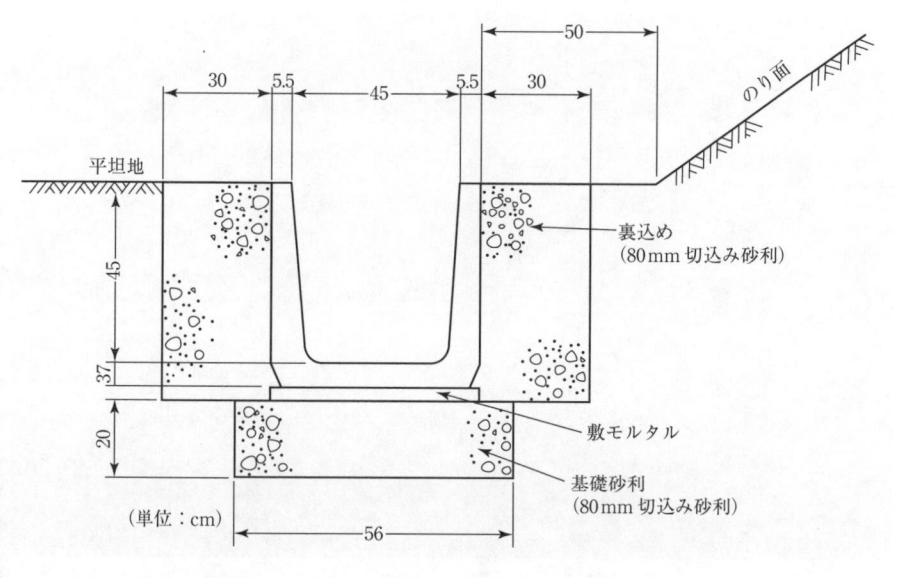

解図7−11 U形排水溝の凍上対策(置換工法)の例

また,現場条件・施工性・経済性だけでなく,掘削や発生土の処理等による環境面への影響も配慮し,板状の断熱材を側壁部に設置している例もあるが,地下水位が高い地盤では浮力による断熱材の浮き上がりが発生してしまうので注意を

要する。いずれにしても，厳寒期の積雪状態（断熱効果）等を考慮して適切な対策をとることが望ましい。

参考文献
1) 鈴木輝之・上野邦行・林啓二：裏込め砂利による小型U-トラフの凍上破壊対策，土木学会論文集 No.439/Ⅲ-17, pp.89〜96, 1991.12

第8章　のり面保護工

8-1　のり面保護工の種類と目的

(1) のり面保護工は，植物または構造物でのり面を被覆し，のり面の安定の確保と，自然環境の保全や修景を行うものである。
(2) のり面保護工は，植物によるのり面保護工（以下，のり面緑化工）と，構造物によるのり面保護工（以下，構造物工）とに大きく分けられ，のり面緑化工はさらに，植生工と，その補助を目的とする緑化基礎工に分けられる。

　のり面保護工はのり面緑化工と構造物工に大きく分けられ，のり面緑化工はさらに植生工と，植生工の施工を補助するための構造物を設置する緑化基礎工に分けられる。のり面保護工の主な工種と目的を**解表8-1**に示す。これらの詳細については，「8-3　のり面緑化工」及び「8-4　構造物工」を参照されたい。
　のり面緑化工は，のり面に植物を繁茂させることによって，雨水による浸食の防止，地表面の温度変化の緩和，寒冷地の土砂のり面での凍上による表層崩壊の抑制を図るものである。さらに，周辺の自然環境と調和のとれた植生を成立させることで自然環境の保全を図ったり，植物による修景を目的として行うものである。また，植物によるCO_2の吸収・固定が地球温暖化対策としての効果も期待できる。
　のり面緑化工には，植物をのり面に導入する植生工と，植物の生育を補助する金網やのり枠等の緑化基礎工がある。植生工によるのり面の崩壊防止に関しては，植物の根系は比較的表層にとどまるため，深い場所のすべりを直接防止する効果はない。また，高架や橋梁のような構造物の下等の光や雨水の供給が少ない場所や，土壌の乏しい岩盤のり面あるいは強酸性土壌ののり面等では，適切な植物の選定及び植生基盤の造成（強酸性対策等）を行わなければ植物の生育は困難である。さらに植生工はのり面が安定していることが前提条件であり，浸食や表層崩壊が起こりやすい土質やのり面勾配であったり，湧水等の不安定な要素が認めら

れる場合には，緑化基礎工や排水工の併用を検討するか，構造物のみによるのり面保護工を適用する必要がある．

解表8-1 のり面保護工の主な工種と目的

分類	工　種		目　的
の り 面 緑 化 工 （ 植 生 工 ）	播種工	種子散布工 客土吹付工 植生基材吹付工（厚層基材吹付工） 植生シート工 植生マット工	浸食防止，凍上崩落抑制，植生による早期全面被覆
		植生筋工	盛土で植生を筋状に成立させることによる浸食防止，植物の侵入・定着の促進
		植生土のう工 植生基材注入工	植生基盤の設置による植物の早期生育 厚い生育基盤の長期間安定を確保
	植栽工	張芝工	芝の全面張り付けによる浸食防止，凍上崩落抑制，早期全面被覆
		筋芝工	盛土で芝の筋状張り付けによる浸食防止，植物の侵入・定着の促進
		植栽工	樹木や草花による良好な景観の形成
	苗木設置吹付工		早期全面被覆と樹木等の生育による良好な景観の形成
構 造 物 工		金網張工 繊維ネット張工	生育基盤の保持や流下水によるのり面表層部のはく落の防止
		柵工 じゃかご工	のり面表層部の浸食や湧水による土砂流出の抑制
		プレキャスト枠工	中詰の保持と浸食防止
		モルタル・コンクリート吹付工 石張工 ブロック張工	風化，浸食，表流水の浸透防止
		コンクリート張工 吹付枠工 現場打ちコンクリート枠工	のり面表層部の崩落防止，多少の土圧を受ける恐れのある箇所の土留め，岩盤はく落防止
		石積，ブロック積擁壁工 かご工 井桁組擁壁工 コンクリート擁壁工 連続長繊維補強土工	ある程度の土圧に対抗して崩壊を防止
		地山補強土工 グラウンドアンカー工 杭工	すべり土塊の滑動力に対抗して崩壊を防止

注　構造物工を植生工の施工を補助する目的で用いる場合は緑化基礎工と定義される．緑化基礎工は植生工が単独で施工できない場合に用いるもので，植生工と緑化基礎工の組み合わせの例に関しては**解表8-2**を参照されたい．

構造物工には，のり面の風化や浸食あるいは表層崩壊の防止を目的としたもの，さらには深層部に至る崩壊の防止を目的としたもの等があり，一部の構造物工は植生工のための基盤の安定を図ることを目的に，緑化基礎工として用いられることもある（**解表8－2**参照）。

　構造物工のうち，擁壁工，地山補強土工，杭工，グラウンドアンカー工等は，ある程度の土圧やすべり土塊の滑動に対する抑止力を有するが，これらを除く他ののり面保護工は，はじめから土圧や滑動力が働くような不安定な箇所に設置するものではない。したがって，将来の状況変化によって土圧や滑動力が生じた場合には，別途対策を講ずることが必要である。また，構造物工のなかには，適用を誤ると後になって構造物自体が変形して支障を生じやすいものがあるので注意する。

　また，のり面に湧水がある場合は，のり面の洗掘を防止して安定を図るため，のり面保護工に加えてのり面排水工を併用する必要がある。さらに，のり面が浸食を受けやすい土砂からなる場合や，長大のり面のように降雨時に流下する水が下部で相当な量になるような場合には，表流水による浸食を防ぐための排水溝をのり肩や小段に設けて流下水を処理しなければならない。

8－2　のり面保護工の選定基準

(1)　のり面保護工の選定に当たっては，のり面の長期的な安定確保を第一に考え，現地の諸条件や周辺環境を把握し，各工種の特徴（機能）を十分理解した上で，経済性や施工性，施工後の維持管理を考慮して選定する。
(2)　のり面保護工は，のり面の長期的な安定確保とともに自然環境の保全や修景も目的とする点から，その選定に当たっては，のり面緑化工もしくは構造物工との併用について検討することが望ましい。

(1)　基本的な考え方

　のり面保護工の選定に当たっては，のり面の長期的な安定確保を第一に考え，自然環境の保全，修景についても考慮する。のり面の岩質，土質，土壌硬度，pH

等の地質・土質条件，湧水や集水の状況，気温や降水量等の立地条件や植生等の周辺環境について把握し，のり面の規模やのり面勾配等を考慮するとともに，経済性，施工性，施工後の維持管理のことまで考慮して選定する。

　一般的な選定の目安としては，適用するのり面勾配が安定勾配よりかなり緩い場合には，岩質・土質に適合した植生工を選定する。安定勾配を確保できる場合でも，例えば土砂のり面で湧水が懸念される場合や，浸食しやすいのり面等には，簡易なのり枠工等の緑化基礎工と植生工の組合せによるのり面保護工を必要に応じて選定する。安定勾配より急なのり面勾配を採用する場合には，土圧やすべり土塊の滑動力に対抗できる擁壁工，地山補強土工，杭工，グラウンドアンカー工等の抑止力が期待できる構造物工を選定した上で可能ならば植生工の併用を検討する。なお，ここでいう安定勾配とは，切土のり面の標準のり面勾配の平均値を一つの目安としている。

　最近では比較的急勾配なのり面でも適用できる植生工が開発されてきているので，構造物工を採用する場合でもできるだけ植生工との併用を検討するのが自然環境の保全と修景の点からよい。ただし，切土後の風化が速い岩で形成されるのり面では，風化が進んでも崩壊を生じないようなのり面勾配による安定を確保した上で植生工を行うか，のり枠工等と植生基材吹付工を併用して緑化を図る。緑化しない場合には，風化の進行を抑えるため表流水を浸透させない密閉型の構造物工（例えばモルタル・コンクリート吹付工，石張，ブロック張工，中詰めにブロック張り等を用いたのり枠工，コンクリート張工等）を選定する。なお，密閉型の構造物工を採用する場合には，背面に流下水が生じると浸食が起こり空洞化する点に注意する。また，しらす，まさ等の特殊土からなるのり面では，後述する注意事項を考慮した上でその土の特性に応じたのり面勾配やのり面保護工を選定する必要がある。

(2)　選定に当たっての注意事項

　のり面保護工の選定に当たって注意すべき事項を列挙すると次のとおりである。
（ⅰ）植物の生育に適したのり面勾配

　目標とする植物群落の形態や植物の導入方法にもよるが，のり面勾配が軟岩や

粘性土で1：1.0～1.2，砂や砂質土で1：1.5より緩い場合は，一般には安定勾配とされ植生工のみで対応可能であるが，湧水や浸食が懸念される場合には簡易なのり枠工や柵工との併用が必要である。安定勾配が確保できない場合や，表層の不安定化が懸念される場合には地山補強土工等との併用が必要になる。岩盤以外ののり面で1：0.8より急な場合は，植生工と緑化基礎工の併用ではのり面の浸食や崩壊を防止することは困難であることが多いので，まず構造物工の適用を検討し，可能ならば植生工の併用について検討すべきである。

（ⅱ）砂質土等の浸食されやすい土砂からなるのり面

　砂質土等の浸食されやすい切土のり面では，一般に植生工のみを適用する場合が多い。しかし湧水や表流水による浸食の防止が必要な場合には，のり枠工や柵工等の緑化基礎工と植生工を併用する。湧水の処理はその程度に応じて，かご工，中詰めにぐり石を用いたのり枠工，柵工等を用いるが，地下排水溝を枝状に配置しておくとのり面保護工の背面の浸食防止に効果的である。また，湧水の多少にかかわらずのり肩部及び各小段に排水施設を設けることが望ましい。

（ⅲ）湧水が多いのり面

　湧水が多いのり面では，地下排水溝や水平排水孔等の地下排水施設を積極的に導入するとともに，のり面保護工としては井桁組擁壁，ふとんかご，じゃかご，中詰めにぐり石を用いたのり枠等の開放型の保護工を適用するのがよい。

（ⅳ）小規模な落石の恐れのある岩盤のり面

　落石の恐れのあるのり面のうち，礫混じり土砂や風化した軟岩等では小規模な落石が発生するので，植生工と併用して浮石を押さえる落石防止網を設置したり，路面への落石を防止する落石防護柵を設置する。割れ目が多く，湧水のない軟岩の場合，自然景観とは馴染まないが，モルタル・コンクリート吹付工が適している。その施工に当たっては，背面に流下水が生じないようにする必要がある。亀裂の多い硬岩よりなるのり面のはく離型落石に対しては落石予防工で抑え，のり面上部が急峻な場合は落石防護工も併せて行うことが望ましい。

（ⅴ）寒冷地域ののり面

　寒冷地域において，シルト分の多い土質ののり面では，凍上や凍結融解作用によって植生がはく離したり滑落することが多い。このような恐れのある場合は，

のり面勾配をできるだけ緩くしたり，のり面排水工を行うことが望ましい。
（ⅵ）硬い土からなるのり面

密実な砂質土（山中式土壌硬度計による土壌硬度が 27 mmを超えるもの），硬い粘性土（土壌硬度が 23 mmを超えるもの）及び泥岩（土丹）のような硬いのり面に対して植物を導入する場合は，導入植物に適した土壌養分を有する材料で安定した植生基盤を造成できるのり面緑化工を採用する。

（ⅶ）土壌酸度が問題となるのり面

のり面の土壌の pH が当初から 4 以下である場合や，湖沼の底泥が隆起した古い地層等で，切土によって急に空気にさらされると短期間で極めて強い酸性に変わるような場所は，そのままでは植物の生育が困難である。そこで，植生工の基盤材にゼオライト，セメントや石灰等を混入して吸着や中和を図るか，さらに，のり面の基岩に起因する強酸性水が植生基盤に滲出しないように排水対策やソイルセメント（半透水性）による遮水対策等を行った上で植生工を施工する必要がある。場合によっては植生工は行わずにブロック張工等の密閉型の構造物工を採用する。

（ⅷ）土質や湧水の状況が一様でないのり面

連続する一つののり面でも土質や湧水の状況が必ずしも一様でない場合が多いので，それぞれの条件に適合した工種を選定しなければならない。その際には，排水工等の地山の処理をしたうえで，景観に配慮してなるべく類似した工法を採用するのが望ましい。

⑶ 一般的な選定の考え方

のり面保護工の選定に当たっては，以上述べてきたような基本的な考え方と注意事項に従うものとする。参考となる切土のり面におけるのり面保護工の選定フローを**参図 8−1**に示す。なお，このフローの中で個々の判断を下す際の基準は，下記の事項を参考にする。

注 1 ）地山の土質に応じた安定勾配としては，**解表 6−2** に示した地山の土質に対する標準のり面勾配の平均値程度を目安とする。また，安定勾配が確保できない場合の対策

として，可能な場合は切直しを行う。
注2）落石の恐れの有無は「第10章．落石・岩盤崩壊対策」及び「落石対策便覧」を参考にして判断する。
注3）地山の分類は，「道路土工要綱共通編　1－4　地盤調査　9）岩及び土砂の分類」に従うものとする。
注4）第三紀の泥岩，頁岩，固結度の低い凝灰岩，蛇紋岩等は切土による除荷・応力解放，その後の乾燥湿潤の繰返しや凍結融解の繰返し作用等によって風化しやすい。
注5）風化が進んでも崩壊が生じない勾配としては，密実でない土砂の標準のり面勾配の平均値程度を目安とする。
注6）しらす，まさ，山砂，段丘礫層等，主として砂質土からなる土砂は表流水による浸食には特に弱い。
注7）自然環境への影響緩和，周辺景観との調和，目標植生の永続性等を勘案して判断する。
注8）主として安定度の大小によって判断し，安定度が特に低い場合にかご工，井桁組擁壁工，吹付枠工，現場打コンクリート枠工を用いる。
注9）構造物工による保護工が施工されたのり面において，環境・景観対策上必要な場合には緑化工を施す。
注10）ここでいう切直しとは，緑化のための切直しを意味する。

また，崩壊形態別ののり面保護工は，いくつか考えられるが，そのうちの一例を**参表8－1**に示す。

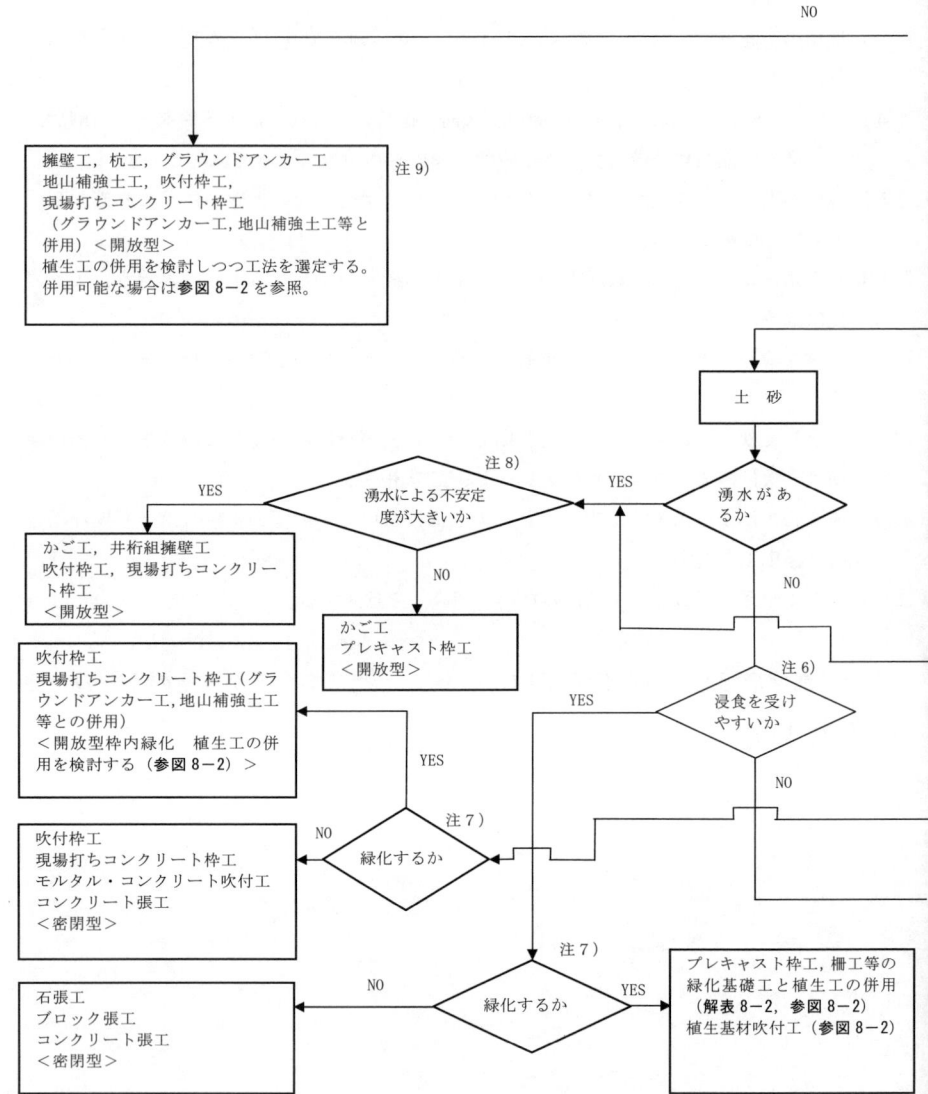

```
                                                                    NO
   ┌──────────────────────────────────┐
   │ 擁壁工，杭工，グラウンドアンカー工      │ 注9)
   │ 地山補強土工，吹付枠工，             │
   │ 現場打ちコンクリート枠工             │
   │ （グラウンドアンカー工，地山補強土工等と │
   │ 併用）＜開放型＞                   │
   │ 植生工の併用を検討しつつ工法を選定する。  │
   │ 併用可能な場合は参図8-2を参照。       │
   └──────────────────────────────────┘
                                                            ┌─────┐
                                                            │ 土 砂 │
                                                            └─────┘
                         注8)               YES              ┌───────┐
      ┌──YES──◇湧水による不安定◇──────────────────────────────◇ 湧水があ │
   ┌──┴──────┐   度が大きいか                                  │  るか   │
   │かご工，井桁組擁壁工│      │NO                              └───┬───┘
   │吹付枠工，現場打ちコンクリー│                                      │NO
   │ト枠工      │     ┌────────┐                                │
   │＜開放型＞   │     │ かご工    │                          注6) │
   └───────┘     │プレキャスト枠工│                         ┌────────┐
   ┌───────────┐ │＜開放型＞  │                         │浸食を受け │
   │吹付枠工         │ └────────┘        ──YES─────────│やすいか   │
   │現場打ちコンクリート枠工（グラ│                              └────┬───┘
   │ウンドアンカー工,地山補強土工 │                                    │NO
   │等との併用）       │                                           │
   │＜開放型枠内緑化 植生工の併│                                      │
   │用を検討する（参図8-2）＞  │◄──────┐                            │
   └───────────┘         │                                   │
   ┌───────────┐         │ YES                              │
   │吹付枠工         │     注7)│                                  │
   │現場打ちコンクリート枠工 │◄─NO──◇緑化するか◄──────────────────────┘
   │モルタル・コンクリート吹付工│
   │コンクリート張工     │
   │＜密閉型＞        │
   └───────────┘
   ┌───────────┐                                   ┌──────────────┐
   │石張工          │              注7)             │プレキャスト枠工，柵工等の│
   │ブロック張工       │◄──NO──◇緑化するか◇──YES──►│緑化基礎工と植生工の併用│
   │コンクリート張工     │                             │（解表8-2，参図8-2）  │
   │＜密閉型＞        │                             │植生基材吹付工（参図8-2）│
   └───────────┘                                   └──────────────┘
```

注：のり面緑化工の施工可能性をのり面勾配から判断する際には，**参表8-2**や**解表8-4**を参照すること。

参図8-1 切土のり面における

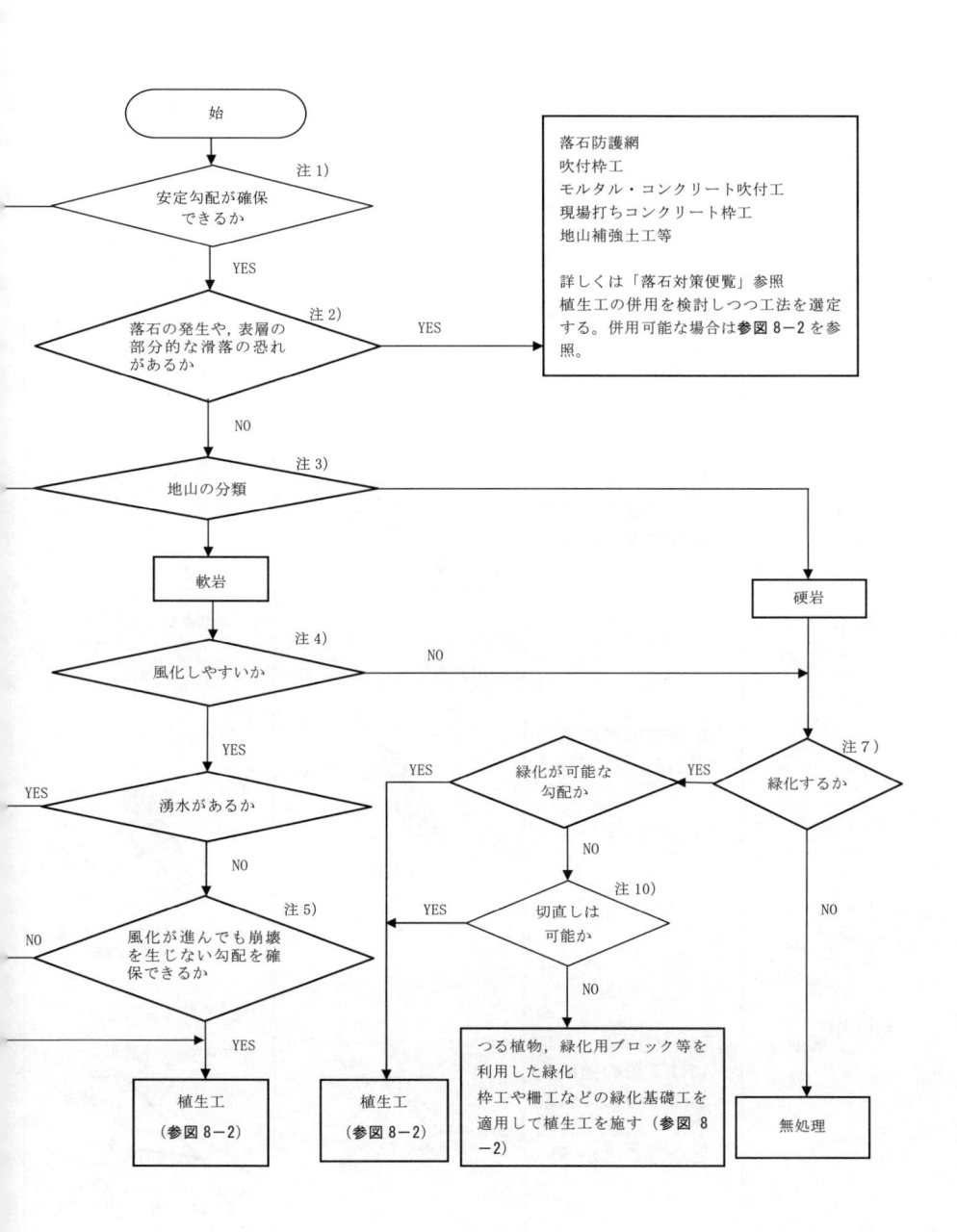

```
                    ┌─────────┐
                    │   始    │
                    └────┬────┘
                         │         注1)
                    ◇ 安定勾配が確保        ┌─────────────────────────┐
                      できるか              │ 落石防護網                │
                         │ YES              │ 吹付枠工                  │
                         ▼                  │ モルタル・コンクリート吹付工│
                    注2)                    │ 現場打ちコンクリート枠工  │
                ◇ 落石の発生や,表層    YES   │ 地山補強土工等            │
                  部分的な滑落の恐れ ───────▶│                           │
                  があるか                   │ 詳しくは「落石対策便覧」参照│
                         │ NO               │ 植生工の併用を検討しつつ工法を選定│
                         ▼                  │ する。併用可能な場合は参図8-2を参│
                    注3)                    │ 照。                      │
                ◇ 地山の分類 ─────────┐     └─────────────────────────┘
                         │              │
                    ┌────┴────┐    ┌────┴────┐
                    │  軟岩   │    │  硬岩   │
                    └────┬────┘    └────┬────┘
                    注4)
                ◇ 風化しやすいか ── NO ────────────────┐
                         │ YES                         │
                                                  注7) ▼
                ◇ 湧水があるか                    ◇ 緑化するか
                YES                                    │
      ◀────────┤                                       │
                 │ NO                                   │
                 ▼                                      │
                注5)                                    │
            ◇ 風化が進んでも崩壊                        │
              を生じない勾配を確                        │
      NO      保できるか          YES    ◇ 緑化が可能な  YES
      ◀────────┤               ┌──────── 勾配か    ────┤
                │ YES           │              │ NO     │
                ▼               │         注10)▼        │
          ┌─────────┐          │       ◇ 切直しは      │
          │  植生工  │          │  YES    可能か        │
          │(参図8-2)│          ◀────────┤              │
          └─────────┘          │              │ NO     │
                           ┌────┴────┐        ▼        ▼
                           │  植生工  │  ┌──────────┐ ┌──────┐
                           │(参図8-2)│  │つる植物,緑│ │無処理│
                           └─────────┘  │化用ブロック│ └──────┘
                                         │等を利用した│
                                         │緑化        │
                                         │枠工や柵工な│
                                         │どの緑化基礎│
                                         │工を適用して│
                                         │植生工を施す│
                                         │(参図8-2)│
                                         └──────────┘
```

のり面保護工の選定フロー

参表 8-1 切土のり面及び斜面崩壊の崩壊形態と対策工法の例(1)

分類	解説	崩壊形態	対策工法事例
浸食, 崩落	①乾湿, 凍結, 降雨等により表面がはく離, あるいはガリ (掘れ溝) ができる。放置すると深い崩壊に移行することがある。	表面水によるガリー浸食	プレキャスト枠工 ネット張工＋植生工またはプレキャスト枠工＋植生工
	②斜面上のオーバーハング状を呈する部分が崩落する。		植生工 切直し＋植生工
	③亀裂や節理に富んだ岩が崩落する。	浮石型落石	浮石除去 モルタル吹付工 地山補強土工 モルタル吹付工 (浮石除去)＋地山補強土工
表層崩壊	①表土が滑落する時には下層の強風化岩層を含んで崩壊する。湧水が誘因となることが多い。	湧水のパイピングによる崩壊	プレキャスト枠工 湧水 横ボーリング工 切直し＋プレキャスト枠工 (栗石詰)＋横ボーリング工

参表 8-1 切土のり面及び斜面崩壊の崩壊形態と対策工法の例(2)

分類	解説	崩壊形態	対策工法事例
	②岩の表層が風化等に伴って崩壊する。	風化等の進行に伴う表層崩壊	モルタル吹付工／吹付枠工／吹付枠工＋植生工／地山補強土工／勾配の異なる切土＋吹付枠工＋地山補強土工＋植生工＋モルタル吹付工
	③流れ盤構造や岩盤中の割れ目（節理，小断層，薄層）に沿って岩が崩壊する。後者の場合，くさび状の崩壊も多い。	岩の割れ目に沿った崩壊	不安定な岩塊の除去／モルタル吹付工／地山補強土工／モルタル吹付工＋地山補強土工
大規模崩壊・地すべり性崩壊	①軟弱で固結度の低い地層からなる斜面や地質構造的に不安定要因をもつ斜面が地下水位の上昇に伴って大規模に崩壊する。	透水性における不連続面上すべり（砂礫層／地下水位／泥岩）	植生工／砂岩／泥岩／横ボーリング工／杭工／切直し＋杭工・横ボーリング工＋植生工

参表 8-1 切土のり面及び斜面崩壊の崩壊形態と対策工法の例(3)

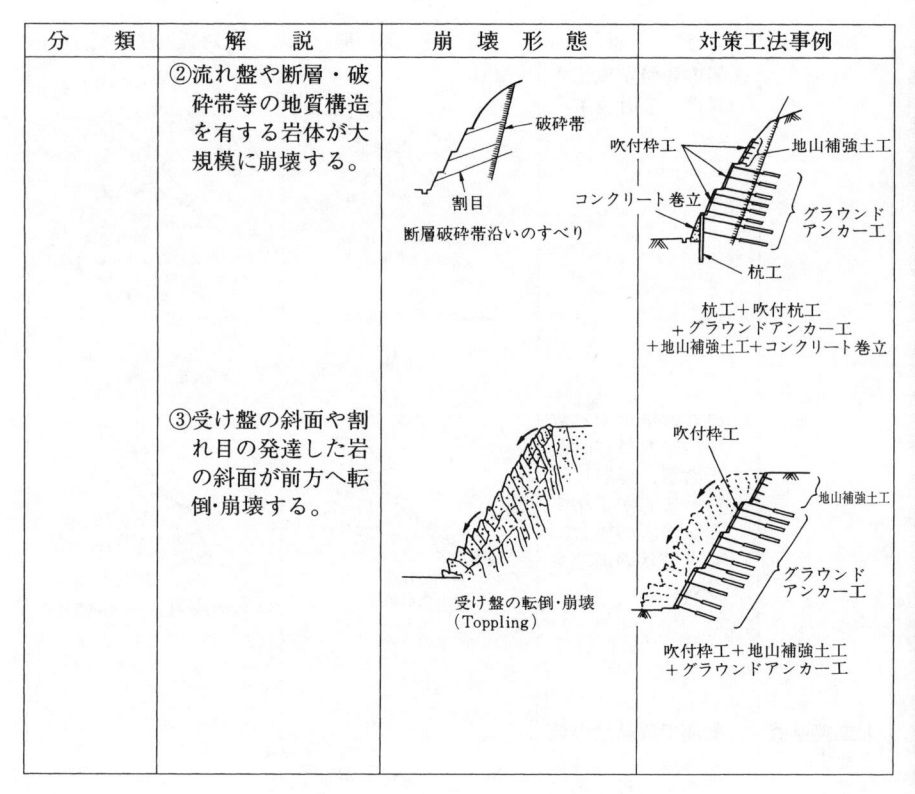

分類	解説	崩壊形態	対策工法事例
	②流れ盤や断層・破砕帯等の地質構造を有する岩体が大規模に崩壊する。	破砕帯／割目／断層破砕帯沿いのすべり	吹付枠工／地山補強土工／コンクリート巻立／グラウンドアンカー工／杭工／杭工＋吹付杭工＋グラウンドアンカー工＋地山補強土工＋コンクリート巻立
	③受け盤の斜面や割れ目の発達した岩の斜面が前方へ転倒・崩壊する。	受け盤の転倒・崩壊（Toppling）	吹付枠工／地山補強土工／グラウンドアンカー工／吹付枠工＋地山補強土工＋グラウンドアンカー工

8-3 のり面緑化工

8-3-1 のり面緑化工の目的と留意点

(1) のり面緑化工は，のり面に植生を成立させて風化や浸食を防止し，それと併せて自然環境の保全や修景を行うのり面保護工である。

(2) のり面緑化工は，植物を取り扱う技術であり，目標とする効果が発揮されるまでには時間を要する点と，施工後の降水量や気温の変動等によって成果に差が生じ易い点に留意する必要がある。

のり面緑化工は，のり面に植物を繁茂させて表層部を根で緊縛して表流水による浸食や風化を防止するとともに，地表面の温度変化を緩和する効果が期待できるのり面保護工である。また，寒冷地の土砂のり面では凍上による表層崩壊を抑制する効果が，ある程度は期待できる。さらに，周辺の自然環境と調和のとれた植生を成立させることによる自然環境の保全や，木本類によるCO_2の吸収・固定，好まれる植物を生育させることによる望ましい道路景観の形成が可能である。

のり面緑化工は植物を扱う技術であり，目標とする効果が発揮されるまでには通常長期間を要する。また，施工後の降水量や気温の変動等によって成果に差が生じ易い。設計，施工及び成績の判定に際してはこれらのことに留意する必要がある。

8-3-2 のり面緑化工の構成と調査

(1) のり面緑化工は，植物を導入する植生工と，植物の生育環境を整備する緑化基礎工とで構成される。
(2) のり面緑化工の調査は，導入植物の検討に必要な気象状況，土壌，周辺植生等の地域環境の調査及びのり面造成時点でののり面勾配や土壌硬度等の調査を行う。

(1) のり面緑化工の構成

のり面緑化工は，植物をのり面に導入する植生工と，植生工の施工が可能となるように構造物等で植物の良好な生育環境を整備する緑化基礎工で構成される（解図8-1）。

のり面緑化工のうち植生工には，播種工と植栽工，それら2つの特徴を併せ持つ苗木設置吹付工等がある。最近では自然環境の保全に一層配慮した工法として森林表土利用工や自然侵入促進工が開発されており，これらについては「8-3-8 植生工における新技術の活用」で詳しく説明する。

なお，のり面緑化工は，管理段階において植物の生育保全のため必要な植生管理を実施する必要があり，これについては「8-3-9 のり面の植生管理」を参照

されたい。

```
┌─────────────────────────────────────────────────────────────┐
│ のり面緑化工                                                │
│   のり面に植生を成立させる工法。                            │
│ ┌─────────────────────────────────────────────────────────┐ │
│ │ 植生工                                                  │ │
│ │   植物を直接導入したり，周囲からの侵入を促す工法。      │ │
│ │ ┌──────────────┬──────────────┬────────────────────┐    │ │
│ │ │ 播種工       │ 植栽工       │ 苗木設置吹付工     │    │ │
│ │ │ 種子を直接用 │ 生育している │ 苗木を設置した上で │    │ │
│ │ │ いる工法     │ 植物体を用い │ 種子を吹付ける工法 │    │ │
│ │ │              │ る工法       │                    │    │ │
│ │ └──────────────┴──────────────┴────────────────────┘    │ │
│ │   植生工にはこれらの他，新たな工法として森林表土利用工，│ │
│ │   自然侵入促進工，資源循環型緑化工法等がある。          │ │
│ └─────────────────────────────────────────────────────────┘ │
│                                                             │
│         必要に応じて → ┌ ─ ─ ─ ─ ─ ─ ─ ─ ─ ─ ─ ─ ─ ─ ─ ┐   │
│                        │ 緑化基礎工                     │   │
│                        │   植生工単独では施工困難な場合 │   │
│                        │   に，植生工施工のための環境を │   │
│                        │   整備する工法。生育基盤の造成 │   │
│                        │   や安定化，気象条件の緩和等を │   │
│                        │   図る。                       │   │
│                        └ ─ ─ ─ ─ ─ ─ ─ ─ ─ ─ ─ ─ ─ ─ ─ ┘   │
└─────────────────────────────────────────────────────────────┘
      ↓                                    ↓
┌─────────────────────────────────────────────────────────────┐
│ のり面の植生管理                                            │
│   緑化目標の達成前に行う育成管理と，緑化目標の達成後に行う  │
│   維持管理に大別される。植生工の施工完了後，のり面の安定を  │
│   確保しながら目標群落の達成と維持を目的に行う。            │
└─────────────────────────────────────────────────────────────┘
```

解図 8-1 のり面緑化工の構成

1) 植生工の目的と前提条件

植生工は，のり面全体を植物で被覆し，表流水による浸食防止や凍上による表層崩壊の緩和等を期待して行うものである。さらに，植生工はそれらの効果に加えて自然環境の保全や修景の効果を期待している。

植生工は植物を材料とすることから，生育基盤の状況，植物の適用範囲，施工方法，施工時期等の各種条件を満足させなければならず，そのためには，地域環

境, 周辺植生の調査, 及び切土造成時点でののり面の調査が必要である。以下に, 植生工の前提条件について示す。

① のり面の状態：植物の生育基盤が浸食・崩壊に対して安定していること。
② 植物の適用範囲：選定した植物がのり面の地質, 勾配等と気象条件に適合していること。
③ 植物材料の性質：植物材料が, 施工対象地域の環境条件に適合していること。
④ 目標との適合：緑化の目標に適合した植物の種類が選定されていること。
⑤ 施工方法：植物が定着し十分繁茂するまで浸食を受けず, 植生が永続して成立することができる工法であること。
⑥ 施工時期：植物が生育し, のり面が浸食を受けない程度に成長することができる時期と期間が確保できること。

以上の前提条件が満たされないのり面で植生工を必要とする場合には, 緑化基礎工の併用や, 永続的な植生の成立を可能にする植生管理方法の適用等を検討する。

2) 緑化基礎工の目的

緑化基礎工は, 植生工を施工する場合にそれ単独では施工が困難な場合に採用する構造物工であり, ネットや吹付枠等を用いて植物の生育環境を整備するものである。緑化目標及び選定する植生工の種類や, のり面勾配等からその必要性や種類及び構造を検討する。緑化基礎工の目的は次の３つに分けることができ, それぞれの目的や現場の状況に応じて各工法の組合せも考えて選定する。

(a) 生育基盤の安定化（ここで言う生育基盤とは, のり面とその表面に造成する植生基盤の総称である）

生育基盤の浸食, 崩壊を防止する。

(b) 生育基盤の改善

植物にとって好ましい生育基盤を造成する。

(c) 厳しい気象条件の緩和

風, 雨, 日照, 温度等, 植物の発芽, 生育に支障を与える要因を緩和する。

緑化基礎工の主な種類と特徴, 適用上の留意点及び併用する植生工の例を**解表**

8-2に示す。なお，構造物工としても機能する工種に関しては「8-4　構造物工」で説明する。

解表 8-2　主な緑化基礎工の特徴と留意点及び併用する植生工の例

種類		特徴	留意点	併用する植生工の例
のり枠工	吹付枠工現場打ちコンクリート枠工	のり面の浅部で発生する崩壊に対し，形状，規模に対応できる構造とすることが可能である。のり面の凹凸に対応できる。	膨張性または収縮性のある岩，あるいは，凍結深が深くなる土砂のり面への適用時は十分に検討する必要がある。	植生土のう工，客土吹付工，植生基材吹付工（厚層基材吹付工）
	プレキャスト枠工	植物の生育基盤となる土砂や植生土のうをのり面に固定保持することができる。	のり面に発生する土圧には対応できないので，はらみ出し，凍上等を生じる場合は避ける。勾配1:1.0よりも緩いのり面で枠が洗掘等で沈下しない箇所に適用する。	
柵工		崩落土砂の部分固定や表流水勢の緩和あるいは落石,雪崩を緩衝できる。	将来的な機能確保のため木本類の導入（播種工，植栽工）を併用することが望ましい。	植生シート工，植生マット工，植栽工，客土吹付工，植生基材吹付工（厚層基材吹付工）
ネット張工	金網張工	のり表面の表流水，凍上等によるはく落防止及び生育基盤の保持，落石防止に効果がある。	網目が小さすぎたり，機能が長期間持続するものは，木本類の成長に支障となる場合もある。	客土吹付工，植生基材吹付工（厚層基材吹付工）
	繊維ネット張工	のり表面の表流水によるはく落防止や造成基盤の保持に効果がある。	剛性がないので，凍上や落石への対応が難しい。	
防風工		網目の細かいネット張工やフェンス工等は，幼芽，稚樹の乾燥や風衝の緩和に効果がある。	風向，風力，効果の程度や範囲を見極める。	
連続長繊維補強土工		連続長繊維を混入した補強土塊の抑止力による地山の安定と，厚い生育基盤の形成が可能である。	湧水や補強土背面の流下水の処理を目的として，排水材をあらかじめ設置する。	植生基材吹付工（厚層基材吹付工）

(2) 植生工の設計・施工のための調査

植生工でのり面に植生を成立させるのに必要な前提条件を満足させるために，次の調査を行う。

（ⅰ）周辺環境の調査

対象のり面と周辺環境との連続性や調和を図るため，周辺環境の調査を行う。さらに，使用する植物が周辺環境に与える影響についても検討する。

（ⅱ）気象の調査

植物の選定，施工時期，施工方法等の検討に必要な気温，降水量，積雪量，風向風速，日照等について調査を行う。

（ⅲ）表土及び既存樹木の調査

表土を土羽土や客土として利用することを検討するために，工事対象場所における表土の土壌調査（理化学性や量の確認）を行う。

既存樹木を移植等により利用することを検討するために，既存樹木の種類や健全度，利用価値等について調査する。

表土や既存樹木が利用可能な場合には，作業性についての評価も必要となるため，採取候補地の地形や運搬経路，施工するまでの保管場所の有無等についても調査する。

表土は，一般に森林土壌の最上層の部分をいい，植物の落葉，落枝，草本遺体等の有機物が分解された腐植に富み，膨軟で通気性，透水性が良好である。また，既存樹木は，のり面の周辺にある在来木本類のことで，のり面への種子供給源として活用したり，のり面に移植することで，周辺環境との調和を早期に図ることができる。

（ⅳ）植物材料の市場調査

国内産の在来種の種子や地域性種苗を使用することを予定している場合には，市場で入手可能な種と数量をあらかじめ調査して植生工設計時の検討資料とする。

（ⅴ）造成時点でののり面の調査

(a) のり面の形状等の調査

植物の選定，施工性等の検討を行うためにのり面の形状，規模，高さ，方位，勾配，湧水箇所，凹凸の程度，排水溝や構造物の位置等について調査を行う。

(b) 岩質等の調査

植物の選定等の検討を行うために，岩質，土壌硬度，土性，土壌酸度等について調査を行う。方法に関しては「付録. 6　植生工のための測定と試験」を参照されたい。土壌硬度に関しては，のり面造成後に測定して土壌硬度指数で表すことを基本とする。

なお，のり面造成前に土研式貫入試験機で Nc (Nd) 値を計測している場合，この Nc (Nd) 値 5，10，20 はそれぞれ土壌硬度指数 25 mm, 30 mm, 35 mm に相当する。また，Nc 値と N 値の関係は，Nd＝（1～2）N，凝灰岩，凝灰角礫岩では Nd＜20 において Nd＝1.5N が提案されている[1]。

のり面緑化工設計のための各項目の調査や，施工後の調査に関しては，「付録. 7　のり面緑化工の施工及びのり面の植生管理のための調査票」に示すような調査票を用いて行うとよい。また調査票は，施工後の植生調査の結果と比較検討するために保存しておく。

調査結果を基に，地山の定期的な点検箇所を設定する場合には，点検しやすいように通路や階段，はしごの設置を検討する。

のり面緑化工は植物を材料として取り扱うので，施工場所の立地条件が工事の成否に大きく影響する。このため，調査結果をのり面緑化工の設計・施工に活用していく上での留意事項を**解表 8-3** に示す。

解表8-3　調査結果ののり面緑化工への活用

調査項目	調査結果活用上の留意事項
周辺環境と周辺植生の調査	・自然公園・風致地域・山林・原野：周辺の自然環境と調和する，野生動植物の生息・生育に悪影響を及ぼさない植物種を選定する。造成対象地が野生動物の移動経路として利用されている場合には，植生による連続性の確保についても検討する。 ・都市・集落：沿道環境と調和する植物種を選定する。
表土，既存樹木の調査	・表土：利用可能性について現地調査により把握し，植生基材としての利用方法を検討する。また，採取後の仮置きの必要性を検討し，必要な場合には確保する。 ・既存樹木：樹種や活力度，健全度（病虫害，腐朽等）を調査し，移植可能性や移植価値を検討する。また，移植に当たっての仮植が必要な場合には仮植地の検討を行う。
気象の調査	・降水：年間降水量及び施工時期の降雨条件に適応した植生工を選定する。年降水量1,000 mm以下の場合は，基盤，植物及び施工時期等における具体的な乾燥対策を講じる。なお，1,200 mm以下となる場合には，対策を検討することが望ましい。 ・気温：最高気温が30℃以上となる時期の施工は避け，日平均気温10℃以上が2ヶ月以上続くこと等を目安に施工時期を設定する。 ・積雪：現地の特性に応じた植物と施工法を選定する。
植物材料の市場調査	・種子：施工時点で入手可能な種，数量等について調査を行い，植生工設計時の工法や配合等を検討する際の資料とする。 ・苗木：施工時点で入手可能な種，数量，大きさ等について調査を行い，植生工設計時の工法や配血等を検討する際の資料とする。
造成時点ののり面調査	・のり面勾配については，**参表8-2**を参考に使用植物を選定し，切土の場合は1：1.0，盛土の場合は1：1.5より急勾配を目安に緑化基礎工との併用を検討する。 ・土壌硬度については，**参表8-3**を参考に使用する植物と施工法を検討する。 ・盛土の土壌透水性に関して，最終減水能の値が36 mm/h（0.01 mm/sec）以下の場合，耕転及び土壌改良資材の混入や良質の客土を行った上で，使用する植物と施工法を検討する。 土壌酸度はpH 4～8以外では吸着や中和処理，排水または遮水対策の検討を行った上で，使用する植物と施工法を検討する。 ・岩盤のり面では，亀裂の間隔や間隙の大きさ等から，使用する植物を選定し，流亡しにくい植生基材の使用を検討する。 ・流下水が集中する箇所や湧水がある箇所については，地表面あるいは地下排水溝を設置する。

参表8-2　のり面勾配と目標とする*植物群落の目安

勾　配	植　物　の　生　育　状　態
1:1.4より緩勾配 (35度未満)	高木が優占する植物群落の成立が，1:1.7より緩勾配であれば可能であり，1:1.7～1.4ではのり面の土質や**周辺環境の状況よっては可能である。 周辺からの在来種の侵入が容易である。 植物の生育が良好で，植生被覆が完成すれば表面浸食はほとんどなくなる。
1:1.4～1:1 (35～45度)	中・低木が優占し，草本が下層を覆う植物群落の造成が可能である。
1:1～1:0.8 (45～50度)	低木や草本からなる群落高の低い植物群落の造成が可能である。
1:0.8より急 (50度以上)	のり面の安定度が高い場合，もしくは構造物で安定を確保した場合にのみ植生工の適用が可能である。全面緑化の場合の限界勾配は，一般に1:0.5 (60度) 程度である。

*植物群落：森林や草原等の一定の相観(外形)と種類構成を持つ植物の集合体をいう。植生を区分する際の単位であり，本指針では緑化の目標を相観によって区分する草地型，低木林型といった群落タイプにより表している。
**強風が吹くようなことがないといった条件や，周辺植生からの高木種の種子散布の状況にもよる。

参表8-3　土壌硬度からみた植物の生育状態予測

土壌硬度	植　物　の　生　育　状　態
10 mm未満	・乾燥のため発芽不良になる。
粘性土 10～23 mm 砂質土 10～27 mm	・根系の伸長は良好となる（草本類では肥沃な土である場合）。 ・樹木の植栽に適する。
粘性土 23～30 mm 砂質土 27～30 mm	・木本類の一部のものを除いて，根系の伸長が妨げられる。
30 mm以上	・根系の伸長はほとんど不可能である。
軟岩・硬岩	・岩に亀裂がある場合には，木本類の根系の伸長は可能である。

8-3-3 緑化目標の設定

> のり面緑化工の設計に際しては，その目的を考慮しつつ，最終的に形成する群落型等の緑化目標を設定する。緑化目標は，のり面勾配，周辺環境や気象条件，初期段階で形成する群落，目標達成までの期間とその間に実施する植生管理についても勘案して決定する。

　のり面緑化工の目的は，浸食や表層崩壊を防止するとともに，周辺環境との調和を図ることである。そのことを考慮して，緑化目標はのり面緑化工の設計前に設定する。緑化目標は，草本類による全面被覆といった短期に達成される目標から，樹林の形成といった比較的長期を要する目標まである。どの時点でどの様な植物群落の形成を目指すのかをのり面勾配，周辺環境や気象条件，目標達成までの期間とその間に実施する植生管理の点からも勘案して決定する。

　緑化目標の群落型としては，群落の相観(外形)から高木林型，低木林型と，草地型の3タイプが挙げられ，その他に造園修景が目的の特殊型が挙げられる。高木林型は，のり面の周辺が樹林であり，のり面勾配が緩い場合等に適している。盛土のり面においては，のり面形状の工夫により高木林型の形成が可能な場合が多い。低木林型は，周辺が樹林でのり面勾配が急な場合や，沿岸部等，強風が頻繁に発生する場所に適している。草地型は，初期緑化目標として設定するほか，周辺が草地や農地，住宅地の場所に適している。特殊型は，のり面においても修景空間を作り出すことが必要な場所で設定する(**参表8-4**)。

　自然と調和した群落の形成を目標とする場合には，群落の主要構成種についても周辺植生から勘案して決めることが，後の植生管理を計画・実施する上で望ましい。一方，都市部及びその近郊等の人が多く集まる場所では，頻繁な植生管理を伴う園芸用の草花や花木等を用いて人々に望まれる景観を形成することが好ましい場合もある。のり面勾配が急な場合は，植生基盤を厚くして高木林を成立させると，根系が地上部を支えきれず不安定になることがあるため注意が必要であり，緑化基礎工に高木の生育を支える十分な強度がない場合も，同様に注意が必要である。

緑化目標に至る過程も工法選定の際に考慮する。例えば，最終的な緑化目標を高木林型とした場合でも，目標に至る過程は施工法によっていくつかが想定される。その1つには，初期段階で形成すべき群落を草地型としてまずは草本類のみを導入し，その後の木本類の侵入によって低木林型，高木林型へと遷移させる方法がある。また，それよりも遷移を早めるために草本類と同時に木本類を導入する方法や，苗木を植栽する方法等がある。これらの選定に当たっては，施工場所の適用条件，経済性，目標に達するまでの時間設定，植生管理の必要性等からの総合的な判断が必要である。

参表8－4　緑化目標の群落の例

緑化目標の群落型	特徴	適用箇所の条件
高木林型	高木が優占する群落	・周辺が樹林地で，のり面勾配が緩く，厚い土壌の形成が見込める場所 ・自然公園内等
低木林型	低木が優占する群落	・周辺が樹林地で，急傾斜地等土壌が薄くしか形成されない場所 ・沿岸部等強い風が頻繁に吹く場所 ・周辺が農地等
草地型	草本が優占する群落	・周辺が草地 ・周辺が農地 ・周辺が住宅地等
特殊型	造園修景を目的とした植生	・都市部等の，のり面においても修景空間を創り出すことが必要な場所

8－3－4　植生工の種類と特徴

> 植生工は，のり面や使用する植物の諸条件に応じて種々の工法があり，各工法の特徴と留意事項を勘案して適切な工法を検討する。

植生工には使用する植物や，地形，地質，気象等に応じた工法があり，その選定を誤ると目的，目標が達せられないため，設計の時点でよく検討する必要があ

る。基本的には，使用植物の発芽条件と生育条件を満たす植生基盤が造成可能な工法を選定することとなるが，植生基盤の種類と造成する厚さは，使用植物の肥料要求度や種子の発芽特性，のり面の土質や勾配によって決定される。また，吹付工を行う場合は，植物が定着するまでの期間，降雨等によって流亡しない基盤でなければならない。

各種植生工の概要を以下に示し，その種類と特徴を**解表8－4**に示す。

(ⅰ) 播種工

播種工は，植物材料に種子を使用する工法であり，材料を専用の機械でのり面に吹付ける種子散布工，客土吹付工や植生基材吹付工（厚層基材吹付工）と，人力で種子の付いた繊維等をのり面に張り付ける植生シート工や植生マット工等がある。植物材料の観点からは，草本類のみを使用する場合と，草本類と木本類を混播する場合，木本類のみを使用する場合に区分できる。これまでのり面緑化には，材料の入手のしやすさや，施工後早期に優れた被覆能力を発揮する外来草本類（外来種または外来緑化植物）が多く用いられてきた。最近では，自然環境の保全と周辺景観との調和を目的として，在来種の利用や木本類の種子を混播する場合等も増加している。

(ⅱ) 植栽工

植栽工には芝等の草本類を用いるものと，木本類を用いるもの，その両方を用いるものがある。木本類を使用する場合は一般に苗木を使用する。急勾配のり面の場合には，植生基盤の整備を要するので緑化基礎工を併用して用いる。

(ⅲ) 苗木設置吹付工

苗木設置吹付工は，植生基材吹付工と植栽工の組合せであり，植生基材吹付工の施工に先立ってあらかじめコンテナ（ポット）苗木をのり面に固定し，その上から植生基材吹付工を施工する。植栽工が持つ樹木の早期成長による周辺環境との調和や修景効果と，播種工が持つ全面被覆による浸食防止効果の両方が期待できる。

解表8－4 植生工の

工　種	播　種　工
	種　子　散　布　工
施　工　方　法	主にトラック搭載型のハイドロシーダーと呼ばれる吹付機械を使用して，多量の用水を加えた低粘度スラリー状の材料を厚さ1cm未満に散布する。
材料	

材料	基　材	木質繊維（ファイバー）
	浸食防止材または接合材	粘着材，被膜材，高分子系樹脂
	種　子	草本類
	肥　料	高度化成肥料
	補助材料	むしろ，繊維網（積雪寒冷地で使用）
適用条件	耐降雨強度	10 mm/hr 程度
	期　間	1～2ヶ月程度（この期間は，導入した植物が発芽・生育するまでを想定している。）
	地　質	土砂（土壌硬度23 mm以下）に用いる。
	勾　配	1：1.0より緩勾配[注2]
備　考		・主に盛土のり面に用いる。 ・一般には，材料に色粉を混入して，均一な散布の目安とする。 ・除伐・追肥が必要な場合がある。 ・緑化目標が草地型の場合では，定期的な草刈りが必要となる。 ・乾燥対策として表面被覆養生が必要な場合では，むしろ張り等を併用することがある。
断面図の例		種子散布工 種子、肥料、ファイバー、接合剤等をポンプの圧力によるスラリー散布 必要に応じて、むしろ等による表面被覆養生をする ※ファイバー：木質繊維 吹付厚さ（t＝1cm未満）

注1）山型肥料とはN：P：Kの配合がN＜P＞Kとなっているもので，PK化成肥料はNがほとんどないものをいう。

注2）地質，気象，使用植物，浸食防止材等により適用範囲は多少の差異が生じる。

種類と特徴(その1)

播　種　工	
客　土　吹　付　工	植生基材吹付工(厚層基材吹付工)
主にポンプを用いて高粘度スラリー状の材料を厚さ1～3cmに吹付ける。	ポンプまたはモルタルガンを用いて材料を厚さ3～10cmに吹付ける。
現地発生土, 砂質土, バーク堆肥, ピートモス等	現地発生土砂, 砂質土, バーク堆肥, ピートモス等
高分子系樹脂, 合成繊維等	高分子系樹脂, セメント, 合成繊維等
草本類, 木本類	草本類, 木本類
緩効性肥料（山型）[注1], PK化成肥料[注1] 高度化成肥料（草本導入時）	緩効性肥料（山型）[注1], PK化成肥料[注1] 高度化成肥料（草本導入時）
繊維網, 金網等	繊維網, 金網, 吹付枠, 連続長繊維補強土工等
10mm/hr程度	10～100mm/hr程度 （植生基材や接合材の種類と使用量により異なる。）
1～2ヵ月程度 （この期間は, 導入した植物が発芽・生育するまでを想定している。）	1年～10年程度 （植生基材や接合材の種類と使用量により異なる。）
同左, 及び礫質土に用いる。	同左, 及び岩等に用いる
1:0.8より緩勾配[注2]	1:0.5（木本類を用いる場合は1:0.6）より緩勾配[注2]
・吹付厚は, 緑化目標や適用条件により設定する。 ・緑化目標により, 遷移を進めるための除伐や追肥等が必要となる場合がある。 ・種子の代わりに森林表土を用いる表土利用工や, 伐採木や抜根材等の建設副産物を有効利用することが可能である。	・吹付厚は, 緑化目標や適用条件により設定する。 ・緑化目標により, 遷移を進めるための除伐や追肥等が必要となる場合がある。 ・種子の代わりに森林表土を用いる表土利用工や, 伐採木や抜根材等の建設副産物を有効利用することが可能である。

客土吹付工
土を主として、種子、肥料や合成繊維等をポンプの圧力によってスラリー吹付
繊維網、亀甲金網等
アンカーピン
吹付厚さ(t=1～3cm)

植生基材吹付工(厚層基材吹付工)
バーク堆肥、砂質土、肥料や種子等を吹付・締固め
菱形金網
アンカーピン
アンカーピン
吹付厚さ(t=3～10cm)

解表 8-4 植生工の

工　種		播　種　工	
		植生シート工	植生マット工
施工方法		全面に張り付け，目ぐし等で固定する。	のり面全体に展開し，アンカーピン，止め釘等で固定する。
材料	形　態	種子，肥料等を装着したシート状のもの	・種子や肥料等を直接付けたネット（合成繊維，ヤシ繊維等）に間隔をもたせて肥料袋を装着させたもの。 ・ネット（合成繊維，ヤシ繊維等）に種子，肥料，植生基材等を封入した基材袋を間隔をできるだけ空けずに装着した厚みのあるマット状のもの
	植　物	外来，在来草本類の種子	木本類の種子 外来，在来草本類の種子
	肥　料	化成肥料	化成肥料
補助材料		目ぐし，止め釘，播土または目土	目ぐし，アンカーピン，止め釘
併用工			
耐浸食性		高い	高い
適用条件	地　質	粘性土（土壌硬度 23 mm 以下） 砂質土（土壌硬度 27 mm 以下）	同左，及び硬質土砂，岩（植生基材入りのもの）
	勾　配	1：1.5 より緩勾配	1：0.8 より緩勾配
備　考		・盛土に適用する。 ・シートをのり面に密着させる必要がある。 ・肥料分の少ない土質では追肥管理を要する場合がある。	・マットをのり面にできるだけ密着させる必要がある。
断面図の例		種子、肥料、土壌改良資材等を付着したネット／止め釘	種子、肥料、土壌改良資材等を付着したネット／アンカーピン／止め釘／肥料袋（肥料、土壌改良資材等）／基材袋（種子、肥料、植生基材等）／アンカーピン／ネット／ネット

種類と特徴（その２）

播　種　工	
植生筋工	植生土のう工
種子帯を土羽打ちを行いながら施工	植生土のうまたは植生袋を固定する。
種子，肥料等を装着した繊維帯	繊維袋に土または改良土，種子等を詰めたもの
外来，在来草本類の種子	木本類の種子 外来，在来草本類の種子
化成肥料	堆肥，PK化成肥料， 緩効性肥料
	目ぐし，アンカーピン
	溝切工，のり枠工
低い	高い
粘性土（土壌硬度 23 mm 以下） 砂質土（土壌硬度 27 mm 以下）	肥料分の少ない土砂，または硬質土砂，岩
１：１.５ より緩勾配	１：０.８ より緩勾配
・小面積の盛土に適用する。 ・砂質土には不適する。	・勾配が１：０.８ より急なところでは落下することがある。 ・草本種子を使用する場合には保肥性の優れた土を用いる。

解表8-4 植生工の

工　種	播　種　工
	植生基材注入工
施工方法	布製の袋をのり面全体に展開してのり肩部をアンカーピンで固定し，植生基材を専用機械を用いて注入したのち，袋体がのり面に密着するように全体をアンカーピンで固定する。
材料　形　態	種子，肥料，植生基材等を現場で注入した袋
材料　植　物	木本類の種子 外来，在来草本類の種子
材料　肥　料	緩効性（山型）[注1]，PK化成[注1] 化成肥料（草本適用）
補助材料	アンカーピン
併用工	
耐浸食性	高い
適用条件　地　質	硬質土砂，礫質土，及び岩
適用条件　勾　配	1：0.8より緩勾配
備　考	・布製の袋に基材を注入した後，のり面にできるだけ密着させる必要がある。 ・客土注入工，客土注入マット工ともいう。
断面図の例	アンカーピン／袋状マット／植生基材(種子，肥料，保水材等)

種類と特徴（その3）

植　栽　工	
張　芝　工	筋　芝　工
全面に張り付ける。	切芝を一定間隔で張り付ける。
切芝（ノシバ） ロール芝（外来草本，ノシバ）	切芝（ノシバ）
化成肥料， 緩効性肥料	化成肥料 緩効性肥料
目ぐし，播土，目土	
比較的高い	低い
粘性土（土壌硬度23mm以下） 砂質土（土壌硬度27mm以下）	粘性土（土壌硬度23mm以下） 砂質土（土壌硬度27mm以下）
1:1.0より緩勾配	1:1.5より緩勾配
・小面積で造園的効果が必要である場合に使用する。	・小面積の盛土に適用する。 ・砂質土には不適である。
切芝(全面張)　目串	切芝

解表 8-4 植生工の

工　種		植　栽　工
		樹木植栽工（植穴利用）
施工方法		のり面に植穴を掘削し，樹木を植える。必要に応じて土壌改良を施した土壌等で埋め戻す。
材料	基　材	盛土材が植物にとって不良な場合，表土利用や土壌改良資材（バーク堆肥，パーライト等）を混入する。
	植　物	成木，苗木
	肥　料	緩効性の化成肥料
補助材料		支柱，マルチング
併用工		種子散布工
耐浸食性		低い（種子散布工の併用により向上）
適用条件	地　質	粘性土（土壌硬度 23 mm 以下） 砂質土（土壌硬度 27 mm 以下）
	勾　配	1：1.5 より緩勾配
備　考		・のり肩やのり尻等の境界では，樹木の成長による交通視距の障害を防止するための維持管理が増大しないような配植とする。
断面図の例		（支柱の形状は**参図 8-7**参照） 樹木／根鉢固定支柱（マルチング兼用）／マルチングシート／竹製アンカー／植穴（土壌改良）

種類と特徴（その4）

植　栽　工 樹木植栽工（編柵利用）	苗木設置吹付工
編柵を設けて客土して，樹木を植える。	コンテナ（ポット）苗木をのり面に固定し，その上から植生基材吹付工法を施工する。
客土（表土利用や土壌改良資材の混入）	人工土壌または有機基材等（土，木質繊維，バーク堆肥，ピートモス等），及び浸食防止材（高分子系樹脂，セメント，繊維資材等）
成木，苗木	苗木 草本種子
緩効性の化成肥料	緩効性の化成肥料
支柱，マルチング	金網
種子散布工	
低い（種子散布工の併用により向上）	高い
粘性土（土壌硬度 23 mm以下） 砂質土（土壌硬度 27 mm以下）	粘性土（土壌硬度 23 mm以下） 砂質土（土壌硬度 27 mm以下）
1：1.2 より緩勾配	1：0.8 より緩勾配
・のり肩やのり尻等の境界では，樹木の成長による交通視距の障害を防止するための維持管理が増大しないような配植とする。	・のり肩やのり尻等の境界では，樹木の成長による交通視距の障害を防止するための維持管理が増大しないような配植をする。 ・植生基材は苗木の根鉢が覆われるまで吹付ける。 ・乾燥や貧栄養状態に耐性のある樹種を中心に選定する。
（支柱の形状は**参図 8-7**参照）	

8-3-5　植生工の設計

> (1)　植生工の設計に当たっては，緑化目標とする植物群落を形成することが可能な，立地条件等に適した植物等の材料及び工法を選定する。
> (2)　植生工に用いる材料は，次の点に留意して適切に選定する。
>   ①　植物は，本来の生育地等の性質を理解するとともに，外来種，在来種等，緑化する地域の特性に適した種類のものを選定する。なお，自然環境の保全に一層配慮した緑化を行う場合は，現場及びその近隣由来の植物（地域性系統種）を用いることが望ましい。
>   ②　生育基盤を形成する材料は，工種，使用植物に適したものを用いる。
> (3)　植生工は，のり面の維持管理に配慮した設計をする。

(1)　工法の選定

のり面の表面を安定化させ，目標とする植物群落を形成することが可能な工法を選定する。植生工の選定に当たっては，主構成種となる植物の発芽，生育性等，植物材料に関する特性を十分に理解し，地域の気象，のり面の土質，のり面勾配，施工時期等を考慮した上で工種を設定する。また，地域の気象，のり面の土質，のり面勾配，緑化目標等から緑化基礎工の必要性を検討し，緑化基礎工が必要な場合には，その種類及び構造を設定する。

（ⅰ）植生工の検討

(a) 使用する植物の性質と形態

植物材料の選定に際しては，使用する植物の種類と形態（種子・切芝・苗木等）の検討が必要となる。植物の種類は，その性質を理解して緑化目標が達成可能な種類を選定する。

目標とする群落が草地型のときは，草本類のみを使用する。植物の形態としては種子，切芝等を用いる。

目標とする群落が低木林型，高木林型のときは，木本類を主に導入する場合と，草本類を主に導入してまず草地群落を形成し，周辺からの木本の侵入による遷移を期待する場合がある。樹種の性質は先駆性樹種と極相樹種に大別され，先駆樹

種と呼ばれるものは一般に日照条件の良いところで初期成長が早く，土壌条件が劣悪な場所でも旺盛に生育可能なものが多い。一方，シイ類やカシ類等の極相樹種と呼ばれるものは一般に初期成長が遅く，肥沃で厚い土壌を好み，日照条件の悪い環境でも生育できるが，土壌環境が劣悪な場所では生育困難なものが多い。導入する際の形態は，種子・苗木等に分けられ，施工適期，導入方法等が異なる。

　木本類を用いるときは，樹種の性質と導入形態の長所短所を工法と共に勘案して決定する。一方，草本類を主に導入する場合は，周辺植生からの樹木の侵入が容易となるように，草丈の低い種類を選定したり，発生期待本数を低減するなどの調整を，表面浸食の懸念が生じない程度に調整を行う。

　以下に，木本群落形成のための留意点を示す。

① 　草本類のみを使用して木本類の自然侵入を期待する手法

　のり面の近隣に種子の供給源となる既存の植生があり，自然の遷移にまかせても木本群落の形成が見込まれ，かつ木本群落を成立させるまでの時間を長期間に設定できる場合に適用可能である。

② 　木本種子を使用する手法

　良質な種子を必要量確保できること，施工時期が木本類の発芽生育に適した時期であること等が選定のための必要条件である。木本類の種類によっては施工適期が1年のうちの比較的短い期間に限られるものがある。また，現状では種子の採取・保存技術が確立されている樹種と未解明な樹種が存在するため，設計に当たっては専門の技術者や団体への確認が必要である。一方，種子を使用する場合は，苗木を植栽する場合よりも根系の発達が良く，稚樹のうちに淘汰が起こり比較的強健な個体が残るなどの利点がある。

③ 　苗木または成木を使用する手法

　施工可能な期間が比較的長い。また，比較的短期間に目標の群落を確実に造成することができる。ただし，流通性の低い材料を使用する場合は，施工時期に合せ予め特別に準備をしておく必要がある。施工後の活着のしやすさ，月日の経過と生存率の関係は樹種により様々であるため，それらに関する各樹種の特性を十分に考慮して設計する必要がある。

　使用する植物が在来種の場合には，外来種よりも発芽・成長速度が緩慢である

などの特性に留意する。また，周辺の自然環境に対する配慮も必要であり，のり面からの逸出により生態系へ悪影響を及ぼすことが懸念されている植物は，その使用に際しては十分に注意する。

(b) 植物材料に関する留意点

播種工に使用する種子は，外来緑化植物が一般に多く流通しており多用されている。外来緑化植物は，施工後の発芽・生育の速さや，発芽率の高さ等の点で優れた植物材料である。特にトールフェスク等の草本類は，発芽・生育速度が非常に速く，早期ののり面被覆が可能である。

一方，国立公園や国定公園等のような自然環境の保全に配慮を要する地域では，外来種の使用は控えることが望ましく，可能であれば在来種の産地を適切に指定して用いることが望ましい。また，市場で在来種として流通しているものには外国産のものがみられるが，外国産在来種の使用は地域生態系の遺伝的攪乱を招く可能性が指摘されていることから，植物材料の入手の際には注意が必要である。また，自然環境の保全に一層配慮する上では，地域性種苗や，在来種の種子を含んだ森林表土，周辺から飛来する種子を使用するのがよい。これらを利用する工法については「8-3-8 植生工における新技術の活用」に記載している。在来種や地域性種苗を利用する際には，事前の調査項目に植物材料確保の可能性の項目を盛り込み，場合によっては造成工事の前の段階で材料の確保，保存等の必要な手段を講じる。また，発芽率等，施工時まで不確定な事項に関しては，施工段階で種子配合等の設計の変更を検討する。

(c) 植生工の種類の検討

植物の発芽・生育は，温度，水分，光量，肥料分等の影響を大きく受けるほか，木本類と草本類とでも性質が大きく違う。そのため，施工対象地の立地条件を十分に検討した後，最適な工種を選定することが重要である。

（ⅱ）緑化基礎工の検討

緑化基礎工は，目的や現場の状況に応じて**解表 8-2** を参考に，上記で選定した植生工に適したものを選定する。その際，目標とする植物群落が成立した後も生育基盤を長期に渡り健全に保持できるものを選定するのが望ましい。

緑化目標及び植物材料を設定した上で植生工を選定する際のフローを**参図 8-**

2に示す。また、のり面条件を基にした植生工の選定フローを**参図8－3～4**に示す。各工法の詳しい説明は**解表8－4**を参照されたい。必要に応じ、工法を組み合わせて施工することも検討する。その他、地域性系統を植物材料として使用する森林表土利用工や、再生資源を使用する資源循環型緑化工等に関しては「8－3－8 植生工における新技術の活用」を参照されたい。

【参考】植物材料に関する用語の説明並びに留意点
・外来種、外来緑化植物
　地域または生態系に、人為の結果として持ち込まれた自然分布範囲外の植物。トールフェスクやケンタッキーブルーグラス等の外来牧草はこれに該当する。なお、「外来」には、国外から国内に持ち込まれた外来牧草のような「国外来」と、国内において自然分布を外れて移動させた場合の「地域外来」がある。
・在来種、在来緑化植物
　自然分布範囲内の植物。在来種の種子の流通量は一般に限られており、発芽率にばらつきがあり、発芽率が低いもの、使用可能時期が短期間に限られるもの、貯蔵困難なもの等が存在する。
　また、在来種のうち、ある地域において遺伝子にある程度の共通性を有する集団を地域性系統といい、地域性系統から生産された種子や挿し穂、苗木等で、原産地が保証され、生産過程が明らかなものを地域性種苗と呼ぶ。一般には、緑化する現場の近隣で採取した在来種の種子や、その種子から育てた苗、現場で採取した苗や根株、表土中の在来種の種子等がこれに該当する。
・外国産在来種、外国産在来緑化植物
　国外で生産された在来種。国外に生育する種には、国内に生育する種と共通のものが存在し、緑化に用いるために国外から持ち込まれたそれらが該当する。また、国内から国外に持ち出した在来種から有性生殖により生産した植物材料も該当する。

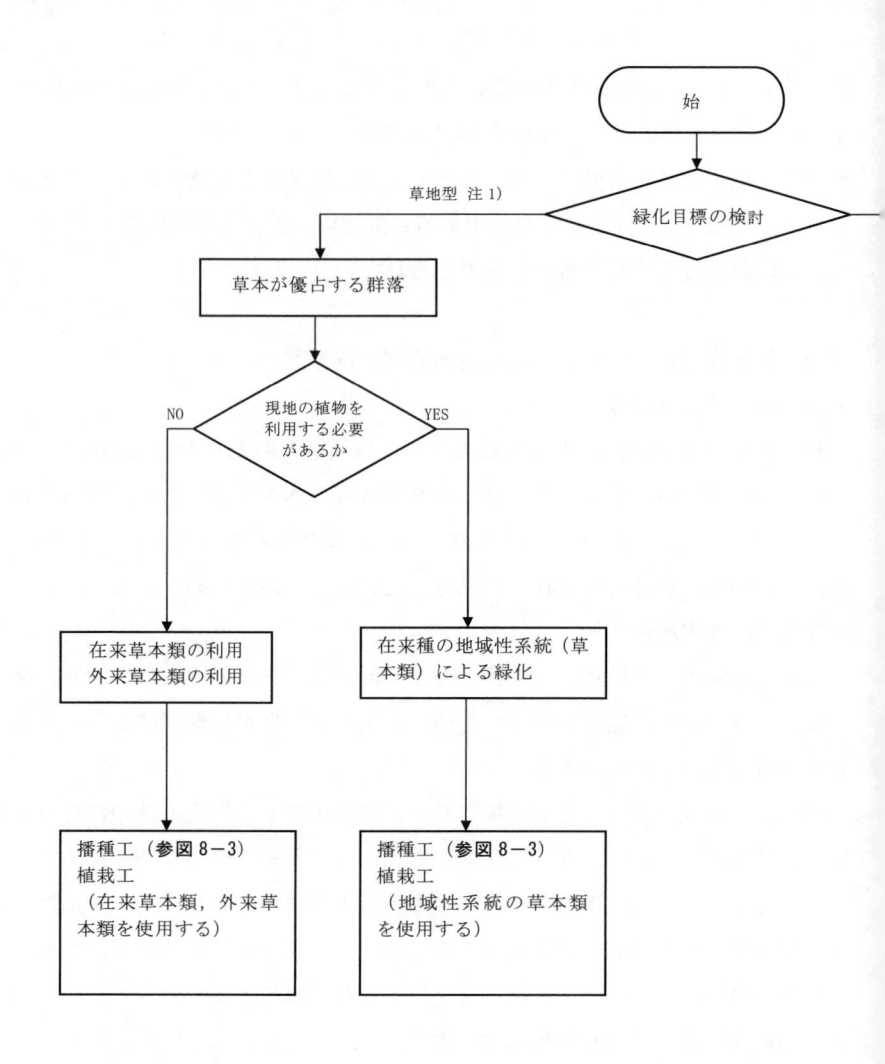

```
                                                    ┌──────┐
                                                    │  始  │
                                                    └──┬───┘
                              草地型 注1)               │
                      ┌─────────────────────────◇ 緑化目標の検討 ◇───
                      │
              ┌───────┴────────┐
              │ 草本が優占する群落 │
              └───────┬────────┘
                      │
               ┌──────◇──────┐
         NO    │ 現地の植物を │   YES
     ┌─────────│ 利用する必要 │─────────┐
     │         │  があるか   │         │
     │         └─────────────┘         │
     │                                  │
┌────┴──────────┐              ┌───────┴──────────┐
│ 在来草本類の利用 │              │ 在来種の地域性系統（草 │
│ 外来草本類の利用 │              │ 本類）による緑化      │
└────┬──────────┘              └───────┬──────────┘
     │                                  │
┌────┴──────────────┐          ┌───────┴──────────────┐
│ 播種工（参図8-3）    │          │ 播種工（参図8-3）       │
│ 植栽工              │          │ 植栽工                │
│ （在来草本類，外来草 │          │ （地域性系統の草本類    │
│ 本類を使用する）     │          │ を使用する）          │
└───────────────────┘          └──────────────────────┘
```

注 1)：初期の目標を草本群落とし，長期間かけて自然の遷移によって木本群落を形成する場合を含む。

参図 8-2　植生工選定フロー

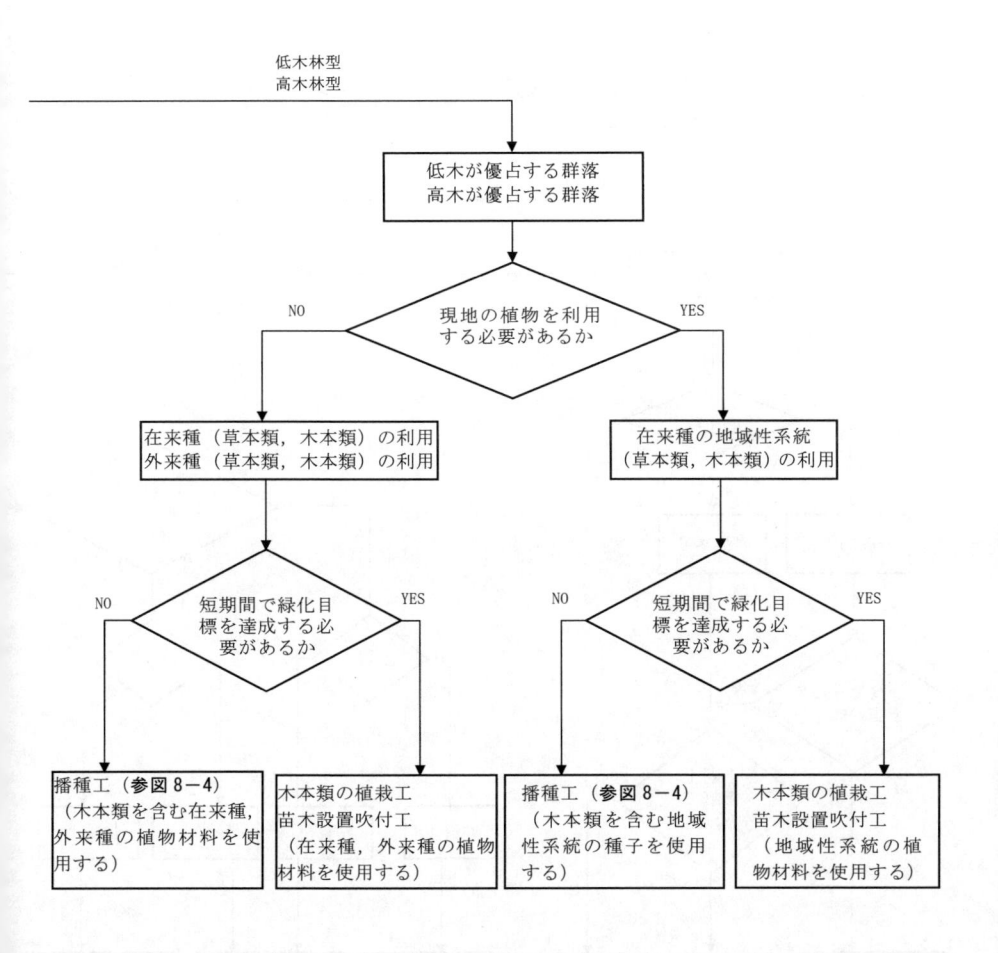

```
                                    低木林型
                                    高木林型
─────────────────────────────────────┐
                                     │
                            ┌────────▼────────┐
                            │ 低木が優占する群落 │
                            │ 高木が優占する群落 │
                            └────────┬────────┘
                                     │
                         NO    ◇現地の植物を利用◇   YES
                    ┌──────────する必要があるか──────────┐
                    │                                   │
          ┌─────────▼─────────┐             ┌───────────▼───────────┐
          │在来種（草本類，木本類）の利用│             │ 在来種の地域性系統        │
          │外来種（草本類，木本類）の利用│             │（草本類，木本類）の利用   │
          └─────────┬─────────┘             └───────────┬───────────┘
                    │                                   │
     NO   ◇短期間で緑化目◇ YES         NO   ◇短期間で緑化目◇ YES
   ┌──────標を達成する必──────┐      ┌──────標を達成する必──────┐
   │       要があるか        │      │       要があるか        │
   │                         │      │                         │
┌──▼──┐              ┌───────▼──┐ ┌──▼──┐              ┌───────▼──┐
│播種工（参図8-4）│    │木本類の植栽工│ │播種工（参図8-4）│    │木本類の植栽工│
│（木本類を含む在来種，│ │苗木設置吹付工│ │（木本類を含む地域│    │苗木設置吹付工│
│外来種の植物材料を使 │ │（在来種，外来種の植物│ │性系統の種子を使用│ │（地域性系統の植│
│用する）            │ │材料を使用する）│ │する）            │ │物材料を使用する）│
└─────┘              └──────────┘ └─────┘              └──────────┘
```

（緑化目標及び植物材料からの選定）

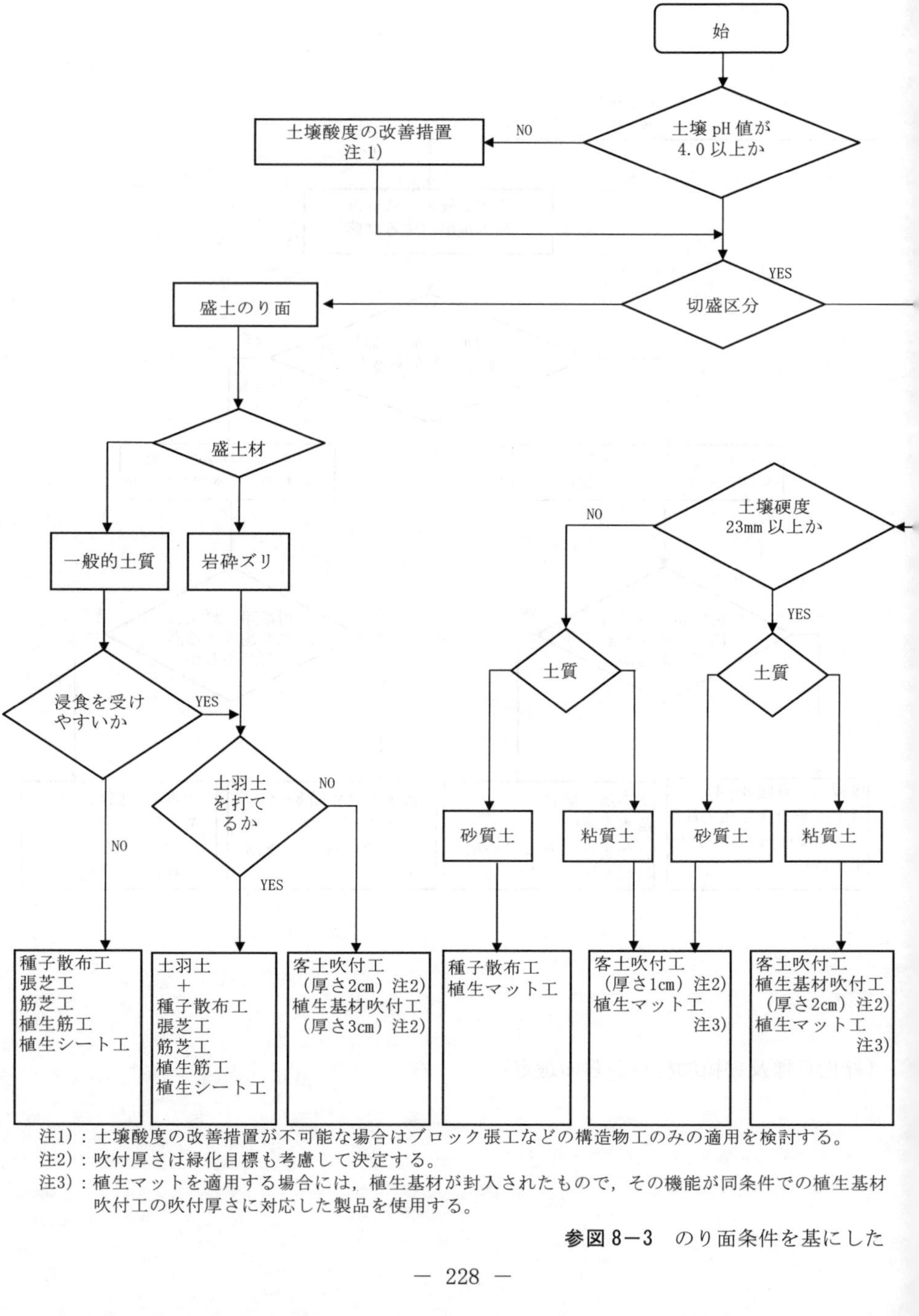
始
土壌pH値が
4.0以上か
NO
土壌酸度の改善措置
注1)
YES
切盛区分
盛土のり面
盛土材
一般的土質
岩砕ズリ
浸食を受け
やすいか
YES
NO
土羽土
を打て
るか
NO
YES
土壌硬度
23mm以上か
NO
YES
土質
土質
砂質土
粘質土
砂質土
粘質土
種子散布工
張芝工
筋芝工
植生筋工
植生シート工
土羽土
＋
種子散布工
張芝工
筋芝工
植生筋工
植生シート工
客土吹付工
（厚さ2cm）注2)
植生基材吹付工
（厚さ3cm）注2)
種子散布工
植生マット工
客土吹付工
（厚さ1cm）注2)
植生マット工
注3)
客土吹付工
植生基材吹付工
（厚さ2cm）注2)
植生マット工
注3)

注1)：土壌酸度の改善措置が不可能な場合はブロック張工などの構造物工のみの適用を検討する。
注2)：吹付厚さは緑化目標も考慮して決定する。
注3)：植生マットを適用する場合には，植生基材が封入されたもので，その機能が同条件での植生基材吹付工の吹付厚さに対応した製品を使用する。

参図 8−3　のり面条件を基にした

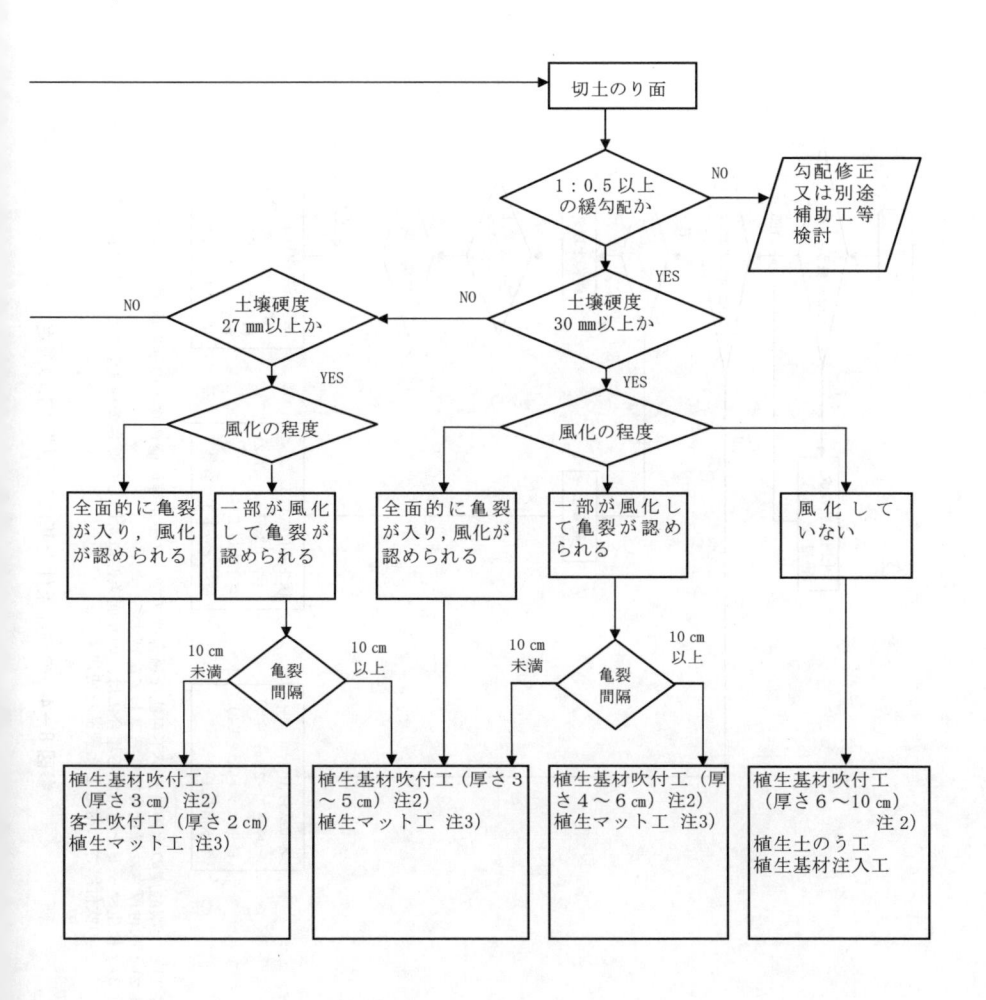

```
                                              切土のり面
                                                  ↓
                                            ┌─────────┐     NO    ┌──────────┐
                                            │ 1:0.5以上 │─────────→│ 勾配修正  │
                                            │ の緩勾配か │           │ 又は別途 │
                                            └─────────┘           │ 補助工等 │
                                                  │ YES           │ 検討     │
                                                  ↓                └──────────┘
                    NO      ┌─────────┐    NO    ┌─────────┐
              ←──────────── │ 土壌硬度  │←────────│ 土壌硬度  │
                            │ 27mm以上か│          │ 30mm以上か│
                            └─────────┘          └─────────┘
                                  │ YES                │ YES
                                  ↓                    ↓
                            ┌─────────┐          ┌─────────┐
                            │ 風化の程度│          │ 風化の程度│
                            └─────────┘          └─────────┘
```

┌──────────┐ ┌──────────┐ ┌──────────┐ ┌──────────┐ ┌──────┐
│全面的に亀裂│ │一部が風化 │ │全面的に亀裂│ │一部が風化し│ │風化して│
│が入り，風化│ │して亀裂が │ │が入り，風化│ │て亀裂が認め│ │いない │
│が認められる│ │認められる │ │が認められる│ │られる   │ │   │
└──────────┘ └──────────┘ └──────────┘ └──────────┘ └──────┘

```
                    10cm      10cm              10cm       10cm
                    未満      以上              未満       以上
                   ┌─────┐                   ┌─────┐
                   │亀裂 │                   │亀裂 │
                   │間隔 │                   │間隔 │
                   └─────┘                   └─────┘
```

植生基材吹付工	植生基材吹付工（厚さ3	植生基材吹付工（厚さ3	植生基材吹付工（厚	植生基材吹付工
（厚さ3cm）注2)	〜5cm）注2)	〜5cm）注2)	さ4〜6cm）注2)	（厚さ6〜10cm）
客土吹付工（厚さ2cm)	植生マット工 注3)	植生マット工 注3)	植生マット工 注3)	注2)
植生マット工 注3)				植生土のう工
				植生基材注入工

植生工の選定フロー（草本類播種工等）

```
始
 ↓
土壌pH値が4.0以上か
 │YES────────────────→ 土壌硬度25mm以上か
 │NO                         │YES─────────→ 土質,岩質
 ↓                            │NO                    │
土壌酸度の改善措置 注1)    ↓                     ├─礫質土以外→ 主構成礫は先駆性植物
                           客土吹付工              │                    │YES
                           (厚さ1〜2cm) 注2)     │                    ├─亀裂間隔─50cm以上→ 亀裂間隔─20cm未満→ 植生基材吹付工
                           植生マット工 注3)      │                    │                                         │         (厚さ5〜7cm 注2)
                           木本植栽工             │                    │                       20cm以上→ 植生基材吹付工
                           │                     │                    │                                   (厚さ7〜10cm 注2)
                           │                     │                    │                                   植生土のう工
                           │                     │                    │                                   植生基材注入工
                           │                     │                    │NO(50cm未満)
                           │                     │                    ↓
                           │                     │                    植生基材吹付工
                           │                     │                    (厚さ5〜7cm 注2)
                           │                     │                    植生マット工 注3)
                           │                     │                    植生基材注入工
                           │                     └─礫質土→ 植生基材吹付工
                           │                                   (厚さ3〜5cm 注2)
                           │                                   客土吹付工
                           │                                   植生マット工 注3)
```

参考図 8-4 のり面条件を基にした植生工の選定フロー（木本類播種工等）

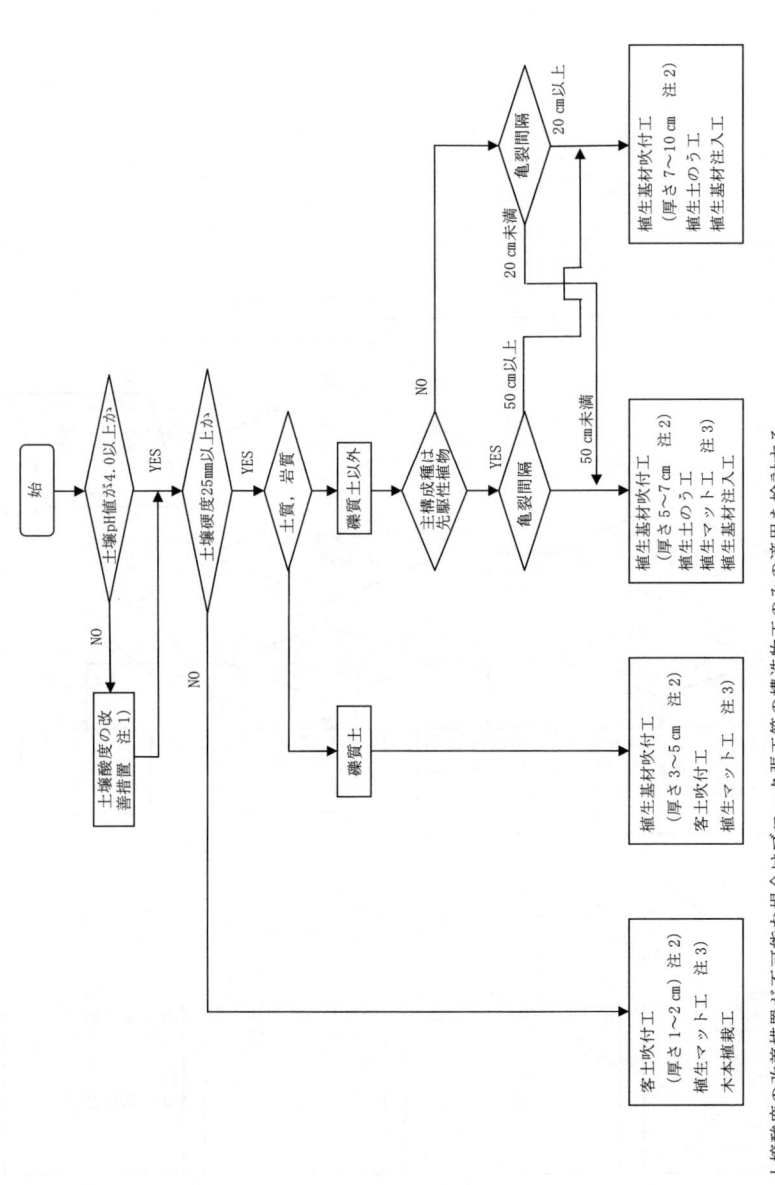

注1）：土壌酸度の改善措置が不可能な場合はブロック張工等の構造物工のみの適用を検討する。
注2）：吹付厚さは緑化目標も考慮して決定する。
注3）：植生マットを適用する場合には、のり面条件に対応した厚さの植生基材が封入されたもので、その機能が同条件での植生基材吹付工の吹付厚さに対応した製品を使用する。

— 230 —

(2) 選定工法の設計
1) 播種工の設計
　本節では，播種工を行う場合の種子の配合について記述する。
（i）主な使用植物の性状
　植物は種類によって，気象条件(特に気温，降水量，日射量)，のり面条件(特に地質，勾配，乾湿)等に対する適応が異なり，寿命，生態等も異なるので，植物の使用目的と性状を十分理解した上で3種類以上を選定する。
　一般に外来草本類は発芽・生育は良いが，肥料分の要求度が高い。また，単一種で覆われやすいため，周辺からの植物の侵入を阻害したり，導入した植物が数年後衰退するとのり面の風化・浸食が発生する懸念がある。
　木本類は発芽・生育は遅いが直根が土中に深く入り，のり面の安定度を高め，追肥等を必要としないものが多い。また，次第に淘汰され，残った樹木は根系が良好に発達して風倒，乾燥等に強いものが多い。播種に用いる主な植物の性状の目安を**解表8-5**に示す。
（ii）施工目的と地域条件による播種用植物と播種量
　盛土のり面の浸食防止のみを目的とする場合は，短期的には草本類のみの導入でよいが，長期的な視点から周辺の自然景観と連続した切土のり面等で景観に配慮する場合は，植生基盤の造成と草本類と木本類の混播を検討することが望ましい。
　種子配合に当たっては，目標とする群落(草地型，低木林型，高木林型等)によって，2～3の主構成種を条件に応じて選び，それらの植物とともに群落を形成する植物を2～3種類選定する。なお，在来の植物層に対して緑化で使用される外来種や外国産在来種が悪影響を与えている可能性のあることが指摘されていることから，自然環境の保全を特に重視する地域では，外来種や外国産在来種の選定は避けることが望ましい。
　播種による生育が可能な植物のうち，代表的なものの植生基材吹付工における発生期待本数の目安を**参表8-5**に示す。また，植物の生育可能域の目安となる温量指数の分布の目安を**参図8-5**に，日本の気候帯及び植生帯と温量指数の対応を**参表8-6**に示す。これらと**解表8-5**を参考にして現場の気象条件やのり面条件

に適合する植物材料を選定する。在来種に関しては，年度や時期，地域によっては入手困難なものがあることに留意し，入手が容易なものをなるべく選定する。また，外国産があることにも留意する。

播種量は，次の式（解8－1）から算出する。

$$W = \frac{A}{B \times C \times D \times E \times F \times G} \quad \cdots\cdots\cdots\cdots\cdots\cdots\cdots\cdots\cdots\cdots\cdots\cdots\cdots\cdots \text{（解8－1）}$$

W：使用種子毎の播種量(g/m^2)
A：発生期待本数(本/m^2)
B：吹付厚に対する各工法の補正率
C：立地条件に対する各工法の補正率
D：施工時期の補正率
E：使用種子の発芽率
F：使用種子の単位粒数(粒/g)
G：使用種子の純度

$A \sim G$の内容は，次のとおりである。なお，補正率は吹付方法や植生基材の種類により異なるため，試験施工の結果等によって定めることを基本とする。

A ：発生期待本数

目標群落を成立させるのに必要と思われる発生本数で，播種後1年位の間に地表上に芽を出す個体の総数を指す。被圧等により途中で枯損する数も含む値である。

種子の配合計画は，のり面緑化工における植物の特性に関する知識を有する技術者が立案することが望ましい。緑化目標が高木林型，低木林型の配合計画では一般に緑化目標の主構成種となる樹木種子を2～3種類，補完する樹木種子3～5種類および草本種子を1～2種類程度を選定する。草地型の配合計画では，一般に草本種子を3～5種程度選定する。植生基材吹付工における各種毎の発生期待本数は**参表8－5**の値を目安とする。なお，**参表8－5**は植生基材吹付工における目安であり，その他の播種工の計画においては適宜修正する。

B ：吹付厚に対する各工法の補正率

植物の発芽・生育は，使用する材料や，植生基盤の造成方法，厚さ等，理化学性に大きく影響を受けるため，それらの要素に対応した補正を加える。植生マット，植生土のう等の二次製品を使用する場合の播種量計算では補正率は1.0とする。

C ：立地条件に対する補正率

のり面の土質，傾斜，方位等の条件の違いにより，発芽・発生本数は異なる。補正の目安を**解表8-6**に示す。

D ：施工時期の補正率

不適期の施工は避けるべきであるが，止むを得ず不適期に施工する場合は，草本類の補正率を0.9～0.7に，木本類の補正率を0.7～0.5とする。なお，各種類の播種適期は，関東地方の平野部では**解表8-5**の値を基本とするが，関東地方よりも高緯度の地方や高標高の場所では，播種適期は**解表8-5**の数値よりも遅くて短く，低緯度の地方では早くて長くなることに留意する。目安として，平均気温からみた施工時期を**参表8-7**に示す。

E ：使用種子の発芽率

一般には**解表8-5**の発芽率を用いるが，施工時には入荷した種子の発芽試験等の結果で補正する。特に，在来種を用いる場合で，施工時に入荷した種子の発芽試験の結果等から補正が不可能（使用不可能）と判断される場合には，種子配合について再検討して設計を変更する。

F ：使用種子の単位粒数(粒/g)

一般には**解表8-5**の単位粒数を用いるが，施工時には入荷した種子の品質証明等で補正する。

G ：使用種子の純度

一般には**解表8-5**の純度を用いるが，施工時には入荷した種子の品質証明書等の結果で補正する。在来種を用いる場合で夾雑物を含む単位粒数を用いる場合には，純度を省略することがある。

解表 8-5 播種工に用いる主な植物の

	植物名 (英文字記号　和名)	草丈・樹高 (cm)	生育可能域 (温量指数)	形態等	耐瘦地	耐乾性	耐陰性	耐暑性
外来草本類	クリーピングレッドフェスク (CRF　ハイウシノケグサ)	30～80	寒帯～暖温帯 (20～140)	多年草	○	○	○	△
	ケンタッキーブルーグラス (KBG　ナガハグサ)	30～40	寒帯～冷温帯 (30～100)	多年草	○	△	○	×
	オーチャードグラス (OG　カモガヤ)	60～100	亜寒帯～暖温帯 (45～140)	多年草	○	△	◎	○
	トールフェスク (TF　オニウシノケグサ)	80～120	亜寒帯～暖温帯 (45～140)	多年草	○	○	○	○
	ペレニアルライグラス (PRG　ホソムギ)	40～60	冷温帯～暖温帯 (50～100)	多年草	△	△	○	×
	ホワイトクローバー (WC　シロツメクサ)	15～30	冷温帯～暖温帯 (50～130)	多年草	○	○	△	△
	バミューダグラス (BG)	10～40	暖温帯～亜熱帯 (110～240)	多年草	◎	◎	×	◎
	バヒアグラス (BAH　アメリカスズメノヒエ)	30～60	暖温帯～亜熱帯 (110～240)	多年草	○	○	○	◎
在来草本類	ススキ	80～200	冷温帯～亜熱帯 (46～240)	多年草	◎	◎	△	◎
	イタドリ	50～150	冷温帯～亜熱帯 (46～240)	多年草	◎	○	△	○
	メドハギ	50～100	冷温帯～亜熱帯 (46～240)	多年草 肥料草	◎	◎	○	○
	ヤハズソウ	15～50	冷温帯～亜熱帯 (46～240)	一年草	◎	◎	△	○
	ヨモギ	50～150	亜寒帯～暖温帯 (70～180)	多年草	○	○	○	○
	ノシバ	15～25	冷温帯～亜熱帯 (70～200)	多年草	○	○	×	○

性状の目安（その1）

耐寒性	耐酸性	播種適期（月）	単位粒数（粒/g）	発芽率（％）	純度（％）	休眠性	備考
◎	○	3～6 9～10	1,000	50～80	80	—	耐寒性が高い。酸性に強い。発芽・初期生育が少し遅い。単純植生になりやすい。寿命が長い。根系密度が高く土壌形成力が優れる。
◎	○	3～6 9～10	3,500	50～70	85	—	寒さに強い。発芽・初期生育が少し遅い。暑さと乾燥に弱い。
◎	○	3～6 9～10	1,300	50～80	80	—	耐陰性が高い。木本類との混播に適し，樹林の林床植生として好ましい。耐寒性が高い。霧が発生する地帯での生育が旺盛である。
◎	○	3～6 9～10	400	60～90	85	—	各種立地条件に対し適応性が高い。土壌を選ばない。耐寒性が高い。
○	○	3～6 9～10	500	70～90	90	—	乾燥地や痩地では生育不良となる。発芽・初期生育が早い。寿命が短い。
○	△	3～6 9～10	1,500	70～90	80	—	痩地でも良好に生育。湿潤地で旺盛な生育を示す。発芽が早い。乾燥に弱い。根系の土壌緊縛力が弱い。日陰の急斜面に用いると表層土滑落の原因になる。
×	◎	3～6	4,000	60～80	80	—	暑さや乾燥に特に強い。海岸砂地でも良好に生育する。日陰には不適。寒さに弱い。ギョウギシバの名を便宜的に和名として当てることがある。
×	○	3～6	300	50～80	90	—	暑さや乾燥に特に強い。日陰でも比較的良好に生育する。発芽率が低いことが多い。寒さに弱い。
○	◎	3～6	2,000	20～50	90	—	根系の土壌緊縛力が強い。強酸性地でも生育する。痩地や乾燥地に強い。発芽率にムラがあり，ほとんど発芽しないことがあるので事前にチェックする。
○	◎	3～6	800	40～70	85	—	耐寒性が高い。強酸性地でも成長。種類が少ない単純な植生になりやすい。土壌緊縛力は強い。冬期は枯れて裸地状になる。
△	○	3～6	600	60～90	95	—	痩地，乾燥地でも生育する。硬質地でも良好に生育する。初期成長がやや遅い。土壌緊縛力が高い。表土層形成力が大きい。木本植物との混播に適する。
△	○	3～6	470	60～70	90	—	痩せ地，乾燥地に強く，土壌形成力が高い。
○	○	3～6	3,000	70～80	85	—	気象条件，土壌条件に対する適応性が高い。単純植生になりやすい。土壌緊縛力が弱い。
×	○	3～6	2,800	50～70	98	—	乾燥に強いが，発芽に高温を要するので播種適期が短い。初期成長が遅い。

解表 8−5 播種工に用いる主な植物の

	植物名 (英文字記号　和名)	草丈・樹高 (ｃm)	生育可能域 (温量指数)	形態等	耐痩地	耐乾性	耐陰性	耐暑性
在来木本類 低木林型対応	ヤマハギ	～250	冷温帯～暖温帯 (46～160)	落葉 肥料木	◎	◎	△	○
	ノイバラ	～200	冷温帯～暖温帯 (46～160)	落葉	○	△	△	○
	イボタノキ	～300	冷温帯～暖温帯 (46～160)	落葉	◎	△	△	○
	タニウツギ	～500	冷温帯～暖温帯 (65～120)	落葉 先駆性	◎	△	○	△
	アキグミ	～300	冷温帯～暖温帯 (65～180)	落葉	◎	○	△	◎
	コマツナギ	50～90	冷温帯～暖温帯 (70～160)	落葉 肥料木	◎	◎	△	○
	フジウツギ	～150	暖温帯 (90～140)	落葉 先駆性	○	△	△	○
	シャリンバイ	～400	暖温帯～亜熱帯 (90～240)	常緑	○	○	△	◎
	ネズミモチ	～500	暖温帯～亜熱帯 (100～220)	常緑	○	○	◎	◎
在来木本類 高木林型対応	シラカンバ	～2500	寒帯～冷温帯 (～100)	落葉	○	△	△	×
	ケヤマハンノキ	～2000	寒帯～暖温帯 (～160)	落葉 肥料木	◎	○	△	△
	ヌルデ	～600	冷温帯～亜熱帯 (46～240)	落葉 先駆性	◎	◎	×	◎
	コナラ	～2000	冷温帯～暖温帯 (65～160)	落葉	○	○	△	○
	エノキ	～2000	冷温帯～暖温帯 (70～160)	落葉	○	○	○	○
	イタヤカエデ	～2000	冷温帯～暖温帯 (70～160)	落葉	○	△	○	△

性状の目安(その2)

耐寒性	耐酸性	播種適期 (月)	単位粒数 (粒/g)	発芽率 (%)	純度 (%)	休眠性	備　考
△	△	3～6	130	70	90	—	痩地, 乾燥地, 硬質地でも良好に生育する。3～4年に一度刈り取ると毎年花を観賞できる。
○	○	3～6	120	80	95	B	痩せ地でも良好に生育する。湿地でも生育する。
○	○	3～6	10 (果肉付)	70	100	—	痩せ地でも生育する。大気汚染に耐性がある。
○	○	3～6	5200	80	90	—	先駆性で成長が早い。幹は根元からよく分かれて株立ちになる。
○	○	3～6	80	85	100	—	痩せ地, 砂地でも良好に生育する。潮風にも耐性がある。
△	△	3～6	240	80	90	—	痩地, 乾燥地に強い。硬質地でも良好に生育する。外国産と国産では, 種は同じでも形質が異なり, 外国産は樹高が 2m 以上に達する。
○	○	3～6	29,000	55	100	—	先駆性で成長が早い。
×	◎	3～6	1.2 (果肉付)	85	100	—	発芽・生育に安定性がある。有機質成分を多く含んだ植生基材吹付工での導入が容易である。潮風に強い。
△	◎	3～6	6 (果肉付)	85	100	—	耐陰性は高いが初期成長は遅く, 養分の要求量が大きい。
○	○	3～6	2,300	40	85	—	冷温地のブナ群団やミズナラ群集地域において良好に生育する。草本植物との混播は熟練した技術を要する。
○	○	3～6	1,200	40	85	—	痩地, 崖錐地, 岩ずり地でも良好に生育する。寒冷地を好む。播種当年の生育は極めて遅いが, 2年目からは急速に成長する。
○	◎	3～6	90	70	100	B	かぶれる場合がある。先駆性で成長が早く, 土壌を肥沃にする。乾燥地, 痩せ地でも良好に生育, 湿地でも生育する。
○	○	2～3	0.5	70	100	—	適潤な肥沃地で良好に生育する。
△	○	3～5	20	70	100	—	適潤な肥沃地でも良好に生育する。
○	○	3～6	30 (翼無し)	45	100	A	適潤な肥沃地でも良好に生育する。

解表8-5 播種工に用いる主な植物の

	植物名 （英文字記号　和名）	草丈・樹高 （cm）	生育可能域 （温量指数）	形態等	耐痩地	耐乾性	耐陰性	耐暑性
在来木本類　高木林型対応	ヤブツバキ	～1500	冷温帯～亜熱帯 （70～240）	常緑	△	△	◎	○
	ヤマザクラ	～2000	冷温帯～暖温帯 （85～160）	落葉	△	○	△	○
	アカメガシワ	～1500	冷温帯～亜熱帯 （85～240）	落葉 先駆性	○	○	×	○
	シラカシ	～2000	暖温帯 （90～160）	常緑	△	○	◎	○
	ヤシャブシ	～1500	暖温帯 （90～180）	落葉 肥料木	◎	◎	△	○
	スダジイ	～2000	暖温帯～暖温帯 （90～180）	常緑	○	○	○	○
	ハゼノキ	～1000	暖温帯～亜熱帯 （110～240）	落葉 先駆性	○	○	△	◎
	ヤマモモ	～1000	暖温帯～亜熱帯 （110～240）	常緑	◎	○	○	◎
	センダン	～1000	暖温帯～亜熱帯 （120～240）	落葉	○	△	×	◎

注：・播種適期は，関東地方の平野部を標準としたものである。
　　・休眠性のAは施工当年の春にはほとんど発芽せず，施工後2回目の春以降から3回目の春以降に発芽するタイプ。Bは施工当年の春から施工後2回目の春に発芽するもの。
　　・樹高の数値は，自然環境において成長しうる値の目安を示す。選定の際には，高木林型対応の在来木本類に関しては，地域やのり面条件によっては樹高が低くなりうることに留意する。
　　・種子の発芽率，純度，単位粒数は採取地，採取年度によって多少変化する。特に樹木の種子の実際の単位粒数はばらつきが大きいため，適宜修正すること。
　　・在来種の種類によっては，外国産が流通しているものがあることに注意する。

性状の目安(その3)

耐寒性	耐酸性	播種適期 (月)	単位粒数 (粒/g)	発芽率 (%)	純度 (%)	休眠性	備　　考
△	○	3～6	0.6	70	100	—	耐陰性が高い。各種の立地条件に対して適用性がある。成長は遅い。
○	○	3～5	15	70	100	B	適潤かやや乾燥した肥沃地で良好に生育する。
△	○	3～6	40	75	100	—	先駆性で成長が早く，土壌を肥沃にする。
×	○	3～6	0.8	55	100	—	耐陰性が高い。養分の要求量は多く厚い肥沃な生育基盤を必要とする。
○	○	3～6	900	45	85	—	痩地，乾燥地，急傾斜地，岩石地等で良好に生育する。初期成長は遅いが，2年目からは急速に成長する。近縁種にヒメヤシャブシとオオバヤシャブシがある。
×	○	3～5	1.5	60	100	—	暖温帯林を構成する代表的な樹種である。適湿な肥沃地を好む。
×	○	3～6	15	55	100	B	先駆性樹種であり，成長が早い。かぶれやすい。
×	○	3～6	7.5	85	100	B	砂礫地，荒廃地でも良好に生育する。
×	△	3～6	2.3	90	100	B	温暖な地域の海岸近くに自生し，成長が早い。

参表 8−5 主な種子配合と播種植物の

緑化の目標 植物＼地域	高木林型		低木林型	
	寒冷地	温暖地	寒冷地	温暖地
在来木本類 高木林型対応 シラカンバ	〜60		〜30	
ケヤマハンノキ	〜60	〜60	〜30	〜30
ヌルデ	〜50	〜50	〜50	〜50
コナラ	〜10	〜10	〜7	〜5
エノキ	〜50	〜50	〜10	〜10
イタヤカエデ	〜40	〜40	〜20	〜20
ヤブツバキ		〜15		〜5
ヤマザクラ		〜30		〜15
アカメガシワ		〜40		〜20
シラカシ		〜10		〜5
ヤシャブシ		〜60		〜30
ヒメシャブシ	〜60	〜80	〜30	〜40
スダジイ		〜10		〜5
ハゼノキ		〜70		〜10
ヤマモモ		〜10		〜5
センダン		〜10		〜5

発生期待本数の目安（その1）（数値は1㎡当たりの値を示す）

草地型		備考
寒冷地	温暖地	（自然分布域等）
		使用に際しては，種子の流通量が少ないことを留意する。自然分布域は本州中部地方以北。
		自然分布域は九州以北。生態系の早期回復に有効。
		自然分布域は日本全土。
		自然分布域は北海道から九州まで。
		自然分布域は本州以南から九州まで。近縁のエゾエノキは北海道にも分布。
		自然分布域は本州，四国，九州の太平洋側。分布域を異にするエゾイタヤやアカイタヤ等の変種がある。
		自然分布域は本州以南。
		自然分布域は宮城県・新潟県以西から九州まで。
		自然分布域は宮城県・秋田県以南。
		自然分布域は福島県・新潟県以西から九州まで。
		自然分布域は福島県以南の太平洋側から屋久島まで。近縁のオオバヤシャブシは福島県以南の太平洋側から紀伊半島まで。
		自然分布域は北海道，本州，四国。
		自然分布域は福島県・新潟県以西から屋久島まで。
		自然分布域は関東地方南部以西。
		自然分布域は関東地方南部以西。
		自然分布域は四国，九州以南。本州ではよく栽培されている。

参表 8-5 主な種子配合と播種植物の

植物 \ 緑化の目標 \ 地域		高木林型		低木林型	
		寒冷地	温暖地	寒冷地	温暖地
在来木本類 低木林型対応	ヤマハギ	～20	～20	～60	～60
	ノイバラ	～15	～15	～40	～40
	イボタノキ	～15	～15	～40	～40
	タニウツギ	～50	～50	～70	～70
	アキグミ	～15	～20	～30	～40
	コマツナギ		～20		～60
	フジウツギ	～100	～70	～150	～100
	シャリンバイ		～15		～30
	ネズミモチ		～15		～30
外来草本類	クリーピングレッドフェスク CRF	～20	～40	～20	～40
	ケンタッキーブルーグラス KBG	～20		～20	
	オーチャードグラス OG	～20	～40	～20	～40
	トールフェスク TF	～20	～40	～20	～40
	ホワイトクローバー WC		～40		～40
	バミューダグラス BG		～40		～40
	バヒアグラス BAH		～40		～40

発生期待本数の目安（その2）（数値は1 m²当たりの値を示す）

草地型		備考
寒冷地	温暖地	（自然分布域等）
		自然分布域は北海道から九州。
		自然分布域は北海道西南部から九州まで。
		自然分布域は北海道から九州まで。
		自然分布域は北海道西部から本州日本海側。
		自然分布域は渡島半島から屋久島まで。
		自然分布域は本州から九州。
		自然分布域は東北から兵庫県までの太平洋側と四国。
		自然分布域は宮城県・山形県以南。
		自然分布域は関東地方以西。
～500	～500	芝生としても利用されている。
～500		北半球の温帯に広く分布する。芝生としても利用されている。
～500	～500	世界の温帯に広く分布し（日本を除く），飼料としても利用されている。
～500	～500	世界の亜寒帯から暖帯に広く分布する（日本を除く）。
	～200	ヨーロッパ，北アフリカ原産。世界中で飼料として栽培されている。
	～200	世界の温帯から暖帯に10種ほどが分布し，日本にはギョウギシバ1種が自生している。通常の販売品は交配したものであり，芝生としても利用されている。
	～500	南アメリカ原産。飼料としても利用されている。

参表 8-5 主な種子配合と播種植物の

植物	緑化の目標 地域	高木林型		低木林型	
		寒冷地	温暖地	寒冷地	温暖地
在来草本類	ススキ	～100	～100	～100	～100
	イタドリ	～100	～100	～100	～100
	メドハギ	～20	～20	～20	～20
	ヤハズソウ	～40	～40	～40	～40
	ヨモギ	～50	～50	～50	～50
	ノシバ		～1000		～1000

注：・本表は植生基材吹付工の標準的な発生期待本数の目安であり，配合計画はのり面緑化工における植物の特性に関する知識を有する技術者が立案することが望ましく，他の播種工の計画においては適宜修正する。
・樹木種子の種類と必要量の確認，確保は事前に行うことを基本とする。
・発芽率等の特性は，採取場所や採取時期，保管方法によって違いが生じることに十分留意する。
・高木林型，低木林型の配合計画では，一般に緑化目標の主構成種となる樹木種子を2～3種類，補完する樹木種子3～5種類，および草本種子を1～2種類程度選定する。
・草地型の配合計画では，一般に草本種子を3～5種程度選定する。
・在来種の種類によっては，外国産が流通しているものがあることに注意する。

発生期待本数の目安（その３）（数値は１m²当たりの値を示す）

草地型		備　考
寒冷地	（自然分布域等）	（自然分布域等）
～500	～500	自然分布域は日本全土。
～200	～200	自然分布域は日本全土。
～300	～300	自然分布域は日本全土。
～500	～500	自然分布域は日本全土。
～200	～200	自然分布域は本州かから九州。
		自然分布域は日本全土。近縁のコウシュンシバやコウライシバの自然分布域は九州以南。

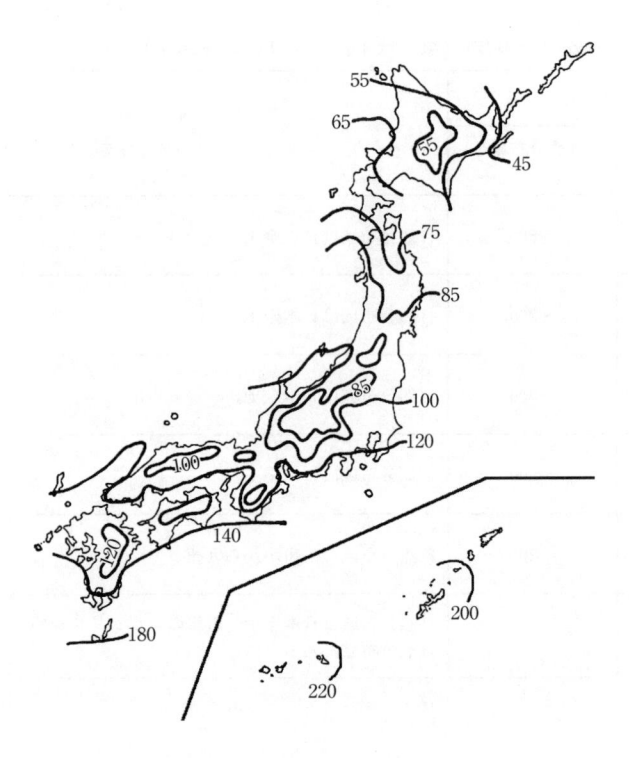

参図 8-5 温量指数分布の目安[5]

参表 8-6 日本における気候帯及び植生帯と温量指数の対応

温量指数	気候帯（植生帯）	植生の例
～23	寒　帯（高山帯）	ハイマツ低木林
23～46	亜寒帯（亜高山帯）	常緑針葉樹林
46～90	冷温帯（山地帯）	落葉広葉樹林
90～180	暖温帯（低地帯）	常緑広葉樹林
180～240	亜熱帯	亜熱帯降雨林

注：温量指数（暖かさの指数）とは，平均気温が5℃以上の月の値から5℃を引いた値の1年間の積算値。区分は日本における対応について表した文献[6]を参考に一部加筆。

解表 8-6 立地条件に対する補正率の目安

	条件	補正率	条件	補正率
のり面勾配	50°以上	0.9	50°未満	1.0
岩質,土質	岩	0.9	土砂	1.0
のり面方位	南向き	0.8	その他	1.0
年間降水量	1000mm未満	0.7	1000mm以上	1.0

参表 8-7 平均気温からみた施工時期の目安[7]

施工区分	施工適期
春夏期施工	日平均気温が摂氏 10〜25℃の期間
秋期施工	日平均気温が摂氏 15〜25℃の期間

2) 植栽工の設計

　本節では,植栽工を行う場合の樹種選定,植栽方式,配植等について記述する。

(i) 樹種の選定

　樹木植栽を行う目的は,他の植生工と同様にのり面の浸食防止や表層崩落の防止に加えて,自然環境や周辺景観との調和,地球温暖化の防止,野生生物の生息地の保全等である。のり面条件に応じた計画的な配植を実施する必要があり,切土・盛土区分,のり面勾配や土質等,立地条件と施工目的に応じて植栽する樹種を選定する。

　植栽により木本類を導入する際は,自然環境との調和や野生生物の保全の観点から,その地域の潜在自然植生や周辺樹林地の構成種等から樹種を選定することが望ましい。特に盛土のり面では,既存木の利用が可能な場合には積極的に活用する。都市部の住宅地周辺では周辺景観との調和を目的として,コブシ,サクラ類,ヤマボウシ,ツツジ類,シャリンバイ,ウツギ類等の花木やケヤキ,カエデ類,ナナカマド,ドウダンツツジ,ニシキギ等の紅葉木を混植することも必要である。地球温暖化対策として CO_2 の吸収・固定を目的とする場合には,潜在自然植生や周辺樹林地の構成種等からなる樹林を苗木植栽により造成することが望ま

しい。樹種によって，施工後の活着のしやすさ，月日の経過と生存率の関係は様々であるため，それらに関する各樹種の特性について十分に考慮した上で樹種選定と植栽密度を設計する。

(ⅱ) 植栽方式

植栽方式は，のり面周辺環境を，生活環境，農耕環境，自然環境等に分類して，のり面の安定度，施工性，導入種の生育特性，経済性等を総合的に勘案して，成木を使用するのか苗木を使用するのかを検討する。

(ⅲ) 配植

のり面条件が植栽可能な場合には，地球温暖化防止をはじめとした地球規模の環境保全に寄与するために，樹林化を行うことが望ましい。ただし，経済活動や周辺地域に対する日照被害等の問題が懸念される場所においては，施工後の植生管理のことを考慮して低木を主体とした配植を選定することが望ましい。また，盛土のり面の境界近くに植栽された高木は，剪定等の頻繁な植生管理作業が必要となるほか，道路が隣接する場合には交通視距や建築限界において障害となるため，十分に余裕を確保することが必要である。野生動物の生息が確認された場合には，身を覆い隠せる植生が連続するよう配植して，動物が移動しやすいように配慮することが望ましい（**参図8－6**）。

(ⅳ) 併用工

のり面の安定度，施工性，導入する樹木の特性，経済性等を総合的に勘案して播種工の併用を検討する。

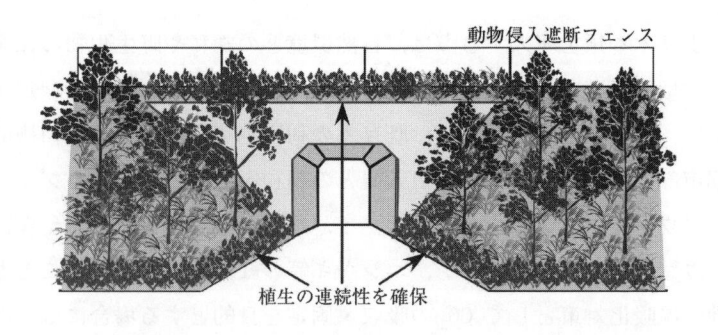

参図8－6　野生動物の移動経路を確保するための植栽

3) 肥料設計

　植物によって必要とする養分は異なるので，使用する肥料成分を間違うと，目標とする植物群落が形成されないことが多い。一般に，木本類を主構成種とする植物群落を目標とする場合，混播した草本類の初期成長を抑制し，木本類を成長させるためには，N（窒素）分の少ない肥料がよく，比較的早い時期に草本類の繁茂を必要とする場合にはN（窒素）＞P（リン酸）＞K（カリウム）の成分比を有する肥料がよい。

　草本類の播種を行う場合で，植生基材が長期間安定しない工法では速効性の高度化成肥料がよいが，流亡しにくく，肥料成分を含む植生基材吹付工等では緩効性肥料の方がよい。

　それぞれの施肥量については，肥料の成分含有量や流亡性，肥効性等にもよるが，一般には植生基材 1 m³ に対して 2～4 kg，吹付厚 3 cm 未満の場合は 1 m² あたり 50～100 g 程度に設定する。

4) 生育基盤を形成する材料

　植生工に使用する材料は，それぞれの使用目的を十分理解した上で，植物の発芽，生育に有害な物質を含まないもので，品質が保証されているものを使用する。

(a) 種子散布工用材料

① 木質材料（ファイバー）は水中での分散性が良く，均一に散布することができるものを用いる。

② 浸食防止材は，種子・木質材料等との混合用のものとしてはポリ酢酸ビニール系，またはポリアクリルアミド系のものを用いる。

(b) 客土吹付工用材料

① 客土は礫分が 5％以下，最大粒径 6 mm 以下のもので，腐植等の有機質を含んだものが望ましい。こうした良質土が入手できない場合は，土壌改良資材等を混入した改良土を用いる。

② 浸食防止のためには高分子系樹脂，粘着剤，繊維等を用いる。

(c) 植生基材吹付工用材料

① 植生基材は主として保水力，保肥力のある土壌改良資材を多量に含むものや，基材用に調整した土壌等を用いる。有機質系土壌改良資材にはバーク

堆肥とピートモスを混合したものを用いることが多い。
　② 浸食防止（接合）材としては高分子系樹脂，セメント系，繊維系資材等を用いる。
(d) 張芝用材料
　ノシバまたはコウライシバで十分に土のついたものを用い，一般に竹製の目ぐしを用いて固定する。
(e) 筋芝用材料（盛土のみ）
　ノシバまたはコウライシバで十分に土のついたものを用いる。
(f) 植生シート工用材料（盛土のみ）
　① シート状の被覆材は，水溶性紙，ワラコモ，薄綿付き化学繊維ネット等とし，種子，肥料，土壌改良資材の装着状態の良いものを用いる。
　② シートを固定する目ぐしや止め釘は，風，凍上等に対処できるものを用いる。
(g) 植生マット工用材料
　① 植生マットとしては粗目綿布，ヤシ繊維等を材料とし，種子，肥料，植生基材の包含，装着状態が良いもので，運搬，保管，施工中に破損しないものを用いる。
　② マットを固定する目ぐしやアンカーピン，止め釘は，風，凍上等に対処できるものを用いる。
　③ 植生基材を封入する場合のマットの素材には，麻製，腐食性繊維，化学繊維等があり，目合は植生基材の流出を防止するとともに種子の発芽・生育に支障のないものを用いる。封入する植生基材としては，有機質土壌改良資材等を用いる。
(h) 植生基材注入工用材料
　① 植生基材を注入する袋の素材は，麻製，腐食性繊維，化学繊維等があり，目合は植生基材の流出を防止するとともに種子の発芽・生育に支障のないものを用いる。
　② 植生基材としては保水力・保肥力のある土壌改良資材を主とするものや，基材用に調整した土壌等を用いる。代表的な土壌改良資材にはバーク堆肥

やピートモス等が挙げられる。
(i) 植生筋工用材料

布，紙，切りわら，合成ネット，ロープ等があるが，種子，肥料等の装着状態が良いものを選ぶ。

(j) 植生土のう工用材料

① 土のう袋としては植物の発芽・生育に支障のない目合いのものとし，少なくとも施工後1年間は破損しない材質のものを用いる。

② 中詰めの土砂としては礫分が10%以下，最大粒径が10 mm以下のもので，肥沃なものが望ましいが，入手できない場合は土壌改良資材等を混入したものを用いる。

③ 袋自体に種子や肥料の装着された土のうでは，その装着状態の良いもので運搬中や施工中に破損しないものを用いる。

(k) 張芝工用材料

ノシバまたはコウライシバで十分に土のついたものを用い，一般に竹製の目ぐしを用いて固定する。

(l) 木本植栽工用材料

① 盛土のり面での支柱は，樹木形状，風あたり等の立地条件により，1本支柱，鳥居型支柱，八掛け支柱等から選定する。苗木については，1本支柱では細い幹が結束部で折れたりすることが多いので，根鉢固定支柱を用いることも検討する（参図8－7）。

② マルチング材は，樹木の根元周辺における土壌水分の蒸発防止や雑草防止等の目的として使用する。木質チップ，繊維マット，不織布，紙等のさまざまな種類のものがあり，樹木の大きさや，施工性，経済性等を考慮して選定する。

(m) 苗木設置吹付工用材料

使用する苗木は，移植時に根を損傷することがなく根鉢が崩れにくいものがよく，できる限りコンテナ（ポット）栽培された苗木を使用する。

(n) ネット

ネットには合成繊維のものと金網のものとがあり，合成繊維には分解速度が早

い生分解性のものがある。金網は亜鉛メッキ鉄線を使用した菱形金網で線形 2.0 ～4.0 mm，網目の寸法 50～100 mm の規格品が一般である。
(o) 金網固定ピン

　棒鋼 φ9～16 mm×200～400 mm 程度を標準とし，凍上等の可能性のある場所では適宜に規格を検討して用いる。

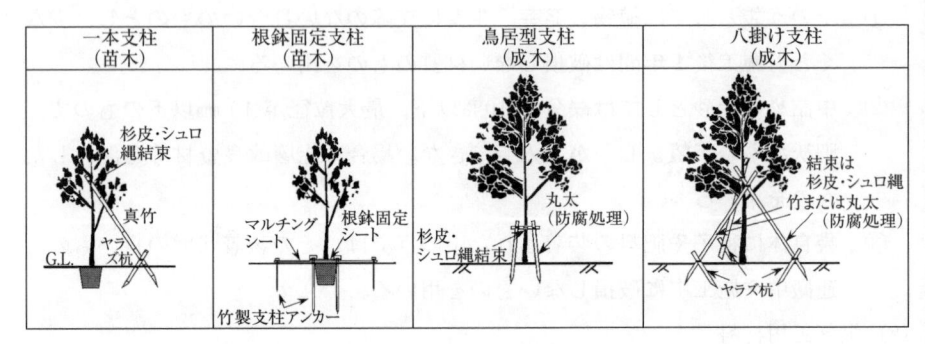

参図 8－7　支柱の種類の例

5)　のり面の維持管理における点検箇所に対する配慮

　のり面の定期的な点検箇所が設定されている場合には，点検時に通行の障害とならないように，通路や階段，はしごの設置箇所に防草シートを設置するなど，植物の繁茂を調節する配慮を植生工の設計時点で行う。

8－3－6　植生工の施工

> 　植生工の施工は，施工時期，工程管理，品質管理，安全管理等に十分留意するとともに，湧水の状況，気象状況，材料の品質，種子の計量等に留意して実施する。

(1)　施工計画

　施工計画の立案に当たっては，植生工の施工は適期に行うように設定すべきである。播種工の施工適期は，**参表 8－7** を参考にするのが良く，樹木の植栽適期は**参表 8－8** に示す。

参表8-8　樹木の植栽適期[7]

種類	東京標準地域		寒冷特別地域	
	植栽適期	摘要	植栽適期	摘要
針葉樹	2月上旬～4月中旬 5月下旬～梅雨中 9月下旬～12月中旬	マツ類は2月中	3月下旬～5月中旬 梅雨中 9月上旬～11月下旬	寒冷の程度により多少の差がある
常緑広葉樹	3月上旬～4月下旬 梅雨中 9月中旬～10月下旬		4月上旬～5月中旬 梅雨中 8月中旬～9月下旬	寒冷の程度により多少の差がある
落葉広葉樹	2月下旬～4月上旬 10月中旬～12月中旬	新芽の出る前	3月下旬～5月上旬 9月中旬～10月下旬	寒冷の程度により多少の差がある
地被類	3月中旬～梅雨中 9月初旬～10月中旬		4月上旬～6月下旬 9月上旬～10月下旬	寒冷の程度により多少の差がある

注1．寒冷特別地域とは，雪寒法に基づく地域をいう。
注2．九州，四国南部等の温暖地方は，東京標準地域よりも春期では0.5～1.0カ月早くなり，秋期においては0.5～1.0カ月遅くなる場合がある。
注3．晩秋及び冬期に供用する寒冷特別地域において，不適期（晩秋及び冬期）に施工が予定される場合は，その不適期に該当する数量をあらかじめ減じて工事発注するか設計内容の見直しを行うものとする。
注4．未施工部分については，その後の適期に行うものとする。

(2) 施工管理

　工程管理：施工適期に播種できるようにする。また降雨の直前や降雨の中での施工は避ける。

　品質管理：材料は品質にバラツキのないものを用いる。特に播種工においては必要量を正確に計量して播種を行う。所定の吹付厚さを確保し，吹付ムラをなくすように施工し，確実な発芽及び初期生育を確保する。

　安全管理：高所及びのり面下の作業者の安全を確保する。

(3) 施工上の留意事項

植生工の施工はのり面に表流水の影響，湧水がないことを確認した上で施工する。また，強風時，真夏日等は施工適期であっても施工を避ける。植物材料は，入荷時に品質の確認を行う。種子の計量は，種類毎に厳密に行う。以下，植生工法毎の留意点を示す。また，各植生工法についての詳細は**解表8-4**を参照された

い。

(a) 種子散布工

各材料を計量した後，水，木質材料，浸食防止材，肥料，種子の順序でタンクへ投入し，十分攪拌してのり面へムラなく散布する。

(b) 客土吹付工

各材料を計量した後，水，土（または改良土），肥料，種子等をタンクに投入し，良く混合したスラリー状の材料を，スクイズポンプ等を使用して所定の厚さに吹き付ける。金網張工の上へ厚さ３cm以下で吹付ける場合は，吹付け表面に金網が露出することもあるので金網をのり面の凹凸に合わせて固定する。

(c) 植生基材吹付工（厚層基材吹付工）

各材料を計量した後，水，基材，肥料，接合材，種子等を混合してモルタルガンを用いて所定の厚さに吹付ける。

(d) 植生マット工・植生シート工

マット及びシート類はのり面の凹凸が大きいと浮上ったり風に飛ばされやすいので，あらかじめ凹凸をならして設置する。特にマット及びシートの端部を十分に固定するとともに，のり肩部では巻き込んで固定する。シートを用いる場合は施工後，表面に播土を行うとよい。基材を封入した植生マットを凹凸の大きいのり面に施工する場合は，のり面への密着を高めるために金網をマット上に設置して固定するとよい。

(e) 植生基材注入工

布製の袋をのり面全体に敷設し，のり肩部をアンカーピンで固定する。その後，植生基材（土壌改良資材，客土等）を専用機械で注入する。できるだけ隙間が生じないように付き合わせて，所定の箇所をアンカーピンで固定する。

(f) 植生筋工

種子，肥料を装着した繊維帯を，定められた間隔に２/３以上が土に埋まるように土羽打ちを行いながら水平に施工する。

(g) 筋芝工

切芝は定められた間隔に２/３以上が土に埋まるように土羽打ちを行いながら水平に施工する。

(h) 枠工内の客土工

盛土のり面に用いられるプレキャスト枠工の枠内の客土は，良質土を用いて枠工下端からよく締固めながら枠の高さまで施工する。

(i) 植生土のう工

植生土のうをのり面に運搬する際には，土のう袋を破損しないように注意する。のり枠工の中詰工とする場合には，施工後の沈下やはらみ出しが起きないように十分注意して植生土のう表面を平滑に仕上げる。隙間が生じた場合は，植生土のうの追加等の対策を実施する。

(j) 張芝工

芝をのり面へ良く密着するように張り付け，その後目土を施す。

(k) 植栽工

植栽時に根系の枯死やルーピング等が確認された樹木は使用しない。盛土のり面で土壌改良が必要な場合には，植栽する樹木の大きさに適した範囲を施工する（**参表 8-9**）。植栽に当たっては，深植えとならないように根鉢上面が確認できる程度の深さに植え付ける。支柱は樹木が活着するまでの転倒防止に必要であるが，大きさの合わないものを使用することにより樹木の幹折れ等を招く恐れがあるため，樹木の大きさに適した支柱を選定する。特に，積雪地や強風地等の苗木植栽においては，支柱の結束部での幹折れ障害が多く発生するため，根鉢固定支柱を用いることが適している。また，苗木植栽においては，草本類に被圧されることを防ぐためのマルチングを行うことが望ましい。

(l) 苗木設置吹付工

苗木は，病虫害が発生しておらず，鉢の中に細根が密生して鉢土と細根が良く密着しており，生育時期であれば葉が開いており大半の葉が枯れ落ちたり萎れたりしていないことを施工直前に検査する。のり面に苗木を設置する際には苗木根鉢が地山と密着して空隙ができないように注意するとともに，根鉢上面が確実に吹付材で覆われるように施工する。また，植生基材吹付時には，設置した苗木を損傷しないよう注意する。

参表8-9 盛土のり面の植栽基盤改良範囲の目安[7]

樹種特性	改良直径	改良深	備 考
高木性	5.0m	0.9m	緑陰・指標木となる樹木の場合
	2.4m	0.6m	上記以外
中・低木性	1.2m	0.3m	単木植栽の場合
苗 木	0.6m	0.3m	
地被植物	植付面積	0.2m	群植の場合

注. 群植では面的に改良し,列植では列状に改良を行う。

8-3-7 成績の判定

> 植生工の成績判定においては,目標とする植物群落,使用植物,工法,施工時期等や判定する時期によっても,その基準が大きく異なることに留意する必要がある。目的,目標にあった基準で判定し,目標達成の前に成績を判定する場合には,途中経過であることに留意して判定する。判定に際しては,植物の生育状況を確認し,生育不良の原因等も確認する。

　植生工は施工後,徐々に目標とする植物群落に近づくため,成績判定を行うのに適した時期や基準は場合によって異なる。使用植物,工法,施工時期等によって経過時間と成果の関係は大きく異なるため,これらのことを考慮しつつ工事の目的,目標にあった基準を設定し,適正な時期に成果を判定しなければならない。目標達成の前に成果を判定する場合には,途中経過であることに留意して判定する。また,植物は生育特性が多様なため,特に落葉性の植物が優占する群落を判定する際には,その時期にも配慮する。

　植生工は植物を扱う工事であることから,異常気象等により成果に差が生じやすい。目標とする植物群落の形成が困難であると判断される場合には,目標群落へと誘導する植生管理を行う必要がある。植生管理については「8-3-9 のり面の植生管理」を参照されたい。

（ⅰ）成績判定に関する留意点とその後の対応

(a) 成績判定は，工法，使用植物，施工時期，施工目的と緑化目標等に応じて，一定期間を経過した時点で行う（木本類の出芽確認には，月平均気温15℃以上で最低3ヵ月経過後を一応の目安とする）。
(b) 植物の生育状況は，のり面の方位，地形，地質，水分状態等によって初期には部分的にムラが生じることもあるので，のり面全体の状態からの判定を重視する。
(c) 目標とする植物群落を形成することができるか否かに判定の主眼をおく。
(d) 苗木設置吹付工の苗木植栽に関しては，施工直後の時点で設計通りに苗木が植栽されていることを確認する。
(e) 全体的に成立本数が不足する場合で，その原因が施工後の気象等の影響であることが明らかな場合には一定期間様子を見る。成立本数が不足した場合は，その原因を確かめてから追播・補植等を行う。
(f) 播種工と苗木設置吹付工で行う植生基材吹付では，導入した植物種のすべてが発芽，生育している必要はないが，早期に目標とする植物群落を形成する植物種が大半を占めていることを確認する。
(g) 植栽工と苗木設置吹付工の苗木植栽の成績判定では，樹種によっては降水量不足等の気象の影響を受けやすいものがあることに留意する。施工完了から長期間経過した後に成績判定を行う場合は，経過期間の気象条件と樹種ごとの生存率の関係に留意する。
(h) 植栽工と苗木設置吹付工の苗木植栽に関して，多くの枯死が見られる場合には原因を追及し，再度植栽する場合には樹種や時期について検討した上で行う。
(i) 導入した植物種以外のものが10％を超える場合には，それらがどのように影響するかを検討・予測して対策を講じる。
(j) 草本類の過剰な繁茂を見落とさないようにする。草本類と木本類の混播の場合，草本類が繁茂しすぎると木本群落が成立しないので注意する。
(k) 植生の衰退，立ち枯れ，病害虫等の現象の発見に努める。
（ⅱ）流亡や崩壊への対策
　植生工を施した部分が流亡していたり，崩壊していたりする場合は，のり面の排水機能等の原因を調査して，植生工の復旧の可否の検討を含め，必要な対策を

解表 8−7　成績判定の目安

目標及び対象		評価	施工3カ月後の植生の状態	対応策
播種工	木本群落型	可	植被率が 30〜50%であり，木本類が 10 本/㎡以上確認できる。	
		可	植被率が 50〜70%であり，木本類が 5 本/㎡以上確認できる。	
		判定保留	草本類に 70〜80%覆われており，木本類が 1 本/㎡以上確認できる。	翌年の春まで様子を見る。
		判定保留	所々に発芽が見られるが，のり面全体が裸地状態に見える。	判定時期が春期，夏期の場合は1〜2カ月，秋期，冬期の場合には翌春まで様子を見る。
		不可	生育基盤が流亡して，植物の成立の見込みがない。	再施工する。
		不可	木本類の発芽が確認できない。	木本種子を追播する。
		不可	草本類の植被率が 90%以上で，木本類が被圧されている。	草刈り後，様子を見て対策を講じる。
	草地型	可	のり面から 10m 離れると，のり面全体が「緑」に見え，植被率が 70〜80%以上である。	
		判定保留	1 ㎡あたり 10 本程度の発芽はあるが，生育が遅い。また植被率が 50〜70%程度である。	判定時期が春期，夏期の場合は1〜2カ月，秋期，冬期の場合には翌年の春まで様子を見る。
		不可	生育基盤が流亡して，植物の成立の見込みがない。植被率が 50%以下である。	再施工する。

目標及び対象		評価	竣工検査時点の状態	対応策
盛土ののり面の植栽工		可	植栽した木本類の活着率が 100%である。	
		不可	植栽した木本類の活着率が 100%未満である。	枯死木は補植する。
		不可	支柱，マルチング等が適確に施工されていない。	再施工する
苗木設置吹付工	木本類	可	植栽した木本類の活着率が 70〜80%である。	
		不可	植栽した木本類の活着率が 70〜80%未満である。	枯死木は補植する。
		不可	苗木の根鉢が吹付材とはく離するなど，確実に固定されていない。	苗木固定部分を再施工する。
	草本類	可	播種工の草地型と同様。	播種工の草地型と同様。
		判定保留		
		不可		

注1：判定する時期は，播種工と苗木設置吹付工については月平均気温 15℃以上で最低3カ月経過後，植栽工については竣工検査時を基本とする。
注2：植栽工では，工事完了検査以降の枯損等について，契約条件（枯補償等）によっては補植を実施する。また，設計条件としてある程度の枯損を見込んでいる場合には，想定内であればしばらく様子をみる。
注3：苗木設置吹付工は，木本類及び草本類の両方を評価する。また，検査時期が施工後3カ月未満の場合は，草本類の判定時期を考慮する。
注4：施工時期や施工地域，施工後の気象等により成果が左右される点に注意を要する。
注5：落葉時期の判定は避けることが望ましい。

講じる。

(ⅲ) 成績判定の時期と目安

成績判定に適した時期は，工法，のり面勾配，施工地域，施工時期，施工後の気象等によって異なるが，播種工と苗木設置吹付工は月平均気温15℃以上で最低3ヵ月経過後，植栽工については竣工検査時を基本とする。一応の目安として，各種緑化工の成績判定の目安を**解表8-7**に示す。

8-3-8 植生工における新技術の活用

> 植生工の計画に当たっては，環境・景観への配慮や省力化等の観点から，工法の特徴と対象箇所の周辺環境や現地条件を考慮して，新技術の導入の検討を行う。

(1) 植生工における新技術の開発動向と主な新技術の特徴

植生工においては，最近では施工場所に存在する植物材料を利用する工法として，現地の森林表土中の植物体を利用する森林表土利用工と，のり面に自然に飛来する種子を積極的に利用する自然侵入促進工等が開発されている。その他，現場で発生する伐採木や，下水汚泥を主体として高温発酵させた発酵下水汚泥コンポスト等を植生基材として活用する資源循環型緑化工が開発されている。これらの工法は，主に客土吹付工や植生基材吹付工の材料として利用するものである。また，植穴の掘削が困難なのり面において植生土のう工と植栽工の組合せにより効率よく苗木植栽を行う袋客土工等の施工法が開発されている。

これらの新技術は，自然環境の保全，環境負荷の低減，資源循環を実現する上で重要性が増しているが，採用に当たっては，のり面保護機能や，発芽・生育特性等に関する従来の施工法との相違を十分認識しておく必要がある。

これらの工法の概要に述べ，特徴を**解表8-8**に示す。

解表 8-8 新たな

工　種		森林表土利用工※
施　工　方　法		施工方法の例 ・植生基材吹付工を併用して施工する。植生基材に表土を体積比で10〜30%程度混合して植生基材吹付工と同じ要領で施工する。 ・編柵を設けて森林表土を設置する。必要に応じて植生基材を混入する。 ・土のうに森林表土と肥料を詰めて植生土のう工の要領で施工する。必要に応じてバーク堆肥等の植生基材を混入する。 留意点 ・表土の採取はいつでも可能であるが，秋期から冬期が種子量が多くてよい。 ・表土は大きな落葉落枝を取り除いた後に採取する。落葉落枝中にも多くの種子が存在するので，分解していない大きなもののみを取り除くようにする。 ・表土を植生基材に混入して使用する場合には，深さ約10 cmまでのものを採取する。 ・施工適期は春期から初夏。
材料	基　材 （素　材）	・植生基材等（土，木質繊維，バーク堆肥，ピートモス等） ・浸食防止材（高分子系樹脂，繊維資材等） ・保水剤（高分子樹脂等）
	植　物	表土中の種子や再生可能な植物体
	肥　料	緩効性肥料
補　助　材　料		金網，編柵，土のう（先駆植物の生育を阻害しないもの）等
併　用　工		植生基材吹付工，植生土のう工，柵工等
適用条件	地　質	植生基材吹付工と併用する場合は粘性土が土壌硬度23 mm以下で，砂質土が土壌硬度27 mm以下。 柵工や植生土のう工を併用する場合は上記の数値以上でも施工可。
	勾　配	1：0.8より緩勾配（併用する緑化基礎工や各種の工法による）。
備　考		・夏期から冬期に施工すると初期の被覆率が低いことがある。 ・施工地域の表土を用いる。 ・種子を混入する場合には，施工地域で採取したものを用いる。 ・併用する工法によって材料は異なる。
断面図の例		植生基材と表土の混合物の全面吹付　金網張　アンカーピン　　森林表土入土のう　のり枠

※　これらの工法は開発途上であるため，選定には注意と配慮を要する。

植生工の特徴（１）

自然侵入促進工*
施工方法の例 ・肥料袋を設置したネット系の資材を全面に張り付ける（人力施工）。 ・植生基材吹付工と同様な施工要領で植生基材を吹き付ける（機械施工）。 留意点 ・適用地域は，国立公園や自然公園等周辺環境の自然度が高く，周辺植生から種子が飛来・定着することが十分期待できる場所である。 ・植生基材を吹付ける場合は，植被率が低い状態が継続しても，植生基盤の耐浸食性が長期間に渡り高く保持できるように造成する必要がある。
・肥料袋を付けた繊維網（高い浸食防止機能を有するもの） ・植生基材等（土，木質繊維，バーク堆肥，ピートモス等）及び浸食防止材（高分子系樹脂，繊維資材等）
周囲の植生から飛来する種子
緩効性肥料（溶出期間が数年に及ぶものがよい）
金網，繊維網（自然素材，合成素材等）
植生シート工，植生マット工，植生基材吹付工等
網を張り付ける工法は，浸食を受けにくいのり面条件であることが必要である。 植生基材を吹き付ける工法の場合は同左。
網を張り付ける工法の場合は安定勾配。それ以外の場合は併用する緑化基礎工や各種工法による。
・緑化速度が遅く，施工後初期における植物の浸食防止効果はほとんどないため，浸食の恐れがないのり面条件でのみ施工可能である。 ・工法によって材料は異なる。

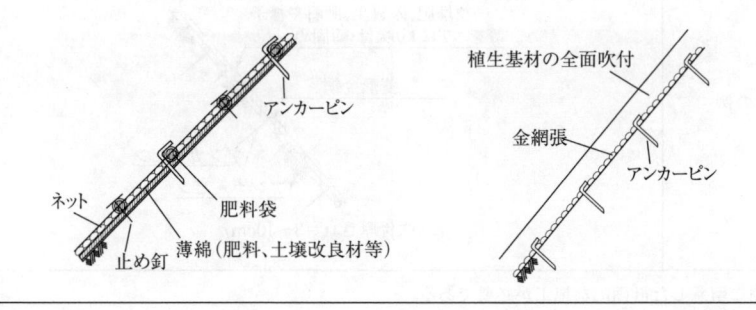

解表8-8 新たな

工　種		その他の施工法
		資源循環型緑化工
工　種		植生基材吹付工を利用する標準的な資源循環型緑化工では，木質チップや発酵汚泥コンポスト等を基材として利用することで，厚みのある植生基盤を造成する。植生基材吹付工以外の工種は，材料に建設副産物や一般廃棄物等をそのまま，もしくはリサイクル資材として加工した後に主材として利用する。
材料	基　材	生チップ，堆肥化チップ，現場発生土砂，発酵汚泥コンポスト，貝殻粉砕物等
	植　物	木本類，草本類
	肥　料	緩効性肥料，高度化成肥料等
補助材料		繊維網，金網等（のり面の安定度によっては，簡易な吹付のり枠を併用する場合がある）
併用工		木本の植栽工
耐浸食性		標準的な植生基材吹付工での造成基盤は一般に高いが，使用する吹付機械，リサイクル資材や接合材の種類や使用量により異なる。
適用条件	地　質	砂質土，粘性土，礫質土，岩や岩砕盛土のり面等
	勾　配	1：0.5より緩勾配
備　考		・現地で発生する伐採木・抜根材を利用する場合には，伐採時期，処理（チップ化）時期，利用時期等を設計時に設定する。 ・生チップを植生基材吹付工の主材として使用する場合は，一般的な播種による植生工より，導入植物の初期の発芽・生育が緩慢となりやすい。 ・現場発生土砂を利用する場合は，粒径や含水率等物性値を確認する。 ・今後の適応性拡大と技術水準向上のため，チップとして利用した樹種，広葉樹，針葉樹の区分，現地発生土砂，汚泥利用の有無や材料の理化学的な分析値等の情報を保存することが望ましい。
断面図の例		植生基材吹付工（厚層基材吹付工） バーク堆肥、砂質土、肥料や種子等をエアにより吹付・締固め 菱形金網 アンカーピン アンカーピン 吹付厚さ（t＝3～10cm）

※　植栽時期に留意した計画的な施工が必要である。

植生工の特徴（2）

その他の施工法	
	植生土のうを利用する植栽工　＊
客土を充填した袋に苗木を植えつけたものをのり面の全面もしくは所定の箇所に固定する（袋客土工）。必要に応じて、植生基材吹付工等の併用工を施工する。	あらかじめ土のうで育生した苗（ユニット苗）を釘等でのり面の全面もしくは所定の箇所に固定する（ユニット苗工）。必要に応じて、植生基材吹付工等の併用工を施工する。
客土等（8〜20リットル）	なし（ユニット苗の培土1.2リットル）
苗木（市販，山採）	ユニット苗（育生したもの）
緩効性肥料等	緩効性肥料等
釘またはアンカーピン	釘またはアンカーピン
種子散布工，植生基材吹付工	種子散布工，植生基材吹付工
低い（種子散布・植生基材吹付工の併用により向上）	低い（種子散布・植生基材吹付工の併用により向上）
粘性土（土壌硬度23 mm以下） 砂質土（土壌硬度27 mm以下）	粘性土（土壌硬度23 mm以下） 砂質土（土壌硬度27 mm以下）
1：0.8より緩勾配	1：0.8より緩勾配
・のり肩やのり尻等の境界部では、樹木の成長による交通視距の障害を防止するための維持管理が増大しないような配植をする。 ・袋客土工は、市販の苗木や山採苗を使用するので、あらかじめ育成期間を設ける必要がないが、根系の発達が不十分なので、培土量を比較的大きくする必要がある。	・のり肩やのり尻等の境界部では、樹木の成長による交通視距の障害を防止するための維持管理が増大しないような配植をする。 ・ユニット苗とは、播種または挿し木により袋内で育成した苗木をさす。根系を充分に発達させた後に植栽するので培土が少なくて済むが、圃場での育成期間が必要になる。

（ⅰ）森林表土利用工

　森林表土利用工とは，森林表土中の種子や根等の植物体を表土ごと採取し植物材料として利用する工法の総称である。この工法の特徴は，施工地域に存在する植物を利用できることであり，施工場所もしくはその近隣の森林で採取した表土を用いる。地域生態系に対する遺伝的撹乱を引き起こさないなどの利点がある反面，現時点では，外来種を用いる手法と比べて耐浸食性が低い，初期の被覆速度が遅い，生育する植物の予測が付きにくいなどの技術的課題が存在する。また，施工後1，2年目のうちはセイタカアワダチソウ等の外来種が繁茂する可能性があり，一般に望まれないクズが生育する可能性もある。施工後に生育する植物が正確に予測しにくいため，施工後に望まない植物が繁茂するなどの状態が生じた場合には，植生管理において検討する。

　基本的には，表土を採取して仮置きし，施工する，という順序で行う。表土の採取時期や保存場所，施工時期等については，設計段階で十分に検討する必要がある。表土は，植生基材に混入して使用する場合には，埋土種子が豊富な深さ約10cmまでのものを採取する。森林表土は現地で採取したものを使用する。土地造成予定地の森林表土を採取し，のり面造成後に使用するのが最も望ましく，表土は，現場内ですぐに使用できない場合には保管した後に用いる。施工箇所の近隣の森林表土を用いることは，採取行為が生態系に著しい悪影響を与えないことが事前の調査で認められた場合にのみ可能である。施工時に用いる肥料は，緩効性ものを用いる。場合によってはバーク堆肥やピートモス等の植生基材に表土を混入して用いる。編柵を設けて表土を設置する方法や，土のう袋に詰めて設置する方法，植生基材に混入して吹付ける方法等，各種緑化基礎工や植生工と組合せて施工する。設計，施工に際しては，組合せる各工種の留意事項も参考にする。

　森林表土利用工は，緑化の速度が遅く，初期に生育する植物群落の構成種が正確には予測できないなど，一般に多用されている他の工法とは性質を異にする。本来は施工後3年程度を経た後に成否を判定することが望ましいが，ここでは実情に鑑みて，施工後3ヶ月目の森林表土利用工の成績判定の目安を**解表8-9**に示す。

解表 8-9 森林表土利用工の成績判定の目安

目標及び対象	評価	施工3カ月後の状態[注1]	対応策
森林表土利用工	可	浸食が認められず，植被率が 10%以上であり，1㎡当たり5種類以上[注3]の出現種が認められる。	
	判定保留	浸食が認められないが，発芽個体も認められない。	翌年の生育期[注2]を経るまで様子を見る。
	不可	浸食が認められ，拡大する可能性がある。造成した植生基盤の土壌硬度が 27㎜以上[注4]である。	原因を追及し，工法を再検討した上で再施工する。

注1）植物の生育期以外や，生育期を3カ月以上経過していない時点で判定する場合は，将来の植物の出現可能性に配慮する。
注2）生育期とは，月平均気温おおむね 15℃以上の期間を指す。
注3）植物の生育が平均的と判断した3カ所程度の平均値。
注4）山中式土壌硬度計による測定値。

(ⅱ) 自然侵入促進工

　自然侵入促進工は，周辺植生からのり面に飛来する種子等で緑化する工法である。周辺から飛来する種子で緑化することから，緑化の速度が著しく遅い，初期に成立する植物群落を予測しにくいなどの特徴がある。施工例としては，肥料袋を付けたネットを設置する方法，種子を混入しない植生基材を吹付ける方法等がある。ネットを利用する手法は，植物が生育するまでのり面保護機能が発揮されないため，風化・浸食する可能性のないのり面に採用することを基本とする。

　設計に当たっては，種子の供給源となる植生がのり面の周辺に存在することが必要である（特に上部にあることが望ましい）ため，それらをできるだけ伐採せずに残すようにする。材料にネットを用いる場合は，飛来種子がのり面に着地し，のり面に留まりやすいものを用いる。のり面に種子が着地しやすいように，目は詰まっていないものが良い。また，遮光率の高いネットの場合は，ネット下ののり面表面において光量不足が生じるため，目の粗さと遮光率が適切なものを用いる。施肥は必ず行い，肥効が数年に及ぶ緩効性肥料を，肥料袋等を用いて設置する。植生基材を吹付ける方法の場合は，長期間風雨にさらされても浸食しない植生基盤を造成し，飛来種子が定着しやすいように基盤に凹凸を付けることも必要

に応じて行う。

　自然侵入促進工は，緑化の速度が遅い，初期に生育する植物群落の構成種が正確には予測できないなど，一般に多用されている他の工法とは性質を異にする。本来は施工後3年程度を経た後に成否を判定することが望ましいが，ここでは実情に鑑みて，施工6カ月後の自然侵入促進工の成績判定の目安を**解表8-10**に示す。

解表8-10　自然侵入促進工の成績判定の目安

目標及び対象	評価	施工6カ月後の状態(注1)	対応策
自然侵入促進工	可	浸食が認められない。 ネットを用いた施工法の場合には，大きな破れが無い。 所々に侵入植物の発芽個体が認められる。	
	判定保留	浸食は認められないが，侵入植物の発芽個体も認められない。 ネットを用いた工法の場合，ネットに大きな破れはないが，侵入植物の発芽個体は認められない。	翌年の生育期(注2)を経るまで様子を見る。
	不可	浸食が認められ，拡大する可能性がある。 ネットを用いた工法の場合，ネットに大きな破れが認められる。 造成した植生基盤の土壌硬度が27 mm以上(注3)である。	原因を追及し，工法を再検討した上で再施工する。

注1）植物の生育期以外や，生育期を6ヵ月以上経過していない時点で判定する場合は，将来の植物の出現可能性に配慮する。
注2）生育期とは，月平均気温おおむね15℃以上の期間を指す。
注3）山中式土壌硬度計による測定値。

（ⅲ）資源循環型緑化工

　資源循環型緑化工とは，現地や周辺地域等で発生した廃棄物等を循環資源として加工し，のり面緑化工の主材料として活用する緑化工の総称である。したがって，正確にいえば従来のバーク堆肥等を主材料とした植生基材吹付工や客土吹付

工等も資源循環型緑化工に含まれるものである。

近年，資源循環型緑化工では，現場で発生する伐採木等の建設副産物を利用する方法や，下水汚泥を主体として高温発酵させた発酵下水汚泥コンポストや貝殻粉砕物等を利用する方法が開発されている。これらの資材は，客土吹付工や植生基材吹付工等において，バーク堆肥，ピートモスや客土材等の代替物として用いられる。伐採木を植生基材として使用する方法には，堆肥化しないで用いる（生チップとして用いる）方法と，堆肥化して用いる方法がある。使用される原料の取扱いは廃棄物処理法等の関連法規を遵守して適正に行わなければならない。

生チップ，堆肥化されたチップ，発酵汚泥コンポスト等，いずれを用いる場合も一般に接合材や肥料，土等と混合して用いる施工方法が多いが，生チップをのり面に敷き均してその上に種子散布工を行う方法や森林表土利用工と併用する方法等もある。

伐採木を利用する場合には，対象となる地域における樹木の伐採時期，処理（チップ化）時期，利用時期等を設計時に設定する必要がある。

資源循環型緑化工の成績判定の目安は，併用する各工種に準ずる。なお，生チップを植生基材に混入して使用する場合は，通常の工法よりも施工初期の生育が遅いことがあるが，時間の経過と共に順調に生育することが知られているため，施工後初期に通常の工法では成績判定で不可とされる場合でも表面浸食が認められなければある程度の期間様子を見る。

(ⅳ) 植生土のうを利用する植栽工

この工法は，植栽用に高機能化した土のうをのり面に設置し，苗木の生育基盤として利用するものであり，植穴を掘削して苗木を導入することが困難なのり面において効率よく苗木植栽を行う工法である。ただし，この工法の採用には，播種工等により，のり面の風化・浸食に対する耐性を確保することが前提となる。この工法は，植穴の掘削を必要とせず，基本的に材料を植栽箇所に固定するだけで済む。そのため，従来は植栽が困難であった場所でも，容易に施工できる点に特徴がある。この工法には，以下に示す袋客土工やユニット苗工等の手法がある。植生土のうを利用する植栽工の成績判定の目安は植栽工に準ずるが，山取苗や支給苗の場合には再施工の対象とするか否かは十分に検討する必要がある。

① 袋客土工

　袋客土工は培土を充填した袋に苗木を植え付けて植栽箇所に設置する手法である。

　植生土のうに苗木を植え付けてのり面に設置する袋客土工では，植生土のうの客土充填と苗木植え付け作業は現地で行う。苗木は市販のコンテナ苗，山採り苗のいずれも使用が可能である。苗木は必要に応じ，剪定を行う。袋上面の開口部を広げ，苗木を袋客土内に植え付ける。水極めの後，開口部を閉じる。地面と密着させるために袋客土全体を平らに設置し，動かないようにアンカーピン等で固定する。苗木を入れた開口部は，施工後に雑草の発生等を防止するために確実に閉じる必要がある。また，植栽地が岩質等で健全な植生の成立が期待できない場合やのり面の耐浸食性が確保できない場合には，植生基材吹付工等を併用することが原則である。

② ユニット苗工

　ユニット苗工は，培土を充填した袋で育成した苗（ユニット苗）を，のり面等の植栽地に釘またはアンカーピン等で固定する手法である。ユニット苗は，袋・培土・苗が一体（ユニット）化しており，このユニットを植栽箇所に固定するだけでよく，培土を袋に詰めたり，苗を植え込む手間が不要である。

　ユニット苗工の施工では，設置するのり面の礫・不陸を取り除き，ユニット苗底面とのり面との密着を図る。設置後は釘等で動かないように固定する。金網の露出箇所は避けることも考慮する。また，夏季等の高温時及び乾燥下での施工は避け，使用前仮置き中の苗は乾燥させないこと，施工前にユニット苗を水浸させること等の配慮が重要となる。

　植栽地が岩質等でユニット苗の底面から根が伸長しても，健全な植生の成立が期待できない場合や，のり面の耐浸食性等が確保できない場合には，植生基材吹付工等を併用することが原則である。この場合は，背丈の高くなる草本類やハギ類の使用は，苗木の生育に支障となる可能性が大きいので避ける。

8-3-9　のり面の植生管理

> のり面の植生管理は，植生工の施工完了後に行う点検，調査，育成管理及び維持管理の作業である。のり面の安定性を確保しながら緑化目標とする群落の形成を促し，緑化目標達成後はその群落の維持を目的に行う。

(1) のり面の植生管理の目的

　のり面緑化工は，浸食防止等の安全性確保のためののり面保護の目的と，周辺景観との調和等の環境の保全と修景の目的を合わせ持つものである。のり面緑化工は目標とする植生タイプを設定して施工されるが，植物を取り扱う技術であることから，施工完了と同時に目標が達成されるわけではなく，ある時間を経た後に目標に達する。のり面の植生管理は，これらの目的を遂げつつ目標を早期に達成するために行う点検，調査，育成管理及び維持管理の作業であり，植生発達の段階に応じて実施する。

　育成管理は，緑化目標群落の成立を促すための作業であり，植生工が完了した後の初期段階において，植物による全面被覆を促してのり面保護を早期に図るための植物の保護・育成，目標とする群落を形成するための植物の育成，周辺植生からの種の侵入による植生遷移の促進が目的である。

　維持管理は，緑化目標達成後に目標群落を維持することが目的である。部分的な植生基盤の補修や，枯損箇所の植え直し，再播種等を，点検結果を基に必要な箇所にその都度実施する。場合によっては伐採等による成長の抑制を行う。

　各管理は植生の成立状況を点検，調査して把握した上で適宜に計画を立てて行う。なお，森林表土利用工と自然侵入促進工では，全面被覆達成までに長時間を必要とするため，当初は浸食防止に留意する。

(2) 点検及び調査の項目と着眼点

　のり面の植生管理を適切に実施するためには，点検の実施が不可欠である。植物に関しては導入植物の活着，繁茂，病虫害，損傷のほか，侵入植物の状況について点検を行う。生育基盤に関しては，生育基盤の流出及び劣化，排水，地山の

崩壊，緑化基礎工の健全性についてが主要な点検項目となる。**解表 8-11** に植生管理における主要な点検項目と着眼点を示す。

のり面緑化工施工後初期の段階では，草本類と木本類とでは成長速度に差があるため，点検結果の判断においては注意が必要である。一般に木本類は播種後1～2年間の成長が遅いので，草本類との混播の播種工及び森林表土利用工における施工後1年以内であっても，生育基盤の露出がわずかでありかつ生育基盤及び緑化基礎工が安定していれば特に問題はない。

植生の詳細な調査は，「付録.7 のり面緑化工の施工及びのり面の植生管理のための調査票」に示すような植生追跡調査票等を用い，のり面条件や植生に関する過去の調査結果と比較して植生管理について検討する。

解表 8-11 のり面の植生管理における点検項目と着眼点

種類	点検項目	着眼点
導入植物	活　力	葉色，茎葉・枝葉の生育程度等
	繁　茂	過繁茂，通行障害の有無，視距の確保等
	病虫害	種類，発生の程度等
	損　傷	枯死，損傷の程度，巻き枯らし，すりきれ，焼失，踏圧等
侵入植物	種　類	目標植生とする周囲の自然植生構成樹種の有無
	繁　茂	クズ等による導入植物の被圧の程度等
生育基盤	基　盤	生育基盤の流失及び劣化
	排　水	湧水，オーバーフロー等
	崩　壊	亀裂，陥没，崩れの有無等
	緑化基礎工	安定性等

（参考文献 8）に加筆修正

(3) 緑化目標達成前の育成管理

工事が完了し検査が終了した後に生じた不具合に対しては，原因を追及した上で適切な処置を施す。

① 被覆状態が著しく不良な場合には再施工を行う。施工方法，施工時期，使用した植物材料の特性から不良の原因を追求した上で，再施工の工法，使用する植物材料，施工時期等を決める。

② 一旦発芽した植物が乾燥害や凍害等の何らかの原因で衰退したり，表流水による浸食や凍上等による生育基盤の崩落によって裸地化した場合は追播や再度植栽等を行う。この場合，修復の時期，工法の採用については確実性を重視する。
③ 木本類は発芽，生育が遅いことが多いが，追肥等を急ぐと草本の繁茂によって木本類が被圧され生育が阻害されることがあるため，生育基盤に異常のない場合は様子を見たほうがよい。
④ 植物の生育期に葉が黄化した場合や衰退が見られた時は，肥料不足によることが多いので，一般には追肥を行う。ただし，遷移促進を期待する場合は，生育基盤の状態が安定していればそのままにしておいた方が周辺植生からの植物の侵入が容易であるので，現場状況に応じて検討する。

(4) 緑化目標達成後の維持管理
① 草地群落を維持するには，必要に応じて草刈を行うことが望ましく，衰退が見られる場合には追肥を行う。
② 木本群落の下刈りは，木本類の生育に支障のない限り行わない方が望ましい。
③ 目標群落成立の上で有害なもの，景観上好ましくないもの，交通障害になるもの等が繁茂したときは除去する。また，クズやハリエンジュ等の特定の植物のみが繁茂して他の植物が著しく衰退している場合は，それらの植物を伐採や薬剤塗布等により除去する。
④ 植栽木等が枯死した場合は，原因を調査，検討した上で，可能な場合は生育条件に合ったものを補植する。
⑤ 植生基盤の損傷が原因でのり面の植生に支障を生じる場合が多いが，これらの原因は，異常な降雨，降雪によることが多い。特にのり面外からの表流水やのり肩，小段等の排水路の不良による損傷や，なだれや除雪時の損傷が多く，生育基盤の損傷は放置すれば拡大するので，早期の発見と手当を心掛けなければならない。
⑥ 植栽工において保護材を用いている場合は，導入植物の生育状況と支柱や

参表8-10 草本類播種工施工後の植生管理における点検の着眼点と作業例

管理目標	植生の状態	原因,留意事項	維持管理方法
一次植生の定着	裸地が多い。	施工時期が悪く,温度不足による。	温度条件の良くなる時期まで様子をみて,植被率が上がらなければ追播または再施工する。
		乾燥状態が続いたことによる(のり肩附近だけ乾燥することがある)。	降雨条件のよくなる時期まで様子をみて,植被率が上がらなければ追播または再施工する。散水する。
		幼芽期までに消滅した。	追播または再施工する。
		土質条件に適していない工法で施工された(のり肩附近だけ土質が異なっていることがある)。	工法を再検討し,追播または再施工する。
	草丈が伸びない。	乾燥しやすい場所,または土質である。肥料分が少ない。	散水する。追肥する。
	葉色がうすい。	肥料切れ。	追肥を行う。
草地型の維持	衰退,枯死している。	冬期には枯死する植物が使われている。	浸食が見られなければ春まで様子をみる。
		一年生植物が使われている。	刈取り,用いる植物の種類を変えて再施工する。
		乾燥による。	むしろ等で覆う。散水する。
		凍上で,根系の持ち上げ,切断等の物理的被害を受けている。	むしろ,金網張等で覆う。
		病虫害による。	薬剤散布をする。
		成立本数の過多(むれる)。	刈取りを行う。
	草丈が大きくなり過ぎる。	視距離管理上,問題となる。景観上,好ましくない。	刈込みを行う。
低木林型,高木林型への遷移と維持	裸地が多い。	乾燥による。	のり面に浸食が見られない場合には様子を見る(植物の侵入は裸地に多く,裸地の存在は植生遷移を早めるため)。浸食が見られる場合には,再施工等でとりあえず被覆する。
	樹高が伸びない	乾燥,肥料切れによる。侵入植物が期待できる。	浸食が見られなければしばらく様子をみる。
	希望しない植物が及び遷移を阻害する植物が侵入している。	クズ等に被圧されている。景観上,好ましくない。	除去,抜取り,枯殺剤の塗布,刈込み等を行う。
	播種した草本類が繁茂している。	周辺木本植物の侵入が難しい。	草刈りを行う。

マルチング等の保護材の設置状況等を確認し，保護材に損傷が確認された場合には樹木の生育に悪影響を及ぼさないように速やかに補修を行う。また，樹木が大きく生育して，これらの必要がないと認められる場合には除去する。

点検結果に応じた検討事項と対策方法の例を**参表8-10～15**に示す。

参表8-11 木本類播種工施工後の植生管理における点検の着眼点と作業例

管理目標	植生の状態	原因，留意事項	維持管理方法
一次植生の定着		参表8-10「一次植生の定着」と同様	
低木林型，高木林型への遷移		参表8-10「低木林型，高木林型への遷移」と同様	
低木林，高木林型の維持	木本類が少ない。	草本類の成長がよく，被圧された。 草本類の成長はよくないが，木本類が少ない。	草刈り，手播きをする。
	木本類の発生にムラがある	地山の水分条件にムラがある。 施工ムラがある。	3年目の春まで待って発芽がない部分に手播きをする。
	木本類の発生が多過ぎる。	土質，気候条件が良好であった。	5年程度は自然淘汰を待つ。その後の様子をみて除伐を検討する。
	下草がなくなった。	木本類が密生している。	除伐をする。
	希望しない植物が侵入している。	クズ等により被圧される。 ハリエンジュが多い	除去，枯殺剤の塗布 極端に大きくなったものや下草を被圧する場合は除伐する。
	木本類が枯死した。	密生，病虫害，長期乾燥による。 倒木のおそれがある。	原因を検討し，必要に応じて除伐，薬剤散布，灌水等の作業を実施する。
	倒木がある。	導入したものの淘汰が起こった。	特に支障のある場合は除去する。
	枯死した。	のり面火災，病害虫，長期の乾燥等による。	次の春まで様子をみて，そのときの状態から検討する。
	木が高くなり過ぎた。	勾配，土質，気象等がその木の生育条件に適した。	のり面の安定や視距に支障があるものは除去する。

参表 8-12 植栽工施工後の植生管理における点検の着眼点と作業例

管理目標	植生の状態	原因，留意事項	維持管理方法
植栽木の維持	枯死木がある。	病虫害，長期乾燥，植生基盤の異常等の恐れがある。	原因を検討し，土壌改良等を実施した上で樹種の変更等も考慮して補植を行う。
	樹勢が衰えている。	病害虫・長期乾燥・植生基盤の異常等の恐れがある。	原因を検討し，必要に応じて薬剤散布，灌水，土壌改良等を実施する。
	枝葉が過密である。	植栽密度が高いなど過密により生育不良となる可能性がある。	樹木の生育不良につながる恐れがある場合には，枝を剪定する。剪定では対応できない場合には除伐等を検討する。
	枝葉がのり面外にはみ出している。	のり面端部に植栽されている。	はみ出した枝を剪定する。または樹種や植栽位置を変更して再植する。
	希望しない植物が侵入している。	クズ，ハリエンジュ等の侵入により樹木の生育に悪影響がある。	除去，除伐，枯殺剤を塗布する。
	雑草が過繁茂している。	植栽木を被圧する恐れがある。	草刈り，マルチング等を行う。

参表 8-13 苗木設置吹付工施工後の植生管理における点検の着眼点と作業例

管理目標	植生の状態	原因，留意点	維持管理方法
一次植生の定着		参表 8-10「一次植生の定着」と同様	
苗木の定着	枯死木がある。	病虫害，長期乾燥，植生基盤の異常等の恐れがある。	原因を検討し，植え枡の土壌改良等を実施した上で樹種の変更等も検討した上で補植を行う
	樹勢が衰えている。	病害虫・長期乾燥・植生基盤の異常等の恐れがある。	原因を検討し，必要に応じて薬剤散布，灌水，土壌改良等を実施する。
樹木の維持	枝葉が過密である。	植栽密度が高いことが原因であり，過密により生育不良となる可能性がある。	樹木の生育不良につながる恐れがある場合には，枝を剪定する。剪定では対応できない場合には除伐等を検討する。
	枝葉がのり面外にはみ出している。	のり面端部に植栽されていることが原因として考えられる。	はみ出した枝を剪定する。または樹種や植栽位置を変更して再植する。
	希望しない植物が侵入している。	クズ，ハリエンジュ等の侵入により樹木生育に悪影響がある。	除去，除伐する。
	雑草が過繁茂している。	樹木の生育を被圧する恐れがある。	草刈り，マルチング等を行う。

参表8-14　森林表土利用工施工後の植生管理における点検の着眼点と作業例

管理目標	植生の状態	原因，留意事項	管理方法
植生の成立	施工3年後の植被率が50％未満（1：0.8より急勾配の場合は25％未満）である。	乾燥が長期間続いた。	浸食していなければ2年ほど様子をみる。浸食が著しい場合には再施工する。
		表土中の埋土種子密度が低かった。	別の工法も検討しつつ緑化工の再施工をする。
低木林型の形成，維持	施工5年後を経ても草地型群落である。	表土中の木本種の埋土種子密度が低かった。	外部からの種子の散布を期待して数年様子をみる。
	クズが繁茂している。	表土中にクズの種子が含まれていた。	除去する。切り口に枯殺剤を塗布する。

参表8-15　自然侵入促進工施工後の植生管理における点検の着眼点と作業例

管理目標	植生の状態	原因，留意事項	管理方法
植生の成立	施工5年後の植被率が50％未満（1：0.8より急勾配の場合は25％未満）である。	乾燥が長期間続いた。	ネット張り付け型の場合は肥料袋を再設置して3年ほど様子をみる。植生基材吹付型の場合はそのまま3年ほど様子をみる。
		工法が不適であった。	硬岩で浸食の恐れがなく，緑化の必要性が低い場合には，そのまま放置するか，ネット等を撤去する。緑化の必要性を再検討し，必要な場合は別の工法で再施工する。

8-4　構造物工

8-4-1　構造物工の目的と工種選定

　構造物工によるのり面保護は，のり面の浸食や風化及び表層の滑落や崩壊を防止するなどのり面の永続的な安定を図ることを目的とし，無処理では安定を確保できないのり面のうち，次のようなのり面に用いる。
(1)　のり面緑化工が不適なのり面
(2)　のり面緑化工だけでは浸食等に対し長期安定が確保できないと考えられるのり面
(3)　表層滑落，崩壊，落石等の不安定化が発生する恐れのあるのり面
　構造物工の選定に当たっては，切土部の調査により明らかになった地山条件

> や切土条件を考慮して,「8-2 のり面保護工の選定基準」により適切な工種を選定しなければならない。また,構造物工においてもできる限り周辺の環境・景観との調和や保全に配慮することが必要である。

　切土によって出現したのり面は,時間経過とともに応力開放によるゆるみ,風化,浸食,浸透水の影響等により不安定化するため,迅速かつ確実に安定化させることが重要である。構造物工は,標準のり面勾配を確保できず,植生によるのり面保護のみでは対応できない場合に,安全かつ円滑な交通を確保し,のり面の永続的な安定を図ることを目的に実施する。
　構造物工は,風化,浸食,岩盤はく離,表層崩壊等の発生を除去または軽減する目的や,岩塊・土塊の崩落・崩壊の防止及び安定を図る目的で実施するもので,安定を図る場合では,のり面勾配を一部急にして,地山の改変量を減少させることに使用することもある。工種の選定に当たっては,切土部の調査により明らかになった地山条件や切土条件を考慮して,「8-2 のり面保護工の選定基準」により,不安定要因に対応する機能を有する工種や,のり面での適用箇所等を考慮して適切な工種を選定しなければならない。
　また,構造物工は,周辺の環境・景観との連続性及び構造物自体の安定性を確保するとともに,圧迫感を軽減することが必要で,植生工と併用して周辺と調和させたり,質感等にも配慮することが望ましい。緑化基礎工として構造物を検討する場合があるが,詳細については「8-3-5 植生工の設計」を参照されたい。

8-4-2 構造物工の設計・施工

> 　構造物工の設計では,のり面の長期的な安定を図るため,経験的手法または適切な荷重等を設定して,使用材料,形状寸法や必要な品質等を検討する。
> 　施工に当たっては設計の意図するところを理解し,所要の機能を確保するため,施工中に新たに明らかになった条件についても考慮を加え,より合理的な施工が行われるよう工程管理,品質管理,安全管理等に留意しなければならない。

構造物工は，のり面の浸食，表層滑落，崩壊，落石の安定対策として用いられるが，設計に当たり，発生予測規模，範囲や環境への影響度等の調査結果を反映する必要がある。風化，浸食，岩盤はく離，表層崩壊等の発生を除去または軽減する目的で構造物工を設計する場合は，一般に経験的手法にて使用材料，形状寸法や必要な品質等を決定する場合が多い。また，岩塊，土塊の崩落，崩壊の防止及び安定を図る目的で設計する場合には，調査結果に基づいた崩壊の深さや荷重等を設定し，その荷重に対抗できるように構造物の使用材料，形状寸法，構造物断面や必要な品質等を設計するのが一般である。

　また，のり面の崩壊には表流水や地下水等の作用が原因となることが極めて多く，のり面に湧水がある場合や，のり面に流下水が集まる場合等は，のり面排水工の併用が必要である。

　施工に際しては，安定性，永続性，環境や景観との調和性，維持管理の軽減等の設計の意図するところを把握する必要がある。のり面は，設計時に行われた調査から時間が経過し状態が変化していることや，設計時にはのり面が出現していない場合もあるため，地質状態や湧水状態等を施工開始前や施工中に調査を行う必要がある。その調査結果に基づき，所定の機能が確保できるように対処することが重要である。

　施工中には，適切な判定基準や検証方法を用い，建造中の構造物が所要の機能を有しているかを確認する必要がある。一般に検証方法には，現場で試験・検査等を行う方法，工業試験場等での試験・検査や製造メーカーの試験成績表等で確認する方法がある。

　以下に，**解表8－1**で示す主な構造物工の設計・施工の考え方について示す。

(1)　柵　　工

　柵工は植物が十分に生育するまでの間，のり面表面の土砂流失を防ぐために用いられることが多く，生育基盤を保持する目的でも用いられる。のり面に金属杭や木杭等を打ち込み，これにそだ，竹またはプラスチック製のネット等を組み込んで施工する（**解図8－2**参照）。最近では，金属やプラスチック製のネットであらかじめ製品化された柵を設置する方法や，杭に風倒木や間伐材を利用する方法

が用いられている。木杭の場合の長さは 50～150 cm，径は 9～15 cm，間隔は 50～90 cm程度，柵の間隔は 1.5～3.0 m 程度が一般的に用いられている。杭の角度は鉛直もしくはのり面に対しての垂線と鉛直線との中間角までがよい。また木杭は将来腐朽が考えられるのでその機能は永続的ではない。よって，周辺条件により木本類による植生遷移が進みにくい箇所には，播種，苗木植え付け等により木本類を導入し，樹木の根系のもつ土壌緊縛効果により，のり面保護の機能の永続性を確保する必要がある。

なお，盛土に柵工を設置する場合は，**解図 8－2** に示すように規定の断面まで十分締め固めた後，盛土下部より段切りを行いながら施工し，柵を設置した後は土羽土を埋め戻し，ランマ等で十分締め固める。

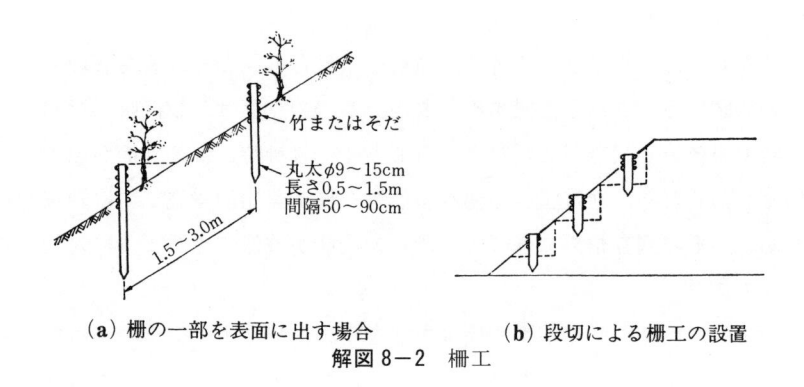

（a）柵の一部を表面に出す場合　　（b）段切による柵工の設置

解図 8－2　柵工

(2) プレキャスト枠工

プレキャスト枠工は，降雨等による浸食の防止や緑化基礎工としての機能がある。また，最近では大型のプレキャスト枠も開発され，グラウンドアンカー工等の支承構造物として使用されるものもある。

プレキャスト枠工は，一般に浸食されやすい切土・盛土のり面や標準のり面勾配でも状況により植生が適さない箇所，あるいは植生を行っても表面が崩壊するおそれのある場合に用いられ，1 : 1.0 より緩やかな勾配ののり面に適用される。

枠内処理は，一般に客土工＋種子散布工や植生土のう工が用いられ，湧水が多い場合には石張り工等が用いられている。

プレキャスト枠工には，プラスチック製，鉄製，及びコンクリートブロック製等があるが，耐久性等の観点からコンクリートブロック製が多く用いられている。なお，寒冷地域等で凍上によるのり枠の浮上がりが懸念される場合には，プレキャスト枠を使用しないことが望ましい。

コンクリートブロック枠工では，枠の交点部分にはすべり止めのため，長さ50～100 cm程度のアンカーバー等を設置し（**解図 8−3 参照**），枠内は良質土で埋め戻し，植生で保護することが望ましい。

勾配が 1：1.2 より急な場合では，かなりの湧水がある場合，枠内が土砂詰めで良質土が得られない場合，植生では流出する恐れのある場合等には，枠内には石張りやコンクリートブロック張り等を行う。

景観を重視する場合は，ぐり石等の間隙に肥沃土を充てんしたり，客土吹付工や植生基材吹付工を併用して緑化を図ることもできる。

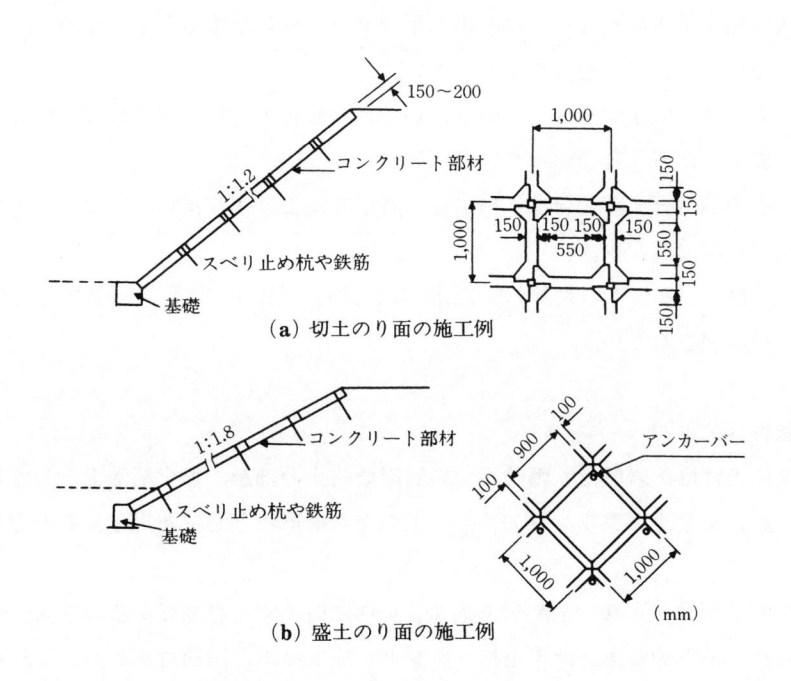

(a) 切土のり面の施工例

(b) 盛土のり面の施工例

解図 8−3　コンクリートブロック枠工の例

施工に当たっては，のり面を平坦に仕上げた後に部材をのり面に密着するように定着し，すべらないように積み上げなければならない。中詰工として，土のうや石材を使用した場合に枠と地山の間に隙間があると，流下水が枠下側を洗掘し，枠自体にまで変状が及ぶことがあるため，枠と地山間に隙間ができないよう地山を平坦に仕上げる必要がある。

枠工の組立て基礎となる部分は，沈下，滑動，不陸等が生じないよう施工し，枠の組立ては各部材に無理な力がかからないよう，のり尻から順序良く施工する。

コンクリートブロック枠工の仕上げ形状には格子状や円形があり，部材の交点に打ち込まれたすべり止め杭や鉄筋に部材の鉄線を緊結し，モルタルを充てんして固定する。

また，湧水処理の不備による枠背面の土砂流出と枠内の中詰材の締固め不足によるはらみ出し防止には特に注意が必要である。粘着性のない土砂や湧水のあるのり面に中詰材としてぐり石を空積みした枠工を施工する場合は，のり面に沿って枝状に地下排水溝を設けるか，排水用のマットを敷設するなどしてのり面の土砂流出を抑えた後に枠を設置するとよい。

中詰のぐり石は小口を立てて張り，かみ合わせを十分にしなければならない。また，風化した石や粒径の小さい石は好ましくない。

土砂を中詰材とする場合は，施工後の降雨等によりずり落ちないように十分締固めなければならない。

詳しくは「のり枠工の設計・施工指針(改訂版)」(社団法人　全国特定法面保護協会) を参照されたい。

(3) 吹付枠工

吹付枠工には，岩盤はく離防止，表層崩壊防止のほか，緑化基礎工としての機能がある。また，グラウンドアンカー工の支承構造物として使用される場合もある。

吹付枠工は亀裂の多い岩盤のり面や，早期に保護する必要のあるのり面に多く用いられ，標準的な機能は現場打ちコンクリート枠工と同様であるが，これらと比較して施工性がよく，凹凸のあるのり面でも施工でき，のり面状況に応じて各

種形状の枠の選定が可能である。

　吹付枠工は，出来形が矩形や欠円形，型枠が金網や簡易な金属型枠等いくつかの形状や施工法（解図8－4，解図8－5参照）があるうえ，部材寸法を変えることも可能である。

　また，グラウンドアンカー工や地山補強土工との併用等により，多様な現地条件に適合できるが，各々の特徴及び他工種との経済性，施工性，機能等を比較検討して決定する必要がある。

　吹付けの配合は，施工性や耐久性等の性能を満足する範囲で，圧縮強度が設計基準強度で$18N/mm^2$以上となるように，水セメント比をできるだけ小さくすることを原則とする。最近は，コンクリートと比較してリバウンドロスが少なく，はね返った材料が新たに吹付けられた材料に巻き込まれる恐れがない，配筋材と型枠材との隙間でジャンカが生じにくいなど，品質管理の観点からモルタルでの施工が多い。

　施工においては，凹凸の著しいのり面では，型枠の組立て前に，凹凸を少なくする下地吹付けを行い，また湧水箇所には湧水・排水処理を行う必要がある。型枠はモルタルが硬化するまで変形しないよう，組立て時に補強・養生する。吹付けはできるだけ吹付材料が飛散しないように行い，吹付材料が飛散し，型枠や鉄

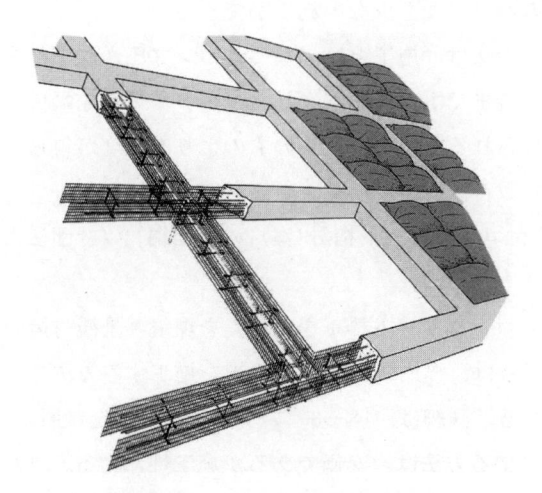

解図8－4　矩形の吹付枠工の例

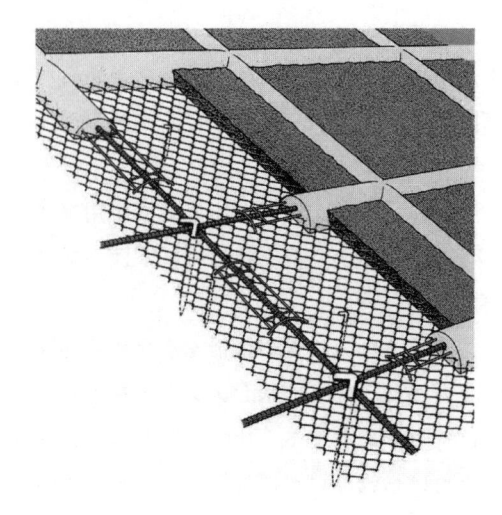

解図 8−5 欠円形の吹付枠工の例

筋，吹付け面等に付着したときは，硬化する前に清掃・除去しなければならない。継手箇所は横梁の中央部で行うよう心掛け，極端に品質が低下しないように継手処理を行う必要がある。

のり面上部からの施工作業と比べ，下部からの吹付作業の方が吹付材料の飛散が少なく，品質のバラツキも少ない施工ができる。

最近では，従来の吹付け施工とは異なったポンプ圧送により施工する方法も開発されている。先端までポンプ圧送されたモルタル等は先端付近で付加した圧縮空気により吹付けられるもので，従来のものより高強度が得られるため枠断面を小さくでき，また数百メートルの長距離圧送が可能である。

詳しくは，「吹付コンクリート指針（案）[のり面編]」（社団法人　土木学会）を参照されたい。

枠工（現場打ちコンクリート枠工を含む）を環境・景観対策の目的で緑化基礎工として用いる場合は，枠内に植生土のう工を施工する方法や植生基材吹付工を施工する方法がある。詳細は，「8−3　のり面緑化工」を参照のこと。

植生土のう工による方法は，安価であるが施工性に劣る。また，植生基材吹付工による方法は，高価であるが施工性がよい。いずれの場合も草本類のほか，低

木程度までの木本類の導入が可能である。周辺環境と隔離された枠内で,乾燥しやすく養分供給が期待できないため,これらの条件に耐えて生育する植物を導入することが望ましい。

詳しくは「のり枠工の設計・施工指針(改訂版)」(社団法人　全国特定法面保護協会)を参照されたい。

(4) 現場打ちコンクリート枠工

現場打ちコンクリート枠工は,主に岩盤はく離防止,表層崩壊防止のほか,緑化基礎工の機能がある。また,グラウンドアンカー工の支承構造物として使用される場合もある。

現場打ちコンクリート枠工は,湧水を伴う風化岩や長大のり面等で,のり面の長期にわたる安定が危惧される箇所,あるいはコンクリートブロック枠工等では崩落のおそれがある箇所に用いる。また,節理,亀裂等のある岩盤でコンクリート吹付工等では浮石を止めることができない場合にも,支保工的な機能を期待して適用されることがある。

枠は鉄筋コンクリートの現場打ちとし,枠内は状況に応じて石張り,ブロック張り,コンクリート張り,モルタル吹付あるいは植生等により保護する。

現場打ちコンクリート枠工は,コンクリートブロック枠工に比べ鉄筋が連続した梁構造となっているため,曲げに対しても強い。標準的な形状寸法としては,部材断面は 0.3m×0.3m～0.6m×0.6m 程度の矩形で,部材間隔は部材幅の 5～10 倍の範囲のものが多く,格子状に用いられている(**解図 8－6 参照**)。

のり面の状況に応じて,枠の交点部分にはすべり止めのアンカーバーを設置する。特に,寒冷地域において部材の断面寸法が 0.3m×0.3m 程度以下ののり枠を使用する場合には,凍上によるのり枠の浮上がりが懸念されることもあるので,既往の施工例等を参考に適用性を検討することが必要である。

また,枠には対象地の地質によって,のり面を掘り込んで設置する方法と,のり面上に設置する方法とがある。

詳しくは「のり枠工の設計・施工指針(改訂版)」(社団法人　全国特定法面保護協会)を参照されたい。

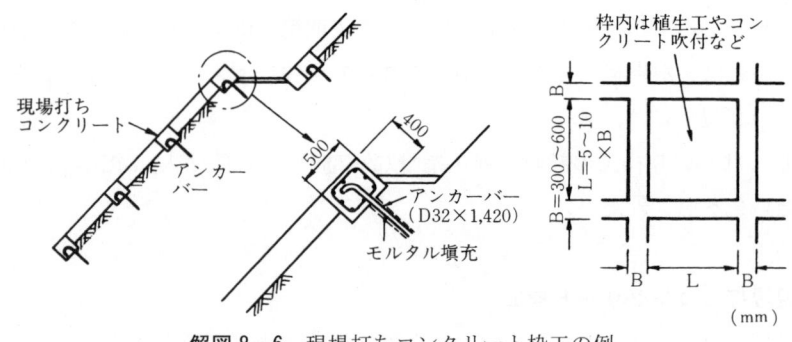

解図8−6　現場打ちコンクリート枠工の例

(5) 擁 壁 工

　擁壁工は，切土や盛土等の土工計画で用地の制限や地形等の制約により，標準的なのり面勾配では安定を確保できない場合等に検討され，作用する土圧に抵抗する機能を有している。

　主に土圧が作用する恐れのある箇所や，多量の湧水や流下水によるのり面・斜面の崩壊のおそれがある箇所等で使用され，様々な現場条件に対応した多様な構造形式がある。

　詳細については，「道路土工−擁壁工指針」を参照されたい。

　擁壁工の環境・景観への対応は，擁壁の一部にポケット状の植栽地を設けて，そこにつる植物を植栽する方法等があるが，地山からの水分・養分の供給が期待できず，導入した植物が衰退し裸地化するなどの危険性が高いため，検討に当たり植生基盤の厚さや導入植物の選定に十分注意する必要がある。最近では，連続長繊維補強土擁壁を採用して表面を全面緑化する方法や，のり面緑化を考慮したブロック（**解図8−7**参照）もあるが，水分や養分の供給等の面で維持管理に注意を要する。

　なお井桁組擁壁では，井桁の横桁の間隙に客土し，そこに植栽することで修景緑化が可能である。この場合，草本類のみでは桁の部材を遮蔽することは困難であるので，低木程度の木本類を導入することが望ましい。

　ただし，井桁はのり面からの排水を図ることを目的とした構造であるため，客土や植栽によってその機能が損なわれないよう配慮する必要がある。

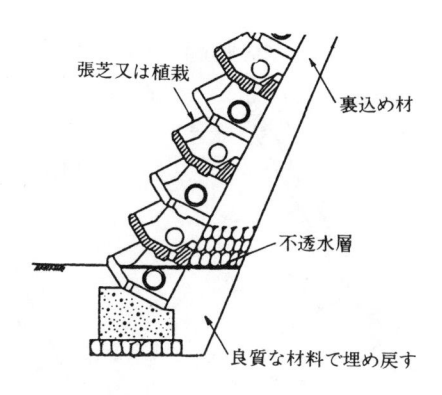

解図8−7　緑化ブロックの例

(6) 連続長繊維補強土工

連続長繊維補強土工は，軽微な土圧に対抗する吹付枠工や擁壁工の代替として，吹付による連続長繊維を混入した補強土と，その表面を植生基材吹付工等で全面緑化することにより，自然の改変を最小限にとどめることが可能である。施工例を，**解図8−8**に示す。また，後述するグラウンドアンカー工や地山補強土工との併用で地山の安定を図り，表面を全面緑化することにより景観性向上を図ることもできる。切土のり面から自然斜面まで，様々な現場条件に適用可能な環境配慮型の補強土吹付工法である。

(7) 杭　工

杭工は，比較的大きな抑止力を有する工法で，のり面・斜面のすべり崩壊の抑止機能を有しているため，基礎が強固で移動土塊に対し十分対抗できるような地点で施工することが望ましい。

のり面・斜面上部の土塊に対しては，杭の抑止効果の及ぶ範囲に限界があり，杭を二段以上に設置したり，あるいは他の工法との併用を考慮する必要がある。

ただし，傾斜が急なのり面や斜面では杭背面（谷側）の受動抵抗が十分には期待できないことがあるので注意を要する。

詳細については，「第11章　地すべり対策」を参照されたい。

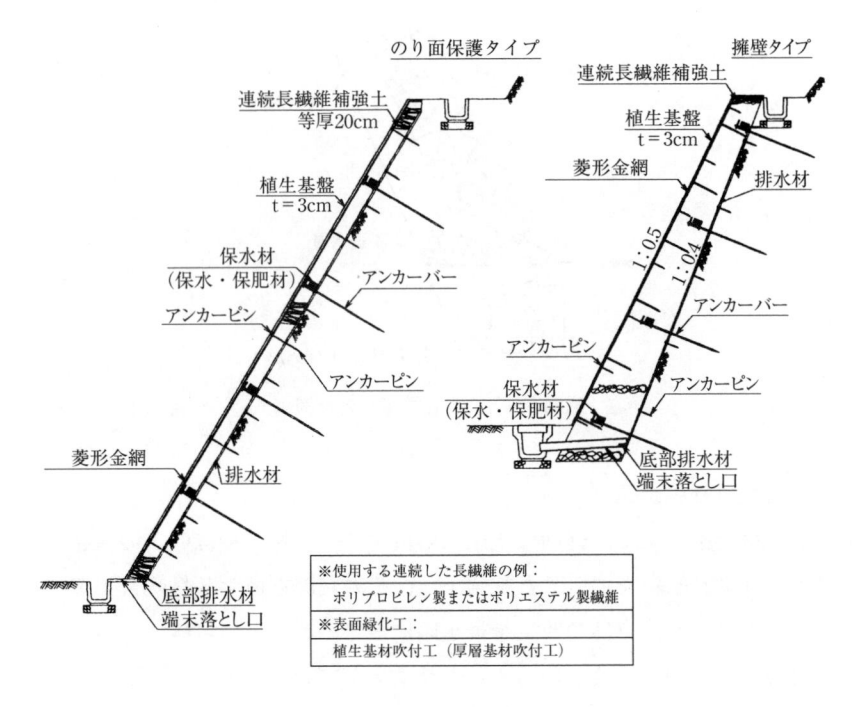

解図8-8 連続長繊維補強土工の例

(8) グラウンドアンカー工

　グラウンドアンカー工は，のり面・斜面において岩盤に節理，亀裂等があり，崩落または崩壊する恐れがある場合，比較的締った土砂ののり面や斜面で崩壊の恐れがある場合等に抑止力を付与する目的で用いられる。また，グラウンドアンカー工は仮設土留め壁の支保工として用いられることもある。

　グラウンドアンカー工は，現場打ちコンクリート枠工，吹付枠工，コンクリート張工，擁壁工等の他の工法と組み合わせて使用される（**解図**8-9参照）。最近では独立大型受圧板を使用する場合もある。

　グラウンドアンカー工は一般に**解図**8-9に示すように，アンカー体，引張り部及びアンカー頭部から構成される。

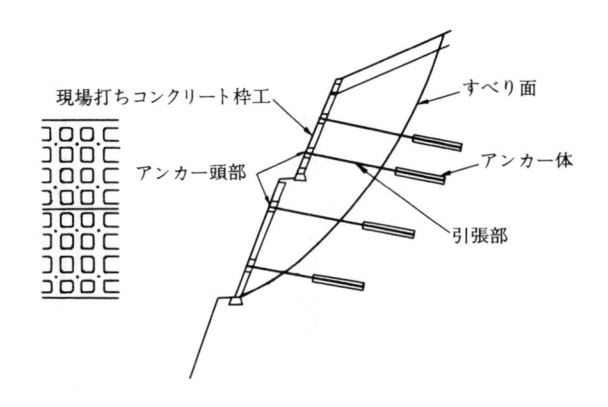

解図 8-9　グラウンドアンカー工の例
（現場打ちコンクリート枠工との組合せの例）

　また，グラウンドアンカーは**解図 8-10**に示すように，アンカー体から地盤への引張り力の伝達方式により次の3種類に大別される。

（ⅰ）摩擦型アンカー：アンカー体周面と地盤との摩擦抵抗により，アンカー力をアンカー体設置地盤に伝達する（**解図 8-10（ⅰ）**）。また，この方式のアンカーはアンカーテンドンからのアンカー力がアンカー体のグラウトにどのように伝達されるかにより，引張型と圧縮型に分類される。

（ⅱ）支圧型アンカー：アンカー体の一部あるいは大部分を大きく拡孔するなどし，地盤の支圧抵抗により，アンカー引抜力に抵抗する（**解図 8-10（ⅱ）**）。

（ⅲ）複合型アンカー：（ⅰ）及び（ⅱ）の摩擦型と支圧型の両方の効果を期待したタイプである（**解図 8-10（ⅲ）**）。

　一般に，摩擦型のアンカーが非常に多く利用されているが，支圧型及び複合型のアンカーも幾つか開発され利用されている。摩擦型アンカーの引張り型と圧縮型の基本的な構造例と各部の名称を**参図 8-8（a），（b）**に示す。

　アンカーの引張り力を伝達する部材は，一般にPC鋼材（PC鋼棒，PC鋼より線，多重PC鋼より線等）あるいは連続繊維補強材等があり，JIS あるいは学会の規格として認められたものが用いられ，それぞれに適した定着具がある。

　のり面・斜面にグラウンドアンカー工を用いる場合の安定計算には，円弧すべ

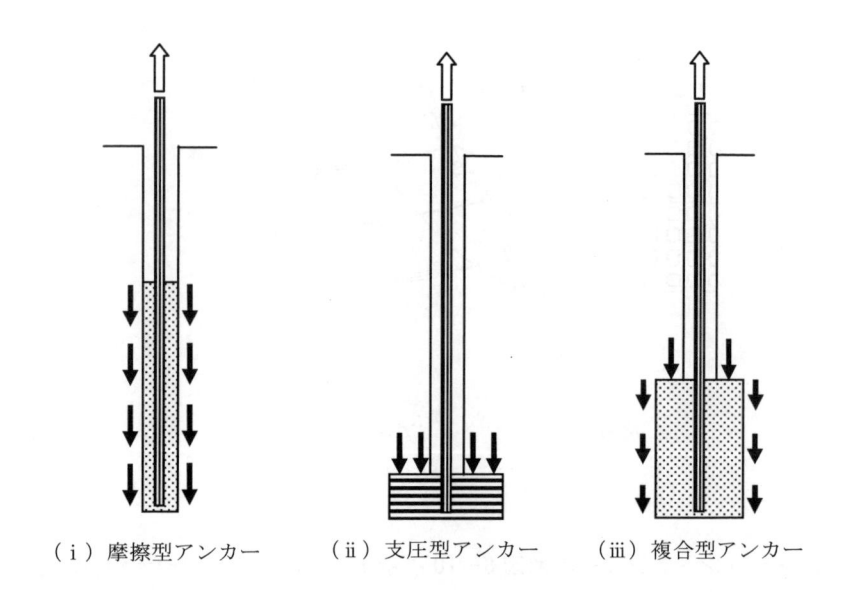

（ⅰ）摩擦型アンカー　　（ⅱ）支圧型アンカー　　（ⅲ）複合型アンカー

解図 8-10 アンカー体と地盤の支持機構

りや直線すべり，複合すべり等を仮定した安定計算法を用いて必要アンカー力を求めなければならない。

アンカー設計上の留意点を以下にまとめる。
① アンカー体はできる限り風化の進んでいない地盤に設置するのが望ましい。また，アンカー体は推定されるすべり面より深く設置する。実際の地盤は複雑な要素がからみあっているので，地盤調査の結果を検討し，基本調査試験により設計のための諸定数等を決定し，最も効果のあるアンカー配置を考えねばならない。
② アンカー1本あたりの設計アンカー力は，あまり大きくせず危険負担を軽減することが望ましい。一般的目安として，150～800kN/本程度が多く使用されている。
③ アンカーを仮設構造物以外の一般的な構造物や地すべり等の抑止工に用いる場合には，アンカーは確実な防食を原則とする。最近では，防食不要な連続繊維補強材等を用いたアンカーも使用され，温泉地帯等の特殊条件

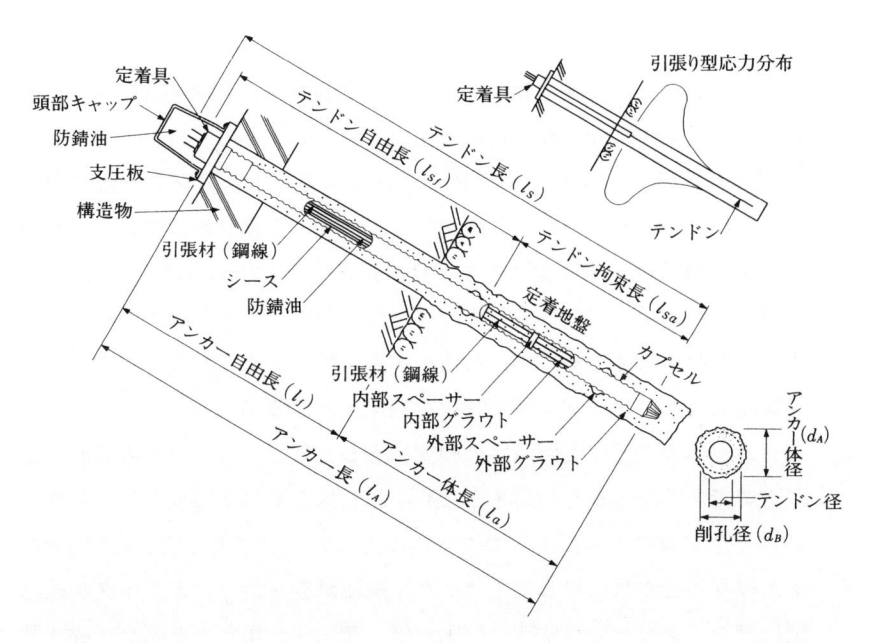

参図 8−8(a) 摩擦型アンカー（引張り型）の基本的な構造例と各部の名称

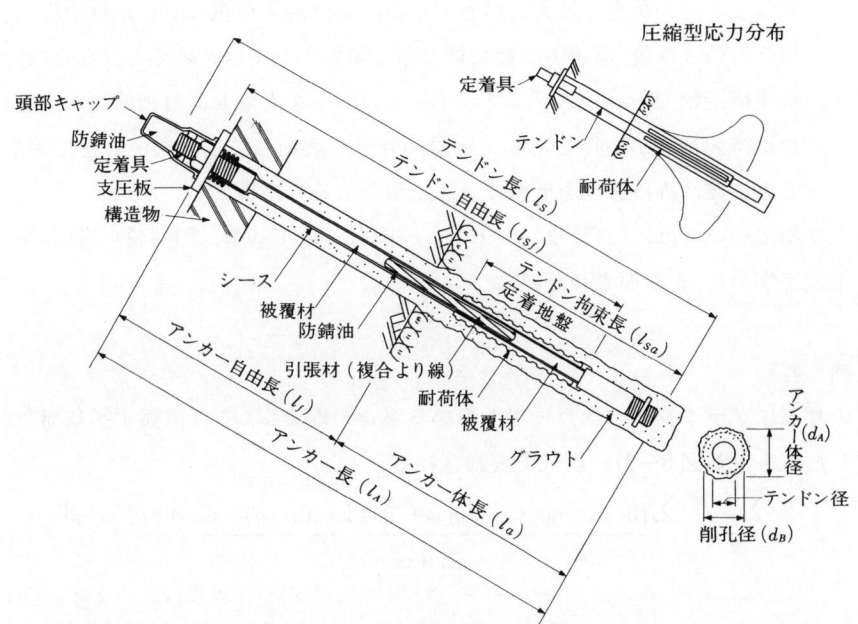

参図 8−8(b) 摩擦型アンカー（圧縮型）の基本的な構造例と各部の名称

下で用いられている。

④ アンカー頭部の受圧構造物は，アンカー緊張力が大きな場合に沈下のおそれが生じないような規模と構造を確保する必要がある。

⑤ 時間の経過にともなってリラクゼーション等によりアンカー緊張力が減少する場合もあるので，永久構造物として用いる場合にはアンカー頭部の構造を再緊張が可能な構造とし，自由長に応じた十分な余長を確保する。

(注) 自由長が短い場合（5〜6m程度）は微調整タイプのアンカーヘッドの使用で再緊張が可能であるが，自由長が長い場合，その伸び量が大きいので再緊張のためのテンドンの緊張代を確保する必要がある。

⑥ アンカー体のグラウトが所定の強度に達した後に，アンカーの設計・施工が適切であるか否かを確認するための品質保証試験を実施する。試験はアンカー全本数の5％以上，かつ3本以上に対して多サイクル確認試験を，また残りの全本数に対して1サイクル確認試験を行う。多サイクル確認試験は設計アンカー力（常時）の1.5倍の荷重を，また1サイクル確認試験では1.2倍の荷重を最大荷重とするが，計画最大荷重はＰＣ鋼材で降伏引張り力の0.9倍，連続繊維補強材で保証耐力の0.7倍を越えてはならない。

⑦ 地中構造物であるためライフサイクルコストを考慮し，計画的でかつ適切な維持・補修が重要であり，地盤調査等を実施して腐食環境等を把握し，できるだけ維持管理を低減できる工法とするのが望ましい。

詳細については，「グラウンドアンカー設計・施工基準，同解説」（社団法人地盤工学会），を参照されたい。

〔参 考〕

のり面にグラウンドアンカー工を用いる場合の安全率 F_s は円弧すべり面を仮定したとき（**参図8-9**），次式で表わされる。

$$F_s = \frac{\sum c \cdot l + \sum (W - u \cdot b)\cos \alpha \cdot \tan \phi + \sum T\{\cos(\alpha + \theta) + \sin(\alpha + \theta)\tan \phi\}}{\sum W \cdot \sin \alpha}$$

・・・・・・・・・・・・・（参8-1）

ここに，F_s：安全率

c : 粘着力 (kN/m²)

l : 分割片で切られたすべり面の弧長 (m)

W : 分割片の重量 (kN/m)

u : 間隙水圧 (kN/m²)

b : 分割片の幅 (m)

α : 分割片で切られたすべり面の中点とすべり円の中心を結ぶ直線と鉛直線のなす角 (度)

ϕ : せん断抵抗角 (度)

T : アンカー力 (単位断面あたり) (kN/m)

θ : アンカーテンドンと水平面とのなす角 (度)

なお式 (参8-1) の分子の T の前の Σ はグラウンドアンカーがすべり面と交わる分割片のみの総和を表わす。計画安全率 F_{sp} を与えて必要アンカー力 T_r (合力)を求める場合には上式を変形して次式を用いることができる。

$$T_r = \frac{F_{sp} \cdot \sum W \sin\alpha - \{\sum c \cdot l + \sum (W - u \cdot b)\cos\alpha \cdot \tan\phi\}}{\sum\{\cos(\alpha+\theta) + \sin(\alpha+\theta)\tan\phi\}} \quad \cdots\cdots\cdots (参8-2)$$

ここに　T_r : 必要アンカー力 (単位断面あたり) (kN／m)

　　　　F_{sp} : 計画安全率

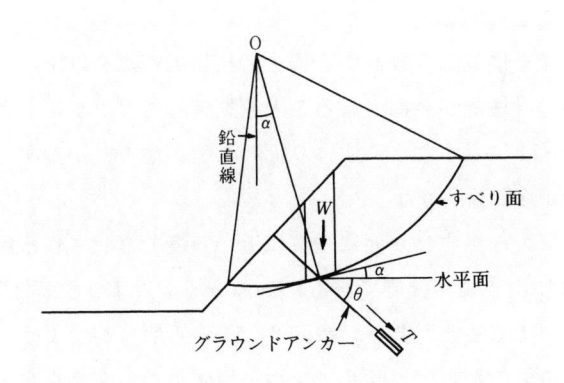

参図8-9　グラウンドアンカー工を用いる場合の安定計算法

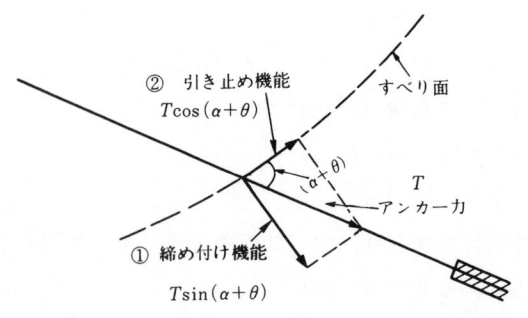

参図8-10 グラウンドアンカー工の2つの機能

　式（参8-1）からも明らかなように，グラウンドアンカー工には次の2つの機能があると考えられる（**参図8-10参照**）。
（ⅰ）すべり面における垂直力を増加させ，せん断抵抗力を増大させる。
　　　　　　　　　…締め付け（押え込み）機能（$T\sin(\alpha+\theta)\tan\phi$）
（ⅱ）すべり滑動力を減殺する。
　　　　　　　　　…引き止め（待受け）機能（$T\cos(\alpha+\theta)$）
　ところで，のり面・斜面を安定させるためのグラウンドアンカー工の設計においては，上記の2つの機能が同時に発揮されると考えた式（参8-1）を一般に用いるが，状況によっては，どちらか一方の機能のみを重点的に考慮し具体的な設計に反映させることもある。
　どちらかの機能を優先して設計する場合の技術的観点を以下に示す。例えば，主に（ⅰ）の締めつけ機能が発揮されることを期待してグラウンドアンカーを用いるのは，**参図8-11**に示すようにすべり面の勾配が急で，かつすべり面の位置が比較的浅い場合が多い。
　グラウンドアンカーがすべり面に垂直に近い角度で打設される場合は，**参図8-11**に示すように引き止め機能である $T\cos(\alpha+\theta)$ は小さくなり，安全側に考慮してこれを無視することもある。**参図8-11**から明らかなように，締め付け機能を重点的に期待するならば，同じアンカー引張力ならグラウンドアンカーの打設角がすべり面に直角に近い程締め付け機能は大きくなる。締め付け機能を重点的に期待するアンカーでは定着時緊張力として，設計アンカー力の100％を採用

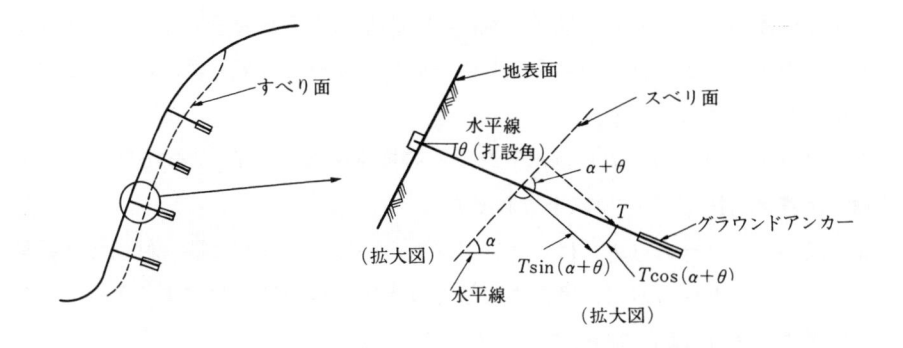

参図 8-11 締め付け機能を期待する場合（すべり面の勾配が急な場合）

する場合が多い。

　一方，主に(ⅱ)の引き止め機能を期待してアンカーを用いる場合では，**参図 8-12** に示したようなすべり面の勾配が緩やかでかつすべり面が比較的深い場合が多い。

　この場合，**参図 8-12** に示すように締め付け機能である $T\sin(\alpha+\beta)\tan\phi$ は小さくなり，安全側に考慮して，これを無視することもある。**参図 8-12** から明らかなように引き止め効果を重点的に期待するならば，同じアンカー引張力ならアンカーの打設角がすべり面に平行に近い角度になるほど，引き止め機能は大きくなる。ただし，水平に近い打設角では，グラウト時にブリージング水がたまって耐力が期待できないことが多いので，水平に対して-5～+5度の角度の打設は避けなければならない。

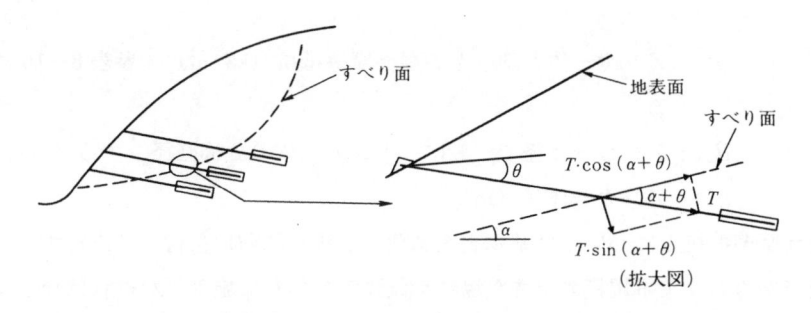

参図 8-12　引き止め機能を期待する場合（すべり面の勾配がゆるい場合）

アンカー体の設計においては式（参8-2）より求まる必要アンカー力とアンカー配置計画から決定される1本あたりの設計アンカー力（T_d）は，以下の3項目を満足しなければならない。

（i）設計アンカー力（T_d）は，アンカーの極限引抜力（T_{ug}）を安全率（f_s）で除した許容引抜力（T_{ag}）以下であること。$T_d \leqq T_{ag} = T_{ug}/f_s$

（ii）設計アンカー力（T_d）は，テンドンあるいはテンドンに取り付けた拘束具と周辺グラウトとの付着力，摩擦力もしくは支圧抵抗力等から求まるテンドンの許容拘束力（T_{ab}）以下であること。$T_d \leqq T_{ab}$

（iii）設計アンカー力（T_d）は，引張鋼材の強さから求まる許容引張り力（T_{as}）以下であること。$T_d \leqq T_{as}$

（iv）許容引抜力（T_{ag}）の算定

摩擦型アンカーの許容引抜き力は，次式により算定する。

$$T_{ag} = \frac{1}{f_s} \tau \cdot \pi \cdot d_A \cdot l_a \quad \cdots\cdots\cdots\cdots\cdots\cdots\cdots\cdots\cdots\cdots（参8-3）$$

ここに，T_{ag} ：許容引抜力（kN）

f_s ：安全率

　　（a）仮設構造物に用いる場合　1.5

　　（b）一般構造物に用いる場合

　　　・一時的荷重（短期荷重）を受けるアンカーの場合

　　　　1.5～2.0

　　　・常時の荷重（長期荷重）を受けるアンカーの場合

　　　　2.5

τ ：アンカー体と地盤との周面摩擦抵抗（kN/m²）で**参表8-16**による

d_A ：アンカー体径で一般に，アンカー体の公称直径とする（m）

l_a ：アンカー体長（m）

周面摩擦抵抗 τ については基本調査試験（引抜き試験）を行って決定するのが原則であるが，工事規模の小さな場合や仮設等で早急に施工しなければならない時には，**参表8-16**を用いることがある。基本調査試験の詳細については，「グラ

ウンドアンカー設計・施工基準，同解説」（社団法人　地盤工学会）を参照されたい。

参表8－16　アンカーの周面摩擦抵抗（参考文献9）の表を一部修正）

地盤の種類		周辺摩擦抵抗(N/mm²)
岩盤	硬岩	1.5～2.5
	軟岩	1.0～1.5
	風化岩	0.6～1.0
	土丹	0.6～1.2
砂礫 N値	10	0.10～0.20
	20	0.17～0.25
	30	0.25～0.35
	40	0.35～0.45
	50	0.45～0.70
砂 N値	10	0.10～0.14
	20	0.18～0.22
	30	0.23～0.27
	40	0.29～0.35
	50	0.30～0.40
粘性土		1.0c （cは粘着力）

また，アンカー自由長は原則として4m以上とし，アンカー定着長は原則として3m以上，10m以下とする。

(ⅱ) テンドンの許容拘束力（T_{ab}）の算定

グラウトとテンドンの許容付着力から求めるテンドンの許容拘束力（T_{ab}）は，次式により算定する。

$$T_{ab} = \tau_{ba} \cdot u \cdot l_{sa} \quad \cdots\cdots\cdots\cdots\cdots\cdots\cdots\cdots\cdots\cdots\cdots\cdots\cdots\cdots\cdots\cdots (参8-4)$$

ここに，T_{ab}：テンドンの許容拘束力（kN）

　　　　τ_{ba}：テンドンとグラウトの許容付着応力度(kN/m²)で**参表 8－17**による

　　　　u：テンドンのみかけの周長（m）

　　　　l_{sa}：テンドン拘束長（m）

(ⅲ) テンドンの許容引張り力（T_{as}）の算定

テンドンに鋼材を用いた場合の許容引張り力は，次式により算定する。

$$T_{as} = n \cdot \sigma_{as} \cdot A_s \quad \cdots\cdots\cdots\cdots\cdots\cdots\cdots\cdots\cdots\cdots\cdots\cdots\cdots\cdots\cdots\cdots (参8-5)$$

ここに, T_{as} : 許容引張り力 (kN)

σ_{as} : テンドンの許容引張応力度 (kN/mm²)

永久アンカーで(常時)の場合で $\sigma_{as} \leqq 0.60 \sigma_{us}$

かつ $\sigma_{as} \leqq 0.75 \sigma_{ys}$ とする。

σ_{us} : テンドンの引張応力度 (kN/mm²)

σ_{ys} : テンドンの降伏応力度 (kN/mm²)

A_s : テンドンの断面積 (mm²)

参表8-17 テンドンとグラウトの許容付着応力度 τ_{ba} (N/mm²)

引張り材の種類	グラウトの設計基準強度 σ28	15	18	24	30	40以上
仮　　設	PC鋼線 PC鋼棒 PC鋼より線 多重PC 〃	0.8	1.0	1.2	1.35	1.5
	異形PC鋼棒	1.2	1.4	1.6	1.8	2.0
一般構造物	PC鋼線 PC鋼棒 PC鋼より線 多重PC 〃	—	—	0.8	0.9	1.0
	異形PC鋼棒	—	—	1.6	1.8	2.0

(9) 地山補強土工

　地山補強土工は，地山に挿入された補強材によってのり面や斜面全体の安定度を高め，比較的小規模な崩壊防止，急勾配のり面の補強対策，構造物掘削等の仮設のり面の補強対策等で用いられる。地山補強土工は**解図8-11**に示すように，鉄筋等の補強材を地山に挿入し，切土による自然の改変を最小限にとどめ，地山を急勾配で切土する場合や構造物を設置する際の仮設への適用等，多様な条件下で様々な工法と組み合せて用いられている。

　補強材を地山に挿入するタイプの地山補強土工には，極限つり合い法，疑似擁壁工，2ウェッジ法等の設計法や施工方法等の違いにより種々の工法が提案され

ているが，ここでは施工実績が多い高速道路の斜面安定で用いられている極限つり合い法の一つを参考に示す．

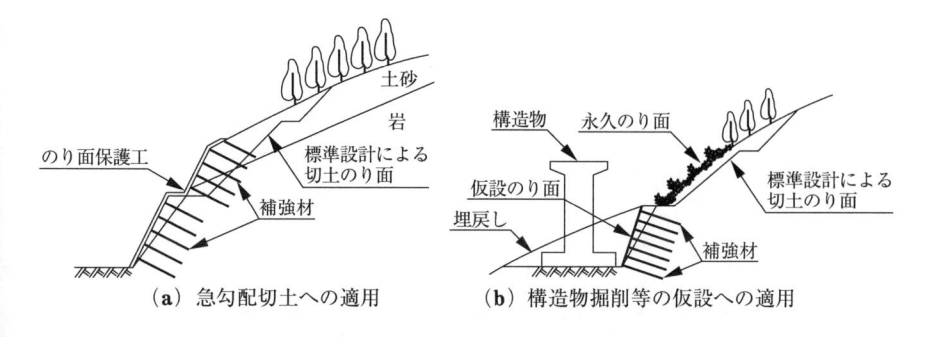

(a) 急勾配切土への適用

(b) 構造物掘削等の仮設への適用

解図 8－11　鉄筋挿入工の適用例

〔参考〕

設計は，崩壊が軽微な場合に適用される経験的設計法とそれ以外の安定計算による設計法とに分けられる．経験的設計法は，崩壊対策として標準勾配で切土をしたときに，深さ 2 m 程度の浅い崩壊または緩んだ岩塊の崩落が予測される場合に限って適用してよい．安定計算を省略した経験的設計諸元を**参表 8－18**に示す．

安定計算による場合は，内的及び外的安定を検討する必要があり，これらは極限つり合い法により実施する．円弧すべりの場合の安定計算式を次に示す．

$$F_{sp} \leq \frac{\sum c \cdot l + \sum (W - u \cdot b) \cos \alpha \cdot \tan \phi + P_r}{\sum W \cdot \sin \alpha} \quad \cdots\cdots\cdots\cdots\cdots\cdots (\text{参} 8-6)$$

ここに，F_{sp}：計画安全率（本設＝1.2，仮設＝1.05～1.10）

P_r：補強材の抑止力

$(= T_m \cdot \cos \beta + T_m \cdot \sin \beta \cdot \tan \phi)$

T_m：補強材の設計引張り力 $(= \lambda \cdot T_{pa})$

β：補強材とすべり面となす角度

ϕ：すべり面の内部摩擦角

λ：補強材の引張り力の低減係数（＝0.7）

T_{pa}：補強材の許容引張り耐力 $(= min[T1_{pa}, T2_{pa}, T_{sa}])$

上記以外の記号は，式（参8-1）を参照のこと．

参表8-18 経験的設計諸元

項　目	諸　元
削　孔　径	$\phi 65$ mm以上
鉄　筋　径	D19〜D25
鉄　筋　長	2〜3m※)
打　設　密　度	2 ㎡あたり1本
角　　度	水平下向き10°〜のり面直角

※)すべり深さが1mであると予想される場合には2m，深さが2m
であると予想される場合には3mを目安とする．
参考資料：NEXCO「切土補強土工法設計・施工要領」，平成19年1月

補強材の許容引張り耐力T_{pa}は，補強材が移動土塊から受ける許容引抜き抵抗力$T1_{pa}$，不動地山から受ける許容引き抜き抵抗力$T2_{pa}$，及び補強材の許容引張り力T_{sa}のうち最小のものを用いる（**参図8-13**）．なお，のり面工に吹付枠工相当以上のものを用いた場合には$T1_{pa}$の検討を無視してよいが，仮設時の安定も十分考慮する必要がある．この場合の$T2_{pa}$は，

$$T2_{pa} = \Sigma\, L2 \cdot t_a \quad\cdots\cdots\cdots\cdots\cdots\cdots\cdots\cdots\cdots\cdots\cdots\cdots\cdots\cdots（参8-7）$$

ここに，$L2$ ：不動地山における定着長（m）

t_a ：許容付着強度（$=min[t_{pa},\ t_{ca}]$）（kN/m）

t_{pa} ：地山と注入材との許容付着力（$=[\tau_p \cdot \pi \cdot D]/F_{sa}$）（kN/m）

t_{ca} ：補強材と注入材の付着力（$=\tau_c \cdot \pi \cdot d$）（kN/m）

τ_p ：地山と注入材の周面摩擦抵抗（**参表8-19**参照）（kN/㎡）

D ：削孔径（m）

F_{sa} ：周面摩擦抵抗の安全率（本設=2，仮設=1.5）

τ_c ：補強材と注入材の許容付着応力（**参表8-20**参照）（kN/㎡）

d ：補強材径（m）

地山補強土工を用いた切土のり面では，施工時に最も不安定な状態になる可能性が高いことから，設計に当たっては施工時の安定性についても検討しておく必

要がある。

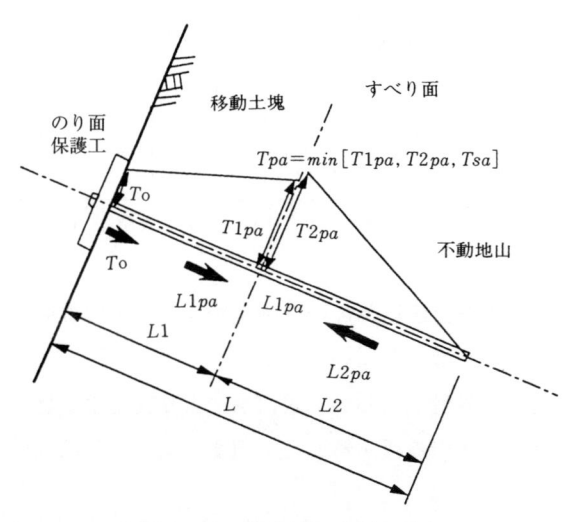

参図 8-13　補強材の引張り耐力

参表 8-19　極限周面摩擦抵抗の推定値

地盤の種類			周辺摩擦抵抗の推定値(N/m㎡)
岩盤	硬岩		1.20
	軟岸		0.80
	風化岩		0.48
	土丹		0.48
砂礫	N値	10	0.08
		20	0.14
		30	0.20
		40	0.28
		50	0.36
砂	N値	10	0.08
		20	0.14
		30	0.18
		40	0.23
		50	0.24
粘性土			$0.8 \times C$

C：粘着力
参考文献：NEXCO「切土補強土工法設計・施工要領」，平成19年1月

参表8-20 注入材と異形鉄筋の許容付着応力度 (N/mm²)

鉄筋の種類 \ 注入材の設計基準強度	18	24	30	40以上
異形鉄筋	1.4	1.6	1.8	2.0

参考文献：NEXCO「切土補強土工法設計・施工要領」，平成19年1月

また，地山補強土工を仮設以外の一般構造物として用いる場合には，補強材の防食に注意を払わなければならない。

補強材頭部と地山境界付近において表流水により腐食する恐れがあるので，補強材頭部をコンクリートで被覆することが望ましく，また注入材の充てんを入念に行う必要がある。

(10) かご工

かご工は，機能，形状や設置方法等により，以下に示すじゃかご工，ふとんかご工，かごマット工に区分される。

じゃかご工は，多量の湧水や表流水によるのり表面の浸食及び凍上を防止する機能があり，主としてのり面表層部の湧水処理，表面排水並びに凍上防止等に用いられる。

ふとんかご工は，じゃかごの機能と土圧に抵抗する機能を有しており，湧水箇所や地すべり地帯における崩壊後の復旧対策工等に用いられ，のり面工というよりはむしろ土留め用として使用される場合が多い。

かごマット工は，ドレーンかごや特殊ふとんかごとも呼称され，景観性向上やのり面・斜面の表層安定対策として用いられる。柔軟性に富んだ金網を連続した一体構造として金網内に小径の砕石を詰めることで，湧水と凍結融解作用が顕著なのり面・斜面全体に用いられる場合が多い。

かご工では，湧水の多い場合に集めた水を速やかに排水できるように留意するとともに，のり面・斜面からの流出土砂によってかごが目詰まりを起こす恐れのある場合には，周囲を砂利等で保護する。

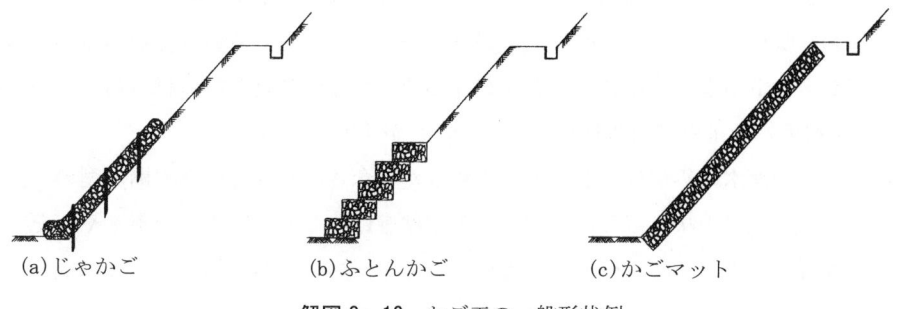

かご工の一般形状例を**解図 8-12**に示す。

(a) じゃかご　　(b) ふとんかご　　(c) かごマット

解図 8-12　かご工の一般形状例

　かご工における環境・景観への対応は，主要材料が自然石であり大規模な施工も少ないため，修景緑化を行わなくても違和感を生じることは少ない。
　緑化する場合は，局所的に客土を行い樹木やツル植物等を植栽する方法が考えられるが，排水の促進を目的としているため，植栽に際しては客土や植栽が排水の障害とならないよう注意が必要である。

(11)　モルタル・コンクリート吹付工

　モルタル・コンクリート吹付工は，岩盤の風化防止，雨水等の地山への浸透による浸食や崩壊の発生防止・緩和，小規模な落石防止等の機能がある。
　モルタル・コンクリート吹付工は，風化しやすい岩盤，風化してはく離または崩落する恐れのある岩盤，切土した直後は堅固でも，表面からの浸透水により不安定になりやすい土質等に用いられる。
　吹付厚さは，のり面の地質状況や凍結深等の立地条件を考慮して決定するが，一般にモルタル吹付工の場合は 8～10 cm，コンクリート吹付工の場合は 10～20 cm を標準とする。ただし，繊維補強材の混合により補強された吹付工の吹付厚はこの限りではないが，使用に当たっては適用条件や施工条件等の十分な検討が必要である。なお，寒冷地域等気象条件の厳しい地域におけるモルタル吹付工の吹付厚さは 10 cm 以上必要である。
　吹付配合は，過去の実績や経済性等を考慮して決定するが，一般にセメントの

使用量は360〜420kg/m³の範囲，水セメント比は45〜60％の範囲が多い。モルタルやコンクリートの圧縮強度については，一般に15N/mm²以上を目安にする。

なお，吹付用の細骨材に関しては，細粒分が多すぎると所要強度を得るための使用セメントが多くなるので，細粒分を多く含まない良質な細骨材（粗粒率 2.5〜3.1程度）を用いて耐久性を確保することが重要である。

施工後の湧水の処理は難しいので，湧水が懸念される場合は極力開放型の工法を用い，モルタル吹付工等の密閉型の工法は避けることが望ましいが，やむを得ない場合は，吸出し防止材や暗きょ排水管等を使用した湧水処理，または水平排水孔や地下排水溝等の適切な排水工を設計する必要がある。

吹付けに先立ち，のり面の浮石，ほこり，泥等を人力または水・空気圧により清掃した後，一般に菱形金網をのり面に張り付けて凹凸に沿いアンカーピンで固定するが，凹凸の少ない場合には溶接金網を用いることもある（**解図8-13**参照）。アンカーピンの数は1m²に1〜2本を標準とする。勾配が急で吹付厚が厚い場合，のり面の凹凸が著しい場合等は，必要に応じてアンカーピンやアンカーバーの本数を増やすことが望ましい。

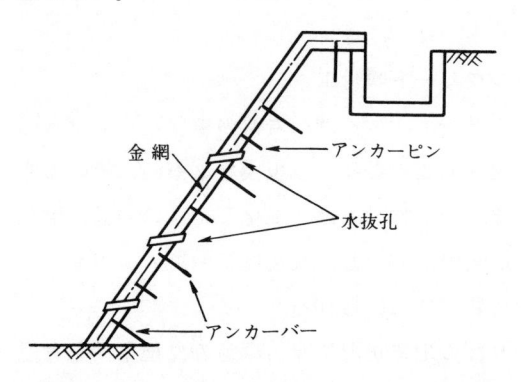

解図8-13 モルタル・コンクリート吹付工の例

吹付け面には原則として水抜き孔を設置する。水抜き孔は，標準として直径40〜50mm程度で2〜4m²に1個以上の割合で設置する。のり肩の処理は地山まで完全に巻き込むように吹付ける。また，施工面積が広く平滑な場合には，10〜20mに1箇所の割合を目安として伸縮目地を設けることが望ましい。また，吹付厚が

15cm以上でずり落ちが懸念される場合には，必要に応じて金網の下に鉄筋を配置するなど適切な対応が望ましい。

吹付工の耐久性は，配合，現場条件や吹付機械の性能，作業員の熟練度と能力によって大きく影響されるほか，特に施工時の気象条件にも大きく影響されるため，施工時期や施工時間等に十分注意を払わなければならない。モルタルやコンクリートは，急激な乾燥や凍結に対して非常に弱く，養生が不十分だと吹付け面に亀裂やはく離を生じることとなる。

次の場合は吹付け作業を原則として行わない。
① 強風で正常な吹付作業を著しく妨げる場合。
② 気温が氷点に近く，適切な養生ができない場合。
③ 雨が激しく，吹付け面からセメントが洗い流されるような場合。
④ 晴天で風が強く，乾燥が著しい場合。

吹付けの方法には乾式と湿式があり，のり面での施工は湿式が一般である。

吹付け作業は一般には上部から行い，所定の厚さを一度に吹付けることを標準とし，吹付けを打ち切る場合には直ちに止めないで，施工継手等で打ち止める必要がある。中間に継手をつくる場合は，弱部とならないよう十分に清掃しなければならない。吹付時には吹付材料が一部はね返るが，はね返った材料は除去しながら吹付けし，落ちた骨材を再び使用してはならない。

モルタル・コンクリート吹付工の環境・景観対策は，モルタル・コンクリート吹付表面を植生基材吹付工により植生基盤を造成する方法や吹付工の一部にポケット状の植栽地を設けて，そこにツル植物を植栽する方法等がある。ただし，地山からの水分・養分の供給が期待できず，急勾配箇所や乾燥の激しい南～西向のり面では，植生が衰退し裸地化するなどの危険性が高いため，検討に当たり植生基盤の厚さや導入植物の選定に十分注意する必要がある。

また，吹付背面の空洞化や表面の亀裂等吹付工の健全性については，事前に調査を行うことが必要である。

⑿ **石張工，ブロック張工**

石張工，ブロック張工（コンクリート版張工を含む）には，のり面の風化及び

浸食等の防止機能があり，1：1.0以下の緩勾配で粘着力のない土砂，泥岩等の軟岩並びに崩れやすい粘性土等ののり面に用いる。また，のり面勾配を標準より急にする必要がある場合や，オーバーブリッジの埋め戻し部，盛りこぼし橋台の前面の保護等にも用いられる。

使用する石材，ブロックの控長はのり面勾配と使用目的に応じて定めるが，標準値を**解表8－14**に示すため参考にするとよい。

石張工，ブロック張工は，直高は5m以内，のり長は7m以内で，できる限り緩勾配で用いることが望ましい。特に，雑石張りを行う場合は，勾配は1：1.5より緩やかにし，直高5m程度までが好ましい。

平版ブロック張工は，のり長が短く勾配の緩やかな箇所に用いる。

コンクリート版張工は，ずり落ちや浮上がり防止のため，枠工を併用することが多く，枠間隔は4～6m程度が多い。

解表8－14　のり面勾配と控長　　　　　　　　　　（単位：cm）

種別＼箇所 のり面勾配[注1)	一般ののり面保護			特殊箇所ののり面保護 [オーバーブリッジの埋戻し，盛りこぼし，橋台前面等]		
	石張り	ブロック張り	コンクリート版張り	石張り	ブロック張り	コンクリート版張り
1.0～1.2	35～25[注1)	35	20以下	35	35	20以下
1.2～1.5	35～25[注2)	35	20以下	—	25	20以下
1.5～1.8	25以下	12以下	20以下	—	18以下	20以下

注1）勾配が1：1.5より急な場合は直高5m以下ののり面に適用する。
　2）石張りの控長25cmは玉石を用い，直高3m以下ののり面に適用する。

湧水や浸透水のある場合には，背面の排水を良好にするため，ぐり石または切込砕石を用いて裏込めをしなければならない。その場合の裏込めの厚さは20cm程度とする。水抜孔は直径50mm程度で，標準的には2～4m²に1個の割合で設け，湧水の多い箇所には数を増やす（**解図8－14**参照）。十分な排水処理（暗きょ排水や防水マット等）を施した後に，石張りを行うべきで，これを怠ったため崩壊した例が多く見られる。

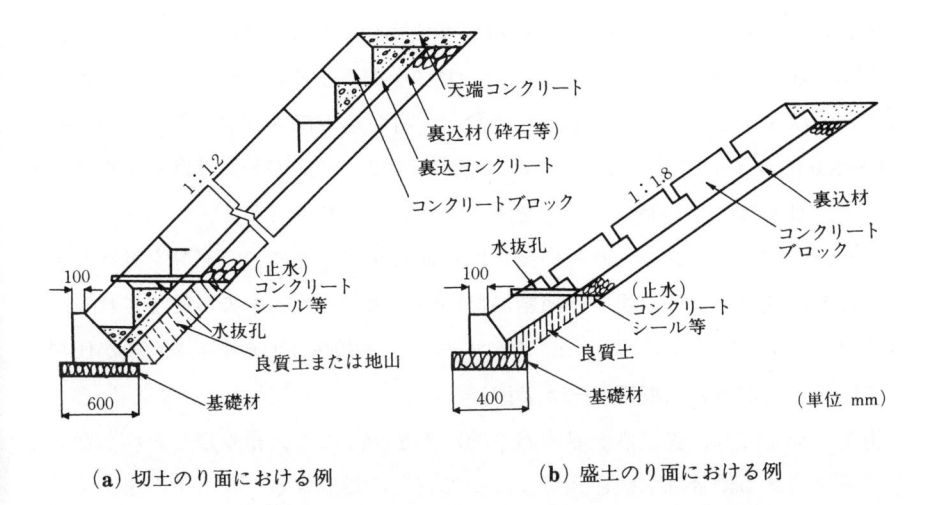

(a) 切土のり面における例   (b) 盛土のり面における例

解図8-14 コンクリートブロック張工の例

　石張工・ブロック張工の施工を行う場合は，まず所定の基礎を作り，胴がい及び尻がいにて張石を固定し，胴込めコンクリート，裏込めコンクリート及び裏込め材を充てんし，天端付近に著しい空隙が生じないように入念に施工する。基礎の種類としては，ぐり石基礎，コンクリート基礎，くい基礎等がある。石の積み方としては，一般に谷積みを採用する。また，練張りの場合は不同沈下に備え，10～20m毎に継手を設ける必要がある。

(13) **コンクリート張工**

　コンクリート張工には，のり面表層部の崩落防止，土砂の抜け落ちの恐れのある箇所の土留め，岩盤はく落防止機能がある。

　コンクリート張工は，コンクリート擁壁工とモルタル・コンクリート吹付工との中間に位置付けられ，原則として土圧等の作用しない箇所に用いる。長大のり面，急勾配のり面では，金網または鉄筋を入れるとともに，すべり止めのアンカーピンまたはアンカーバーを付けることが望ましい。

　一般に，1:1.0程度の勾配ののり面には無筋コンクリートが用いられ，1:0.5程度ののり面には鉄筋コンクリート張工やH型鋼等で補強したコンクリート張工

― 305 ―

が用いられ，等厚とした場合20〜80cmが多く用いられている。コンクリート張工は，最小20cm程度の厚さが必要である。すべり止めのアンカーピンもしくはアンカーバーは1〜2㎡に1本の割合で設置し，打ち込み深さはコンクリート厚さの1.5〜2.0倍が多く施工されているが，地質状態により崩壊や抜け落ち等を防止するなど，目的に応じて適宜に長さを決定することが重要である。

　アンカーピン，アンカーバーの長さは，地質状況や凍結の有無等を勘案して決定される。地質が良好な場合や凍結がない場合は，短尺のものが使用される。一般に，アンカーピンは15〜40cm，アンカーバーは30〜150cm程度のものが使用されていることが多い（**解図8－15**参照）。

　施工に際しては，表流水の岩盤内への侵入を防ぐこと，張り残しを作らないこと，湧水のある場合は水抜き孔等によって完全に処理すること，上端をよく地盤内へくい込ませること等が重要である。

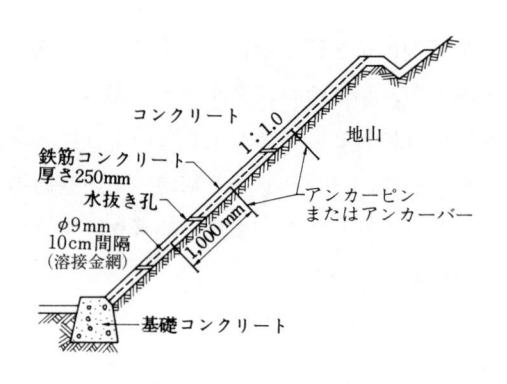

解図8－15　コンクリート張工の例

　コンクリートの打設高は，十分に締固めのできる高さとする。張コンクリートは厚さが薄いので，型枠にバイブレーターを介して締固めを行うことが多い。

　また，施工前ののり面処理が不完全であると，コンクリートと地山の間に空洞が生じやすく，年月の経過によって打継ぎ目等から草木が発芽し雨水の侵入を助長することになるので注意を要する。

　コンクリートの打継ぎを行う場合は，その施工継手を水平にすると，継手上部

がすべり出す恐れがあるので，施工継手はのり面に垂直あるいはかぎ形にすべきである（**解図8－16**参照）。

施工継手部には用心鉄筋等を配置するとよい。用心鉄筋はφ9〜22mmで長さ50cm程度のものがよく用いられている。

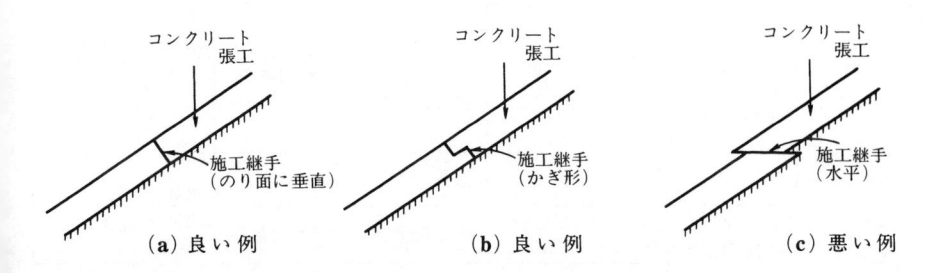

解図8－16　コンクリート張工の施工継手

8－4－3　構造物工の維持管理

構造物の維持管理は，供用期間中において各構造物工の機能を満足した状態にあるかを点検・確認し，変状が確認された場合には，その原因に応じて適切な対応策を実施する。

構造物工の維持管理では，**解表8－15**に示すように構造物の種類によって，発生する変状の原因や対策工が多様であり，画一的な維持管理計画の立案では，所定の機能を確保することが困難となることに留意しなければならない。

解表 8-15 構造物工に発生した変状の主な原因，調査及び対策工の例

工 種	変 状	主な原因	調査（例）	対策工（例）
モルタル吹付工	新規クラックの発生（開口亀裂，段差亀裂）	地山の劣化による空洞の発生	打音調査（空洞音），熱赤外線を用いた空洞調査	空洞充填，地山補強土工
		表層すべりの兆候	打音調査（地山密着），周辺地山の亀裂調査	のり枠工，地山補強工
		地すべりの兆候（雁行亀裂等のり面全体に及ぶものが多い）	クラック分布と周辺地山の変状の関連と影響範囲調査，地質調査	押さえ盛土，集水井，深礎工，杭工，排水ボーリング工，グラウンドアンカー工
		乾燥・収縮	影響範囲（幅，長さ）調査	クラック補修，再施工
	モルタル吹付の落下（小片落下，部分落下，土砂崩壊に伴う落下）	湧水等による背面土砂の流出	影響範囲，湧水量の調査	排水処理工，かご工
		表層すべりの発生	崩壊領域調査，地質調査	のり枠工，地山補強土工，グラウンドアンカー工
		凍上・凍結	凍結深等影響範囲調査	再施工，のり枠工，地山補強土工
コンクリート張工	新規クラックの発生	表層すべりの兆候	周辺地山の亀裂調査	のり枠工，地山補強土工
		乾燥・収縮	影響範囲（幅，長さ）の調査	クラック補修，再施工
	押し出し，段差発生	地すべりの兆候	影響範囲と地質調査	押さえ盛土，集水井，深礎工，杭工，排水ボーリング工，グラウンドアンカー工
	沈下	地山の劣化による空洞の発生	コア抜き，背面調査	内部充填，地山補強土工
	表面はく離	凍結・凍上	はく離の程度と範囲の調査	表面修復，再施工
石張・ブロック張工	緩み（石，ブロック）	裏込め材の沈下，流出	ゆるみ領域調査	充填，締固め，地山補強土工
	沈下	裏込め，または背面地山の沈下，流出	周辺地山や排水施設の調査，地質調査	排水処理工，充填，締固め，地山補強土工

	はらみだし	背面地山の土圧（地すべり）	影響範囲と地質調査	押さえ盛土，集水井，深礎工，杭工，排水ボーリング工，グラウンドアンカー工
		表層すべりの兆候	影響範囲と地質調査	のり枠工，地山補強土工，グラウンドアンカー工
	基礎部の沈下	土砂の洗掘	影響範囲と地質調査	排水処理工，再施工
現場打コンクリート枠工，吹付枠工	枠の亀裂	設計よりも大きな表層すべり	当初設計の崩壊規模と亀裂の状況調査	地山補強土工，グラウンドアンカー工
		地すべりの発生	影響範囲と地質調査	押さえ盛土，集水井，深礎工，杭工，排水ボーリング工，グラウンドアンカー工
	枠下部の空洞	表流水や湧水による洗掘	湧水量調査，地質調査	排水処理工，排水ボーリング工
	枠表面の剥離	凍上・凍結	はく離の程度と範囲の調査	断面修復，再施工
		中性化，鉄筋の腐食等	中性化の範囲や腐食の程度の調査	断面修復，再施工
	枠のはらみ出し	異常な土圧の発生	はらみ出し領域と周辺地山調査，地質調査	地山補強土工，グラウンドアンカー工
プレキャスト枠工	枠下部の空洞	湧水等による洗掘	湧水量調査，必要に応じた地質調査	排水処理工，再施工
	枠の持ち上がり	土圧	地質調査	のり枠工，地山補強土工
		凍上・凍結	凍結深等影響範囲調査	のり枠工，地山補強土工
	枠の割れ目，枠のひずみ	枠軸方向への沈下，異常土圧	影響範囲と周辺地山調査，地質調査	のり枠工，地山補強土工
中詰工 客土	枠との隙間，土砂の流失	表流水による洗掘，植生の衰退	湧水量，植物の衰退範囲や病害虫等の調査	のり面緑化工の維持管理を参照
中詰工 植生土のう	枠との隙間，土のうの散乱			

植生基盤	枠との隙間，植生基材の流出		

※ グラウンドアンカー工併用の構造物では，定着具等の劣化や地震動等の衝撃によるグラウンドアンカー頭部の損傷によって，構造物の健全性が損なわれる場合があるので，「グラウンドアンカー維持管理マニュアル」（独立行政法人土木研究所，社団法人日本アンカー協会），「グラウンドアンカー工の点検及び健全度調査マニュアル（案）」（NEXCO，平成14年6月）等を参考資料とし，維持管理には細心の注意を払う必要がある。

参考文献

1) （社）地盤工学会：地盤調査の方法と解説， 2004.
2) 東日本高速道路（株）・中日本高速道路（株）・西日本高速道路（株）：設計要領第一集造園編，2006.
3) 石塚和雄編：群落の分布と環境，朝倉書店，p.357, 1977.
4) 新田　尚ら：気象ハンドブック第3版，朝倉書店，p.982, 2005.
5) 森林立地懇話会：日本森林立地図， 1972.
6) 野上道男・大場秀章：暖かさの指数から見た日本の植生，科学61(1), P.36-49, 1991.
7) 東日本高速道路（株）・中日本高速道路（株）・西日本高速道路（株）：植生のり面施工管理要領，2006.
8) （社）農業土木事業協会：自然環境を再生する緑の設計，1993.
9) （社）地盤工学会：グラウンドアンカー設計・施工基準，同解説，2000.

斜面安定工編

第9章 斜面崩壊対策

9-1 斜面崩壊対策の対象とする現象と基本的考え方

> 斜面崩壊対策で対象とする現象は，斜面表層部の土砂が崩壊する形態とする。
> (1) 想定される斜面崩壊の規模や被災の程度を考慮して，斜面崩壊対策を行い被害を防止する。
> (2) 対策については緊急度の大きい箇所を優先的に行い，順次他の箇所を段階的に対策を行うことで安全度を向上させる。
> (3) 大規模な自然斜面では，対策工のみでは対処し得ない場合もある。この場合には通行規制等の手段を活用し，道路交通の安全確保に努めるものとする。

　ここで対象とする現象は，構成材料が土砂である斜面の表層部の崩壊，あるいは盛土・切土を施していない山側の自然斜面で基岩上を表土が被覆している箇所で発生する表層崩壊の対策を取り扱う。なお，山側切土のり面の背後斜面に発生する表層崩壊も対象とする。
(1) 調査により崩壊の恐れのある斜面において，想定される規模や発生の可能性，被災の程度を考慮して，斜面崩壊対策を実施する。なお，基岩から崩壊するような深い斜面崩壊が予想される場合は，切土工で対処するか，地すべり対策に準じる対策を行うこととなるので，「第6章　切土工」や「第11章　地すべり対策」を参照のこととし，構成材料が岩であるような斜面の表層部の崩壊は「第10章　落石・岩盤崩壊対策」を参照のこととする。また，切土の崩壊についての対策工は，「第8章　のり面保護工」を参照されたい。

(2) 多数の崩壊危険地に全ての対策工を設置するまではかなりの期間が必要であるため，緊急度の高い箇所を優先的に実施し，段階的に対策を行うことで安全度を向上させることを基本とする。この場合，未対策の箇所や，崩壊の危険が小さいと判断された箇所からの崩壊が発生する可能性もあるため，豪雨時には通行規制等の手段を活用する。

(3) 大規模な自然斜面，特にのり面の背後斜面に発生した崩壊の場合，崩壊の発生位置と道路との間の比高差が大きく，崩土の運動エネルギーが大きくなる。よって対策工の規模や設計外力が非常に大きくなり，対策工のみでは対処し得ない場合も多い。この場合には通行規制等により対処することが必要となる。対策工の位置・範囲や規模または設計外力は，十分な調査により推定された崩壊範囲や規模をもとに決定しなければならない。

9－2 斜面崩壊対策の調査
9－2－1 調査の基本的考え方

> 斜面崩壊の調査の目的は，崩壊位置や崩壊規模を想定し，対策の範囲や適切な工法の設計・施工のために行うものである。調査は，斜面崩壊の可能性が高い区域を抽出するために行う予備調査と，具体的な対策工法の詳細な計画，設計，施工のための基礎資料を得るための詳細調査を行う。

　予備調査は資料調査と現地概査，詳細調査は地盤調査及び試験を主とする。
　斜面崩壊には**参表 1－1**(a)に示すように表層崩壊と大規模崩壊・地すべり性崩壊があり，調査項目も異なるため，予備調査後または詳細調査の初期段階で，どの崩壊形態を対象とするかを明確にし，効率的に調査を進める必要がある。
　予備調査の結果，斜面崩壊の可能性が高いと判断された斜面に対しては，対策の範囲や適切な工法の設計・施工のために詳細調査を行う。しかし調査対象となる自然斜面は一般に広域に渡り，また，地すべり等に比べ崩壊の前兆も乏しいため，事前の調査によって斜面崩壊の位置や範囲を的確に推定することは極めて難しいのが現状である。したがって斜面崩壊の詳細調査及び対策は，斜面崩壊の可

能性が顕在化し，かつ対策の計画を合理的に決定できる箇所，すなわち，表層の亀裂・段差・せり出し，明瞭なゆるみゾーン，表層クリープによるはらみ状の地形等，崩壊範囲をある程度推定できる様な顕著な変状を示す斜面で実施するのが一般的である。なお，場合によっては，過去に繰り返し崩壊が発生している，明瞭な崩壊跡が分布する，表土のオーバーハングや明瞭な開析前線（遷急線）が存在し活発な浸食が行われている，含水状態の高い軟質な土砂が急斜面上に厚く分布する等の，不安定性を示す特徴の有無も調査箇所の選定において重要な着眼点である。

9-2-2 調査項目

斜面崩壊の調査では，以下の内容について明らかにする。
1) 斜面勾配等の地形条件
2) 斜面表層数mまでの土質地質条件
3) 斜面上の変状の有無
4) 植生状況
5) 地下水や表流水の浸透・集水条件

斜面崩壊は前述のように表層崩壊と大規模崩壊・地すべり性崩壊に大別されるが，大規模・地すべり性崩壊は地質構造が支配的であるのに対し，表層崩壊は地形条件と斜面表層の状態に支配される。例えば，過去の統計（昭和47年～平成9年の間に人家，人命，公共施設等に被害のあった崩壊 10,686 例）[1]によると，崩壊斜面長，崩壊幅，崩壊の深さ，崩壊土量の平均は，各々17.9m，16.8m，1.3m，463 m^3 で，全体の約 95％が勾配 30°以上の斜面で発生している（**解図9-1**参照）。

上の崩壊例のうち80％以上が表土や崩積土，火山堆積物，段丘堆積物等の斜面表層の崩壊に分類される。この他，地下水や表流水の斜面への浸透状況や，斜面上の植生状況についても崩壊発生との関係が深い。

以上のことから，表層崩壊の調査においては，斜面勾配等の地形条件及び斜面

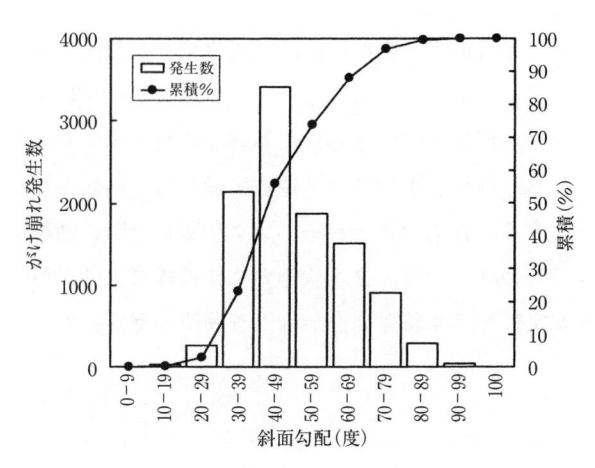

解図9-1 斜面崩壊が発生した勾配の分布[2)]

表層数mまでの土質地質条件,湧水,植生の調査が極めて重要である。

斜面に関する調査項目の詳細について**解表9-1**に示す。調査方法等の詳細は「6-2 切土部の調査」等を参考にされたい。

解表9-1 表層崩壊の主な調査項目

調査項目	調査細目
地形図の解析	・斜面勾配区分(縮尺1/5,000～1/500)
空中写真判読 (大縮尺垂直写真や斜め写真の利用)	・斜面の微地形区分(尾根部の緩斜面,谷頭斜面,山腹斜面,沢,谷底斜面,開折前線,遷緩線,各種堆積地形等) ・斜面上の変状判読(亀裂や段差,表層クリープ,微細凸凹地形,オーバーハング,崩壊跡,ガリー,小陥没地,湧水等)
地表踏査	・斜面上の変状調査(亀裂や段差,表層クリープ,微細な凸凹地形,オーバーハング,崩壊跡,ガリー,小陥没地,根曲り,パイピング孔,湧水,高含水箇所等) ・土質調査(斜面調査用簡易貫入試験やコーンペネトロメーターによる表層土厚の測定,ハンドオーガーやボーリング,検土杖等による土質試料採取等) ・地表調査(岩種,風化変質,弱層等) ・対策工のための調査(谷底の勾配,谷底の堆積土砂の状況,治山ダム等周辺の防災構造物の諸元等)
その他 (必要に応じて実施)	・土質試験(強度,透水係数) ・物理探査(弾性波探査,地下レーダー,高密度電気探査等)

このうち，次に示す内容について調査を行いその特徴を明らかにする。なお，調査の内容については調査対象斜面の状況に応じて適宜選択を行う。

1) 斜面勾配等の地形条件

一般的に豪雨による斜面崩壊は，30°以上の勾配に多く，斜面傾斜と密接な関係がある。また，地形図による傾斜区分や傾斜変換点，比高，斜面方位等の区分を行い，傾斜分布や斜面の形状について明らかにする。

2) 斜面表層数mまでの土質地質条件

表土層や崩積土層，強風化層，基岩等の分布を明らかにするために，現地において簡易貫入試験等による調査を行う。これらの調査のほか，ボーリングや標準貫入試験，物理探査を用いる場合もある。また，物理的な特徴として土質試料のサンプリングを行い土質試験を実施する。

3) 斜面上の変状の有無

崩壊に関係する斜面上の亀裂や段差，凹凸や湧水，過去の崩壊跡や，道路の路面や切土・盛土のり面，斜面近傍の構造物の変状について空中写真あるいは現地での地表踏査により調査する。

4) 植生状況

斜面上の樹種，分布，密度等を調査する。植生の状況は,その斜面の地形・地質的な特徴を推定する参考になる。例えば，竹，杉は地下水等水気を好む植物であり，松，ヒノキは比較的透水性の良い地盤にあるなどである。また，勾配が同様な斜面で樹木が繁茂しているのに，植生が草本のみからなる斜面がある場合には崩壊履歴がある可能性がある。

伐採跡については，一般的に伐採後の根系は腐食して，数年から10年前後で最も地表の状態が悪くなるとされており，伐採跡地の状況について調査を行う。風倒木が発生した場合，地割れによる雨水の浸透等により崩壊しやすくなる傾向にある。

以上の状況については，空中写真や現地での地表踏査により分布を明らかにする。

5) 地下水や表流水の集水条件

崩壊の誘因である地下水や表流水について，空中写真や現地での地表踏査によ

り，斜面上のガリーや湧水，パイピング等の分布を把握する。また，斜面及び周辺の地形から表流水，地下水が集まりやすい地形であるかどうかの状況についても調査を行う。

次に斜面を地形的にみると，表層崩壊の発生しやすい斜面形態は次のように区分される。

　a）谷頭部斜面（0次谷）
　b）沢の源頭部や湧水部
　c）山腹斜面の遷急線付近や崩壊跡地の上部
　d）台地の縁辺部や段丘崖
　e）その他

しかし，これらのa）～e）の斜面形態が直ちに危険という訳ではなく，斜面上の変状の有無，斜面表層の土質や地質の性状，植生状況，地下水や表流水の浸透・集水条件等によって安定性は大きく異なるため，調査に当たってはこれらを観察し，崩壊危険性の高い斜面かどうかを識別する必要がある。

崩壊危険性の高い斜面上では，変状の発生状況に注意して調査を進める。なお，これらの変状は極めて微細なものである場合もあり，また，表層崩壊現象の発生機構に関しても未だ不明な点が多い。したがって，地表踏査を主体とした綿密な調査を心掛ける必要がある。

9－2－3　調査結果の整理と対策工の選定・設計

> 斜面の安定に関する調査結果の整理では，調査結果に基づき，微地形，斜面の変状，表層の状態から崩壊の危険性が高く対策工等を検討する必要のある箇所を抽出する。抽出した斜面について**解表9－2**に示す対策工の選定・設計に必要な項目を整理する。

調査結果は平面図上等に記載・整理し，斜面勾配や微地形等から崩壊の発生しやすい斜面を絞り込むとともに，変状や表層の状態から崩壊範囲を大まかに推定する。なお，特に危険性が高く対策工等を検討する必要のある箇所では，土質地

質断面を作成して崩壊深度や崩壊規模を推定するとともに，斜面の安定度等，対策工の設計のための基礎資料を得ることが望ましい。

崩壊範囲，崩壊深度及び安定度の推定方法としては，それぞれ次のようなものがある。

崩壊範囲の推定は，谷頭斜面等のように地形的におおよそ特定できる場合はその範囲を，表層クリープ地形等の変状が発生している場合はその範囲を，変状の不明瞭な場合でも表層厚の分布や周辺の崩壊履歴等を参考に最も危険性の高いと思われる一連の範囲を，それぞれ崩壊範囲とするのが一般的である。しかし地形地質的にほぼ一様で周辺に崩壊履歴もない斜面では，崩壊幅や崩壊長さを推定することが困難なことが多い。その場合には，幾つかの崩壊断面を仮定して斜面安定解析で最も安定度が低いブロックを崩壊範囲とする方法や，過去の統計等をもとに推定する方法がある。

崩壊深度（すべり面）の推定は，表層と基盤岩の境界に設定するのが一般的である。また，周辺で崩壊が生じている場合には，その崩壊面の地質的位置（例えばローム層や崩積土層の下面等）や風化程度等を参考に崩壊深度を推定することもある。

安定度の推定は，土質試験や周辺における過去の崩壊履歴から逆算した土質定数を用いた斜面安定解析によるのが一般的である。

ただし，基盤が亀裂性岩盤で流れ盤を形成している場合等は，表土層と基盤の境界よりもやや深い基盤中の弱面を境に崩壊する場合があるので，このような崩壊が推定される場合の崩壊範囲，崩壊深度，及び安定度の推定は，「6-2 切土部の調査」を参考に別途検討するものとする。

対策工に必要な整理項目と，その計画・設計の目的，評価方法について**解表 9 -2**に示す。

解表 9-2　斜面における対策工選定・設計のための主な整理項目と内容

整理項目		対策工の計画・設計目的	内　容
崩壊の諸元	崩壊履歴	対策の優先順位の検討 対策規模の検討	過去の崩壊発生頻度・規模等 過去の崩土の到着範囲等
	崩土の土質	対策規模の検討	土質試験，力学試験，物理試験
	想定発生位置	対策規模の検討	道路との比高差
	想定規模	対策規模の検討	崩壊の幅・長さ・深さ等
斜面の諸元	勾配	対策工の選定・規模の検討	斜面の勾配
	縦断・横断形状	崩土の流下コース等の推定	上昇，下降，直線 凸型，凹型，直線
	植生	崩土の流下コース等の推定 対策工の選定	樹種，樹高，粗密度
	既設構造物の有無	対策工の選定	砂防・治山施設等
斜面下部の諸元	道路と斜面の位置関係	対策工の選定・規模の検討 （主に防護工）	緩衝帯の有無と距離等
	地盤強度	対策工の選定・規模の検討	地盤支持力等
	既設道路構造物	対策工の選定・規模の検討	既設構造物の種類と規模

9-3　斜面崩壊対策工の種類と目的

> 斜面における崩壊対策工は予防工と防護工に大別され，予防工は，崩壊発生源における斜面の風化・浸食を抑制したり，崩壊発生を抑止することを目的とし，防護工は，崩壊により発生した崩土の運動を停止させたり，その方向を変化させて道路や通行車両を防護することを目的とする。

　予防工とは崩壊発生源に行う対策で，斜面の風化・浸食を抑制したり崩壊発生を抑止する工法である。予防工の種類はのり面保護工の工種に準じる（**解表 8-1** 参照）。防護工は崩壊により発生した崩土の運動を停止させたり，その方向を変化させて道路や通行車両を防護する工法である。防護工には，待ち受け擁壁工と土砂覆工がある。

なお，待ち受け擁壁工では，擁壁天端に落石防護柵を併設する場合が多い。

9－4 斜面崩壊対策工の設計・施工
9－4－1 予防工

> 予防工の工種と選定は，「第8章 のり面保護工」に準じて行う。

　予防工の工種と選定はのり面保護に準じるが，土石流対策で記述している谷止工等を用いることもある。切土を行う場合は，切土工の標準勾配は「6－3 切土のり面工の設計」に準じて決定することとする。ただし斜面の整形は最小限しかできない場合が多いので，切土による安定勾配の確保は困難な場合が多い。
　石積・ブロック積擁壁工，コンクリート擁壁工やふとんかご工等は斜面末端のみでなく，山腹斜面中の表土の不安定部を押さえる山腹土留工として設けられることがある（**解図9－2**参照）。また擁壁工や小規模なえん堤を谷地形部分の不安定土砂を押さえるための谷止工として設けることがある。
　なお予防工の計画・設計に当たっては，予想される崩壊の発生位置・範囲，崩壊深さ等を十分な調査により推定し，それをもとに予防工の施工範囲・配置や必要抑止力等を決定することが重要である。

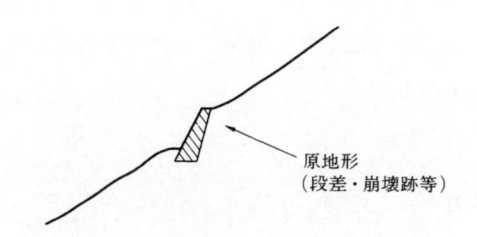

解図9－2 擁壁を山腹土留工として用いる例

9-4-2 防護工
9-4-2-1 防護工の基本的考え方

> 擁壁背面に十分な空き容量を確保できる場所があるとき，待ち受け擁壁工を用いるが，想定崩壊土量が大きいか想定崩壊位置が高く崩土の衝撃力が大きい場合や，道路山側の斜面勾配が急で崩土のポケット容量がとれない場合は，土砂覆工を用いることがある。

　待ち受け擁壁工は崩土の運動を道路際で停止させる工法で，擁壁背面に空き容量（ポケット）を設けてそこに崩土を堆積させるものである。よって道路山側に平地があるか，道路際の斜面勾配が緩い等，擁壁背面に十分な空き容量を確保できる場所である必要がある。
　過去の崩壊データから，崩壊規模は斜面の高さや崩壊幅と関係があり，崩壊土量の推定は，現地調査の結果のほか，急傾斜地崩壊対策事業で用いられる待ち受け擁壁の設計計算事例[3]に示されている値を参照することができる。想定される崩壊規模に応じて工法の選択を行うが，崩壊規模が小さいと想定される場合には，落石防護壁や落石防護フェンス等の落石対策工によって崩壊土と落石対策を兼用することも考慮する。
　一方，想定される崩壊土量が大きいか想定崩壊位置が高く崩土の衝撃力が大きい場合や，道路山側の斜面勾配が急で崩土のポケット容量がとれない場合は，土砂覆工を用いることがある。

9-4-2-2 設計外力

> 　小規模な斜面，または道路山側に平地が十分にある場合は，堆積土砂の土圧のみを外力として考慮し設計する。

　防護工について設計荷重の考え方は以下の2通りがある。
　① 崩壊が小規模かつ発生位置と道路面の比高が小さいか，道路山側に平地が

あって崩土の運動速度が小さくなると予想される箇所は，堆積土砂の土圧のみを考慮する。
② 崩壊が大規模か，または崩壊発生位置と道路面との比高が大きい時は，堆積土砂の土圧及び崩土の衝撃力を考慮することが望ましい。

大規模な斜面では必要に応じて崩土の衝撃力を考慮し設計する場合があるが，崩土の衝撃力に関しては，急傾斜地崩壊対策事業で用いられる待ち受け擁壁の設計計算事例[3]に参考となる記述がある。

9－4－2－3　待ち受け擁壁工

> 待ち受け擁壁は，以下の項目を考慮し，設計を行う。
> ① 堆積土砂の土圧に対する安定性
> ② 崩土の衝撃力に対する安定性
> ③ 崩壊土量に対する空きポケットの大きさ

斜面が小規模または道路山側に平地が十分にある堆積土砂の土圧のみを考慮する箇所では，待ち受け擁壁背面に堆積した崩土の土圧を外力として擁壁の安定計算を行う。土圧の算定方法については「道路土工－擁壁工指針」を参考とする。土圧の算定のためには，崩土の堆積形状を設定する必要がある。つまり擁壁背面が満砂している状態の擁壁天端における土砂の堆積勾配を設定することが必要となる。常時の堆積勾配は現地の表土層の土質によって決定するものとするが，20～30度程度としている場合が多い（**解図9－3**）。

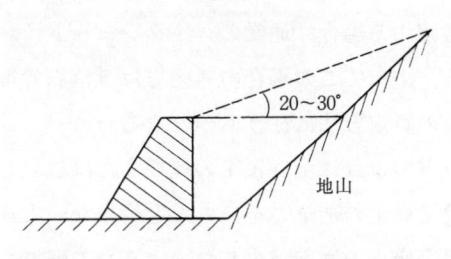

解図9－3　崩壊土砂堆積時の崩土の堆積形状

通常の維持管理により堆積土砂が速やかに除去できる場合には，設計において崩土の堆積は考慮しなくてよい。

なお，堆積土砂量は基本的には想定崩壊土量と等しいとする。

崩土の衝撃力を考慮する場合は，崩土の衝撃力の算定，崩壊土量の推定，安定計算等，急傾斜地崩壊対策事業で用いられる待ち受け擁壁の設計計算事例[3]に参考となる記述がある。一般に崩土の衝撃力は非常に大きいので，擁壁も大規模なものとなることが多い。また崩土の衝撃力に対抗するために，擁壁にグラウンドアンカー工を併用することがある。

また，擁壁の空き容量は原則として，堆積土圧による設計と同様に，想定崩壊土砂量と同等とし，崩土が擁壁をオーバーフローすることのないようにする。

9－4－2－4　土砂覆工

> 土砂覆工は，落石防護工としてのロックシェッドの方法に準じて設計を行う。

想定崩壊土量が大きいか想定崩壊位置が高く崩土の衝撃力が大きい場合や，道路山側の斜面勾配が急で崩土のポケット容量がとれない場合は，土砂覆工を用いることがある。この場合設計方法は落石防護工としてのロックシェッドの方法に準じる。なお，崩土の衝撃力を考慮する場合は落石の衝撃力にかえて崩土の衝撃力を考慮して設計を行うが，一般に崩土の衝撃力は落石のそれに比べて非常に大きい場合が多く，崩土の衝撃力に対抗する構造物としての土砂覆工の採用には慎重を要する。

堆積土砂の土圧を考慮する場合，通常のロックシェッドにおける堆積土圧の考え方に準じて設計する。よってこの場合の考え方は「落石対策便覧」のロックシェッドの堆積土の荷重の算定方法に従うものとする。

また，スノーシェッドのように土砂覆工の屋根または独立した流路に上部斜面と同程度の勾配をつけて崩土の衝撃力をほとんど受けないような状態で流下させる方法もある。この場合崩土の堆積が生じないような勾配であることを確認する必要がある（**解図 9－4**）。

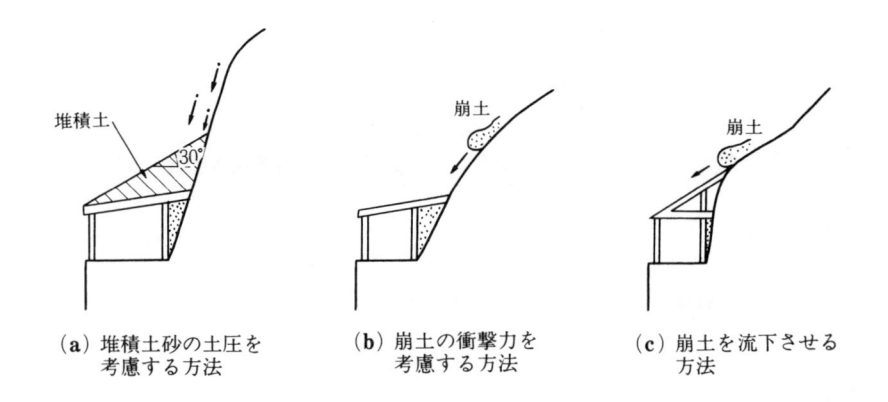

(a) 堆積土砂の土圧を
考慮する方法
(b) 崩土の衝撃力を
考慮する方法
(c) 崩土を流下させる
方法

解図 9-4　土砂覆工の設計の考え方

9-5　斜面崩壊対策工の維持管理

> 自然斜面自体の安定度の確認については,「5-2　のり面・斜面の点検」に準じて行う。
> 斜面崩壊対策工のうち予防工の維持管理は,「8-5　のり面保護工の維持管理」,防護工については「10-6　落石対策工の維持管理」の落石防護擁壁及びロックシェッドに準じて行う。

　斜面崩壊対策工のうち,予防工の維持管理については,植生工,構造物によるのり面保護工の維持管理を参照する。防護工については,落石対策工の維持管理における落石防護壁やスノーシェッドに準じて行う。
　待ち受け擁壁も落石防護壁と同様であるが,崩壊土砂が堆積した場合は,土砂や岩塊,樹木等の貯留状況や,コンクリート壁や付帯施設の傾斜やずれ,損傷等を点検する。また,排水状況を点検し降雨等による堆積土砂の流出についても注意する。
　以上の点検で,防護工としての機能が低下して支障がある場合は,堆積した土砂を撤去する。堆積土砂の撤去・運搬について,待ち受け擁壁の延長が長い場合には,擁壁に開口部を設けたり雁行状に設置して進入路を確保することもある(**解**

図 9−5)。この場合，開口部から道路へ土砂の流出が生じないような工夫が必要である。

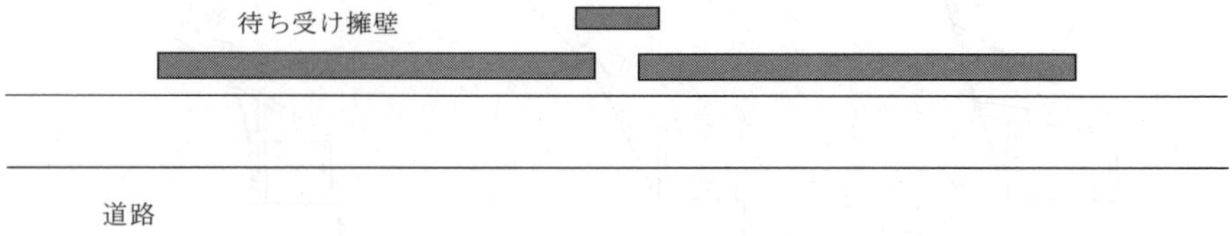

解図 9−5 維持管理を考慮した待ち受け擁壁の配置例

参考文献
1) 建設省河川局砂防部傾斜地保全課・建設省土木研究所砂防部急傾斜地崩壊研究室：がけ崩れ対策の実態，土木研究所資料，第 3651 号，pp. 81-84, 1999.
2) 建設省河川局砂防部傾斜地保全課・建設省土木研究所砂防部急傾斜地崩壊研究室：がけ崩れ対策の実態，土木研究所資料，第 3651 号，p. 75, 1999.
3) 全国地すべりがけ崩れ対策協議会：崩壊土砂による衝撃力と崩壊土砂量を考慮した待ち受け擁壁の設計計算事例，2004.

第10章　落石・岩盤崩壊対策

10－1　落石・岩盤崩壊対策の基本的考え方

> 落石・岩盤崩壊対策は，以下の基本的考え方にしたがって計画する。
> (1)　推定される落石や岩盤崩壊の規模，発生可能性，道路への影響，過去の災害履歴やその状況等を考慮し，適切な対策を計画する。
> (2)　落石・岩盤崩壊対策として，①回避による対策，②対策工による対策，③監視による暫定的な対策が挙げられる。
> 　　　このうち，落石対策においては，さらに以下の点に留意する。
> (3)　規模の大きな落石が予想され，大規模な対策工が必要となり，施設による対策が困難な場合には，回避することが望ましい。やむを得ず回避できない場合には，現地の状況に応じて過去の経験を生かしつつ，対策工による対策と監視による暫定的な対策等を適切に組み合わせて対応することが望ましい。
> 　　　また，岩盤崩壊対策においては，さらに以下の点に留意する。
> (4)　岩盤崩壊は，発生メカニズム，規模，発生可能性等の推定が困難であることが多いので，回避することが望ましい。
> (5)　やむを得ず回避できない場合には，現地の状況に応じて過去の経験を生かしつつ，対策工とともに，目視点検や計測機器を用いた監視による管理のあり方をあわせて計画することが望ましい。

(1)　**落石・岩盤崩壊対策の基本的考え方**

　落石・岩盤崩壊対策は，道路通行者を落石・岩盤崩壊による災害から守ることを目的として実施するものである。その際，路線の性格や予想される落石・岩盤崩壊の規模，落石の発生可能性，道路への影響，過去の発生履歴やその状況等を考慮の上，①回避による対策，②対策工による対策，③監視による暫定的な対策から適切な対策を選択し計画する。なお，必要に応じて複数の対策を施してもよ

い（**解図 10-1**）。

　まず①回避による対策とは，路線変更等による抜本的な対策である。つぎに②対策工による対策とは，予防工や防護工の落石対策工による対策である。最後に③監視による暫定的な対策とは，斜面の目視点検または計器等による監視結果に基づき，緊急時に避難や通行止め等の処置を講じるものである。

　なお，ここで述べる落石とは，ロックシェッド等の落石防護工で防護できる程度の規模のもので，個数で表現されるものをいう。一方，落石防護工で防護できる規模を超え，かつ崩壊体積で表現される大量の落石を，岩盤崩壊として扱う。ただし，個数を数えられるが，落石防護工で防護できる規模を超える大規模な落石の対策の考え方は，以降に述べる岩盤崩壊と同様に扱うものとする。

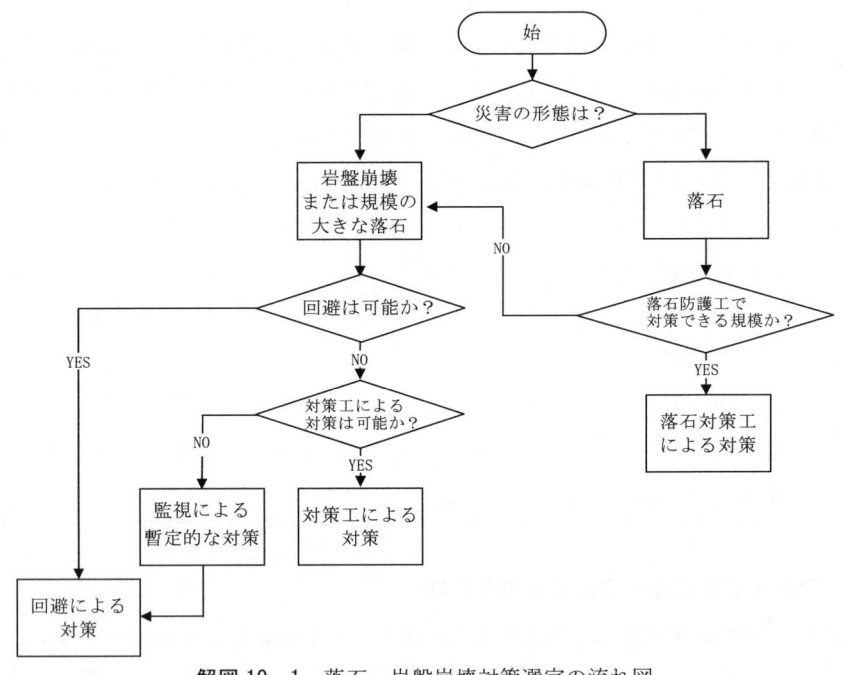

解図 10-1　落石・岩盤崩壊対策選定の流れ図

(2) 落石対策

　落石対策は，落石対策工によるのが一般的である。ただし，必要に応じて計測

機器等を用いた暫定的な監視を併用することがある。落石の発生が予測される箇所を道路が通過する場合には，当該斜面内の浮石や転石を取り除いたり，斜面に固定する落石予防工や，斜面から落下してくる落石を斜面の途中や道路際に設置した施設で防護する落石防護工を実施する。このうち落石対策としては発生源における対策，すなわち，落石予防工による発生源への対策が効果的である。一方，落石防護工は落石エネルギーに対して抵抗できる限界が工種や規模によって異なり，落石防護工が落石エネルギーに対して降伏する場合がある。また，落石が落石防護工を飛び越えたりする場合もある。したがって，落石防護工や落石予防工等の施設の計画に当たっては，各工種の持つこのような構造的な機能限界や落石の不安定度，発生可能性を十分認識して工種の選定や配置計画，組合せを検討する。

　ただし，規模の大きな落石が予想され，大規模な対策工が必要となり，対策が困難な場合には，回避することが望ましい。やむを得ず回避できない場合には，現地の状況に応じて過去の経験を生かしつつ，施設による対策と計測機器等を用いた暫定的な監視による対策等を適切に組み合わせて対応する。

(3) 岩盤崩壊対策

　岩盤崩壊対策には，①回避による対策，②対策工による対策，③監視による暫定的な対策が挙げられる。

　ただし，現在のところ，岩盤崩壊のメカニズム及びその対策工の効果には未解明な部分が多々あるので，大規模な岩盤崩壊の発生が予測される箇所を道路が通過する場合には，岩盤崩壊の到達範囲外を通過することが望ましい。やむを得ず道路を通過させる場合は，まず対策工による対策により岩盤崩壊に抜本的に対応できるかを検討する。対策工により対策可能と判断された場合，不安定岩塊の除去や固定化等の予防工を主体に検討し，必要に応じて斜面途中や道路際に設置される防護工や，あるいは両者の組合せによる対策工を検討する。しかし，これら対策工が完了するまでや，対策工により抜本的に対策することが困難な場合には，可能な限り対策工を施したり，目視点検や計器を用いた監視等による監視を行い，緊急時に避難や通行止めを講じるなどして暫定的に対処する場合もある。

ついては，落石と岩盤崩壊では対策の考え方等，異なる点も多いので，落石対策を「10-3」〜「10-6」で，岩盤崩壊対策を「10-7」で述べる。

10-2　落石・岩盤崩壊の調査

> 落石・岩盤崩壊の調査では，予備調査により対策の検討を要すると判断された斜面に対して詳細調査（第1次詳細調査及び第2次詳細調査）を実施する。第1次詳細調査では斜面上の落石の分布状況や不安定度等を把握し，対策の必要性及び対策工種を概略判断する。第2次詳細調査は第1次詳細調査の結果だけでは不十分であると判断される場合に実施し，対策工の設計・施工に必要な物性値等をさらに詳細に把握する。

(1) **詳細調査の構成と目的**

　予備調査により落石・岩盤崩壊の対策の検討を要すると判断された斜面に対しては，対策工の選定や設計・施工のために詳細調査を実施する。

　詳細調査は，落石・岩盤崩壊の形態・規模・落下径路・発生機構・不安定度や，対策工の地山の強度等の物性値を把握することを主たる目的とし，**解表10-1**に示すように第1次詳細調査と第2次詳細調査に大きく分けられる。第1次詳細調査は，個々の落石予備物質ないしは岩盤の不安定度，位置，大きさ，対象区間における分布，落石の径路等，開口亀裂の分布や性状を明らかにし，第2次詳細調査は，第1次詳細調査の結果を踏まえて，必要に応じ斜面内部の亀裂分布調査や工学的諸物性値，岩盤の挙動等を把握し，岩盤崩壊や土砂崩壊への発展性，対策の妥当性，並びに対策工に関する地盤の設計定数等を明らかにする。なお，岩盤崩壊は規模が大きいため，対策工が困難であったり時間を要することがある。その際には，監視のための計測調査を行うことも視野に入れ，調査を実施する。

(2) **1次詳細調査**

　調査手法は測量，ヘリコプター等を用いた数千分の1以上の大縮尺空中写真を用いた地形判読や各種機器による観測，詳細な現地踏査等がある。これらの結果

を踏まえて，落石や岩盤崩壊の発生機構を明らかにし，対策工の基本方針や工法の選定，あるいは対策工の設計のための基礎資料とする。

解表 10-1 落石・岩盤崩壊対策の詳細調査項目

詳細調査の段階	調 査 手 法	調 査 項 目
第1次詳細調査	既存資料の収集	落石履歴等
	測量	1/1,000～1/100 程度の地形図・断面図の作成
	大縮尺空中写真判読	斜め写真や大縮尺垂直写真判読
	詳細地表踏査	浮石・転石の位置，規模，不安定度，岩盤亀裂分布
第2次詳細調査	物理探査（弾性波探査，電気探査，電磁波探査等）	ゆるみや風化の分布，亀裂や弱層の分布や方向
	ボーリング・サウンディング，ボアホールカメラ等	ゆるみ・風化・亀裂の分布，亀裂の方向
	岩石試験・土質試験	岩石の密度，弱層の強度等
	計測調査（伸縮計，傾斜計，落石検知センサー，岩盤変位計，光波測量等）	亀裂の開口幅や変位量，傾斜変化等

（ⅰ）既存資料の収集

既存資料の収集方法は，予備調査の「3-2-2 予備調査の内容（既存資料の収集）」で詳しく述べたが，予備調査はあくまで広域的な資料の収集であったのに対して，詳細調査では対象斜面とその周辺に限定して，より詳しい資料を集める必要がある。特に落石や岩盤崩壊に関係の深いものとして，落石や岩盤崩壊の履歴（周辺での災害記録），地質や岩盤に関する資料があげられる。

（ⅱ）大縮尺の空中写真判読

一般的に，落石・岩盤崩壊が発生する不安定な斜面は急斜面のため，航空機による垂直写真よりも，ヘリコプター等による低高度斜め写真の方が多くの情報を得ることができる。また，状況によっては対岸からの地上写真撮影でも目的を達することができる。いずれの場合でも実体視が可能なように各写真が重複するようにして撮影するとよい。

このようにして得られた斜め写真を単写真または実体視により，不安定な浮石

や転石の分布，斜面の凸凹や亀裂，植生の状況，施設の状況，崖錐等の分布，亀裂の分布等を判読する．さらに最近では，航空機や地表設置によるレーザ測量が実施され，精密な地形図が作成されるようになり，微地形の判読が可能となってきた．

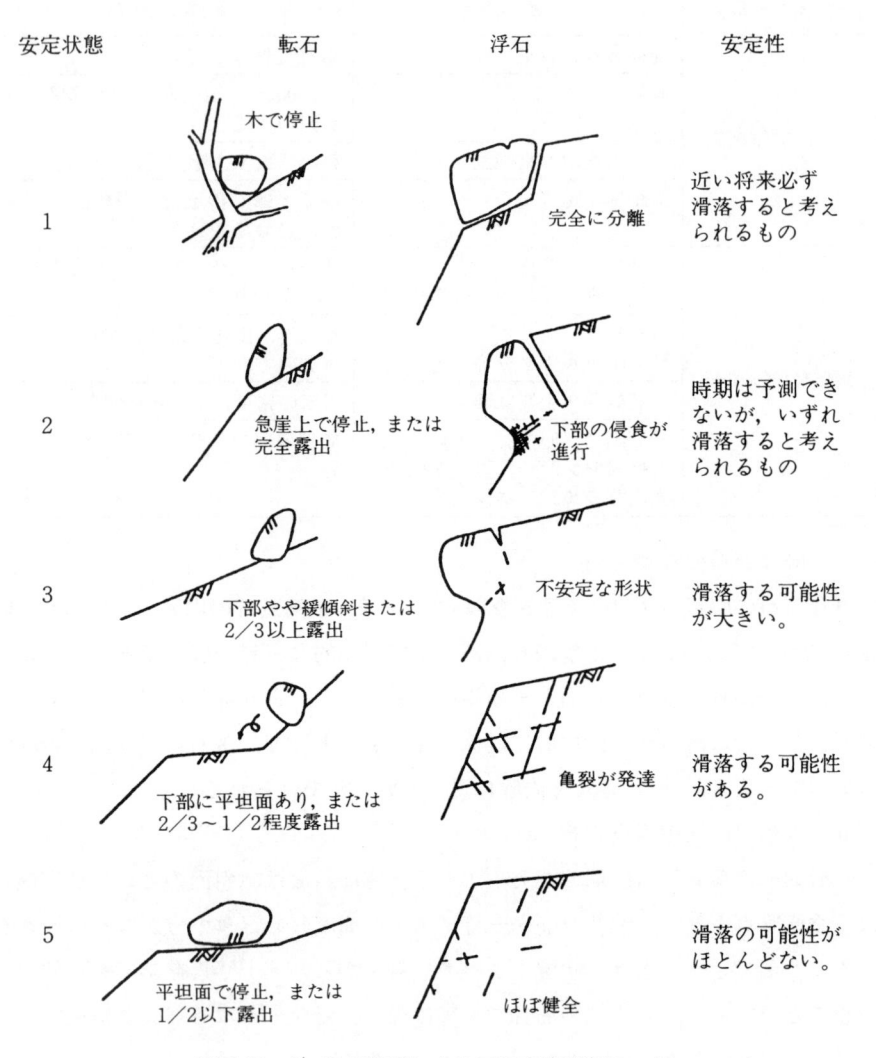

安定状態	転石	浮石	安定性
1	木で停止	完全に分離	近い将来必ず滑落すると考えられるもの
2	急崖上で停止，または完全露出	下部の侵食が進行	時期は予測できないが，いずれ滑落すると考えられるもの
3	下部やや緩傾斜または2/3以上露出	不安定な形状	滑落する可能性が大きい．
4	下部に平坦面あり，または2/3～1/2程度露出	亀裂が発達	滑落する可能性がある．
5	平坦面で停止，または1/2以下露出	ほぼ健全	滑落の可能性がほとんどない．

解図10－2　現地観察による不安定度評価の一例

（ⅲ）詳細地表踏査

観察項目は予備調査時の現地踏査と大きな違いはない。

落石については,詳しい地形図をもとに斜面上部を詳しく踏査することによって,個々の転石や浮石の情報を調査し不安定度の評価を加えることができる。また観察結果は,大縮尺の平面図（1/1,000～1/100程度）に記入し,大きな浮石や転石については番号をつけて**解図10-2**に示すような不安定度評価をしておくとよい。主な観察項目は次のとおりである。

(a) 岩盤の割れ目の種類と性質
(b) 岩盤の風化やゆるみの状況
(c) 浮石や転石の形状と分布状況

岩盤崩壊も浮石に対すると同様の視点で踏査を行う。通常の落石に比べて規模が大きいので不安定岩塊の規模と崩壊形態を想定することが大切である。主な観察項目は以下のとおりである。

(a) 地質構成・地質構造・風化状況等
(b) 割れ目等の分離面の開口状況・充填物の有無や性状・微小クラックの分布等
(c) 遷急線上方斜面での開口亀裂や小段差の有無,斜面下部での落石分布

(3) 第2次詳細調査

第2次詳細調査は,第1次詳細調査の結果を踏まえて,必要に応じ斜面内部の調査や工学的諸物性値の測定や岩盤の動態観測を行い,岩盤崩壊や土砂崩壊への発展性,対策の妥当性,並びに対策工に関する地盤の設計定数等について検討するものである。調査手法は,物理探査,ボーリングやサウンディング,現地及び室内での力学試験等がある。特に岩盤崩壊では,岩盤斜面内部における開口亀裂や弱層の存在を明らかにする。特に流れ盤となる弱層の連続性や性状には留意が必要である。

（ⅰ）物理探査

物理探査は,地表から直接見ることができない地下の地質や地質構造を振動や電気等の物理的な測定技術・解析方法を用いて推定するものである。代表的なものとしては弾性波探査があげられる。一般に落石・岩盤崩壊調査において弾性波

探査が適用されているのは次のような場合である。
- (a) 斜面の広域に渡って崖錐や転石が分布し，あるいは地山岩盤のゆるみが浮石を生じ落石の発生源となっているとき，地山の全般的な情報を得ることを目的とする場合。
- (b) 崩壊に近い落石形態をもっているものや崩壊地が落石の供給源となっているとき，落石・岩盤崩壊の規模や発生機構の把握を行う場合。
- (c) 落石・岩盤崩壊対策工を計画するときの地山調査を行う場合。

（ⅱ）ボーリング及びサウンディング調査

落石・岩盤崩壊におけるボーリング調査の目的は物理的探査とほぼ同じであるが，物理探査よりも直接的に斜面を構成する岩石や土質を観察でき，斜面内部の亀裂の位置や性状を観察できる。特に掘削したボーリング孔内でボアホールカメラを用いることで，さらに精度の高いデータを得ることが可能である。

ボーリングによって得られる斜面についての情報には次のようなものがある。
- (a) 基岩線までの深さ
- (b) 地下水面
- (c) ゆるみ地盤の厚さ及び岩質と割れ目の状況
- (d) 風化岩の厚さ及び割れ目の状況
- (e) 崖錐の厚さと構成する土砂や岩塊の分布状況と性状
- (f) 斜面上の岩塊が浮石か転石かあるいは露岩かの区別
- (g) 斜面内部の亀裂位置と性状

（ⅲ）岩石試験・土質試験

岩石試験・土質試験は，斜面や落石の特性を調べるために行う試験である。通常は現地でサンプリングした供試体を用いて室内試験を行う。

まず，岩石の物理試験では，岩石の単位体積重量を把握するために密度試験が必要となる。さらに落石が落下する際に破砕されるかどうか調べる方法として力学試験もあるが，岩石の破砕は岩石そのものの強度よりも割れ目の形状に影響されるため，現地で節理等の状況を観察しておくことが重要である。

なお，構造物の基礎としての地盤強度を調べる方法として，土の強度試験や変形試験があるが，通常はボーリング調査の標準貫入試験で判断していることが多

い。

（ⅳ）計測調査

計測調査は，施工時の安全性等を検討するために施工前あるいは施工中に計測するものと，施工後の不安定化の有無を確認するために行うものに分けられる。

落石・岩塊の落下を検知するための計測システム（検知システム）と，斜面上の浮石や不安定岩塊の変状・傾動・応力変化等を計測し，異常を監視するための計測システム（監視システム）とがある。

これらは，特に落石の頻発が予想される場合や，より大規模な崩壊への発展性が想定される場合，岩盤崩壊の可能性があるが十分な対策をとり得ない場合等に用いられる。設置機器や設置方法は各現場に応じて検討する必要がある。

観測及び検知結果は直接警報等に用いるほか，変位量等の基準値を設けて施工管理を行うことに用いられるが，基準値の設定法や計測データの解釈の仕方等が研究途上であるものが多いので，目的と限界を十分に理解した上で使用することが大切である。

(4) 調査結果の活用

詳細調査の結果は，それらを総合的に検討して落石・岩盤崩壊の発生機構について解明するほか，対策工法の選定や設計条件の基礎資料として活用されるべきものである。発生機構には原則的に幾つかのパターンがあり，そのどれかに当てはめることができる。落石・岩盤崩壊の基本的パターンは**参表 1－1(b)**「岩盤崩壊の発生形態」，**参表1－1(c)**「落石の発生形態」のように分けられるが，とくに落石については抜落ち型とはく離型を区別して対策工計画を検討することが重要である。以下に発生機構以外に問題となる落下径路の想定と対策工計画について述べる。

（ⅰ）落石対策工計画

岩塊が斜面を落下する場合，その平面軌跡を巨視的に見ると等高線に対して直交方向に落下する。したがって，**解図10－3**に示した矢印のように凸型（尾根型）斜面ほど落石は様々な方向へ分散して落下し，凹型（沢型）斜面ほど谷筋に集中する可能性がある。このうち，**解図10－3(c)**のように斜面の勾配が急で斜面長も

長い場合には落石の発生確率も高くまた発生した場合に大きなエネルギーで道路施設等を直撃する可能性も高いので，このような斜面の発生源の状況と落下径路の想定には十分な注意が必要である．

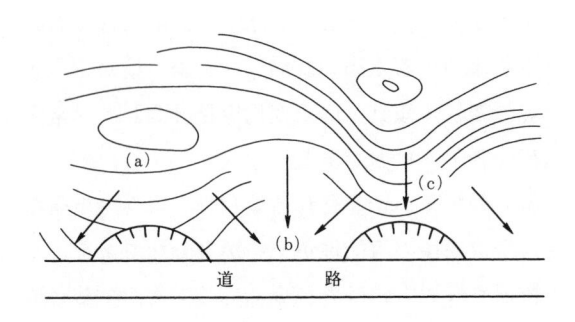

解図10－3　斜面の平面形状と落石の落下径路

　落石対策工の計画に際して，重要なことは落石の発生形態（岩質・位置・規模），落下径路，運動形態（すべり・ころがり・飛跳），到達範囲を的確に想定することである．このためには，できる限り精度の高い地形図を準備するとともに，現地を詳しく観察した調査者が詳細調査で得られた結果を踏まえて，対策を立案するとよい．詳細調査で得られた成果と対策工の計画や設計の諸元（落石規模・落下径路・跳躍高等）との関係をとりまとめると**解表10－2**のようになる．

（ⅱ）岩盤崩壊対策工計画

　岩盤崩壊対策工の計画に際して，重要なことは崩壊の発生形態（崩落・滑動・トップリング・バックリング）と規模，不安定度を的確に想定することである．そのためには，精度の高い調査を実施し，岩盤斜面内部の亀裂や弱層等の分離面の連続性や性状を可能な限り詳細に把握することが望ましい．しかしながら，岩盤崩壊は，発生メカニズム，規模，発生可能性等の推定が困難であることが多い．そのような場合には過去の類似の事例を参考に対策を立案するとよい．

　詳細調査で得られた成果と対策工の計画や設計の諸元との関係をとりまとめると**解表10－3**のようになる．

解表10-2 落石の調査項目と設計目的との対比表

調査項目		対策工の計画・設計目的	評価方法
落石予備物質	位置，分布	落石エネルギー，落下径路等の基礎データ	分布図表示
	大きさ	落石エネルギー算出	個々の数値表示
	形状	同上	スケッチ及び現場写真
	岩石の単位体積重量	同上	室内岩石試験
	岩質（硬度）	落下途中の破砕の程度を知る	岩盤分類法等の利用
	不安定度	対策の優先順位決定	浮石・転石の安定度区分
斜面形状	凸凹度	落石の跳躍高決定	平滑か，凹凸か，凸凹の大きさ，小段の位置と幅，勾配変化
	植生の状態	落石の落下径路の状況。落石跳躍高決定	裸地，草木，疎林，密林
	縦横断形状	平面な落石経路の決定	直線型，凸型，凹型等の区分
	勾配	落石経路と跳躍高決定	———
	高さ	同上	———
斜面地質	割れ目の方向性・卓越性	対策工法の選定	方向性の組合せによる落石発生形態の推定
	割れ目の密度	同上	平均密度，最大間隔等による落石規模の推定
	割れ目の開口性	同上	開口幅による危険度の推定，開口部の位置による落石発生形態の推定
	表層の岩盤硬度	落石の跳躍高決定	岩盤分類法の利用
	岩盤の状況と強度	アンカー等の定着部の決定	柱状図
	斜面下部の地盤強度	地盤支持力決定	
斜面下端から道路までの間の距離		落石跳躍高の決定	

解表10-3　岩盤崩壊の調査項目と設計との対比表

調査項目		対策工の計画・設計目的	評価方法
規　模	位置・分布	対策工の基本方針の選定 対策工法の選定	分布図表示
	形状		スケッチ及び写真
	不安定岩塊の高さ,幅, 奥行き		不安定岩塊の堆積
	岸壁の高さ		道路あるいは崖のり尻から崖崩の遷急線までの高さ
	のり面・斜面の傾斜		道路あるいは崖のり尻から崖面の遷急線までの平均傾斜
発生状態	割れ目の方向性	対策工法の選定	スケッチ等
	崩壊形態		亀裂や弱層, 岩相の卓越する方向
	岩質・物性・強度等		岩相, 弱層の物性や強度等
不安定度	変位量	対策の優先順位	監視記録, 防災カルテ等の変状記録や被災履歴
	割れ目の開口性		
	小崩落や落石		
	凍結融解・湧水		

10-3　落石の規模等の推定

　落石対策工の種類, 配置, 設計条件を決定するために, 落石の不安定度, 落下径路, 落下速度, 跳躍量, 衝撃力等の規模を推定する。

　落石対策工を適切に計画・設計するために, 調査により得られた斜面上の落石予備物質の存在, 大きさ, それらの不安定度, 道路に及ぼす影響度の大きさ等に基づき, 落石の規模等を推定する必要がある。
　落石対策工は落石予防工と落石防護工に大別されるが, それら工種を選定するに当たっては落石の規模等の設定が支配的要因の一つとなる。落石予防工の設計に際して, 落石（予備物質）の規模と不安定度を推定する。落石防護工の設計に際しては, それらに加えて落石の落下径路や道路際での落下速度等を推定する。
　以下では, 主に落石防護工の設計に必要となる落石規模の推定方法について述べる。

(1) 落石の規模の推定

　斜面上の個々の落石予備物質に対する調査の結果得られたそれぞれの不安定度，大きさ，位置（高さ）等から，道路に及ぼす影響が大きいと考えられる落石予備物質を設計用落石とする。斜面下方の谷川等に存在している過去の落石と思われる岩塊や近傍の斜面における過去の落石発生履歴等を判断材料の一つとしてもよい。

(2) 落下径路・落下速度

　落石が道路に到達する範囲（道路延長）すなわち落石防護工設置延長を決定するために落下径路を推定する必要がある。このとき，対象となる落石予備物質は上記(1)の落石予備物質だけでなく，不安定と評価されるすべての落石予備物質となる。落下径路は斜面の地形及び転石の分布状況等から推定する。

　道路際における落下速度は，落石が斜面上を落下運動する過程において運動エネルギーの一部を失うので，自由落下速度よりも小さくなる。その程度は斜面の勾配，地覆状況，落石の大きさ，形状等の影響を受ける。

　これらは既往の落石実験等の実績に基づいた経験則により設定することができる。また，近年では，落石が斜面を落下する際の落下軌跡及び速度等を定量的・合理的に予測評価するために，質点系落石シミュレーションや非質点系落石シミュレーション等の落石シミュレーション手法が開発・提案されてきている。[1] これらの手法は，限られた数の実験事例等を基に設定された経験的手法に比べれば，力学的合理性に優れている，あるいは多様な現地条件等にも適応しうるという利点がある。例えば，落石の落下高さが高い場合，急勾配や緩勾配が混在する斜面の場合や，斜面上の任意点での速度を予測したい場合等に有効である。しかしながら，現地条件に対応したモデル化，計算パラメーターの設定方法，計算結果の妥当性の検証，計算結果の評価等，多くの課題が残されているのも事実である。よって，落石シミュレーション手法を落石防災対策の実務において利用するに当たってはそれらの特徴と限界をあらかじめ理解しておく必要がある。いずれにせよ，経験則及び落石シミュレーションともにそれぞれ適用限界を有しているので，適用に当たっては総合的な判断が必要である。

(3) 跳 躍 量

　落石防護工の高さを決定するために跳躍量を推定する必要がある。既往の落石実験によれば以下のことが知られている。
- ・凹凸の比較的小さい斜面では最大跳躍量は2m以下であることが多い。
- ・斜面上に局部的な突起のある場合や，凹凸の多い斜面では跳躍量が2m以上になることもある。同様に自然斜面下に切土が存在する場合ののり尻での跳躍は2m以上になることもある。

　落石の跳躍量についても前項の経験則による方法と落石シミュレーションによる方法を適宜使い分けて設定することができる。

(4) 衝 撃 力

　落石による影響を静的な外力に置き換えて落石防護工を設計する場合には，落石による衝撃力を推定する必要がある。落石防護工では，落石によって生じる衝撃力を低減させるために，砂等の緩衝材を設けるのが通常である。緩衝材として砂を用いた場合には，落石の衝突現象を弾性体間の衝突現象とみなし，落石を球形，被衝突面を平面と仮定し，Hertzの衝突論を適用し，さらに落石の比重を2.6と仮定した以下の推定式により最大衝撃力 P_{max} が与えられる。

$$P_{max} = 2.108(mg)^{2/3} \lambda^{2/5} H^{3/5} \quad \cdots\cdots\cdots\cdots\cdots\cdots\cdots\cdots\cdots\cdots\cdots\cdots (解10-1)$$

　　　　P_{max} ：落石の衝撃力(kN)
　　　　m 　：落石質量(t)
　　　　g 　：重力加速度(m/s²)
　　　　H 　：落下高さ（m）
　　　　λ 　：被衝突体のラーメの定数(kN/m²)

　ただし，現実には落石と緩衝砂の衝突は，弾性的なものではなく，落石の質量・形状・落下高，緩衝砂の種類・締固め度・層厚等の影響を受けるものと考えられる。したがって，数値の選定に当たっては，慎重に検討することが必要である。

10-4 落石対策工の種類と選定

> 落石対策工には発生源を除去,固定及び抑止することを目的とした予防工と,発生した落石による被害を防止することを目的とした防護工とがある。現地の道路の状況や斜面の状況に最も適した対策工を選定する。

(1) 落石対策工の構成と目的

　落石対策工には,発生源対策としての落石予防工と,発生した落石による被害を軽減するための落石防護工がある。落石対策工には多くの工種があるが,それらの対策原理を以下に列挙する。
　① 発生の原因となる風化浸食を防止する。
　② 落石の発生を止める。
　③ 落石エネルギーを吸収する。
　④ 落下方向を変えて無害なところに導く。
　⑤ 衝撃に抵抗して落石運動を止める。
　⑥ 小規模な崩土の落下防止,雪崩防止の効果を兼ねる。
　したがって,各種の対策工の機能,耐久性,施工性,経済性,維持管理上の問題等をよく検討して,現地の道路状況,斜面状況に最も適した工種とその組合せを選択しなければならない。

(2) 落石予防工の工種

　落石予防工は,落石の発生が予測される斜面内の落石予備物質(浮石,転石)を対象に次の効果を期待して実施される発生源対策である。
　① 地表水,凍結融解,温度変化,乾湿の繰返し,風力等による浸食風化の進行を防止する。
　② 落石予備物質を原位置で直接的に抑止する。
　③ 落石予備物質を固定する。
　④ 落石予備物質を除去する。
　⑤ 斜面崩壊に伴う落石を防止する。

これらの効果を単独または複合したものとして各種予防工を示したものが，**解図10-4**である。工法の選定に当たっては各工法の特性を考慮するとともに，現地の社会的条件，地形，地質と道路の位置関係及び施工性，経済性等を考慮する。なお，斜面上に繁茂している樹木は，落石を抑止する効果があり，これらを伐採する場合，または伐採される可能性も含め留意しなければならない。

　これらの工法のうち，切土工は切土のり面工の主要工法であり，グラウンドアンカー工，植生工，排水工，編柵工，吹付工，張工及びのり枠工は一般的なのり面保護工である。これらの工法の概要については，「第6章　切土工」，「8-3　のり面緑化工」，「8-4　構造物工」及び「7-3　のり面排水工」で説明されているので参照されたい。ほかの工法は主に落石対策に用いられる工法であり，それらの概要及び設計・施工法については「10-5　(1)　落石予防工」で述べる。

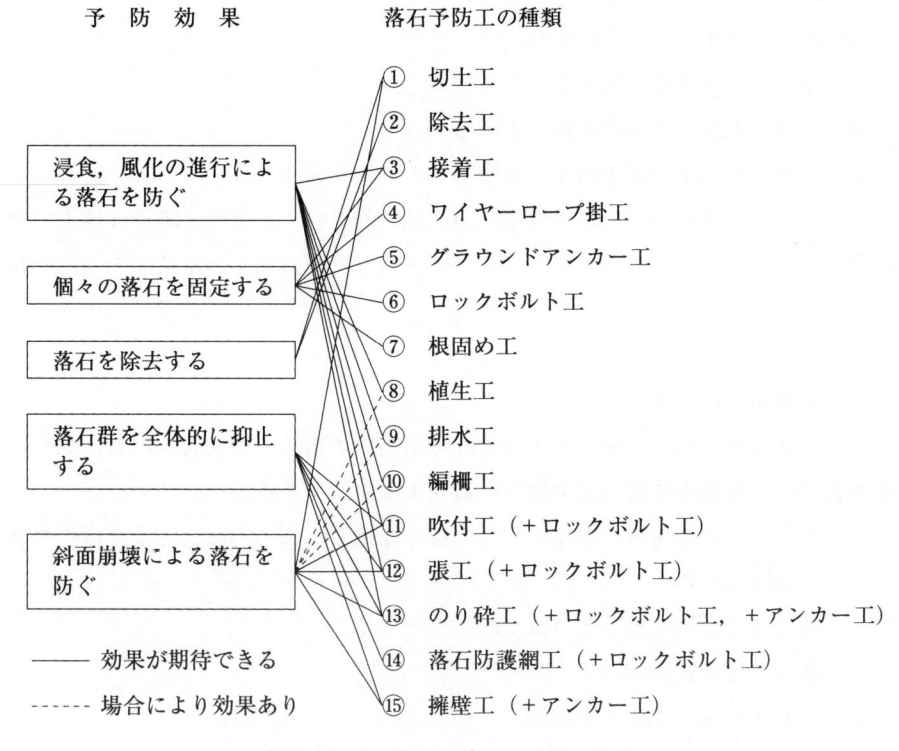

```
予 防 効 果                    落石予防工の種類

                              ① 切土工
                              ② 除去工
[浸食，風化の進行による          ③ 接着工
 落石を防ぐ]                    ④ ワイヤーロープ掛工
                              ⑤ グラウンドアンカー工
[個々の落石を固定する]          ⑥ ロックボルト工
                              ⑦ 根固め工
[落石を除去する]                ⑧ 植生工
                              ⑨ 排水工
[落石群を全体的に抑止           ⑩ 編柵工
 する]                         ⑪ 吹付工（＋ロックボルト工）
                              ⑫ 張工（＋ロックボルト工）
[斜面崩壊による落石を           ⑬ のり枠工（＋ロックボルト工，＋アンカー工）
 防ぐ]                         ⑭ 落石防護網工（＋ロックボルト工）
                              ⑮ 擁壁工（＋アンカー工）
――― 効果が期待できる
------ 場合により効果あり
```

解図10-4　落石予防工の種類と効果

(3) 落石防護工の工種

　落石防護工は，斜面から落下してくる落石を斜面の途中，道路際あるいは道路上に設置した施設で防護する待ち受け対策である。

　落石防護工の種類は設置される位置によって次のように分類される。
① 発生源から道路に至る中間地帯（斜面中）に設けるもの：落石防護網，落石防護柵，落石防護擁壁等
② 道路際（斜面下部）に設けるもの：落石防護網，落石防護柵，落石防護棚，落石防護擁壁，ロックシェッド，落石防護土堤等

(4) 落石対策工選定の手順

　落石対策工の選定に際して最も基本的なことは，対象斜面のどこから，どのような形態・規模の落石が発生し，それがどのような運動形態で下方に動いて来るかを的確に想定し，それに対して，どこでどのような止め方をするかあるいはどのような方法で無害に道路を通過させるかということを判断することである。

　この対策工の選定には，対策工の施工箇所の地盤等の設計・施工条件が付随する。また，交通状況等の条件も考慮しなければならない。落石対策工の地山については，とくに，地下水や切土に伴うゆるみ，風化等で，地盤の劣化が明らかな場合は落石の衝撃に抵抗するタイプの落石対策工の設置は好ましくない。このような場合には，他の落石対策工を検討して，現地に適する工法を選定しなければならない。このような設計時の問題とともに施工についても，機械の搬入等の制約を考慮し，施工の難易性を十分検討して，確実に施工できる落石対策工を選定しなければならない。

　解図 10-5 に落石対策工選定のためのフローチャートを示す。

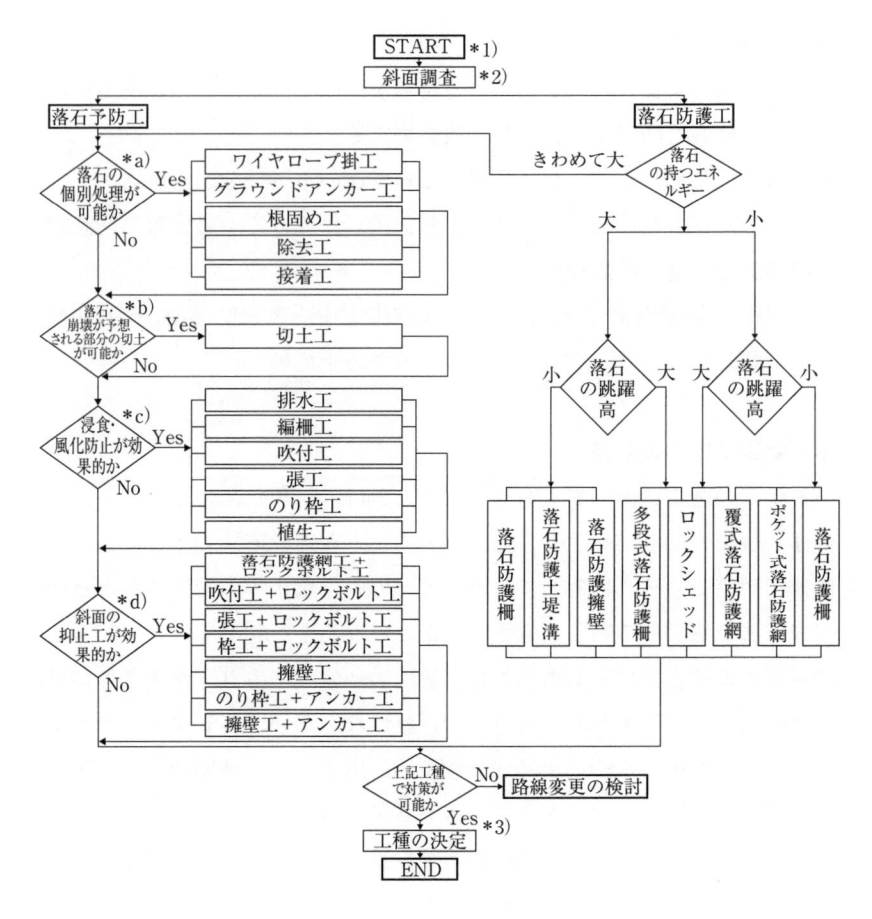

*1) フローに従い，適用可能な工種を並列的に抽出し，その中から実際に施工する工種を決定する。
*2) 落石予防工と落石防護工は，並列的に比較することとし，必ず両者とも検討する。
*3) 工種の決定には**解表10－4**，**解図10－6**，**参表10－1**を参考にすると良い。または落石予防工間，落石防護工間及び落石予防工と落石防護工間との組合せについても考慮する。
*a) 落石・斜面崩壊が独立的に存在する斜面に適した工法である。
*b) 勾配が緩く，除去した石・土砂の搬出が容易な斜面に適した工法である。
*c) 比較的小規模な落石等が広範囲に渡り予想される斜面に適した工法である。
*d) 落石予防工と落石防護工を組み合わせて用いることにより比較的大規模な落石・斜面崩壊が広範囲に渡り予想される斜面に適用可能な工法である。

解図10－5 落石対策工の選定フローチャート

解表 10-4　落石対策の適用に関する参考表

分類	工種	特徴凡例	落石対策工の効果					耐久性	維持管理	施工の難易	信頼性	経済性
			風化浸食防止	発生防止	方向変更	エネルギー吸収	衝撃に抵抗					
		◎	非常によい					非常によい	手がかからない	容易	非常によい	安い
		○	よい					よい	やや手がかかる	やや容易	やや容易	場合による
		△	場合によりよい					落石で破損	手がかかる	むずかしい	むずかしい	高い
落石予防工	切土工			◎				◎	○	△	◎	○
	除去工			◎				○	○	△	◎	○
	根固め工			◎				◎	○	○	◎	○
	接着工		○	◎				△	○	◎	△	△
	アンカー工			◎				○	○	○	◎	○
	ワイヤーロープ掛工			◎				○	○	△	○	◎
	排水工		◎					○	○	○	○	○
	編柵工		○	○	△			○	○	◎	△	◎
	植生工		◎					△	○	◎	△	◎
	吹付工		◎					◎	○	○	○	○
	張工		◎					◎	○	○	◎	○
	のり枠工		◎					◎	◎	○	◎	○
	擁壁工		◎	◎	△			◎	◎	△	◎	○
	落石防護網工+ロックボルト工		◎					○	○	○	◎	○
	吹付工+ロックボルト工		◎					◎	○	○	◎	○
	張工+ロックボルト工		◎					◎	○	○	◎	○
	のり枠工+ロックボルト工		◎					◎	◎	○	◎	○
	のり枠工+アンカー工		◎					◎	◎	○	◎	○
	擁壁工+アンカー工		◎					◎	◎	△	◎	△
落石防護工	覆式落石防護網				○	○	◎	○	○	◎	○	◎
	ポケット式落石防護網					○	○	○	○	◎	○	◎
	落石防護柵					◎	△	○	○	◎	○	◎
	多段式落石防護柵				△	◎	○	○	○	○	○	○
	落石防護棚					◎	◎	◎	◎	○	◎	○
	落石防護擁壁					◎	△	◎	◎	○	◎	○
	ロックシェッド					◎	◎	◎	◎	△	◎	△
	落石防護土堤・溝					◎	△	◎	○	◎	○	○

解図10−6　落石防護工の適用範囲の目安

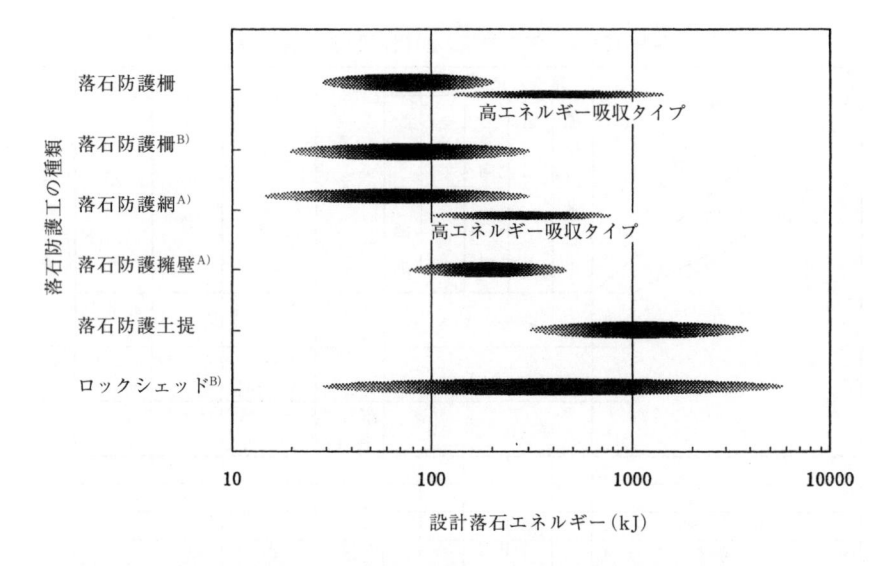

注1）　本図は既往の施工実績，実験事例等から，各工法の適用範囲の目安を示したものである。

注2）　上記工法のうち A)はエネルギー計算により設計される工法，B)は静的な強度計算により設計される工法であり，工種により設計法が異なるため本来簡単には比較はできない。一般には静的な強度計算により設計されたものは，設計上かなりの安全余裕が含まれていると考えられる。

10−5　落石対策工の設計・施工

> 落石対策工は，その機能が十分に発揮されるよう設計，施工を行う。なお，対策工の設計に当たっては落石の素因や地形等の条件，対策工の特長，道路構造，交通状況，周辺環境への影響等を考慮の上，効果的な対策工及びその組合せを立案する。

(1)　落石予防工

（ⅰ）設計の一般的事項

落石予防工は，落石発生源の除去や固定及び抑止を主とする対策工で，落石頻

度の低減に効果的である。しかしながら，斜面が長大急峻である場合には，これ自体で完全に落石を阻止することが困難な場合もあるので，複数の予防工法を併用したり，道路際の落石防護工と併せて対策を実施する。

また，**参表10-1**は，落石の規模，タイプ別に各種予防工の適用性を主に機能面から整理したものであり，落石予防工の選定に当たって参考とするとよい。しかし，構造物の抑止効果の評価はまだ不明な点が多いので，この表も落石対策工に関する目安を示している。

（ⅱ）切土工及び浮石・転石除去工

落石予防工としての切土工及び浮石・転石除去工は，斜面に分布する落石の可能性のある浮石・転石を，切土または小割りすることによって除去し，のり面や斜面の安定を図るために行う工法である。

（ⅲ）接着工

接着剤を用いてはく離型落石の発生を防止する工法を接着工と呼び，観光地等の風光明媚な箇所の保存に使用されることがある。

接着剤としては，セメント系のものと樹脂系のものが開発されている。これらは固化時間等にそれぞれ特徴があるので亀裂等の状況に応じて使い分けることが望ましい。また，接着性をよくするために岩の表面を洗浄する等の処置を行うことが重要である。

（ⅳ）ワイヤロープ掛工

ワイヤロープ掛工は根固め工の一種と考えられ，浮石や転石が滑動や転落しないように，格子状にしたワイヤロープや数本のロープ等を用いて，直接浮石等の基部を覆ったり掛けたりして斜面上に固定させる工法である。浮石や転石が巨大な場合や土地の制約条件等で応急的に斜面上に固定しなければならない時によく用いられる。施工自体も他の工法と比べ簡易であるが，恒久対策前の仮設構造物として取り扱う場合が多い。

ロープ等で浮石等を覆ったり，掛けたりする場合，このロープ等から抜け出すことのないように十分にその安定性を確保しなければならない。また，浮石等の重みに十分耐えられるようにロープの支持部はアンカーボルト等を用いてしっかりした基岩に取り付けなければならない（**解図10-7**参照）。

参表 10-1 落石の規模，タイプ別予防工の適用

予想される落石の1個あたりの大きさ / 落石タイプ / 目的別対策工種		巨礫（φ1m位）数トンの規模		中規模（φ40cm位）数百キロの規模		小規模数十キロ以下の規模	
		はく離型	抜落ち型	はく離型	抜落ち型	はく離型	抜落ち型
浮石・転石の除去工法	浮石・転石除去工，切土工	○	○	○	○	○	○
礫間充填物（マトリックス）や亀裂間充填物の風化・浸食・流失防止工法	排水工（表面水工を含む）	○	◎	○	◎	○	◎
	吹付工	△	土砂部とのなじみが悪い	○	土砂部とのなじみが悪い	◎	土砂部とのなじみが悪い
	編柵工	×	×	×	○	×	○
	植生工	×	×	×	○	×	○
浮石・転石の固定・安定化工法	根固め工	○	○	施工性の理由からほとんど適用されてない			
	接着工	○	△	○	○	施工性や効果の関係等からあまり適用されない	
	コンクリート張工	△	△	○	○	○	○
	現場打ちコンクリート枠工	○	△	○	○	○	○
	グラウンドアンカー工及びロックボルト	単独で用いられず吹付工，現場打ちコンクリート枠工等と併用が多い					
		○	○	○	○	○	○
	落石防護網工	ロックボルトと併用することが多い				○	○
		○	△	○	△		
	ワイヤロープ掛工	○	○	覆式落石防護網工を併用することが多い			
	擁壁工	落石位置が8.0m以下と低い場合適用				×	×
		○	○	○	○		

凡例 ◎：非常によく用いられる　○：よく用いられる
　　　△：用いられる場合がある　×：用いられない

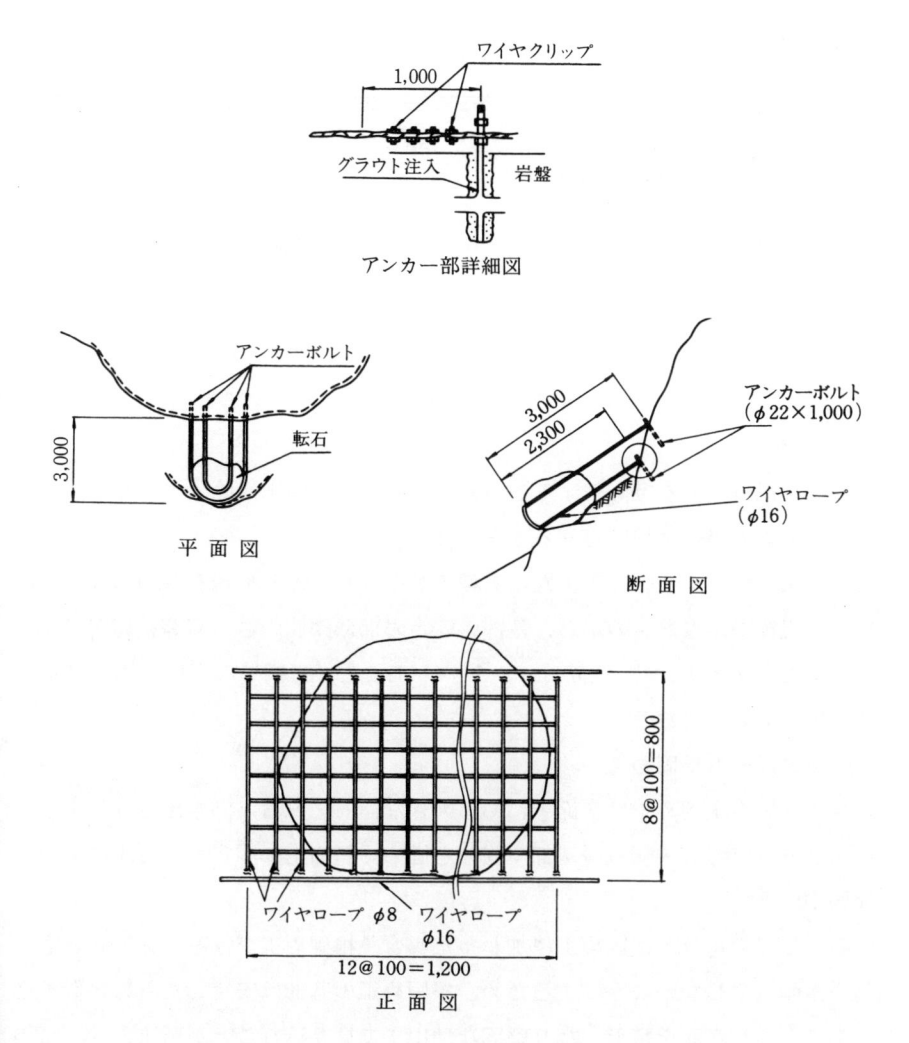

解図 10-7 ワイヤーロープ掛工の例（単位 mm）

(ⅴ) ロックボルト工

　ロックボルト工は，斜面上にある浮石・転石をボーリング機械等によって貫通し，この中にロックボルトを挿入し基岩に定着する工法であり，グラウンドアンカー工に比べて小規模な浮石・転石に使われる。**解図 10-8** に施工例を示す。

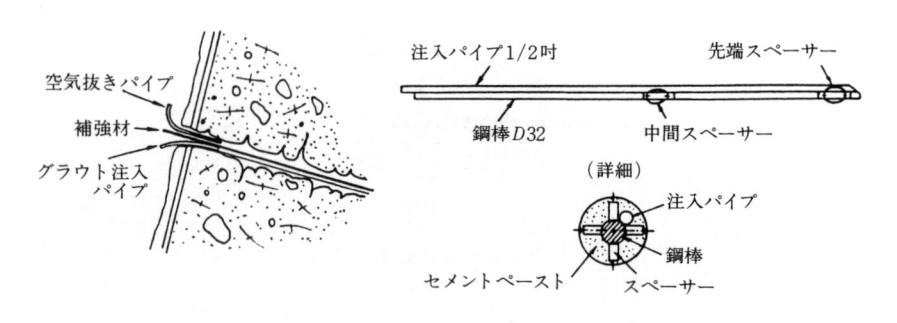

解図10-8　ロックボルトの施工例

(ⅵ) 根固め工

　斜面上の浮石・転石は除去することが望ましいが，簡単に除去できない大きさの浮石・転石の場合に用いられることが多い。

　この工法はコンクリート工または石積工等により，浮石や転石等の基部を固める比較的規模の小さなものから，基部の安定岩部に鉄筋のさし筋等を施工し，モルタル等で固める方法や 鉄筋コンクリート工またはH鋼等の支柱によって抑える大規模なものまである。

a)　コンクリート根固め工

　コンクリート根固め工は斜面上にある大きな浮石・転石が動き出さないようにコンクリートで浮石・転石の基部や周囲を固め，斜面上に固定させる工法である（**解図10-9**）。

　浮石や転石の重みが根固め工に加わった場合，根固め工が浮石や転石とともに転落や滑動を生じないようにするため，根固め工の基部は安定した基盤に置く必要があり，斜面表面を整形したり堅固な地山まで掘り込むことが望ましい。この場合，掘り込む時に浮石や転石が不安定化するので，ロープ掛け等を行って安定を保つ必要がある。

　根固め工から浮石や転石が抜け出すことのないようにコンクリートの厚さを十分に確保し，浮石等の基部のみでなく周囲を包むように設置することが望ましい。また，斜面を流下する雨水等によって洗掘を受けると根固め工の効果が著しく減少するので，根固め工の周囲の地形，斜面表面の整形等には注意を払う必要があ

る。

　コンクリートの配合は1：3：6（C：S：G）程度の容積配合がよく用いられる。打設するときには浮石や転石の表面の泥や砂等の付着物を除去してコンクリートの付着なじみを良くする必要がある。また，施工中に浮石等が不安定とならないように根固め工基部の掘削や斜面の整形に当たっては十分注意を払わなければならない。

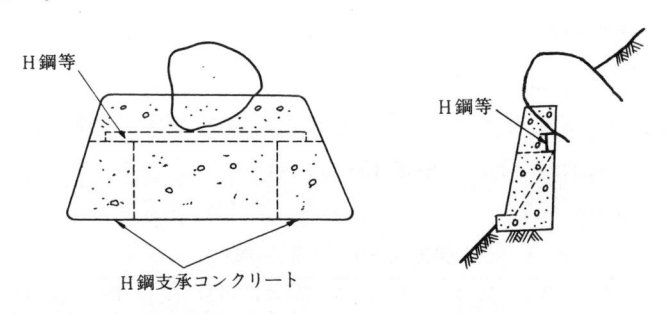

解図10－9　コンクリート根固め工

b)　石積根固め工

　石積根固め工は斜面上で簡単に除去できない浮石や転石がある場合，周囲の斜面から小さな浮石や転石を集めて練石積みを行い，これにより浮石や転石の基部を固める方法である。これは浮石や転石の整理も兼ねることができる。

　コンクリート根固め工と同じように材料の搬入や斜面内の立ち入り等で施工が困難な場合もある。コンクリート根固め工に比べ耐久性に劣るため，特に流水による洗掘には十分気をつけねばならない。

(2)　落石防護工

（ⅰ）設計の一般的事項

　落石防護工は，斜面から落下してくる落石を斜面の途中か道路際に設置した施設で防護する対策工である。落石防護工の設計に当たっては，まず構造物が受け持つべき外力を想定することが必要である。予想される落石等の重量，落下速度及び落石防護工への作用方向，作用位置等の外力は，各現場の地形，地質，斜面

の風化度，植生及び他の落石予防工または落石防護工との併用の有無等によって著しく異なる。したがって，落石防護工の設計に当たっては，現場における調査や過去の落石等の経験を基に最も妥当と思われる値を推定しなければならない。その他，落石以外の荷重，例えば積雪，雪崩等についても必要に応じて考慮する必要がある。

落石防護工の設計手法は工種により異なり，エネルギー計算によるものと静的な強度計算（衝撃荷重）によるものとがある。

（ⅱ）荷重

落石防護工の設計に当たり考慮すべき荷重の範囲は落石防護工の種類によっても異なるが，基本的なものを**解表10−5**に示す。

解表10−5 荷重の種類

主 荷 重	1. 死 荷 重 2. 堆 積 工 3. 積 雪 4. 土 圧 5. そ の 他	主荷重に相当する特殊荷重	1. 落 石 2. な だ れ
特 殊 荷 重	1. 自動車衝突 2. 施 工 時	従 荷 重	1. 風 2. 温 度 変 化 3. 地 震

死荷重とは構造物及びその一部とみなされる部分の自重であり，落石防護柵等では一般に無視し得るものである。なお，ロックシェッドの緩衝材としての土砂等も死荷重に含まれる。

土圧とは背面土により構造物に作用する圧力である。地震時土圧は地震の影響として考える。

風荷重，温度変化の影響，自動車衝突荷重，地震の影響については「道路橋示方書・同解説・共通編」を，また，雪に関する荷重については，「道路防雪便覧」を参考にするとよい。

施工時荷重は施工中に構造物に作用する建設機械，資材等による荷重であり，施工段階に応じて変化するので注意しなければならない。

なお，崩土の発生が予想される場合には，原則として落石防護工は用いず，可能な限り他の方法により対処するのが望ましい。ただし，予想される崩土の規模

が小規模な場合には,例外的に崩土荷重を考慮した設計が行われることもある。崩土荷重については未だ不明な事項が多いので,その設計は慎重に行う必要がある。

(3) 落石防護網
（ⅰ）設計の考え方
　落石防護網は金網,ワイヤロープ等の軽量部材を使用して,落石発生の恐れのある斜面全面を覆い,落石に対処するもので用途別に分類すれば次の2種類となる。
① 覆式落石防護網
② ポケット式落石防護網
　このうち,①の覆式落石防護網とは地山との結合力を失った岩石（落石）を金網と地山の摩擦及び金網の張力によって拘束するもので落石予防工に準じた機能を持つものである。
　一方,②のポケット式落石防護網とは吊ロープ,支柱,金網,ワイヤロープ等からなり,上部に落石の入口を設け,金網に落石が衝突することにより,落石の持つエネルギーを吸収する機能を持つ落石防護網である。
　これらの落石防護網の設計の考え方の手順を**解図10-10**に示す。
（ⅱ）覆式落石防護網の設計
　覆式落石防護網は,地山との結合力を失った岩石（落石）を金網と地山の摩擦で固定するものである。**解図10-11**に示すように,金網,ワイヤロープ（縦ロープ,横ロープ）及びアンカーより構成される。金網及びワイヤロープは不安定岩塊により生じる張力及び自重に耐えるだけの強度が必要である。
　覆式落石防護網の設計手順の一例を以下に示す。
① 縦ロープの1スパンに作用する落石の重量,及び自重に耐えるような縦ロープの径を決める。
② 落石の重量及び網の自重に耐えるように横ロープの径を決める。このとき横ロープはのり長方向下方3スパンの網の自重及び落石の重量を等分布荷重として受けるものとする。

③ ②と同じ荷重に耐えられるように網の素線径を決める。
④ 縦ロープ，横ロープに作用する全荷重がアンカーに作用すると仮定してアンカーの安定計算を行う。

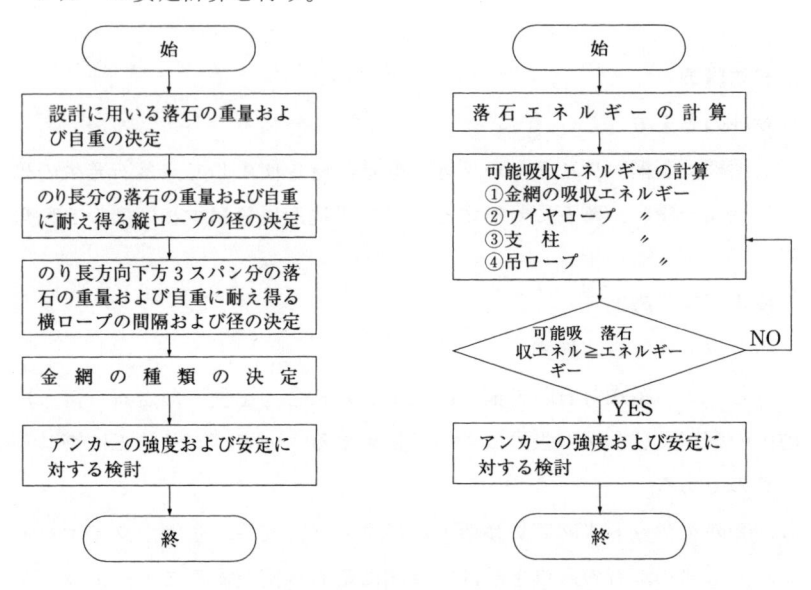

(a) 覆式落石防護網の場合　　(b) ポケット式落石防護網の場合

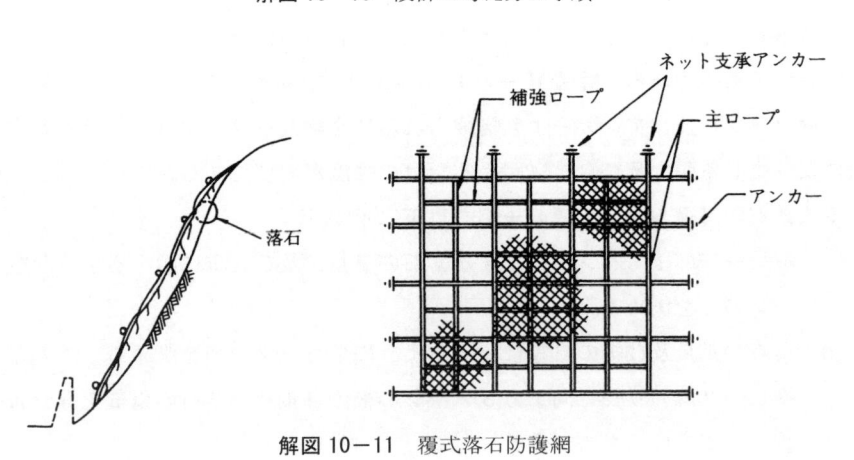

解図 10－10　設計の考え方の手順

解図 10－11　覆式落石防護網

(ⅲ) ポケット式落石防護網の設計

ポケット式落石防護網の設計は次の手順に従って行う。

① 落石のエネルギーを計算する。
② ポケット式落石防護網の可能吸収エネルギーを計算する。
③ 可能吸収エネルギーが①で求めた落石エネルギーを下回らないように各部材の諸元を決定し，ワイヤロープの破断荷重に耐えるようにアンカーの安定性を検討する。

ポケット式落石防護網に対する落石の衝突方向を**解図 10－12** に示す。落石エネルギー E_W は次式を用いて算出する。

$$E_W=(1/2)\cdot(W/g)\cdot(V\cdot\sin\theta)^2 \quad \cdots\cdots\cdots\cdots\cdots\cdots\cdots\cdots\cdots\cdots\cdots \text{（解 10－2）}$$

ここに，E_W：落石エネルギー（kN・m）
　　　　W　：落石の重量（kN）
　　　　V　：落石速度（m/sec）
　　　　θ　：金網の傾斜角（度）
　　　　g　：重力の加速度（m/sec²）

落石防護網の可能吸収エネルギーは，金網，ワイヤロープ，支柱及び吊ロープの可能吸収エネルギーを合算して求める。

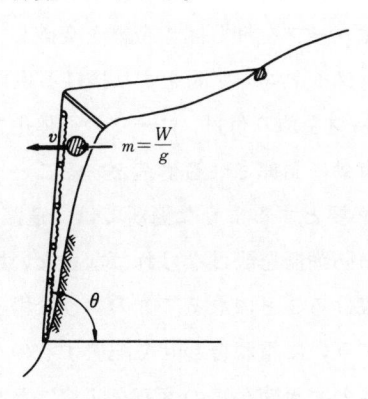

解図 10－12　落石の衝突方向

⑷　落石防護柵
（ⅰ）設計の考え方

　落石防護柵は，比較的小規模な落石対策として有効であり，斜面の状況に応じてその種類，寸法を決定するのがよい。

　落石防護柵には，次のような種類がある（**解図10-13**参照）。

① 　ワイヤロープ金網式

　H鋼を支柱として，それにワイヤロープ，金網を取り付けたものである。支柱は直柱式と曲柱式の2種類がある。

② 　H鋼式

　H鋼を支柱として，H鋼の横鋼及びエキスパンドメタルを取り付けたものであり，通常古タイヤあるいは砂を緩衝材として用いる。

③ 　高エネルギー吸収型

　近年普及してきたものであり，ネット（金網），ワイヤロープあるいは支柱等の部材の弾塑性変形によりエネルギーを吸収しやすい機構を組み込んでいる。

　①のワイヤロープ金網式は，伸び性能に優れたワイヤロープ及び金網を使用しており，落石衝突時には落石に追従して変形するので変形時の可能吸収エネルギーを考えて設計できる。実際の落石による落石防護柵の被害においても，支柱は変形するがワイヤロープが破断されることはまれである。

　しかし，落石がワイヤロープを押し開き金網を突破して道路へ飛び出すという事例もある。この落石がワイヤロープ間をすり抜ける現象については，**解図10-13**に示すような間隔保持材を取り付け，ロープの一体化を図るとともに柵の吸収エネルギーをきわめて有効に発揮させる構造とすることにより阻止できる。

　一般に落石防護工を必要とするような箇所では，道路の線形は曲がっており，長い延長にわたって落石防護柵を設けなければならない場合には，適当な延長に区切って落石防護柵を設けることになる。このような場合には，各区間の落石防護柵端部は落石に対して互いに重ね合わせて配置するのがよく，このような配慮によって落石防護柵相互のすき間からの落石を防ぐことができる。

　落石防護柵として一般によく用いられるのは，ワイヤロープ金網式であるので，ここではワイヤロープ金網式の設計の考え方のみについて述べる。

(a) ワイヤロープ金網式

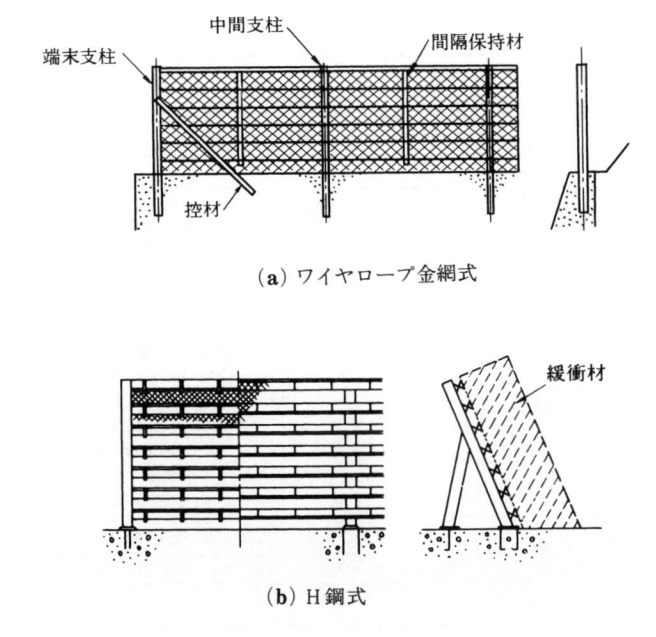

(b) H鋼式

解図 10−13 落石防護柵の種類

　落石防護柵は，その許容変位量内で落石エネルギーを吸収できるように部材断面，部材配置及び基礎の安定について検討しなければならない。**解図 10−14** にワイヤロープ金網式落石防護柵の設計のフローチャートを示す。
　斜面から直角に測った落石の跳躍量を h_1 とすれば，柵高 h は**解図 10−15** に示すように $h=(h_1 \sec \theta - d)+余裕高 (\mathrm{m})$ となる。

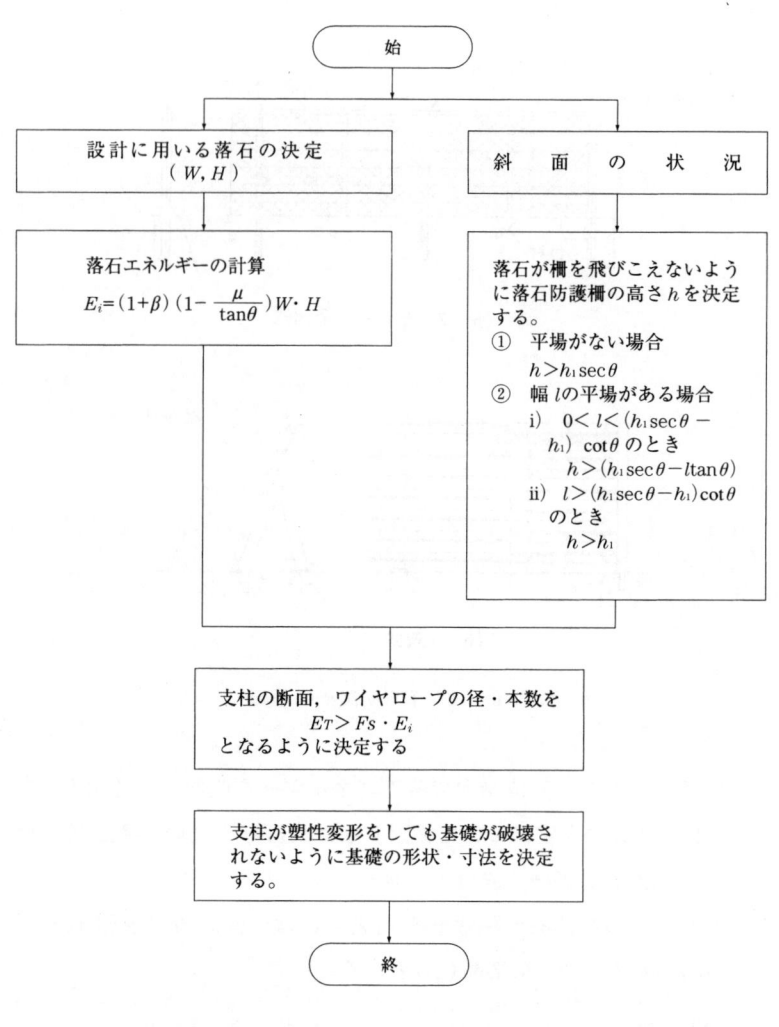

```
                          ┌─────┐
                          │ 始  │
                          └──┬──┘
            ┌────────────────┴────────────────┐
┌───────────────────────┐        ┌───────────────────────┐
│  設計に用いる落石の決定      │        │   斜 面 の 状 況         │
│       ($W, H$)         │        └───────────┬───────────┘
└───────────┬───────────┘                    │
```

落石エネルギーの計算
$$E_i = (1+\beta)(1 - \frac{\mu}{\tan\theta}) W \cdot H$$

落石が柵を飛びこえないように落石防護柵の高さ h を決定する。
① 平場がない場合
  $h > h_1 \sec\theta$
② 幅 l の平場がある場合
  i) $0 < l < (h_1 \sec\theta - h_1)\cot\theta$ のとき
    $h > (h_1 \sec\theta - l\tan\theta)$
  ii) $l > (h_1 \sec\theta - h_1)\cot\theta$ のとき
    $h > h_1$

支柱の断面，ワイヤロープの径・本数を
$E_T > F_S \cdot E_i$
となるように決定する

支柱が塑性変形をしても基礎が破壊されないように基礎の形状・寸法を決定する。

終

E_i：設計に用いる落石エネルギー　　β：回転エネルギーに関する係数
W：落石重量　　　　　　　　　　h_1：落石の跳躍高
H：落下高さ　　　　　　　　　　l：平場の幅
θ：斜面勾配　　　　　　　　　　F_S：安全率
μ：落石の等価摩擦係数　　　　　E_T：柵の可能吸収エネルギー

解図 10-14　ワイヤロープ金網式落石防護柵の設計フローチャート

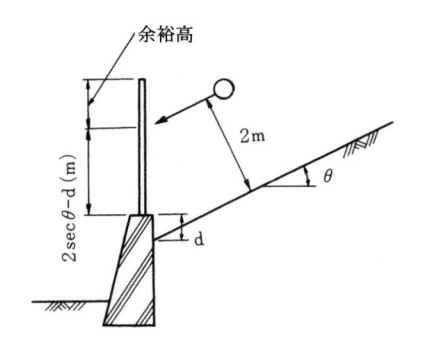

解図 10−15 落石防護柵の高さ

(ⅱ) 荷重

　落石防護柵の設計に用いる荷重としては，落石荷重のみを考え，一般に以下のように設定される。落石の衝突位置は，**解図 10−16** に示すように支柱間の中央で，防護柵の高さの 2/3 の位置とし，残りの 1/3 は余裕高とする。また，落石の衝突方向は，防護柵に直角とする。

　設計に用いる落石エネルギー（E_i）は，「10−3　落石の規模等の推定」で推定した落石の運動速度と質量より求める。

　また落石荷重が**解図 10−16** のように作用した場合に，支柱 2 本が塑性変形をしてエネルギーを吸収するものとする。

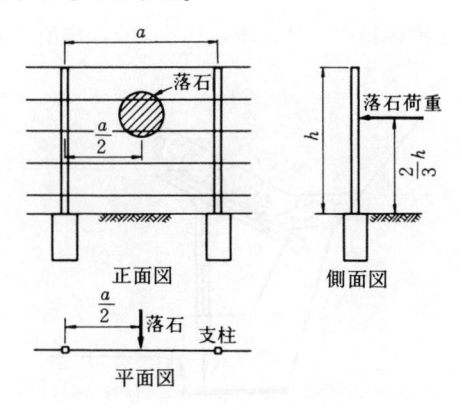

解図 10−16 落石荷重の作用位置

(ⅲ) 許容最大変位量及び可能吸収エネルギー

落石防護柵の可能吸収エネルギー（E_T）は，次式により計算する。

$$E_T = E_R + E_P + E_N \quad \cdots\cdots\cdots\cdots\cdots\cdots\cdots\cdots\cdots\cdots\cdots\cdots\cdots\cdots\cdots\cdots \text{（解 10-3）}$$

ここに，E_R：ワイヤロープの吸収エネルギー

E_P：支柱の吸収エネルギー

E_N：金網の吸収エネルギー

なお，式（解10-3）の右辺の各エネルギーの算定法は「落石対策便覧」[2]を参照されたい。

(ⅳ) 基礎の設計

落石防護柵は，のり留擁壁または落石防護擁壁の上に建て込む場合と直接基礎を設けて建て込む場合とがある。どちらの場合にも，基礎ないし擁壁は，柵を通じて作用する力に対して安定であることを照査して設計する必要がある。また，擁壁では，落石が直接衝突する場合についても同様の照査を行う必要がある。落石防護柵を石積・ブロック積擁壁の上に設ける場合は石積・ブロック積擁壁の耐力がコンクリート擁壁に比べて小さいので基礎の耐力について十分な配慮が必要である。

(5) 落石防護棚

落石防護棚は，落石の重量あるいは落下高さが落石防護柵では対応できない大きさで，飛散範囲が道路幅員の一部に限られるような場所に適用される防護工である。

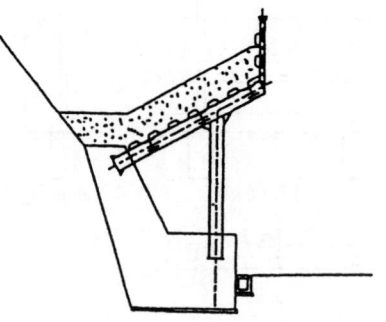

解図 10-17 落石防護棚の例

ロックシェッドに比べ経済性,施工性に優れるが,落石の跳躍高さ,重量,落下高さ等の適用範囲は限られる。

　主桁上の緩衝材により落石の衝撃力を分散,減少させる構造で,設計はロックシェッドの考え方に準拠する。

(6)　落石防護擁壁

　落石防護擁壁は,落石が道路に落下することを防止する防護工として,主として道路の側近に設置されるものである。

　また,落石防護擁壁はその背後にポケット部を設け,ある程度の落石を堆積させる構造とすることが望ましいことから,対象とする背面地形の斜面勾配が緩やかな場所や,道路の側方に余裕のある場所に設けられることが多い。

　落石防護擁壁は,通常重力式コンクリート擁壁として設けられるが,その基本的な考え方は,落石の持つ運動エネルギーを擁壁本体及び支持地盤の変位・変形で吸収させることにより,落石を停止させるというものである。したがって,その設計に際しては,地形,地質の他,予想される落石の重量,落下高さ等を考慮し,落石防護擁壁の安定及び躯体断面の補強等について検討を行う必要がある。

　また,落石防護擁壁の設置長さは,地形及びこれまでの落石実態等を勘案して

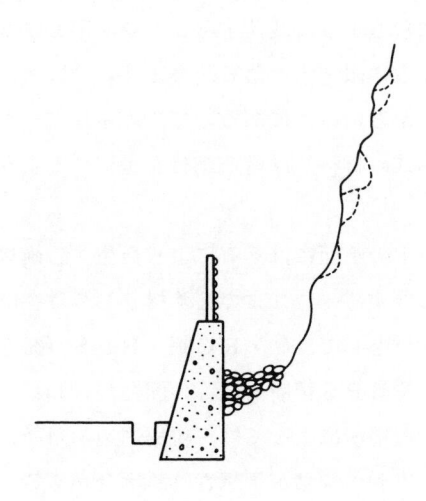

解図10-18　組合せ形の落石防護擁壁

定める必要があり，十分な安全性が確保できる範囲を考えなければならない。また，**解図10-18**に示すように，落石防護擁壁と落石防護柵を併用する場合も多いが，この場合には，落石が擁壁に直接衝突する場合及び柵に衝突する場合の双方を想定して設計を行う。

(7) **ロックシェッド**

ロックシェッドは，一般に道路の側方に余裕がなく，落石の発生しやすい急斜面がある場合，落石の規模が大きい場合，あるいは落石防護柵等ではその上を飛び越す恐れのある場合等に使用される。

ロックシェッドのように衝撃力を受ける構造物を合理的に設計するためには，本来は，構造物の衝撃力に対する極限耐荷力を明確にしたうえで，構造物の弾塑性変形による吸収エネルギーを把握することが望ましい。しかし，その手法を確立するための知識もまだ十分とはいえないので，当面はこれまで行われてきたように，落石による衝撃荷重を静的荷重に置き換えて，許容応力度法により設計を行ってもよい。

設計では，ロックシェッド上に1個の落石を載荷させ，安定照査及び部材設計（断面力算定，応力度計算）を行う。このとき，落石による衝撃力は，着目している部材に最も不利になるように載荷することを原則とする。

なお，ロックシェッドに限らず，落石防護工の目的は，落石の運動エネルギーをいかにして吸収するかという点にあるので，エネルギー吸収能力が大きくなるような緩衝材，構造形式，材料及び構造細目を選択するよう心がけることが大切である。

特に，ロックシェッドの上面には落石により発生する衝撃力の緩和を図るために，緩衝材を敷くものとする。これまで緩衝材としては主に砂が用いられてきたが，近年，新しい緩衝材として，砂・RC版・EPS（発泡スチロール）を組み合わせた三層緩衝構造やEPS積層構造等の開発が行われている。

ロックシェッドの設置場所によっては，現場周辺の斜面の地質，風化状態によりロックシェッド上に土砂の堆積が予想される場合がある。堆積した土砂の荷重は非常に大きいため，土砂が堆積した場合には取り除くことを原則とする。しか

し，堆積箇所への進入が不可能な場合や土砂の除去に危険が伴う場合には堆積土砂荷重を設計において考慮することもある。このような場合，土砂の堆積量及び単位体積重量については，現場周辺の状況を調査して決定するのが望ましいが，計測データによれば，安定した土砂の堆積勾配は水平面から25～30度程度であるから，**解図10－19**に示すように最大でも30度の土砂を見込んでおけば十分と考えられる。

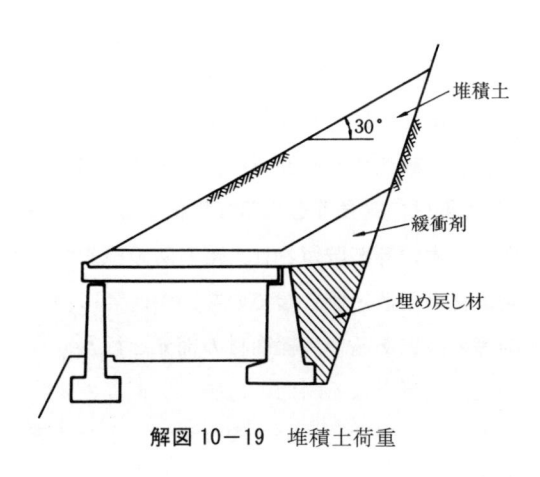

解図10－19 堆積土荷重

10－6 落石対策工の維持管理

　落石対策工，のり面・斜面を対象に，日常のパトロールによる巡回を行う。さらに，必要に応じて徒歩による巡回点検等を行い，変状や被害状況を把握し，必要に応じて適切な対策を講じる。

　のり面・斜面は，暴風雨，豪雨，地震及び凍結融解等によって変状を生じ，あるいは経年的に劣化し，ひいては落石対策工等の施設の変状や被害をもたらすことがある。
　このようなことから，落石対策工においても施設のみならずのり面・斜面を含めて，維持管理のための調査点検を行い，変状や被害状況を把握し，必要に応じて適切な対策を講じる。

落石対策工の維持管理調査としては，日常のパトロールによる巡回に加え，必要に応じて徒歩による巡回点検を行うとよい。なお，災害時にも同様に，詳細な調査を行うものとする。

(1) 一般留意事項

（ⅰ）落石対策工そのものが変状して，被害を生じ，落石予防・防護機能が低下していないかを調査する。

落石が発生したときは落石防護工に何らかの変状を生じている可能性が高い。したがって，定期的に，あるいは大きな落石が発生したときには，落石防護工の変状形態，機能への影響を調査する必要がある。また，調査の時点では機能低下はなくとも，損傷のため鋼材の腐食等を生じて劣化することもあるので留意する。

（ⅱ）落石による岩屑，木幹等が貯留され，落石防護機能が低下していないか，また，所定の落石緩衝材が飛散・流亡していないか，等について調査する。必要に応じて岩屑，木幹等の除去あるいは緩衝材の補充を行う。

（ⅲ）落石対策工の支持地盤となる斜面の亀裂，洗掘等の変状の有無，さらにこれらの変状の落石対策工への影響について調査する。また落石対策工の支持部・基礎部の変状も調べる。

（ⅳ）災害には習慣性があるので，落石によって落石対策工等の施設の被害を生じたときの，落石の寸法，重量，落下高さ，落下径路，被害状況及び気象条件等を詳細に調査を行い，防災カルテ等に記録を整理し保存するとよい。

（ⅴ）不安定な転石や崖錐が斜面上に滞留しているかどうか，定期的に調査を行い，可能な限り除去する。

(2) 点検項目

落石対策工の多くは，切土ののり面保護工の一般的工種に含まれるので，これらについては「5-2　のり面・斜面の点検」，「8-4-3　構造物工の維持管理」，「7-6　のり面排水工の維持管理」に譲り，ここでは主に落石対策工に特有な工種の一般的な点検項目について**解表10-6**示す。

解表10－6 落石対策工の維持管理点検事項

(a) 共通点検項目

点　検　項　目
① 亀裂，はらみ出し
② 崩壊，洗掘
③ 有害植物の繁茂

(b) 個別点検項目

	工　　種	点　検　項　目
落石予防工	コンクリート根固工 石積根固工	① コンクリートの亀裂，破壊 ② 石積のゆるみ，崩壊 ③ 裏込め材の流失
	ロックボルト工 グランウンドアンカー工 ワイヤロープ掛工	① ゆるみ ② 鋼材の損傷と腐食
落石防護工	落石防護網 落石防護柵	① 支柱の曲り，破壊 ② 基礎部分の変形，破壊 ③ ロープのゆるみ，破断 ④ ネットのゆるみ，破断 ⑤ 鋼材の損傷，腐食 ⑥ クッション材の散逸 ⑦ 岩屑，土砂，木幹等の貯留
	落石防護擁壁 ロックシェッド	① コンクリート壁の傾斜，ずれ ② コンクリートの亀裂，破壊 ③ 目地部のずれ，内部鉄筋の錆，基礎部分の変形・沈下 ④ クッション材，裏込め材の散逸 ⑤ 岩屑，土砂，木幹等の貯留 ⑥ 排水状況

10－7　岩盤崩壊対策

　岩盤崩壊対策には，回避による対策，対策工による対策及び監視による暫定的な対策がある。ただし，岩盤崩壊の発生メカニズムの推定が困難であること等から，具体の対策の選定や実施に当たっては過去の類似の事例を参考にしたり，可能な限り詳細な調査を行うことが望ましい。

(1)　**岩盤崩壊対策の選定**

　岩盤崩壊対策には，回避による対策，対策工による対策及び監視による暫定的

な対策がある。

解図10－20に岩盤崩壊対策選定の流れ図を示す。各種の対策工は，落石対策の工法と同様なものが想定されるが，対象規模や破壊力が大きいため，落石対策の工法をそのまま適用することは困難な場合が多い。そのため，流れ図に示すように予備調査段階で岩盤の崩壊位置や範囲，崩壊量等を予測し，岩盤斜面の回避の可否を判断する。やむを得ず回避できない場合には，経験的手法，計測手法，数値解析により安定性を評価する。ただし，このうちの数値解析による定量的な安定性評価手法（**解表10－7**）[3) 4)]は，岩盤斜面は様々な形態で崩壊するため，全ての形態に適した解析手法はなく，崩壊形態ごとに解析手法を適宜選定しているのが現状である。なお，これらの解析手法により岩盤斜面の安定性を評価することは現状では難しいが，崩壊後の斜面での崩壊プロセスを力学的に説明したり，人工改変や対策工を実施する場合の相対的な不安定度合を知る場合に有効である。

以上の結果を踏まえ，さらに対策の基本方針を検討，回避による対策，対策工による対策，監視による暫定的な対策を講じる。ただし，現在のところ，岩盤崩壊のメカニズム及びその対策工の効果には未解明な部分が多々あるので，まず岩盤斜面の崩壊到達範囲を可能な限り回避することが望ましい。回避できない場合には，つぎに対策工を検討し，対策工による対策が可能か判断する。対策工による対処が可能な場合には，部材・機能・作業性・耐久性・維持管理上の問題等に留意し，現地の道路状況や斜面の状況に最も適した工種を選択し対処する。その際，予防工を主体に実施するのが望ましく，一つの対策工だけでなく，必要に応じて各種工法を組み合わせて実施してもよい。

しかし，対策工による対策が完了するまでや対策工を施すことができない場合には，可能な限り対策工を施したり，目視点検や計測調査等により岩盤斜面の挙動を監視する，あるいは両者の対策を組み合わせるなどして暫定的に対処し，監視等により危険が予測される際には避難や通行止め等の処置を講じ，必要に応じて将来の回避や対策工による対策へと移行する。

解表10-7 岩盤崩壊形態と数値解析手法[4]

崩壊形態		模式図		解析手当					備考
		(a)	(b)	限界平衡法	ブロック理論	有限要素法	個別要素法	不連続変形法	RBSM法	
崩落	小規模			×	△	×	○	◎	△	不連続変形法では粘性項を入れることで，崩落に至るまでの状況と落下開始以降の状況の両方を考慮することができる。
	大規模			×	△	×	○	◎	△	
滑動	円弧・複合すべり			○	○	◎	○	△	○	滑動については，主にジョイント要素を入れた有限要素法が多く用いられる。すべり破壊に至る過程を追うには剛体バネモデル（RBSM法）で対応ができる。最近，マニホールド法（MM）でこのような破壊過程を検討している例がある。くさび破壊のような3次元空間で考慮すべき破壊では，3次元個別要素法（DEM）が有効である。
	平面すべり			○	○	○	○	○	○	
	くさび破壊			○	○	○	◎	△	△	
トップリング	たわみトップリング			△	△	△	○	◎	△	割れ目系をブロック状にモデル化し，ブロック間の摩擦力の関係で安定性を見る。これは，不連続変形法（DDA）や個別要素法（DEM）が多く用いられる。ただし，3次元問題には不連続変形法は適さない。このため，最近マニホールド法（MM）が提案されているが，我が国ではほとんど実績がない。
	ブロックトップリング			○	○	△	◎	◎	○	
バックリング				×	△	△	◎	◎	△	

・表中の記号は，それぞれの崩壊形態に対してその解析手法が，
◎：良く適する，○：適する，△：やや適する，×：余り適さない場合を示す。

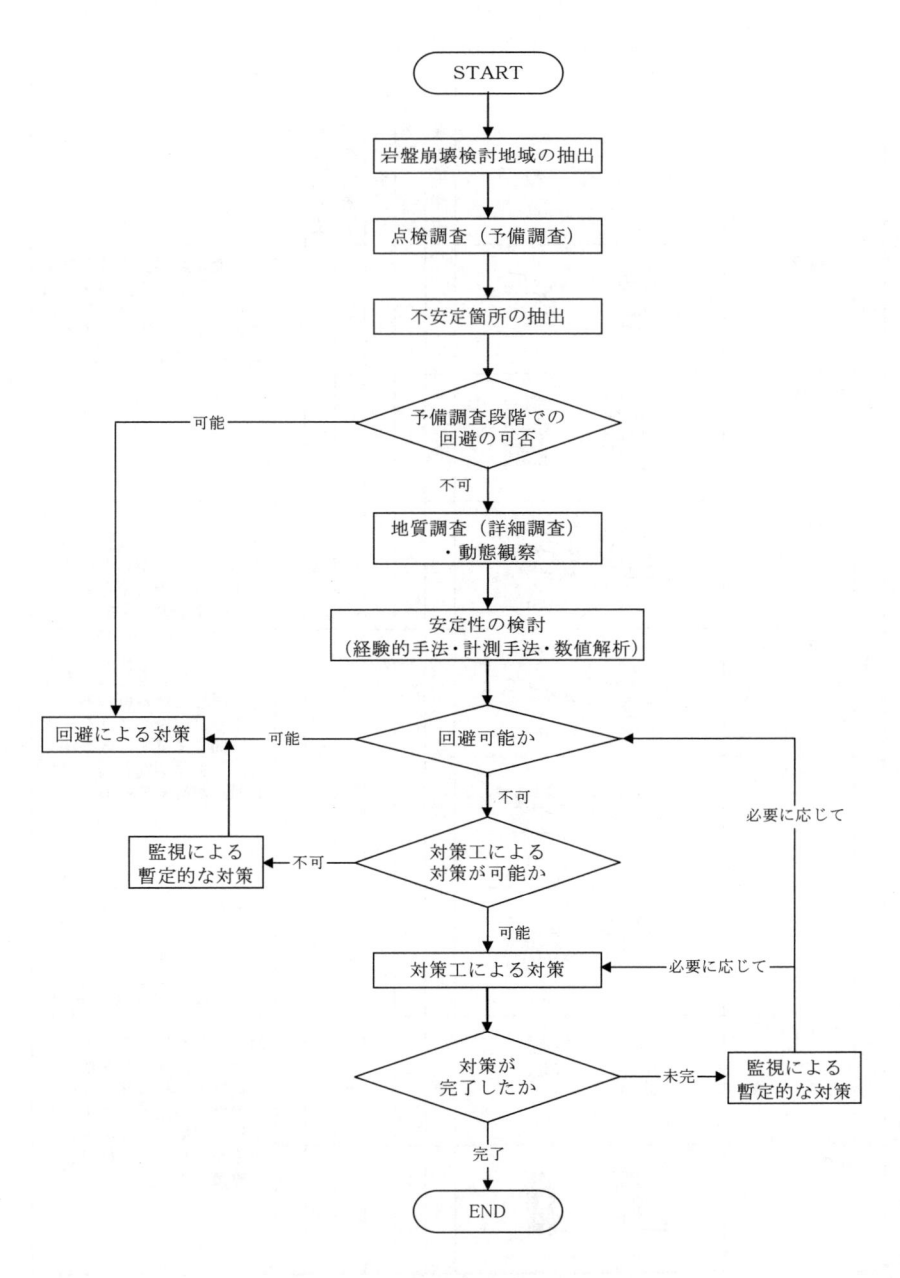

解図 10−20 岩盤崩壊対策選定の流れ図

− 366 −

(2) 岩盤崩壊対策の種類と目的
① 予防工の工種と目的
　不安定な岩塊が見られたり，ゆるみが進行している斜面では，まず排除工を検討する。排除工により岩塊を除去する場合には，下部斜面だけではなく，これよりも上部斜面の安定も損なわないように留意する。
　不安定な岩塊の全てを除去できない場合や，排除工に伴い上部斜面の安定化を図る必要が生じた場合には，さらに抑止工を併用する場合がある。オーバーハングが形成されている斜面では，上部岩盤の支保工として根固工が有効な場合があるが，崩落が予想される岩塊の荷重を作用しても，根固工自体が安定しているよう，基部は安定した地盤に置く。場合によっては，グラウンドアンカー工またはロックボルト工も組み合わせることがある。
　この他，現地の状況に応じて岩盤斜面の良好な排水を保つとともに，間隙水圧低下を目的とした地下水排除工法（排水工），風化防止及び浸食防止を目的とした亀裂充填工，コンクリート張工を付け加えることがある。
② 防護工の工種と目的
　岩盤崩壊の対策工は，予防工を基本とすべきであるが，現地の状況や対象規模によっては補助的に斜面途中での小段工や補足溝，道路際での土堤や擁壁，崩落防止網等が適用できる場合もある。同様に，崩落岩塊を無害な場所に誘導できる場合には，導流工が適用できる場合もある。
　また，岩盤崩壊が予想される箇所の既設ロックシェッドの応急的あるいは補助的な保全対策として，ポケット部の埋め戻し緩衝構造による方法等が考えられる。
③ 監視等による対策
　岩盤崩壊は異常気象時以外にも発生することがある。また，崩壊までの前兆現象が微細であるため，目視点検の頻度を高めることのほか，計測機器を使った監視方法を併用することも考えられる。ただし，計測機器を実際の管理に役立てるには，計測システム全体の精度や信頼性の高さ，現場での施工性・耐久性が要求されるほか，通行止め等の判断を可能にするための管理基準値の設定方法の開発や機器等の管理に対応した体制の整備が必要である。しかしながら，これまでに計測機器による岩盤崩壊モニタリング調査は，必ずしも全ての箇所で成功してい

る訳ではない．岩盤崩壊の適切な計測監視手法やその精度については，今後の事例の蓄積と研究に期待するところが大きい．

(3) 維持管理

岩盤斜面は風化等により安定性が経時的に低下する．特に防災点検で何らかの対策が必要と考えられる箇所や，あるいは防災カルテにより定期的な監視が必要とされた箇所については，施設の管理者が日常管理の中で必要な点検・監視を実施する必要がある．その際に前兆現象となる落石・新しい変状・亀裂の伸長や拡大等が見つかった場合には，防災カルテの加筆・修正を行い，経時変化を把握することが重要である．ただし，岩盤崩壊現象は，目に見える変位が発生してから崩壊が終了するまでの時間が短い．よって，変状の進行が著しい場合には，専門技術者の判断を早急に仰ぎ，適切な対策を講ずることが必要である．なお，目視により視認できる岩盤斜面の変状が数 cm～数 mm 程度であることから，日常パトロールで前兆現象を把握するのが困難な場合が多い．このため，特に注意深い監視が必要な箇所については，計測機器を使って監視するとよい．

参考文献
1) （社）日本道路協会：落石対策便覧に関する参考資料，2002.
2) （社）日本道路協会：落石対策便覧，2000.
3) 土木学会岩盤力学委員会編：岩盤斜面の安定解析と計測，（社）土木学会，1994.
4) 大規模岩盤崩壊に関する技術検討委員会：大規模岩盤崩壊に関する技術検討委員会報告書，（社）土木学会，1997.

第11章 地すべり対策

11-1 地すべり対策の基本
11-1-1 地すべり対策の基本的考え方

> 地すべり対策は，以下に従って適切に対応していかなければならない。
> (1) 計画路線の選定に際しては，地すべりの発生する恐れのある地域を避けることを基本とする
> (2) やむを得ずこれらの地域に道路を建設しなければならない場合は，必要な調査を行って適切な地すべり対策を行う。

（ⅰ）基本的な考え方

路線沿い地すべりの危険度については，**解表 11-1** 及び「3-3-7 問題箇所の抽出と評価（ⅱ）地すべり」に基づいて分析し，対策計画を立てるものとする。

なお，供用後に地すべり活動が活発化した場合には，通行規制等ソフト対策の実施が不可欠である。

（ⅱ）地すべり地を通過する場合の留意点

地すべり地をやむを得ず通過する道路の設計に際しては，地すべり運動を誘発させないように配慮し，地すべり運動による道路構造物の被害防止に注意を払わなければならない。

そのための主な注意事項について以下に示す。

① 地すべり対策を効果的に実施し，地すべりの影響を軽減するために，小シフトの対応を検討する。小シフトの検討内容については，「11-1-2」で述べる。
② 地すべり地を切土する場合は，この切土により上部土塊が崩壊や落石の発生源とならないようにのり面の対策を行う，その場合のり面保護工はたわみ性のあるものを用いる。
③ 地すべり地内のトンネル坑口の設置は，基本的に避けなければならない。

解表11－1　地すべりの安定度判定一覧表（解表3－4再掲）

区分安定度	地すべりの変状・地形特性	地すべり変動ランク※	道路土工に対する留意点
A	斜面に地すべりによる亀裂、陥没、隆起、小崩壊等が発生しているもの、路面や擁壁、水路等に地すべり性の亀裂や隆起等が発生しているもの、あるいは過去に地すべり等の災害が発生した記録や確かな伝承があり、地すべり対策工が施工されていないもの等、今後人為的な改変がなくても道路等に直接の被害を及ぼす可能性の大きいもの	変動　a 変動　b	原則として路線を避けるが、やむを得ない場合は計画安全率を確保できるような対策工を検討する。
B	明瞭な地すべり活動は認められないが、滑落崖が分布する等、明らかな地すべり地形（崩積土、風化岩地すべり）を示し、地形的にも地すべり発生の素因を有するもので、人為的な環境変化を直接の誘因としてすべり出す可能性が大きいもの、または地すべり災害発生後、地すべり対策工を実施したもの	変動　c	地すべり頭部の盛土や末端部の切土をなるべく避けるために路線の線形の修正及び対策工の実施を検討する。やむを得ない場合はその安全率を一時的に5％まで低下させることができる。
C	地すべり地形を示すが、滑落崖等の徴地形が不明瞭なもの	変動cを生じる可能性あり	Bに準ずる

※解表11－5、解表11－6によるランク区分

やむを得ず、設置せざるを得ない場合は、地すべりの安定化及び坑口の防護が必要である。

また、地すべり土塊の下を通過するトンネルについては可能なかぎりすべり面から離れた位置（既往の事例調査によると少なくともトンネルの下幅の2倍以上もしくは20m以上のうち小さい方[1]）に計画する必要がある。

④　地すべり地に橋梁を設置する場合、橋台・橋脚の位置はなるべく地すべりブロックから離して設置する。やむを得ず橋台・橋脚を地すべり地内に設置する場合は、地すべりの安定化を図るとともに橋台・橋脚の防護が必要である。

⑤　切土、盛土により、斜面環境を改変する場合には、自然環境や景観に与える影響を考慮して対策工を検討する。

11－1－2　路線の小シフトと対策工の概略検討

> 地すべり地をやむを得ず通過する路線となる場合，路線の細かな修正の可能性や対策工の概略検討及びその経済比較を実施して路線を設定する。

(1)　路線の小シフト

　ここでは，効果的な対策工が実施できる位置に路線が設定され，地すべりの影響を軽減するための路線の小シフトや対策工の考え方を述べる。なおこの段階では，地すべり地の地質構造，すべり面深度を把握するためのボーリング調査等，ある程度の地質・土質調査を実施しておくことが望ましい。

(ⅰ)　地すべり地の頭部における切土（**解図 11－1**），あるいは末端部における盛土（**解図 11－2**）を原則とする。

　これらと逆に地すべり地の頭部に盛土したり末端部を切土したりすると著しく安定を損なうので避けなければならない。

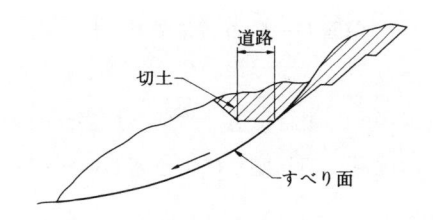

解図 11－1　頭部の切土

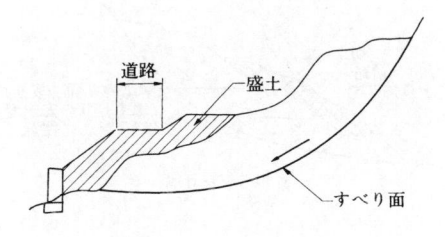

解図 11－2　末端部の盛土

（ⅱ）　中間部での切土，盛土はこれによる新しいすべりを誘発する可能性に注意すべきである（**解図11－3**，**解図11－4**）。

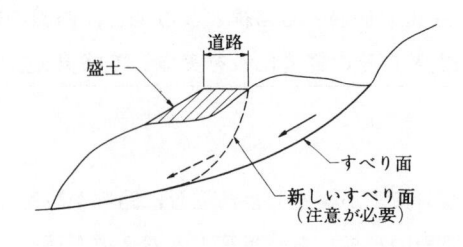

解図11－3　中間部での盛土

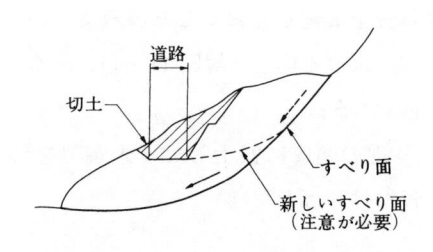

解図11－4　中間部での切土

（ⅲ）　いずれの部分を通過する場合でも，片切り片盛りの場合は切土部分上方に残された斜面の安定性の確保，切り盛りによる新しいすべりの誘発等に注意すべきである（**解図11－5**）。

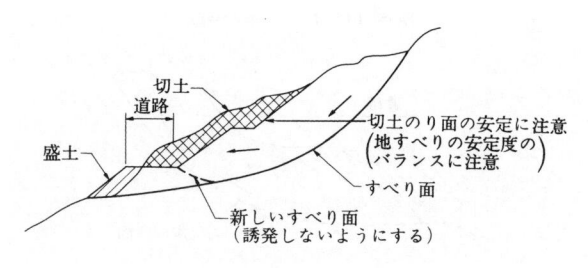

解図11－5　片切り片盛り

(iv) すべり面が階段状または層すべり状で，地すべりブロックが斜面下部から上部へ複数積み重なり，下部のブロックが活動するとその影響で上部のブロックが活動を始める，いわゆる後退性地すべりでは，いずれの場所に路線を設定しても 1 次すべりの他に 2 次すべりが発生する可能性がある。したがって原則としてそのような路線を回避するか橋梁（1 スパンで横架する場合）で避けるのが望ましい（**解図 11-6**）。

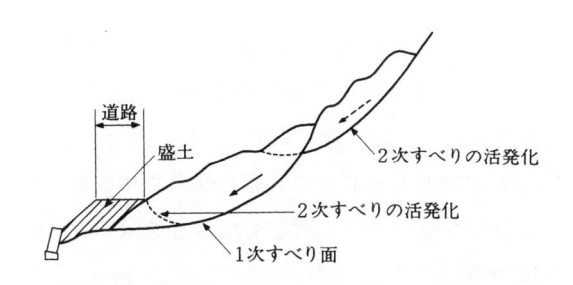

解図 11-6 階段状または層状すべり（後退性地すべり）

(v) 頭部滑落崖付近を切土する場合は，切土以外の範囲や上部斜面の安定性を十分検討する必要がある。

(2) 対策工の概略検討

道路が地すべり地を通過せざるを得ない場合は，道路建設に要する地すべり対策工費の比較等の検討を以下の手順により行わなければならない。

① 地すべりブロックの設定
② 安定解析
　以上の 2 項目については，「11-3 地すべりの安定解析」を参照されたい。
③ 道路建設の可能性の概略検討
　現状の地形をほとんど変えずに道路を計画した場合（したがって切り盛り土量がほとんどなし），現状の安全率 F_{SO} から計画安全率 F_{SP}（「11-3 地すべりの安定解析」参照）に引きあげるために，必要とする抑止力 P の概略の値を次式によって知ることができる。

$$P = \Sigma\ W\sin\theta(F_{SP} - F_{SO}) \quad\cdots\cdots\cdots\cdots\cdots\cdots\cdots\cdots\cdots\cdots\cdots\cdots\quad (\text{解}11-1)$$

ここに，F_{SO} ：現状の安全率（**解表11－2参照**）
　　　　F_{SP} ：計画安全率
　　　　P　　：計画安全率を確保するのに要する単位奥行あたりの抑止力（kN/m）
　　　$W\sin\theta$ ：すべり面方向の土塊の滑動力（kN/m）

　必要抑止力 P は，あくまでも現状の地形，地下水の条件におけるもので，地下水位排除工法，排土工，押え盛土工によって減少させることは可能である。道路の設置に伴う土工が地すべりの安定性を損なうような位置で行われる場合は，こ必要な抑止力はさらに大きくなる。

　この必要な抑止力 P の大小によって路線を通過させるか否かの判断を行う場合の目安は次のようになるが，P が大きくなると急激に費用が増大することを十分考慮する必要がある。

　(a) $P<2,000\text{kN/m}$……地すべり対策工で抑制，抑止可能である。
　(b) $2,000\text{kN/m}<P<4,000\text{kN/m}$……大規模土工（大幅な排土，押え盛土工）や大規模な抑止工（シャフト工やアンカー工）あるいはこれらの組合せで抑制，抑止できる場合もある。
　(c) $4,000\text{kN/m}<P$……通常考えられる対策工では抑制，抑止は困難である。
④　対策に要する費用，工期，用地等を考慮して最適路線を決定する。

11－2　地すべり調査
11－2－1　調査の目的

　地すべり地に道路を計画する場合，適切な路線選定あるいは対策を実施するため，以下を目的とした地すべり調査を行う。
⑴　地すべりの範囲や活動状況等の全容
⑵　地すべり機構の究明

地すべりは，第三紀層の泥岩，凝灰岩地帯，中・古生層や変成岩地帯等，特定の地質あるいは地質構造の地域に集中する傾向があり，過去に何回か活動を繰り返し，独特の地すべり地形を呈している場合が多い。地すべりの型分類とその特徴は一般に**解表 11-2**のような関係が把握されており，明瞭な地すべり地形を呈するところでは，わずかな土工によっても地すべりを誘発することが非常に多い。このような，地すべり危険箇所の抽出は，予備調査の段階で行われることが多く，既往の地すべり調査結果や**解表 11-3**に示すような地形図及び空中写真判読のポイント，並びに現地調査結果に基づき行われる。さらに，詳細調査の段階では，地すべり地と判定された地すべりに対するボーリング調査等が行われる。

　地すべり調査は，以下の情報を得るために実施する。

① 　地すべりの活動範囲や規模
② 　地すべりの移動方向，移動速度，今後の滑落の可能性
③ 　地すべりの活動状況や土工等による安全率の変化
④ 　地すべり活動の誘因
⑤ 　計測機器の設置箇所

　これらの情報をもとに，地すべりの全容を明らかにし，地すべり発生原因及び運動機構を究明することにより，適切な路線選定あるいは対策工を実施する。

　調査は，当該斜面及びその周辺について実施し，調査項目には以下のものがある。

① 　現地踏査
② 　地表変動計測調査
③ 　ボーリング調査等
④ 　すべり面調査
⑤ 　地下水調査
⑥ 　室内試験・原位置試験

また，これらの一般的な調査の流れは，**解図 11-7**のようになる。

解表 11-2 　地すべりの型分類

特徴＼分類	岩盤地すべりⒿ	風化岩地すべりⓀ	崩積土地すべりⓁ	粘質土地すべりⓂ
平面形	馬蹄形，角形	馬蹄形，角形	馬蹄形，角形，沢形，ボトルネック	沢形，ボトルネック形
微地形	凸状尾根地形	凸状台地形 単丘状凹状台地形	多丘状凹状台地形	凹状緩地形
すべり面形	椅子型，舟型	椅子型，舟型	階段状，層状	階段状，層状
主な土塊の性質（頭部）	岩盤または弱風化岩	風化岩（亀裂が多い）	礫混じり土砂	巨礫または礫混じり土砂
主な土塊の性質（末端部）	風化岩	巨礫混じり土砂	礫混じり土砂，一部粘土化	粘土または礫混じり粘土
運動速度	2 cm/日以上	1～2 cm/日程度	0.5～1 cm/日	0.5 cm/日以下
運動の継続性	短時間，突発的	ある程度断続的（数十～数百年に一度）	断続的（5～20年に1回程度）	断続的（1～5年に1回程度）
すべり面の形状	平面すべり，（椅子型）	平面すべり（頭部と末端がやや円弧状）	円弧と直線状，末端が流動化	頭部が円弧状だが大部分は流動状
ブロック化	大抵1ブロック	末端，側面に2次的地すべり	頭部がいくつかに分類され2～3ブロックになる。	全体に多くのブロックに分かれ，相互に関連しあって運動
予知の難易	非常に困難，綿密な踏査と精査を必要とする。	1/3,000～1/5,000地形図で予知できるものとし，空中写真の利用も可能	1/5,000～1/10,000地形図で確認できる。地元での聞き込みも有用	地元での聞き込みによって予知できるし，非常に容易に確認できる。
一般的な斜面形	一般に台地部があるが不明瞭である。凸型斜面に多く，鞍部から発生する。	明瞭な段落ち，帯状の陥没地と台地を有す。大きく見れば凹型だが，主要部は凸形	滑落崖を形成し，その下に沼，湿地等の凹地あり，頭部に幾つかの残丘あり，凹形斜面にある。	頭部に不明瞭な台地を残し大部分は一様な緩斜面，沢状の斜面である。
平均的な安全率	大抵の場合 $F_s>1.10$，一時的にある程度の切土，盛土も可能	$F_s=1.05～1.10$，一時的には5％程度の安全率を低下させる事は可能	$F_s=1.03～1.05$，一時的には3％程度安全率を悪化させても安定している。	切土，盛土は不可能，少量の土工でも運動を再発する。
主要な対策工	深層地下水排除，土塊除去，抑止工	深層地下排除，土塊除去，地表水排除，抑止工	頭部での深層地下水排除，地表水排除，渓流工	頭部での集水井工，末端での浅層地下水，地表水排除，渓流工
対策工の効果	即効的で完全安定化可能	即効的であるが，異常事象時に再発の恐れがある。	対策工施工後1～3年を要す，末端の安定化が困難	遅効性で対策工施工後数年を要し，安全な安定化は困難
主な原因	大規模な土工，斜面の一部の水没，地震，強風	集中豪雨，異常な融雪や河岸決壊，地震，中規模な土工，その他	異常な霧雨，融雪，台風，集中豪雨，土工等	霖雨，融雪，河川浸食，積雪，小規模な土工
主な地質と構造	断層，破砕帯の影響を受けるものが多い。	結晶片岩地帯，新第三紀層に広く分布する。断層，破砕帯の影響あり。	結晶片岩地帯，中・古生層，新第三紀層に広く分布	新第三紀層に最も多く，破砕帯等の構造線沿いにも一部見られる。

Ⓙ～Ⓜ：参表 1-1 (d) 参照

解表11－3 地すべり型による地形図及び写真判読のポイント

区分 検討項目	地形勾配（地表面平均）	地形形状	線状構造（リニアメント）	地形状況（地すべり性変状）	等高線模様	地すべり地質
崩積土・粘質土地すべり	一般に緩傾斜地 地表面平均勾配 5～25° 最多頻度値 10～20°	谷型地形 谷状及び凹地状台地	主として地すべり頭部，あるいは側面（周辺部）で関連 不明の場合も多々あり	・馬蹄形状の滑落崖，山腹斜面での陥没及び沼・池・湿地帯の存在 ・傾斜変換点（急斜面から緩斜面への移行）及び分離小丘の存在 ・傾斜変換点を伴うなだらかな斜面（台地）及び階段状地形 ・斜面末端部での急斜面及び隆起または泥流状押出し ・河川の異常な屈曲 ・頭部〜末端部にかけての無数の亀裂，頭部亀裂の勾配：比較的に緩傾斜	曲線状の縞模様（千枚田）	主として崩積土が地すべり土塊を形成 ついで強風化岩
岩盤・風化岩地すべり	比較的急傾斜地 地表面平均勾配 15～40° 最多頻度値 20～30°	尾根型地形 尾根状及び凸地状台地	地すべり頭部および両側面で密に関連 不明の場合は，岩盤地すべりの可能性少なし（予知不可能）	・山頂あるいは山腹傾斜における帯状陥没（線状構造と関連） ・帯状陥没に伴う分離小丘，及び土柱状の直立岩柱の存在 ・山腹斜面における直線状の傾斜変換点，及びそれに伴う台地 ・斜面末端部での急斜面及び水平的な押出しと崩壊 ・河川の異常な屈曲 ・頭部陥没亀裂顕著にて，ほぼ垂直，ついで末端部での水平的な押出しと圧縮亀裂，中間部では変状なし	直線状の縞模様	主として強風化岩並びに風化・破砕岩が地すべり土塊を形成

現地調査フロー

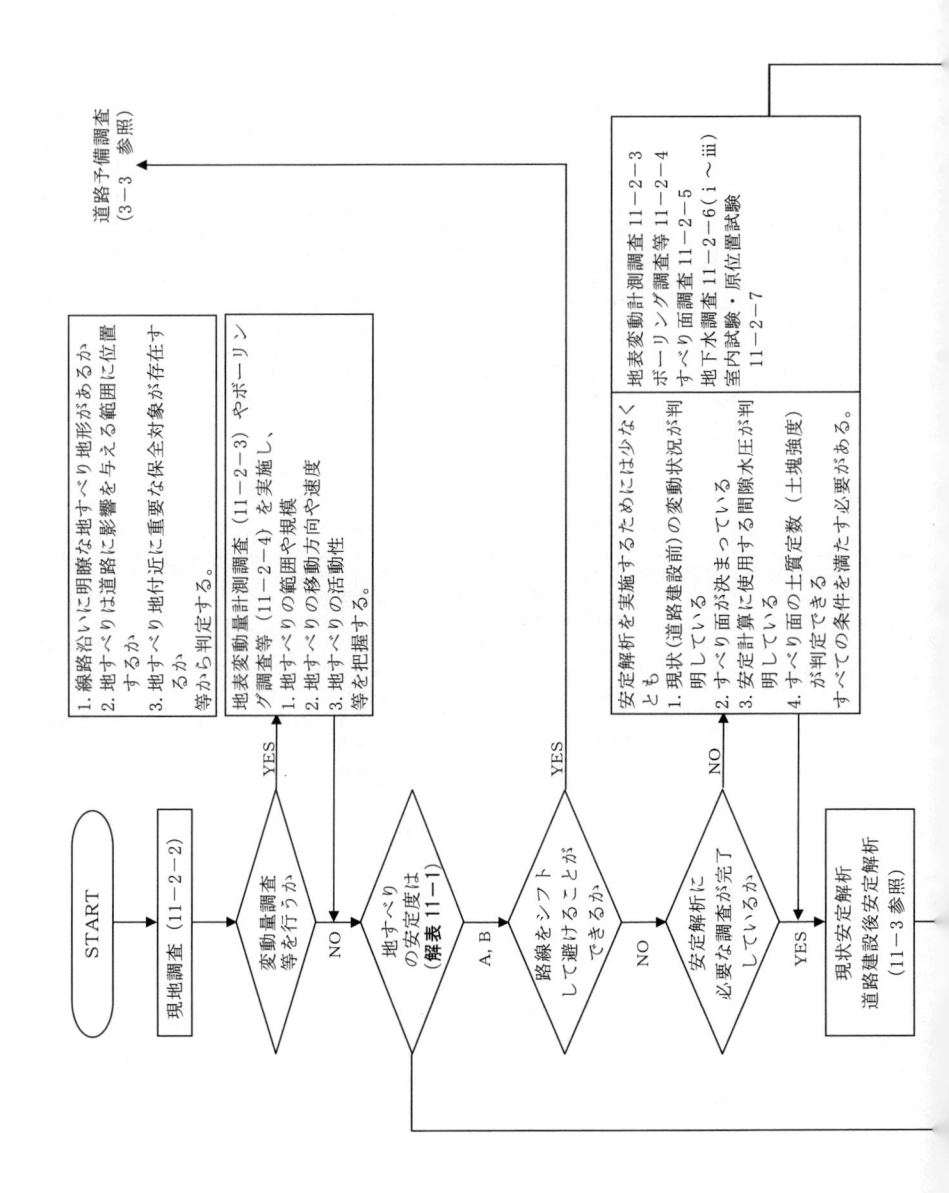

START → 現地調査（11-2-2） → 変動量調査等を行うか

YES の場合：地表変動量計測調査（11-2-3）やボーリング調査等（11-2-4）を実施し、
1. 地すべりの範囲や規模
2. 地すべりの移動方向や速度
3. 地すべりの活動性
等を把握する。

現地調査で以下を判定：
1. 線路沿いに明瞭な地すべり地形があるか
2. 地すべりは道路に影響を与える範囲に位置するか
3. 地付近に重要な保全対象が存在するか
等から判定する。

NO → 道路予備調査（3-3 参照）

地すべりの安定度は（解表11-1）
- A, B → 路線をシフトして避けることができるか
  - YES → 道路予備調査（3-3 参照）
  - NO → 安定解析に必要な調査が完了しているか

安定解析を実施するためには少なくとも、
1. 現状（道路建設前）の変動状況が判明している
2. すべり面が決まっている
3. 安定計算に使用する間隙水圧が判明している
4. すべり面の土質定数（土塊強度）が判定できる
すべり面判定に必要な条件を満たす必要がある。

地表変動計測調査等 11-2-3
ボーリング調査 11-2-4
すべり面調査 11-2-5
地下水試験 11-2-6（ⅰ～ⅲ）
室内試験・原位置試験 11-2-7

YES → 現状安定解析
道路建設後安定解析（11-3 参照）

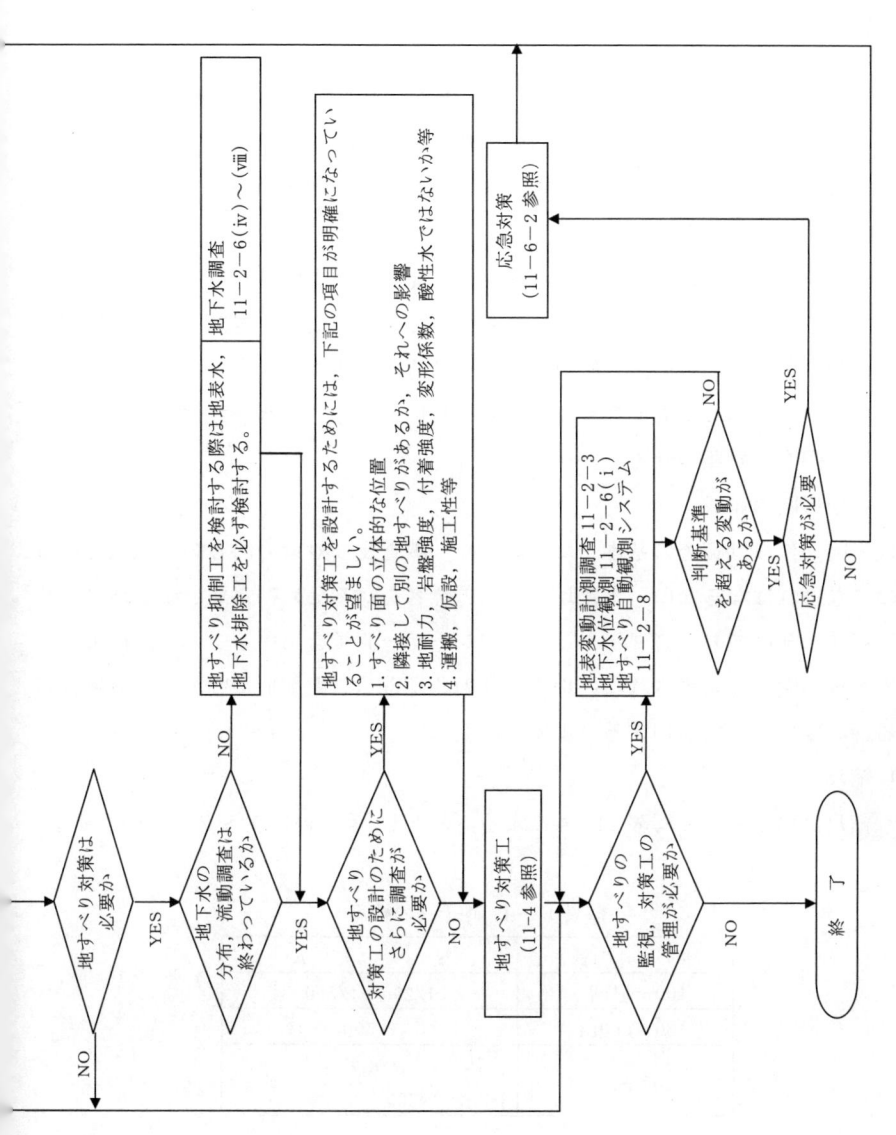

解図 11-7 地すべり調査のフローチャート

11-2-2 現地踏査

> 現地踏査は，地すべり発生の予知及び対策工設計のために実施する。
> (1) 地すべり地の特徴（範囲，移動方向等）の把握
> (2) 対象とする地すべりの周辺斜面への地すべりの拡大の危険性の検討

現地踏査は，その後に実施する各種調査の範囲，調査項目を策定するためにも重要である。地形図に，踏査によって判明した亀裂の位置と規模，引張り亀裂と圧縮亀裂の区別，湧水箇所，傾斜変換点，構造物の変状，樹木の異常な生育状態等，地すべりに伴う地表面変状及び地すべり地の特徴をできるだけ詳細に記入して，他の調査と対照させる。

(ⅰ) 地形図の作成

地形図の作成は調査の基本をなすもので，調査及び対策の内容等を記入できるものでなければならない。また地すべりの全容を知るために対象とする地すべりの周辺域も含めておく必要がある。航空レーザー測量を用いることで，従来用いてきた地形図では表現されない地すべりの兆候を示す微地形が判読できる場合がある。必要に応じて活用するとよい。

(a) 縮尺

縮尺は原則として**解表11-4**によるものとし，等高線は1～2m間隔とする。

解表11-4 地形図の縮尺

地すべりの長さ	縮　　　尺
100m以内	1/200～1/500
100～200m	1/500
200m以上	全体　1/1,000 程度 部分　1/500

(b) 図示すべき物件

地形図には，民家，道路，各種構造物，河川，池・沼，湿地，湧水地点，亀裂，滑落崖，陥没帯，植生（根曲がり，倒木，広葉樹，針葉樹，竹林等），水田，

畑等を図示する。

(ⅱ) 現地踏査

詳細な現地調査を実施し，その結果を地形図に記入するとともに，地すべりに伴う地表変状の分布，地形，空中写真判読結果等を参考にして地すべりブロックを推定し，地形図に記入する。また，現地踏査の結果を他の調査計画の立案に役立てる。

(ⅲ) 調査測線の設定

現地踏査結果を踏まえて，以後の調査計画を立案するとともに，調査測線の設定を行う。調査測線は対象とする地すべりの地質構造，地下水分布，地表変動等を的確に確認でき，安定解析を行うのに適した代表的な断面とみなし得る位置に地すべりの運動方向に沿って設定しなければならない。

(a) 測線の設定

調査測線は，以下に示すとおり主測線と必要に応じて副測線を設定する。主測線は地すべりブロックの中心部付近に，運動方向にほぼ平行に設けるものとする（解図11-8(a)）。斜面上部と下部の運動方向が異なる場合は，主測線は折線になってもよい（解図11-8(b)）。地すべりブロックが2つ以上の場合は主測線も地すべりブロック毎に設定する（解図11-8(c)）。さらに地すべりブロックの幅が100m以上に渡るような場合は主測線の両側に50m程度の間隔で副測線を設けるものとする（解図11-8(d)）。

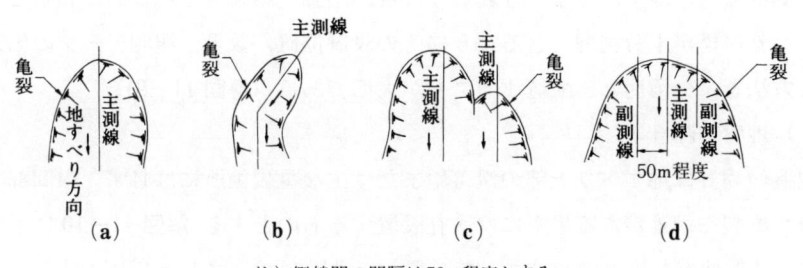

注）側線間の間隔は50m程度とする。

解図11-8 調査測線の設定方法

(b) 地すべり斜面縦断面図の作成

　主測線，副測線に沿って縮尺 1/200 または 1/500（縦・横同一縮尺）の縦断面図を作成し，地表面傾斜の変換点，亀裂，段差，池・沼，湧水地点，凹部，台地，ボーリング地点，各種計測器の設置位置等を記入する。

11－2－3　地表変動計測調査

> (1)　地表変動計測調査は，滑落崖や亀裂等地すべり活動の徴候が判明した場合や地すべり活動の恐れのある場合，地すべりの規模，活動状況，移動方向等，運動機構を把握するために行う。
>
> (2)　調査結果は土質・地質調査，現地踏査，空中写真判読等の結果と併せて地すべりの発生機構の解明，対策工の検討に役立てる。さらに道路建設工事中の安全確保のためにも用いる。

　地表変動計測調査は地表面の傾斜変動量，伸縮量等を地盤傾斜計，地盤伸縮計等を用いた方法か，または応急的には移動杭，抜き板等を用いた簡易な方法で行う。この調査で計測される変動の累積により，地すべりの活動状況を判断するので，長期間に渡る継続調査とすることが望ましい。また，伸縮量が大きくなった場合は，観測頻度を密にすべきである。

　計測機器は，地形図や空中写真並びに現地踏査の結果等を総合的に判断して，地すべり機構が十分把握できるようにその設置位置，数量，観測データの伝送・回収方法を十分検討し，配置することが大切である（**解図 11－9**）。

（ⅰ）地盤伸縮計

　地盤伸縮計は地すべり上部の滑落崖または主な亀裂箇所には必ず，中間部では明瞭な亀裂や段差がある場所には適宜設置するものとする。**解図 11－10** に示すように，地盤伸縮計は亀裂をはさんで設置し，設置スパンは 15m 以下とする。また両端の高低差は 5 m 程度以内とし，インバー線は塩化ビニール管等で保護しなければならない。なお保護管がインバー線に接触しないよう，特に注意が必要である。計測機器の精度は 0.2 mm 以上のものを用いる。

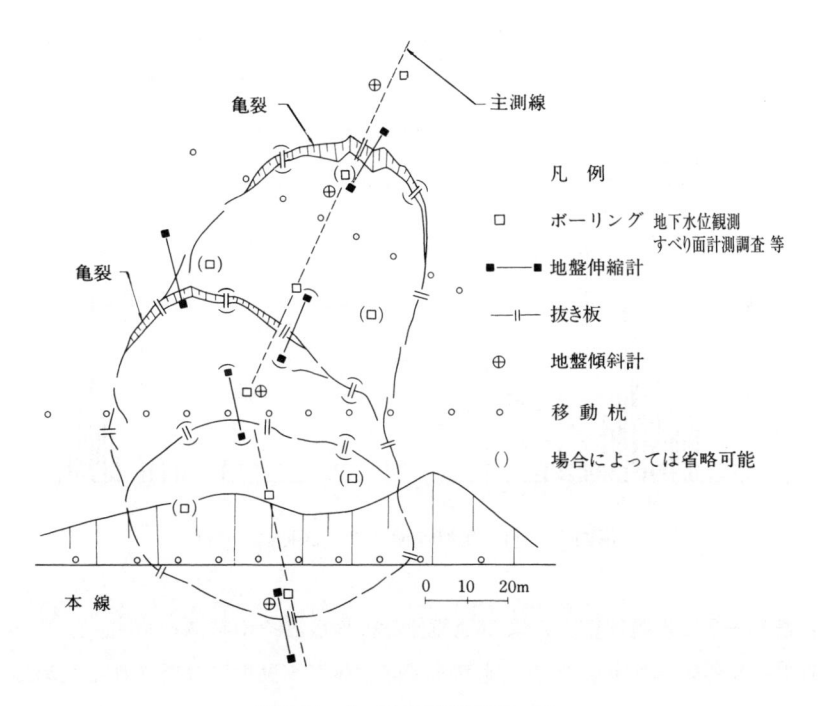

解図 11-9 計測機器配置の例

　光ファイバを用いた地盤伸縮計も開発されており，1本の光ファイバケーブルで複数の変位を計測できる等の特長により，地すべりブロックが不明瞭な場合や複数のブロックが複雑に重なり合っている場合等には有効である。詳細については，「光ファイバセンサを活用した地すべりモニタリングシステム」[3]を参照されたい。

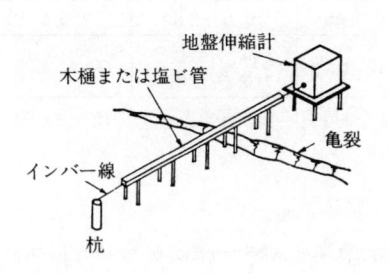

解図 11-10 地盤伸縮計設置概略図

地盤伸縮計で得られた変位量を日降雨量と対比して図示すれば変位量と降雨量との相関がわかり，降雨が誘因となっているか評価できる（**解図11-11**）。

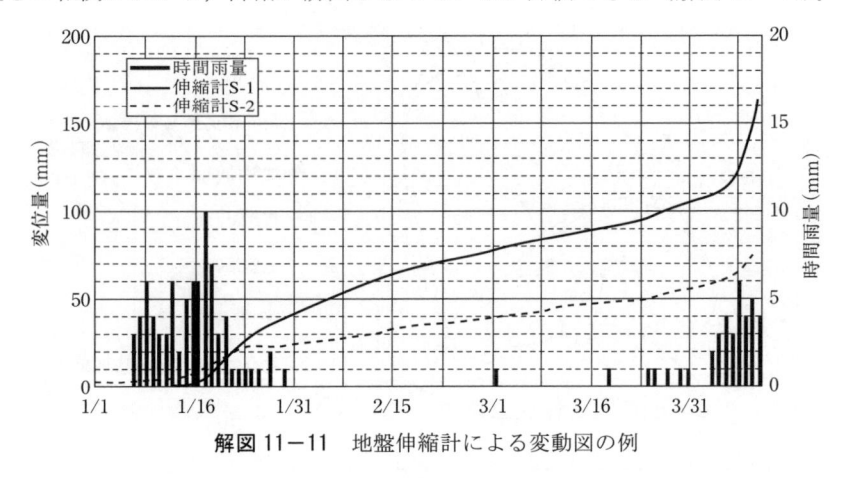

解図11-11 地盤伸縮計による変動図の例

解表11-5に地盤伸縮計による地盤伸縮の程度とその特徴を示す。
地すべり外縁部の亀裂では，地盤伸縮計本体が不動地に設置されるため地すべりの活動を把握できるが，地すべり地内の亀裂では，地盤伸縮計全体が移動する場合があるので，測定結果の判定に当たっては，その点に注意する必要がある。

解表11-5 地盤伸縮計による地盤伸縮の程度とその特徴

変動ランク	日 変 位 量 (mm)	累積変位値 (mm/月)	一定方向への累積傾向	活 動 性 等
変 動 a	1 mm以上	10 mm以上	顕 著	活発に運動中
変 動 b	0.1〜1 mm	2〜10 mm	やや顕著	緩慢に運動中
変 動 c	0.02〜0.1 mm	0.5〜2 mm	ややあり	継続観測が必要
変 動 d	0.1 mm以上	な し（断続変動）	な し	局部的な地盤変動，その他

※日変位量と累積変位量をあわせて変動ランクを考慮する。

(ⅱ) 地盤傾斜計

地盤傾斜計は，主測線沿いの運動ブロックの上方斜面に設置して地すべりの拡大の可能性を検討する。また，必要に応じて運動ブロックの両側にも設置する。

地盤傾斜計は水管式のものが簡便である．測定は2本の傾斜計をN－S，E－Wの2方向に直交させて行う．なお，設置台は水平になるようにする（**解図11－12**）．

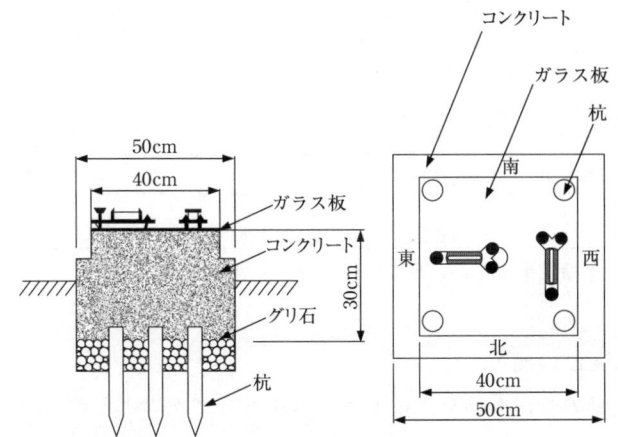

解図11－12 地盤傾斜計設置図の例（単位：mm）

調査の結果は，縦軸に傾斜累積量，日傾斜変動量，横軸に期日をとり，降雨量や地下水位と対照できる図（**解図11－13**）に整理し，傾斜変動の累積の有無，降雨量，地下水位と傾斜変動量との関係を把握する．

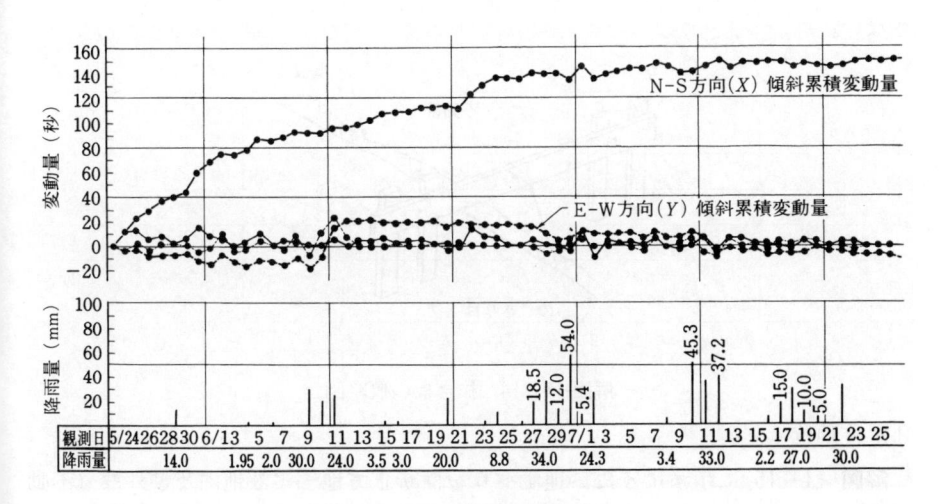

解図11－13 地盤傾斜変動図の例

解表 11-6 に傾斜変動の程度とその特徴を示す．

解表 11-6　傾斜変動の程度とその特徴

変動ランク	日平均変動量（秒）	累積変動値（秒/月）	傾斜量の累積傾向の有無	傾斜運動方向と地形との相関性	活動性等
変動 a	5秒以上	100秒以上	顕著	あり	活発に運動中
変動 b	1〜5秒	30〜100秒	やや顕著	あり	緩慢に運動中
変動 c	1秒以下	30秒以下	ややあり	あり	継続観測が必要
変動 d	3秒以上	なし（断続変動）	なし（断続変動）	なし	局部的な地盤変動，その他

※日変動量と累積変動量をあわせて変動ランクを考慮する．

(ⅲ) 簡易な変位の測定

地すべり運動の状況を簡易に把握する方法として次のようなものがある．

(a) 抜き板

解図 11-14 に示すように，亀裂をはさんでその両側に木杭を打ち込み，これに抜き板を渡し，この抜き板にあらかじめ入れておいた切目の拡大，縮小等を測る方法である．これは比較的簡易な方法であるので，主測線，副測線上はもちろん各所に設置するのが望ましい．ただし，板が腐食するため，長期の計測には適さない．

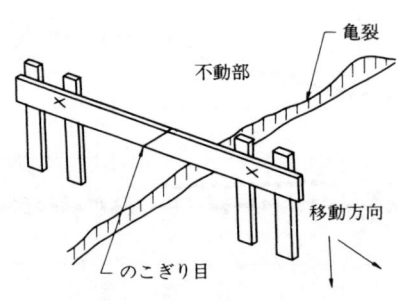

解図 11-14　抜き板の概略図

(b) 移動杭

解図 11-15 に示すように，地すべりを横断して地すべり地内及び外部（不動地山）に杭を見通し線上に設置し，その移動量を測定する方法である．

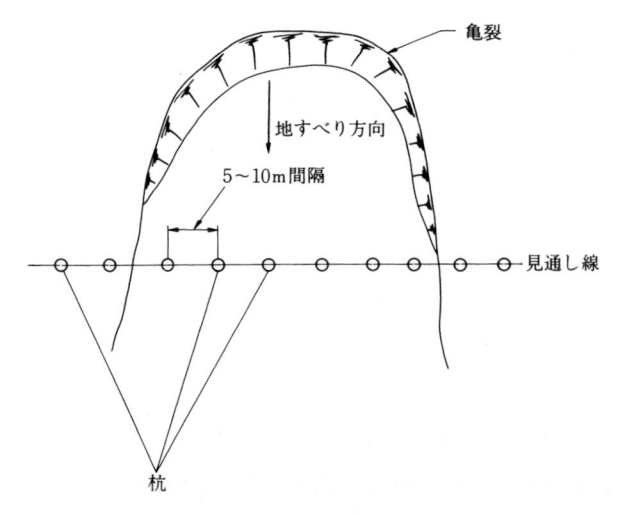

解図 11−15　移動杭配置図の例

(ⅳ) 光波測量による杭の移動量測定
　調査対象地域に測量杭を設置し，不動地山に設置した基準点からの距離等を光波測量により求め，各点の移動量を測定する方法で，移動量の大きい地すべりや移動量の小さい地すべりにあっても長期に渡って観測を行う場合に有効である。計測に用いる機器として高精度光波測距儀の利用が望ましい。

(ⅴ) GPS による移動量の測定
　GPS（Global Positioning System：全地球航空測位システム）による移動量の測定は，観測点間の見通しを必要としない，長距離計測や夜間での測量が可能，気象条件に左右されない等の利点があり，不動点の確保が難しい大規模な地すべり地で有効である。

　地表変動計測の詳細については，「地盤調査の方法と解説」（社団法人　地盤工学会）[4]を参照されたい。

11-2-4　ボーリング調査等

> ボーリング調査等は，地すべりの土質，地質，地質構造，すべり面の位置等を明らかにするため行う。

　ボーリング調査等は，原則として主測線上のボーリングによるが，さらに地すべり区域が広く，基盤の地質構造が複雑な場合等には，副測線を設けて横断方向の検討を行うとともに，弾性波探査等を併用することが望ましい。

(i) ボーリング調査

　ボーリングは，**解図11-16**（配置例）に示すように，地すべりの運動方向に設定した主測線に沿って，30〜50m程度の間隔で，運動ブロック内で3本以上及びブロック外の上部斜面内で少なくとも1本以上の計4本以上行うことを原則とする。地すべりブロックの面積が小さい場合には，地すべり地の地質を把握するのに適切な位置に2本以上行う。また，副測線でも50〜100m程度で必要に応じて実施する。特に地形が複雑であったり，基盤内に断層，破砕帯等が推定されたり，すべり面の変化が予測される場合は別に補足のボーリングが必要である。また地すべりの規模が大きい場合はその周辺や背後斜面についても，地すべり拡大の危険区域の推定ができるよう，広範囲に渡って調査する必要がある。

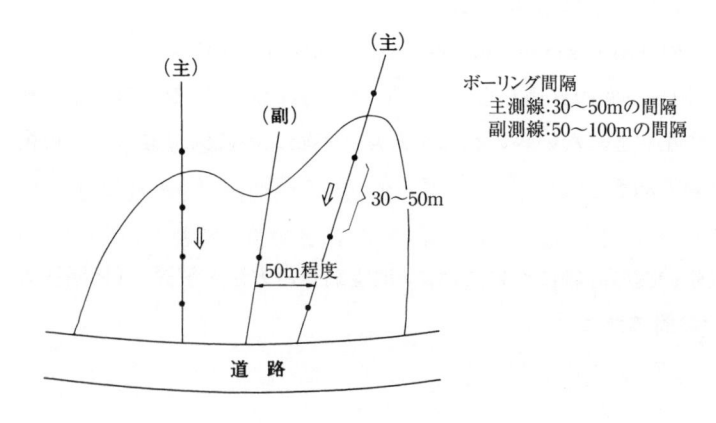

解図11-16　ボーリング孔配置図の例

ボーリングの長さは推定すべり面より下に少なくとも5m以上入るようにする必要がある。推定地すべり面の深さが不明確な場合は，ボーリングコアの判定を行いながら，ボーリングの長さを決定する。また，すべり面を決定するためのボーリング調査では標準貫入試験は行わず，全区間のオールコアボーリングを得ることが望ましい。大きな削孔径のボーリングを実施したり，界面活性剤を用いたボーリングを実施したりすることにより，良好なコアが得られるため，必要に応じて活用するとよい。

(ⅱ) 物理探査

　弾性波探査等の物理探査は，地すべりの規模が大きく，基盤の地質構造が複雑な場合等に行う。測線は 50～100m間隔，測点は 5 ～10m間隔に設け，基本的には主測線上及び副測線上で，さらに面的把握するためにこれに交差する横断測線及び補助測線を設置した上で実施することが望ましい。また探査結果の確認のため測線交点でのボーリングも必要である。

11－2－5　すべり面調査

> 　すべり面調査は，すべり面の位置及び形状を明らかにするため，下記調査を実施する。
> (1)　コア判定
> (2)　すべり面計測調査

　すべり面調査はコア判定によるものと，すべり面計測調査によるものがある。すべり面計測調査はすべり面の上下の変位量が異なることを利用してすべり面を決定しようとするもので，変位量の大小や測定精度を考慮して適当な計測機器を選定する必要がある。代表的な計測機器としては，

① 　パイプひずみ計
② 　孔内傾斜計
③ 　多層移動量計

があげられる。

(ⅰ) コア判定

コア判定は，すべり面が計測によって判定できない場合や，計測による判定の照合に利用される。すべり面判定の着眼点は，粘土層の有無，破砕状況，堆積構造の乱れ，鏡肌の有無等である。

すべり面は崩積土類と岩盤との境界，強風化岩と弱風化岩との境界等や，岩盤中に存在する粘土層や軟弱層に沿って形成されている事例が多い。

(ⅱ) すべり面計測調査

① パイプひずみ計

パイプひずみ計は，現地踏査と地盤傾斜計並びに地盤伸縮計等によって地すべりブロックが明らかに変動していると判断される場合に利用される。観測期間は最低3カ月とする。圧縮あるいは引張のいずれかの方向について，ひずみゲージに 10^{-3} ($1,000\mu$) 以上のひずみ累積がなければすべり面とは判定できない（**解図11-17**参照）。

ひずみゲージの間隔は50～100 cmぐらいが適当である。

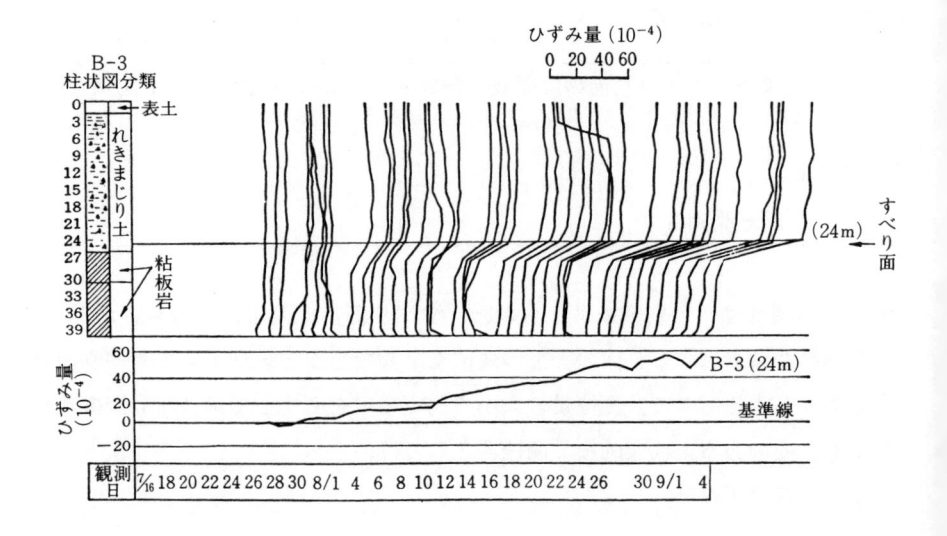

解図11-17 パイプひずみ計によるひずみ変動累積図の例

② 孔内傾斜計

　地盤内の水平成分の動きを計測する計測機器として孔内傾斜計がある。ボーリング孔に溝つきケーシング（薄肉の塩化ビニルまたはアルミ）を挿入し，ケーシングの傾斜角を計測して，地すべり土塊の動きを知るものである。孔内傾斜計にはプローブをケーシングに挿入して測定する方法（**解図11-18**）と，孔内傾斜計をケーシングに固定して計測する方法がある。

　挿入式孔内傾斜計は，大きな地すべり変位が生じた場合には，プローブの挿入が困難になり，測定ができなくなる欠点がある。

③ 多層移動量計

　ボーリング孔内の深度別の固定点から自由に伸縮できるように引き出したワイヤーの地上端の変位を直接測定するものであり（**解図 11-19**），大きな変位の測定に有効である。

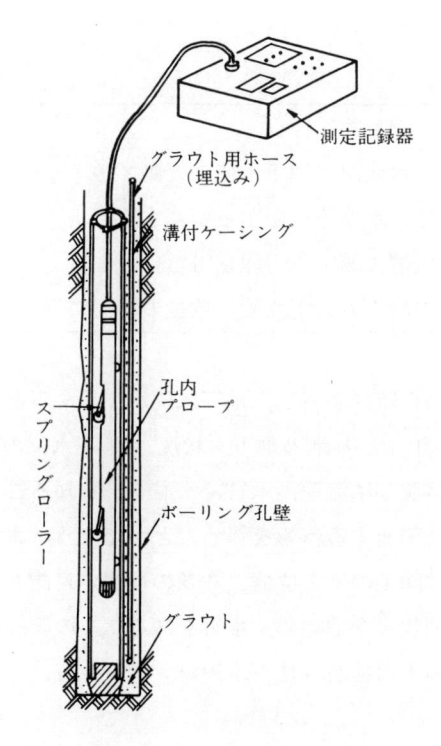

解図 11-18 孔内傾斜計の例

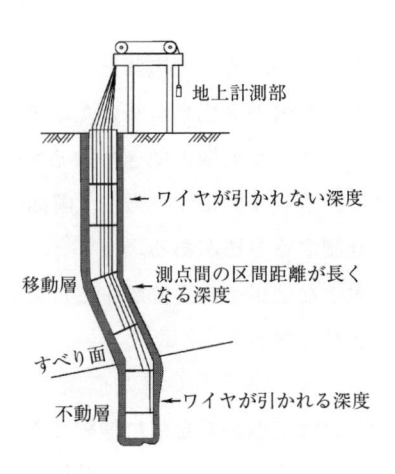

解図 11-19 多層移動量計の例

11-2-6 地下水調査

> 地下水調査は，以下を目的に行う。
> (1) 地すべり地の地下水状況（地下水位の変動，地下水の流れの有無，流出経路並びに流速，水質，水温等）を明らかにする。
> (2) 地すべりの発生機構に関する情報を得る。
> (3) 効果的な地下水排除工の施工位置，数量の検討に役立てる。

地すべりは豪雨，融雪時に多発し，地下水位が上昇すると地すべり活動が活発化する。したがって，地すべり地の地下水状況，（地下水位の変動状況，地下水の流れの有無，流出経路並びに流速，水質，水温等）を知ることにより，地すべりの発生機構や安定度に関連する情報を得ることができる。また，地下水分布状態から効果的な地下水排除工の施工位置，数量の検討が可能となる。

地下水の分布・流動状況を把握し，水質を知るための調査として，地下水位観測，間隙水圧観測，地下水検層，地下水追跡，電気探査，1m深地温探査，水質調査等がある。

（i）地下水位観測

地下水位観測は，ボーリング孔の水位を測定し，降雨と地下水変動との相関やすべり面に作用する間隙水圧を把握するために行うものである。地下水位は年間を通じて降雨・融雪等により変動することが多い。そのため，年間を通じて観測することが望ましい。また，対策工の施工前後に渡って観測することで，対策工の効果判定にも有効である。

なお，地すべり土塊内に帯水層が複数ある場合，各帯水層別の地下水位の観測を行い，地すべりに影響を与える帯水層を確認することが望ましい。

(ⅱ) 間隙水圧観測

間隙水圧観測は，安定解析に用いる間隙水圧を直接測定するために実施される。

安定解析は，地形・地質条件，季節変動等を考慮し，長期の観測結果をもとにすべり面全体に作用する間隙水圧を用いる。すべり面の間隙水圧が観測できる場合には，直接その値を用いるとよい。

あらかじめ正確なすべり面深度の想定が困難な場合には，地盤の透水性や地盤のせん断強度の相違を考慮に入れて多深度に間隙水圧計を設置することが望ましい。地すべりの移動が小さいか活動停止中の場合にはボーリング孔内に複数の水圧計が内蔵されたパイプを挿入して間隙水圧を測定するＭＧＬシステム(Multiple Groundwater Level Measuring System・多段間隙水圧計)の利用が可能である。

(ⅲ) 地下水検層

地下水検層は，地下水の流動層の位置及び流動状況を深さ方向に調査するためのもので地下水排除工の設計上重要な情報となることから，ボーリング各孔で実施することが望ましい。

地下水検層は，一定濃度の電解物質を溶解させた地下水に，新たな地下水が流入した場合，この電解質が希釈されるために，地下水の電気比抵抗値が変化する性質を利用したものである。電解質として食塩を用いる方法が一般的である。

解図 11-20 は測定結果の例である。

ボーリング孔内に流向，流速計を挿入し，地下水の流動状況を推定する手法も用いられる場合がある。

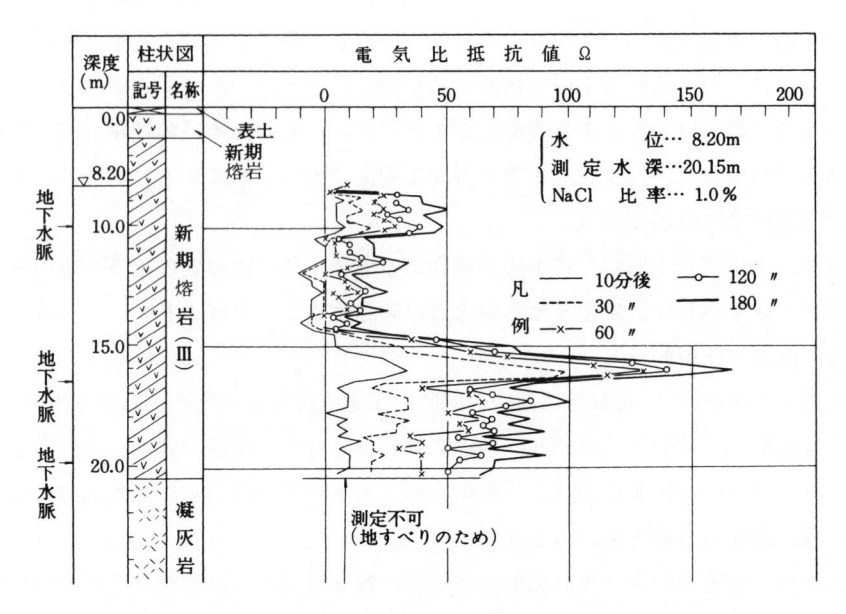

解図 11-20 地下水検層試験測定結果の例

(iv) 地下水追跡

地下水追跡は，ボーリング孔等を利用し，対象となる地下水中に存在量が少ない無機化学薬品（NaCl，KCl，KBr 等）や水溶性の色素（フルオレセンソーダ等）等のトレーサーを投入して地下水の流動状況の測定を行うものである（トレーサーとして用いられる薬品は水道法，水質汚濁防止法等で厳しく制限されている）。

採水は関係地域の全域に渡り，できる限り多くのボーリング孔，湧水箇所，井戸，小渓流において行うが，ボーリング孔による場合，透水層が水面下にあるときは，透水層の位置で採水するのが望ましい。

(v) 電気探査

人工的に地下に電流を流して地層の比抵抗を測定する比抵抗法が用いられており，一次元探査と二次元探査とがある。この測定結果に，例えば弾性波探査・ボーリング調査等を考えあわせ，地中内の水文地質構造解明に用いる。

(vi) 水質調査

地すべりの規模が大きく，地下水系が複雑と判断され，地下水の分布域や，地

下水の流下経路を検討する際には水質調査が有効である。

　国土調査法，水質調査作業規定準則に従い，水温，pH，BCG アルカリ度，Cl，SO_4，SO_2，Ca，Mg，Na，K のイオン等について試験し，結果は分析値，組成等によって分類する。深度別の採水が必要なときもある。

（vii）1m深地温探査

　地下水温と地温の差が大きいとき，地下水脈付近の地温はそれ以外の場所と異なることを利用して，地下浅所の温度分布を探査することにより地下水脈を検出する方法で，夏または冬に気温が高くまたは低くなった時，比較的浅い地下水脈の検出に有効である。

（viii）揚水試験

　地下水の状態を調べるために地下の土層の透水係数及び貯留係数を求めるものである。揚水井と観測井戸を複数用いる親井戸法と単孔で実施する簡易揚水試験がある。

11－2－7　室内試験・原位置試験

　室内試験・原位置試験は，すべり面のせん断強さを推定し，対策工設計に役立てるため，必要に応じて実施する。

　室内試験は，すべり面のせん断強さを推定するため，必要に応じて行う（「11－3　地すべりの安定解析」参照）。

　原位置試験は，抑制工や抑止工を設計するために必要な地盤の強さを求めるため，必要に応じてサウンディング，載荷試験等を実施する。

11－2－8　地すべり自動観測システム

　地すべり自動観測システムは，地すべりの動態をリアルタイムで捉えるシステムで，地すべり挙動の監視を目的として，必要に応じて導入する。

地すべり自動観測システムは，計測機器毎に記憶装置でデータを集約し，管理事務所等へ自動伝送し，データの表示・記録・蓄積を自動的に行うシステムである。

　地すべり自動観測システムの計測機器としては，地盤伸縮計，地盤傾斜計，孔内傾斜計，地下水位計，間隙水圧計，雨量計，GPS観測機等がある。

　なお，地すべりの計測方式には，自動観測方式の他に，手動観測方式，半自動観測方式があり，状況に応じて，これらの適用を考慮する。

　手動観測方式は，計測機器を現地に持ち込んで計測または計測機器の記録紙を記録員が回収する方法である。

　半自動観測方式は，現地に計測機器及びデータロガを設置して，定期的に現場に立ち入り収録データを回収する方法である。

11－2－9　主な対策工設計と調査

> 　地すべり対策工の設計に当たっては，その効果が適切に発揮されるよう，予め必要な調査を実施する必要がある。

（i）頭部排土工及び押え盛土工

　排土あるいは盛土予定箇所が空中写真判読等による別の地すべりブロックや地すべり・崩壊の危険性のある箇所とどのような位置関係にあるかを確認する。また，ボーリングを実施し排土や盛土工が新たな地すべりや崩壊を誘発しないかを検討する。

（ii）地下水排除工

　排除すべき区域での綿密な地下水調査，特に地下水検層を行う。また集水井や排水トンネルの場合はその掘削部での地盤状況をボーリングにより検討することが望ましい。

（iii）杭工

　杭工は原則としてすべり面勾配の緩やかな末端で行うが，施工位置付近のすべり面勾配と杭基礎の地耐力測定が必要で，粘質土やこれに近い土質の地すべり地

では杭周辺土塊の性状を調査しなければならない。また曲げ杭を設計する場合には孔内水平載荷試験等を実施して横方向の地盤反力係数を調査することが必要である。

11-3 地すべりの安定解析

⑴　一般に地すべりの安定解析は，対象とする地すべりブロックを設定した上で，安定計算により地すべりの安定確保に必要な対策工の規模を決定するために行う。

⑵　安定計算は，土工計画や地すべりへの影響等を考慮して，適切な手法を用いて行う。

1)　地すべりブロックの設定

　安定解析は，地すべりの調査結果を用いて，地すべり発生の可能性のある平面的範囲，すべり面の深さ，すべりの方向を想定した地すべブロック毎に行う。

（ⅰ）地すべりブロックの分割

　地すべり土塊はいくつかのブロックに分かれ，相互に関連して活動する場合がある。安定解析に当たっては，まず，このブロックに分割することが必要である。各ブロックの中で最も地すべりの可能性の高い順から検討を始める。地すべりブロックの分割は引張亀裂，圧縮亀裂の分布，各種変動計測調査の示す運動方向等を参考にし，地形図及び現地踏査結果により行う。

（ⅱ）基盤等高線図の作成

　多くのボーリング調査結果のある場合には，それを参照して基盤または基盤風化帯表面の等高線図を作り，地すべりブロック及び地質断面図の作成に利用する。

（ⅲ）地質断面図の作成

　各地すべりブロックの中央を通り，地すべりの移動方向に沿って主測線を定め，その測線の地質断面図を作成する。

　地質断面図の作成に当たっては，ボーリング柱状図，テストピット柱状図，サウンディング柱状図等を記入したり，地すべりに伴う亀裂，湧水箇所，ボーリン

グで確認された地下水位，池，河川の水位，地下水検層の記録等も明記する。ボーリング調査，テストピット等で確認された古いすべり面や，とくに軟らかいと思われる部分や空洞等は，特別な記号をもって表わすことが望ましい。

(ⅳ) すべり面の位置と形状

すべり面の位置，形状は各ボーリング調査，テストピット等で確認または想定されたすべり面の最深部を結んで定める。現在活動中の地すべりの場合は，パイプひずみ計，孔内傾斜計の観測によって求めたすべり面と地表面に現われた亀裂等を結ぶすべり面を想定する。

また地すべりは地表面に平行な面を有することが多く，とくに，明確な地すべり面を確認できない場合には，その形状は地表面の形状等から推定することもある。

地すべりの形状は，円弧に近似したすべりの他，複合円弧，直線と円弧の複合，直線等各種の形状があり，地すべり地の特徴を勘案して最も可能性の高い形状を定めて，安定計算に供する。

すべりの方向は，斜面の最大傾斜角に沿った方向にある例が多い。

(ⅴ) 間隙水圧の分布

すべり面に沿った間隙水圧は，すべり面付近の間隙水圧計の測定結果により得た最も大きな水圧を採用することが原則であるが，便宜的に，各ボーリング孔で確認された最高水位を採用するか，または地盤の水理条件から考えられる最高水位を採用する。

2) 安定計算

(ⅰ) 基本的な考え方

安定計算は，地すべりブロックの主測線上で設定したすべり面を対象として簡便法に基づいて，地すべり土塊の断面をいくつかのスライスに分割して，式(解11-2) を用いて行う(**解図11-21**参照)。

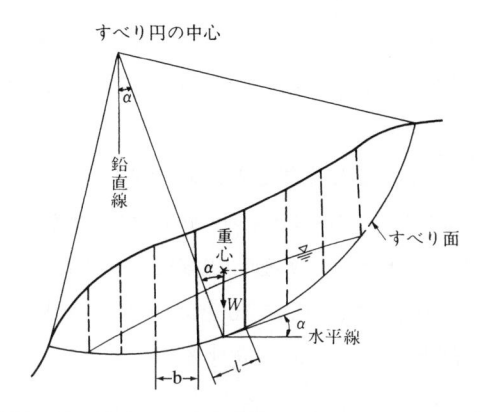

解図 11−21　地すべり安定計算に用いるスライス分割の例

$$F_s = \Sigma\{c \cdot l + (W - u \cdot b)\cos\alpha \cdot \tan\phi\}/\Sigma W \cdot \sin\alpha \quad \cdots\cdots\cdots\cdots \text{(解 11−2)}$$

ここに，F_s　：安全率
　　　　　c　：粘着力（kN/m²）
　　　　　ϕ　：せん断抵抗角（度）
　　　　　l　：各分割片で切られたすべり面の弧長（m）
　　　　　u　：間隙水圧（kN/m²）
　　　　　b　：分割片の幅（m）
　　　　　W　：分割片の重量（kN/m）
　　　　　α　：分割片で切られたすべり面の中点とすべり円の中心を結ぶ直線
　　　　　　　と鉛直線のなす角（度）

　これ以外にも複合すべり面法やヤンブ法等の2次元解析法，3次元解析法のいくつかの解析法が存在する[5]。「付録1．地すべり対策の検討例」にヤンブ法による解析事例を示す。

（ⅱ）地すべり土塊の単位体積重量

　一般の地すべりでは，土塊の単位体積重量を$\gamma_1 = 18\text{kN/m}^3$として計算する。しかし，火山灰を起源とするロームやしらす，粘土はこれより小さい単位体積重量を有し，硬質な岩石を含む崩積土や風化岩からなる地盤はこれよりも大きい。そこで，可能な限り現場において単位体積重量の測定を行うことが望ましい。

（ⅲ）すべり面のせん断強度

すべり面のせん断強度を決定する方法には，逆算法と土質試験による方法の2つの方法があるが，一般には以下のような逆算法が用いられる。

① 現在活動中の地すべりの場合

すべり面深度をできる限り正確に推定し，式（解11-2）を用い，安全率を Fs＝0.95～1.0 の範囲で設定し，すべり面の平均的な強度定数 c，ϕ を求める。0.95～1.0 の安全率の選択は，地すべり移動の程度に応じて行う。設定した安全率に対して，$c=0$ とおいて $\tan\phi$ を，$\tan\phi=0$ とおいて c を求め，**解図 11-22** 示すような $c-\tan\phi$ 関係図から，c，ϕ を決定する。

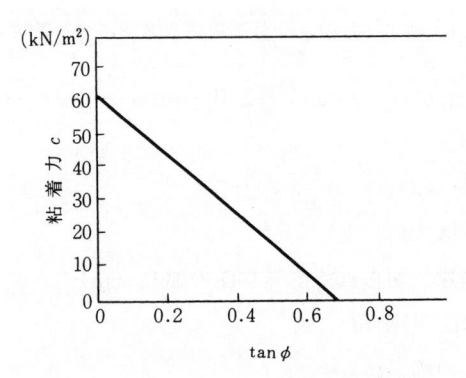

解図 11-22 地すべり面形状をもとに逆算法で求めた $c-\tan\phi$ 関係図の例

$c-\tan\phi$ 関係図から，c，$\tan\phi$ を決定する場合，**解表 11-7** に示す経験値から c を仮定して，他方の $\tan\phi$ を決定することができる。

解表 11-7 c の経験値

すべり面の平均鉛直層厚(m)	粘着力 c KN/m²
5	5
10	10
15	15
20	20
25	25

参表 11-1　道路斜面の安定度評価のための設計定数と土質試験法

地形	地すべり地形を示さない		地すべり地形を示す		
ボーリング・テストピットの観察	すべり面等の分離面が全く見られない		すべり面等の分離面がある		
周辺部も含めた地すべりの履歴	無		有		
地すべり移動状況	変状する恐れがない	活動の徴候がない	活動の休止した古い地すべり	移動量が小さく断続的に活動中の地すべり	移動量が大きく活動中の地すべり
設計強度定数	ピーク強度 c'_p, ϕ'_p c'_{dp}, ϕ'_{dp}	中間強度 $R = \dfrac{\tau_p - \bar{\tau}}{\tau_p - \tau_s}$ $\bar{c} = R c'_s + (1-R) c'_p$ $\tan\phi' = R\tan\phi_s + (1-R)\tan\phi_p$	完全軟化強度 c'_s, ϕ'_s （通常は $c'_s=0$）	中間強度 $R = \dfrac{\tau_s - \bar{\tau}}{\tau_s - \tau_r}$ $\bar{c} = R_s c'_r + (1-R_s) c'_s$ $\tan\phi' = R_s\tan\phi'_r + (1-R_s)\tan\phi'_s$	残留強度** c'_r, ϕ'_r （通常は $c'_r=0$）
試料	乱さない試料		すべり面を含む乱さない試料		
			スラリー試料		
					プレカット試料
土質試験法　自然斜面	原位置の強度を明らかにすることが原則 UU三軸, CD三軸	$\overline{CU}$ 三軸	$\overline{CU}$ 三軸	繰返し一面せん断*(定体積又は定圧)	繰返し一面せん断*(定体積または定圧) リング回転せん断**
土質試験法　切土斜面	垂直応力減少のために吸収膨張を起こすので, 除荷に伴う吸収圧密をさせたせん断試験				
	$\overline{CU}$ 三軸圧縮試験		$\overline{CU}$ 三軸, 繰返し一面せん断*(定体積又は定圧)		
土質試験法　盛土の斜面	垂直応力増加のために圧密圧縮を起こすので, 圧密に伴うせん断強度増加率を試験				
	$\overline{CU}$ 三軸圧縮試験		$\overline{CU}$ 三軸 繰返し一面せん断*(定体積又は定圧)	繰返し一面せん断*(定体積又は定圧) リング回転せん断**	

R, R_s：残留係数　　　　　　　　　　　　τ_s：完全軟化強度
$\bar{\tau}$：すべり面の平均せん断強度　　　　　τ_p：ピーク強度
τ_r：残留強度　　　　　　　　（参考文献 6）を一部修正）
*　：くり返し一面せん断には定体積と定圧の両試験法があり, 前者は試験器が複雑でコントロールが必要であるが, 試験は後者に比較して短時間で終了する。また, 地すべり地形を示すため, すべり面変位は大きいと推定されるので, 繰返し一面せん断試験が必要である。
**　：残留強度を求めるには, せん断変位が 10 cm 以上となるような試験が必要である。

また，ϕを仮定してcを決定することもできるがその場合**解表11-8**を参考とするとよい。この表は，全国各地の道路土工に伴う切土によって発生した風化岩の地すべり例から，逆算法によって求めたc, ϕを示したものである。なお，ϕの値は，すべり面勾配が急なほど大きな値を示すことも明らかとなっている。そのようなϕの傾向は安定計算に用いる強度設定の参考となる。

解表11-8　風化岩のすべり面強さの範囲

風化岩の種類		事例数	粘着力 c （kN/㎡）	せん断抵抗角 ϕ（度）
変　成　岩		6	0〜2（1）	20〜28（26）
火　成　岩		8	0　（0）	23〜36（29）
堆積岩	古　生　層	7	0〜4（1）	23〜32（29）
	中　生　層	6	0〜10（5）	21〜26（24）
	古第三紀層	4	0〜20（7）	20〜25（23）
	新第三紀層	32	0〜25（20）	12〜22（12.5）

（　）は平均値を示す。

② 現在活動していない地すべりの場合

　現状の安全率を，「11-2　地すべり調査」の中の「**解表11-2　地すべりの型分類**」に述べられている平均的な安全率の項を参考にして，各地すべりの型の範囲で設定し，式（解11-2）を用いた逆算法により，地すべり面の平均的なc, ϕを求める。その他に土質試験結果を参考にして安定計算を行う。

　想定されるすべり面（旧すべり面）において採取した乱さない試料（すべり面試料も含む）について，圧密非排水（間隙水圧測定）条件の三軸圧縮試験（ＣＵ三軸圧縮試験），または圧密排水条件の一面せん断試験（繰返し）等を行い，すべり面の強度定数c', ϕ'またはc_d, ϕ_dを定める。

　すべり面付近の乱さない試料採取が困難な場合には，すべり面付近の母岩についてのスラリーまたはプレカット試料を作り，上述の試験と同様な方法で求めた強度定数を参考として，すべり面強さを決定する。

〔参考〕

　地すべり斜面の安定計算に用いるすべり面のせん断強度を，地形，地質，地すべり履歴，地すべりの活動量等を考慮して**参表11-1**の室内土質試験より決定する手法も提案されている。また，現在活動していない風化岩すべりについては現

状の安全率を $F_s=1.05～1.15$ の範囲で設定する考え方がある。
（iv）計画安全率

　地すべり対策の施工後，地すべり地の安定に必要とされる安全率を計画安全率と呼ぶ。これは，道路建設後に必要とする安全率のことであり，それは，その地すべりによって生じる被害の大きさや，経済性等を考慮して通常は，1.2 を用いることが多いが，1.05～1.2の範囲で設定する。

11－4　地すべり対策工

11－4－1　地すべり対策工の種類と選定

> (1)　対策工の選定に当たっては，地形，地質，地すべりの活動状況，降水等との関連性，すべり面の形状とその位置，地下水等の調査結果より地すべりの運動機構を把握し，保全対象の状況，工法の経済性等を勘案する。
> (2)　一般には，抑制工を主体とし，必要に応じて抑止工を組み合わせて用いる。

　地すべり対策工には大別して抑制工と抑止工がある。抑制工とは地形，地下水状態等の自然条件を変化させて地すべり活動を停止または緩和させる工法である。抑止工とは構造物を設けることによって構造物のもつ抑止力により，地すべりの一部または全部を停止させるものである。

　地すべり対策工は必ずしも1種類とは限らず，多くの場合数種を組合せた工法を採用している。**解表11－9**に地すべり対策工の分類を示す。

　対策工の検討は，**解図 11－23** の地すべり対策工検討フローチャートを参考にされたい。

　このうち抑止工は地すべり土塊の動きが継続している場合は効果が期待できないばかりでなく，施工自体が危険を伴うこともあるので，このようなときは抑制工を先行し，地すべりの動きを抑えてから適切な時期に実施すべきである。

解表 11－9　地すべり対策工の分類

抑制工
- 地表水排除工(水路工,浸透防止工) ……………………………………… (a)
- 地下水排除工
  - 浅層地下水排除工(暗渠工,明暗渠工,横ボーリング工) …………… (b)
  - 深層地下水排除工(集水井工,排水トンネル工,横ボーリング工) …… (c)
- 地下水遮断工(薬液注入工,地下遮水壁工)……………………………… (d)
- 排　土　工 ………………………………………………………………… (e)
- 押え盛土工 ………………………………………………………………… (f)
- 河川構造物(堰堤工,床固工,水制工,護岸工) ………………………… (g)

抑止工
- 杭　　工
  - 杭工(鋼管杭工等)……………………………………………………… (h)
  - シャフト工(深堀工等)………………………………………………… (i)
- グランウンドアンカー工………………………………………………… (j)

1) 対策工法の選定

　対策工の計画を立てるに当たっては地形，地質，地すべりの活動状況，降水等との関連性，計画地域の安全性を明らかにするとともに，前節で述べた地すべりブロック，すべり面の位置と形状，地下水の分布と地下水位等の調査から，地すべりの機構を的確に把握し，特に下記項目に留意して行うものとする。

① 降雨量と運動が密接に関連している場合は直ちに地表水排除工を実施して，降水の浸透を防止すること。

② 地下水には，浅層地下水と深層地下水とがあるが，それぞれ排除工法に相違があるので地すべりに及ぼす地下水の影響をよく調べて工法の選定をすべきである。

③ 梅雨等長期の降雨や融雪水が地すべりの運動や発生に密接に関連をもっている場合は，深層地下水排除工を中心とした対策が望ましい。

④ 風化した凝灰岩・泥岩等の粘質土の活動性地すべりでは浅層地下水，地表水の処理が対策の中心となるが，非常に軟弱な粘質土塊の場合は地すべり斜面上部での地下水遮断工や地下水排除工により地域内への地下水流入を防ぎ，徐々に安定させる方が望ましい。

⑤ 単一の地すべりブロック（斜面上部に別のブロックがない）で，すべり面の形状が明らかな弧状をなしている場合は，頭部での排土工や，深層地下水

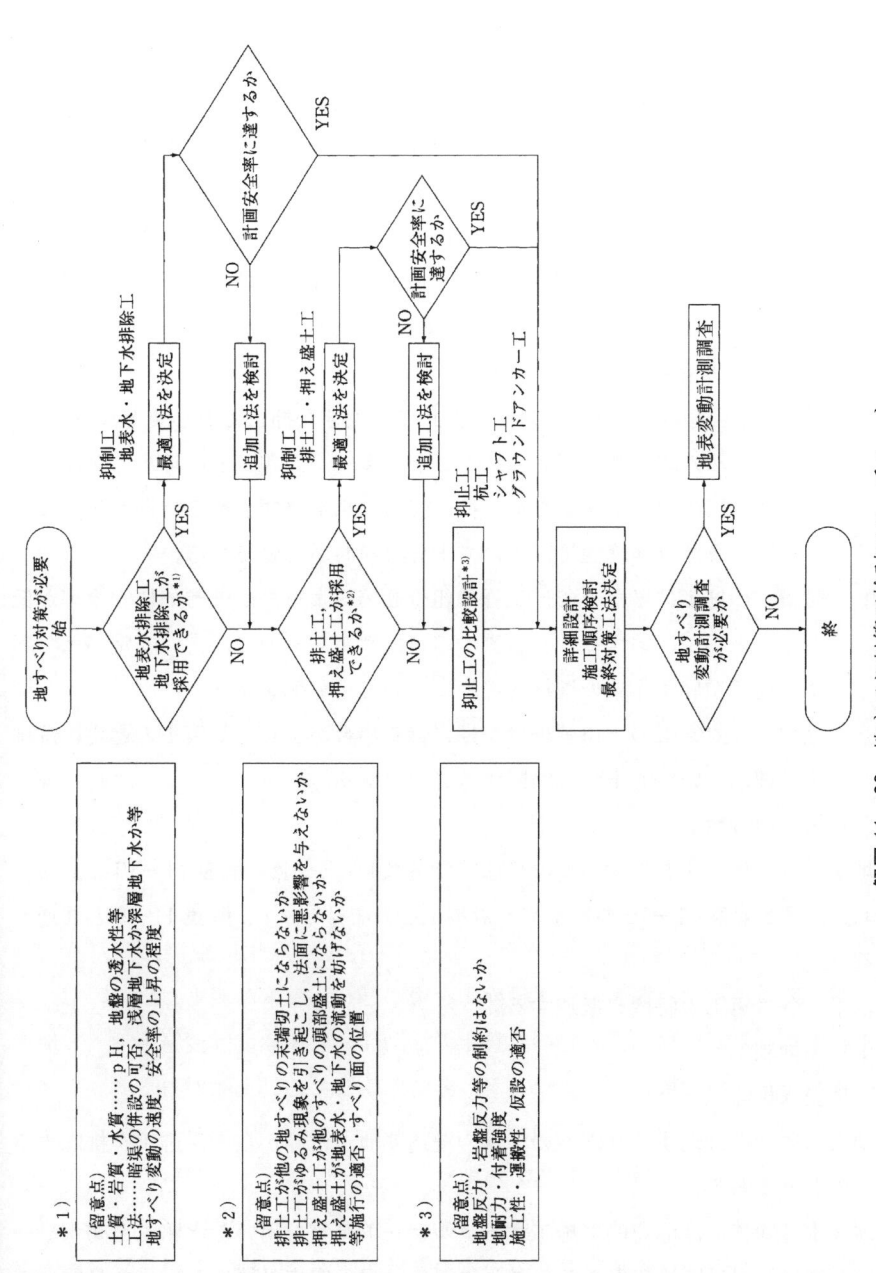

解図 11-23 地すべり対策工検討フローチャート

*1) (留意点)
土質・岩質、水質、pH、地盤の透水性等
工法……暗渠の併設の可否、浅層地下水か深層地下水か等
地すべり変動の速度、安全率の上昇の程度

*2) (留意点)
排土工が他の地すべりの末端切土にならないか
排土工が他のゆるみ現象を引き起こし、法面に悪影響を与えないか
押え盛土工が他のすべりの頭部盛土にならないか
押え盛土工が地表水・地下水の流動を妨げないか
等施行の適否・すべり面の位置

*3) (留意点)
地盤反力・付着強度・岩盤反力等の制約はないか
地耐力・付着強度
施工性・運搬性・仮設の適否

排除工が有効である。

⑥ 地すべりブロックが傾斜方向に数個に分かれかつ連続している場合やすべり面の形状が直線に近い場合は末端部の押え盛土工や地下水排除工が有効であるが，排土工の効果は少ないことがあるので避けた方がよい。

⑦ 抑止工は小規模な地すべり防止には有効である。また大規模なものにあってもその一部（例えば冠頂部，側面部）やその中の1つの小さな地すべりブロックの安定化には有効であり，地下水排除工だけでは計画安全率まで安全率の向上が見込めない場合や排土工等他の工法が適用し難い場合の地すべり対策としても用いられる。

なお，大規模な地すべりに対する抑止工は大きな抑止力が必要となるため，複数の工法の組合せで用いられることが多いが，各工法の抑止力発揮のメカニズムには違いがあるため，抑止工の効果が発揮される時期やそれまでの変位，または経済性等について十分な検討が必要である。

⑧ 対策工の施工に当たって，工種の組合せ等によっては一時的に安全率が低下し，施工中に地すべりが活動する可能性があるので，常に安定が保てるよう施工順序や作業の進捗状況等について十分配慮する。

⑨ 地すべり対策工の維持管理は長期に渡る場合があり，対策工の選定には維持管理についても十分に検討する必要がある。

2) 対策工の分類

地すべり対策工法を地すべりの形態等で分類した一例が，**解表11－10**である。なお，記号は**解表11－10**の地すべり対策工法の記号a～j，**解表11－9**と共通である。

以下，各対策工の特徴を概述する。

（ⅰ） 抑制工

(a) 地表水排除工

地表水排除工は地すべり内への降水の浸透や池・沼等からの浸透水を排除するためのものである。

地表水排除工には応急的に施工するコルゲート管等を用いた水路工と防水シート等を用いた浸透防止工がある。これによる効果は安定計算において数量的に表

解表 11-10　地すべりの型と対策工法の対比の一例

主な原因		地すべりの型	対策工法									
			a	b	c	d	e	f	g	h	i	j
自然誘因	降雨・融雪浸透 地下水の増加 河川の浸食	岩盤地すべり	○	△	◎	△	◎	○	○	◎	◎	○
		風化岩地すべり	◎	△	○	△	○	○	○	◎	◎	○
		崩積土地すべり	◎	○	◎	△	○	○	◎	○	○	△
		粘質土地すべり	◎	○	○	○	○	△	○	△	△	△
人為的誘因	切土工	岩盤地すべり	△	△	○	○	◎	○	○	○	○	◎
		風化岩地すべり	△	△	○	○	○	○	○	○	○	◎
		崩積土地すべり	○	○	○	△	◎	○	◎	○	○	○
		粘質土地すべり	◎	◎	○	○	△	◎	○	△	△	△
	盛土工	崩積土地すべり	△	△	○	△	◎	◎	○	○	△	△
		粘質土地すべり	△	△	○	△	○	◎	○	○	△	△

a：地表水排除工　　　　　　　　g：河川構造物
b：浅層地下水排除工　　　　　　h：杭工
c：深層地下水排除工　　　　　　i：シャフト工
d：地下水遮断工　　　　　　　　j：グラウンドアンカー工
e：排土工，段取り(のり面保護工含む)
f：押え盛土工(擁壁工，枠工を含む)

凡例：◎　最もよく用いられる方法
　　　○　しばしば用いられる方法
　　　△　場合により用いられる方法

現することはできないが，地すべり対策工としては多くの場合に有効である。

(b) 浅層地下水排除工

　調査によって地すべりに影響していると考えられる地下水の存在が確認された場合は地下水排除工を実施する。排除すべき地下水には，既に地すべり地内にあって，間隙水圧や含水比の増加等を生じ地すべりに直接影響を与えているものと，これの供給源となっている地すべり地外における地下水とがある。

　浅層地下水排除工は，これらの地下水のうち，比較的浅い深度にあるものを対象とし，工法には，暗渠工，明暗渠工，横ボーリング工等がある。

(c) 深層地下水排除工

　深層地下水排除工は，すべり面が深く，地下水位が低いため，地表に近い地層内

からの地下水排除が有効でない場合に検討される。工法には,横ボーリング工,集水井工,排水トンネル工等がある。

横ボーリング工は,地表から5m以深のすべり面付近に分布する深層地下水や断層,破砕帯に沿った地下水を排除するために設置される。

集水井工は,横ボーリングの長さが長くなりすぎる場合に検討される。集水井の井筒内での集水ボーリング作業のために直径3.5m～4.0m程度のスペースを必要とし,ボーリングには1.0～1.5mの短尺のロッドが使用される。

排水トンネルは,地すべりの規模が大きく,地下水が深部にあるため横ボーリング,集水井の施工が困難な場合に検討される。排水トンネルは,トンネル内からの集水ボーリングによって,すべり面付近の深層地下水を排除できるので,すべり面付近に確実に地すべり活動を助長する豊富な水脈が認められたときにはこの工法が有効である。

(d) 地下水遮断工

この工法は,地すべりブロック外から明瞭な流路に沿って地下水がブロック内に流入している場合に,これをブロック外で遮断排水する工法である。

(e) 排土工

排土工には,土塊の全部を排除する場合と一部を排除する場合があるが,普通は地すべり地の上半部の一部を排除することが多い。排土を計画する場合は地すべりの規模,分布及び土の強さを調査によりできるだけ正確に求めたうえで安定計算を行い,計画安全率になるように行わねばならない。

(f) 押え盛土工

地すべり末端部に土塊を盛土して地すべりの安定を図るものである。しかし,地すべり末端部の土は特に乱されて軟弱なため,この付近に盛土をする場合は基礎地盤破壊を起こしたり,地下水流の妨げにより地すべり土塊内の間隙水圧を上昇させ地すべりを誘発したりする場合があるので,地下水排除を十分実施して盛土を行うものとする。また盛土箇所の下方に潜在性地すべりがある場合はすべりを誘発する可能性もあるので留意する必要がある。

(g) 河川構造物による浸食防止工

流水による河床低下や河岸(渓岸)浸食が地すべり土塊の安定を損なう直接の

原因となる場合がある。その場合に，渓岸の保護と地すべり末端部の安定を図るものである。

砂防堰堤によって河床を高めたり，河川や海岸において，護岸，擁壁，床固め，水制，捨てブロック等により脚部の浸食を防いだりする工法である。砂防堰堤は，地すべり地域の直下流部で地すべりの影響のない安定した基盤に設置する。

(ⅱ) 抑止工

(h) 杭工

地すべりの抑止を目的とした杭工は，大口径ボーリングによりすべり面以深の所定の深度に設置する。ボーリングはすべり面を切って鉛直に行い，鋼管等を挿入するが，杭外周部はグラウトするとともに，杭の中空部についても一般に中詰めが行われている。

また，一般に杭はその強度を最大限に発揮するために杭背面（谷側）の土塊による地盤反力が十分働くような位置に設置し，テンションゾーンでの杭の設置はなるべく避ける。

(i) シャフト工

地すべりが大規模である等のために，一般の杭工では対応が困難な場合は，大口径ボーリングにかえて径 2.5〜6.5mの井戸を掘下げて鉄筋コンクリート構造のシャフト工を構築する工法も用いられている。杭工，シャフト工は地すべり運動速度が1mm/日以上の地域では適用が困難である。

(j) グラウンドアンカー工

グラウンドアンカー工は，不動土塊に達する比較的小さい削孔を行い，高強度の鋼材等を引張材として使用し，引張材を基盤に固定し，地表の受圧板でその反力を受止める構造となっている。一方，初期緊張力を与えることにより，地すべりの変位が大きくならないうちに十分な抑止力を作用させることが可能であり，この点は他の抑止工より優れている。なおグラウンドアンカー工の設計荷重の設定，初期緊張力の与え方，定着部の長期的安定性等については十分な検討が必要である。特に，グラウンドアンカー工の耐久性を確保するため，十分で確実な防食を施す必要がある。

11－4－2　地すべり対策工の設計及び施工

(1)　地すべり対策工は，その機能が十分に発揮されるよう設計，施工を行う。
(2)　地すべり地域内に設ける構造物は，ある程度の地盤変動があってもその機能を維持できるような柔軟なものとする。

（ⅰ）抑制工
(a) 地表水排除工
① 水路工

　地域内の降水を速やかに集めて地域外に排除するためには地形図をもとにして集・排水路を組み合わせた水路網を整備することが必要である（**解図11－24，11－25参照**）。

　ア）集水路工：降水，表流水を集めるために，主として斜面を横切って作られるもので比較的幅を広くとり，水深は浅いものでよい。材料は石張り，鉄筋コンクリート製のヒューム管，コルゲート管等であるが，剛性の大きいものを用いるときは，各管の長さを短くして，簡易な杭で支持するものとする。

　イ）排水路工：排水路は集めた水をできるだけ早く完全に地域外に排除するためのもので，比較的急勾配とするが断面は流出量計算（「道路土工要綱」参照）を行って決定しなければならない。水路には20～30m間隔にすべり止めの床止工を設け，とくに地盤が軟弱な場合は木杭等で固定する。排水路にはU形溝，鉄筋コンクリート製のヒューム管，コルゲート管等がある。

② 浸透防止工

　浸透防止工は地すべりの地表全体を対象として実施することは困難なので，とくに透水しやすい亀裂部や，地表水が多量にあり，地下水の補給源となる沼地や水路等を対象とする。地表に亀裂が発生した場合は亀裂内に粘土やセメントを詰めたり，ビニール布等で被覆したりし，沼や水路等で漏水がある場合はこれらの底部を不透水性の材料で被覆する。例えば，沼の場合は底張り，薬液注入工を，水路の場合はコンクリートやコルゲート管による水路に改修するものとする。

(b) 浅層地下水排除工

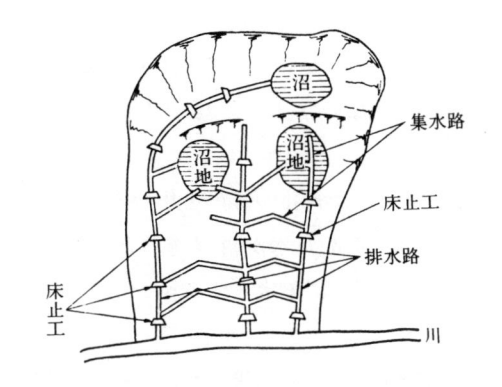

解図 11-24 地表集・排水路網の概念図

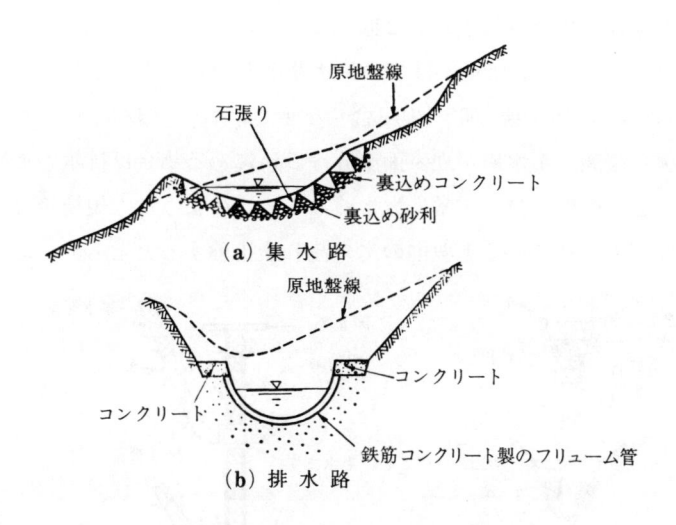

解図 11-25 集・排水路の例

① 暗渠工及び明暗渠工

　地表から地下3m付近までに分布する浅層地下水の排除に最も適する工法で，特に透水係数の小さい土層中の土粒子間隙に存在する地下水の排除に用いる。その1本の長さは20m程度とし，これを超えるときは途中に集水ますを設け，ここからは地表に設けた水路または管渠を通して流下させる。

　ア）集水渠：暗渠内の地下水を集めるために計画するもので，その構造は所定

の深さに掘削した溝の中に多孔質コンクリート管，じゃかご等を敷設し，底部に漏水防止のためビニール布やアスファルト板を敷き，さらに上面や側面には目詰まりを起こさせないためのそだや砕石等によるフィルターを設けたものである。

　集水量が特に多い場合には有孔の管渠を用いることもある。集水渠の長さがあまり長いとせっかく集めた水が再浸透したり目詰まりを起こしたりするので，普通は20～30mごとに集水ますやマンホールを設けて地表水路や排水渠に接続する。

イ）排水渠：排水渠は無孔のヒューム管，コルゲート管等で作られ，床止め等のところで排水路に接続する。

ウ）明暗渠：浅層地下水は地表水と同様に地形に左右されて地表の凹部や谷部に集まりやすいので，暗渠網は地表排水路網と一致することが多い。**解図11－26，11－27**は明暗渠と暗渠の組合せを示したものである。

エ）大規模な暗渠：帯水層が地表面下3～5mにある場合は排水のため暗渠の規模も大きく掘削土量も非常に大きくなる。このような大規模暗渠は，地すべりの原因となっている土塊内の水の流れを排除するとともに，地すべり地

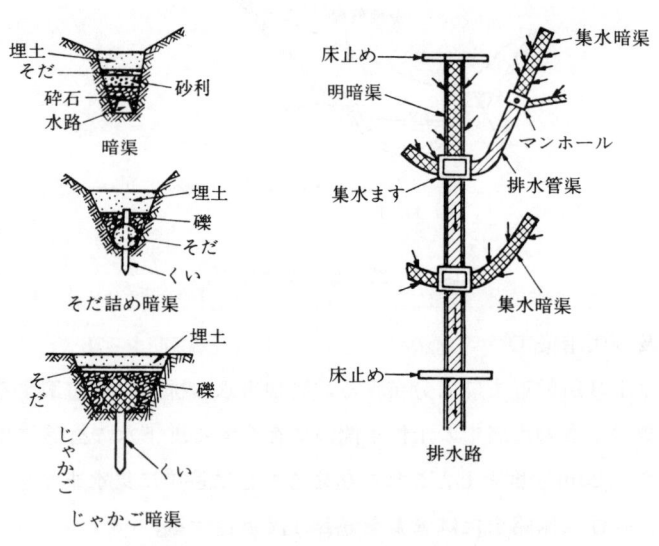

解図11－26　暗渠の例と排水暗渠網の例

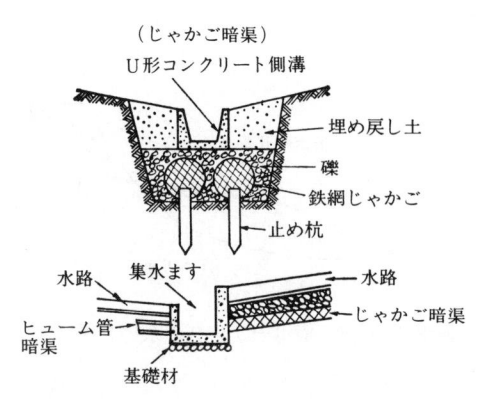

解図 11−27 明暗渠及び中間集水ますの例

域外からの浅層地下水の遮断をも目的とするので，地すべり斜面上部の境界付近に計画するとよい。斜面の下部で設置する場合は，施工に伴う掘削が地すべり土塊の安定を損なって運動を活発化させることもあるので注意を要する。

② 横ボーリング工

浅層地下水排除を目的とする場合は，約5度の上向きに 20〜50m の長さで削孔するのが一般的である。

横ボーリングによる排水工は直径 66mm 以上で掘削して，掘削後内部の湧水箇所付近にストレーナーの付いた保孔管を挿入する。なお，孔口保護については「(c) 深層地下水排除工」を参照されたい。

(c) 深層地下水排除工

① 横ボーリング工

横ボーリングは，地下水検層によって判明した帯水層または地下深部のすべり面を切ってさらに 10m 程度余掘りするものとする（**解図 11−28** 参照）。孔口の位置はなるべく安定な地盤に設け，1箇所から放射状に施工し（**解図 11−29** 参照），孔口はコンリート壁またはじゃかごを用いて洗掘されないように保護する（**解図 11−30** 参照）。横ボーリングはすべり面を切るように行い，運動方向と直角方向では原則として 5〜10m 間隔に，50〜80m 程度の長さを施工するのが普通である。これによる地下水の低下高（計算低下高として設計に用いる）は3mと考えてよ

− 413 −

い（**解図** 11-31 参照）。

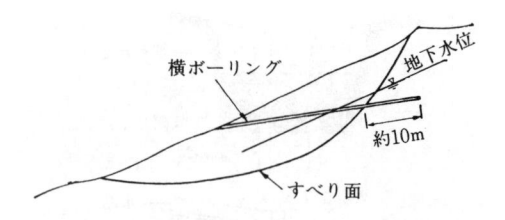

解図 11-28 横ボーリングの余掘り図の例

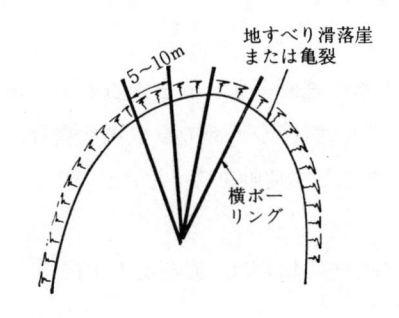

解図 11-29 横ボーリング配置図の例

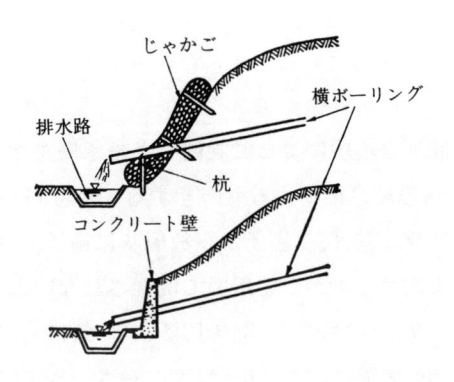

解図 11-30 横ボーリング工の孔口保護の例

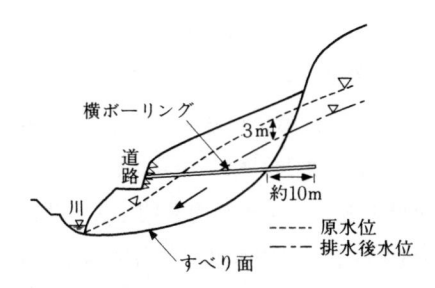

解図 11-31　横ボーリング後の地下水位低下の考え方の例

　ただし，必要に応じて地下水位観測を実施し，水位低下が不十分な場合は，追加施工を検討する。

　掘削孔径は 66 mm 以上とし掘進終了後，帯水箇所（帯水層）にストレーナーを付けた硬質塩化ビニール製か，鋼製の保孔管を挿入する。ストレーナーの目詰まりを防ぐためストレーナー部分にポリエチレンの網状管を二重管状に付けることもある。

　ボーリングの延長が長くなると礫混り土砂層や不均質な地層で孔曲りを生じる恐れがあるので，帯水層へ的確に到達させるには細心の注意と慎重な掘削が必要である。このためにはできるだけ孔曲り測定器を使用して，ボーリング先端位置を確認しておくとよい。

　透水性の低い地盤から集水を行う場合は保孔管全長に渡ってストレーナーを付ける場合もある。ストレーナーの大きさ，配置を決めるに当たり目詰まりを起こさせないような考慮をする必要がある。大きい孔をあければ目詰まりの心配がないかわりに管周辺の土砂の流れ出しによって崩壊に至る危険があり，孔径を小さくすれば目詰まりを起こしやすい。これを防ぐため細長くスリットをあける方法が一部で試みられている。

② 集水井工

　集水井は地盤の比較的良好な地点に設置し直径 3.5〜4.0m とする。集水ボーリングにより集められた地下水は，排水ボーリング孔（長さ 100m 程度）または排水トンネルにより自然排水させる。

　集水井の深さは，原則として活動中の地すべり地域内では底部をすべり面より

2m以上浅くし，休眠中の地すべり地域内及び地すべり地域外では，すべり面を切って2～3m貫入させ，底部はコンクリートで張る。後者の場合，排水ボーリング孔は，基盤中に設置するが，特に休眠中の地すべり地内に設置する場合は，地すべりが活動しても破損することがないように留意する必要がある。集水ボーリング工は長さ50mを標準とし，すべり面を切るよう集水井の中から放射状に，先端部の間隔が5～10mとなるよう計画する。ボーリングは帯水層毎に数段計画するのが普通である（**解図11-32**，**解図11-33**参照）。本数は地質・地下水調査結果によって検討し，施工中の集水状況や地下水の変化状況に応じて変更する。工事完成後地すべり運動によって変形または破損する恐れのある集水井は，礫，ずり，玉石等で埋め戻しておく。ただし，この場合はボーリング孔の洗浄等の管理ができなくなるので注意を要する。

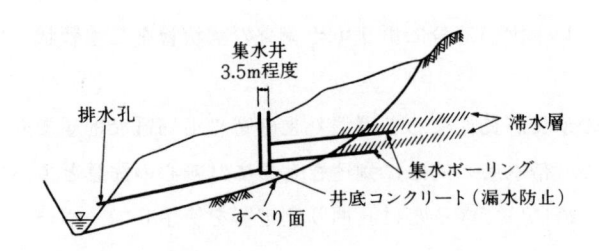

解図11-32 集水井の設置（活動中の地すべり）の例

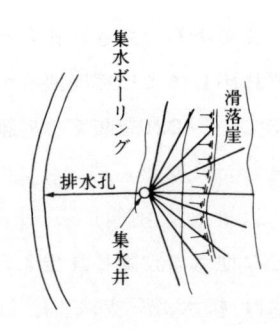

解図11-33 集水井による地下水排除工の例

なお，集水井は横方向に40〜50m程度の間隔で設けるが，これによる地下水の計画低下高は5mとすることができる。

集水井は鉄筋コンクリートまたはライナープレート（耐錆メッキしたものが望ましい）で作られる。施設の設計に当たっては，施設完成後の維持管理についても考慮する必要があり，また，完成後の危険防止のため丈夫な蓋（鉄鋼等）等の付帯施設を設置する。

集水井からの排水は，井戸の底から斜面下方をねらって排水ボーリングを掘削し，集水した地下水を自然流下させる。普通は長い横ボーリング工が用いられるが，井戸の中では大型ボーリングマシンを利用できず，長尺のボーリングを行う場合は孔曲りの可能性が大きいので早目に修正の対策を講じておく必要がある。排水ボーリングの保孔管には3〜4インチの鋼製や塩化ビニル製の管を用いることが多い。

排水孔の延長が100mを越し，掘削が困難な場合はトンネルによる排水路の設置が行われる。トンネルは掘削可能な最小径（高さ2m程度）のものでよく，井戸に達すれば排水管を敷設して，ただちに埋め戻す。なお，土質が軟弱でトンネル掘削が困難な場合は70〜80m離れた位置に中継井戸を設けてボーリングで連結し排水するとよい。

なお，応急的あるいは一時的な排水としてポンプの汲み上げによる排水を行う場合もある。

③　排水トンネル工

この工法の計画に際しては，基盤等高線を明確にし，地下水追跡で地下水の流路を確認する必要がある。排水トンネルはすべり面の下にある安定した基盤中に設け，排水すべき位置から分岐トンネル等ですべり面を切って地すべり土塊中の帯水層より集水するか，あるいは坑壁から帯水層に向けて横ボーリングを行って集水する。トンネルの底部には排水路を設ける。管理上トンネル全断面を維持する必要のない時は礫等で埋め戻す場合がある。なお，排水トンネルによる地下水位の計画低下高は5〜8mとすることができる。トンネル坑口は地すべり地域外の安定した地盤に設け，必要に応じて地すべり地外にずり出し坑を設けることもある。前項の集水井と排水トンネルを連結して井戸をずり出し坑として用いたり，

集水井の排水孔としてトンネルを利用したりすることもある。地すべり地域の外部から地下水の明瞭な水みちが地すべり地域内に連なっている場合に、トンネルによって地すべり地への流入前に遮断して排水する工法は、施工時の危険が少ないためよく用いられている。また、地すべり地の背後山地に坑口を設けて**解図 11－34**のように排水を行う場合もある。

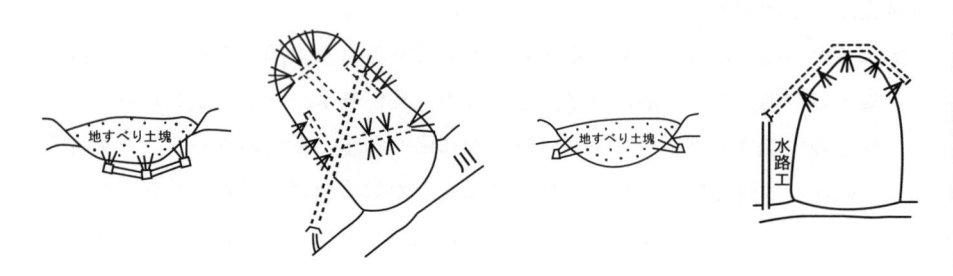

(a) 底設排水トンネル　　　　　　　　(b) 周縁排水トンネル

解図 11－34　排水トンネル計画の例

　トンネルから集排水を行う際は、トンネル内からすべり面を切るように横ボーリングを行って集水したり、あるいは地表からトンネルに向って 10～30cm の大口径縦ボーリングを多数行って上層の地下水をトンネル内に落とし、トンネル底部に排水管または水路を設けて排水する立体排水工を施工したりする。

(d) 地下水遮断工

　本工法の採用に当たっては、遮水壁完成時に生じる背後の貯水によって背後斜面に地すべりが発生しないかどうか確認しておく必要がある。また、排水工事はできるだけ早く実施して、貯水現象が長く継続しないようにしなければならない。

　地下水遮断工を施工するに当たっては、施工予定地の上部斜面に潜在性地すべりのないことを地質調査、地表変動計測調査等によって十分確認し、地下水遮断による貯水によって地すべりを引き起こさないよう留意しなければならない。次に岩盤の等高線から地下水の集まりやすい位置を知り、地下水追跡、地下水検層によって帯水層の位置を確認して遮水壁の位置、高さ等を決定する。遮水壁は、地盤に注入剤をグラウトして設ける方法と、帯水層まで開削して壁体を作る方法

があるが，3mを超えて開削することは困難であるから多くの場合グラウト工が用いられる。

(e) 排土工

排土工は最も確実な効果が期待できる工法の一つで，一般に抑制工または地下水排除工等と組み合わせた抑制工の一部としてよく用いられる。

① 排土方法

ア) 排土の位置：特別な場合を除き排土は地すべりの頭部に重点がおかれ，末端部での排土は行わない。末端部が極度に軟弱化している場合はこれを切り取ることもあるが，この場合も頭部排土を行ってから下部を切るようにして全体のバランスを考慮しながら排土しなければならない。

イ) 地すべりの形と排土の効果：複数の地すべりブロックから構成される場合，その中間部または下部の地すべりブロックで排土することは上部のブロックに悪影響をあたえるので施工してはならない。また排土量が大きいと，基盤にゆるみが生じ初生的な地すべりの発生する原因となる可能性があるので，注意を要する。すべり面の形状が円弧に近い場合や頭部の地すべり土塊の厚さが下部に比べて非常に大きい場合は排土の効果も大きい。

ウ) 排土後ののり面勾配：排土は地すべり頭部に重点がおかれ，緩傾斜部分の勾配は1：2.0～1：4.0の緩やかな勾配とするが，滑落崖（地すべり上部の境界）付近では比較的急勾配となり，地形的には台地状となる。しかし急勾配の部分にあっても地山の自然勾配に等しいか，または切土の標準のり勾配を考慮して1：1.0～1：1.5程度とすることが望ましい。

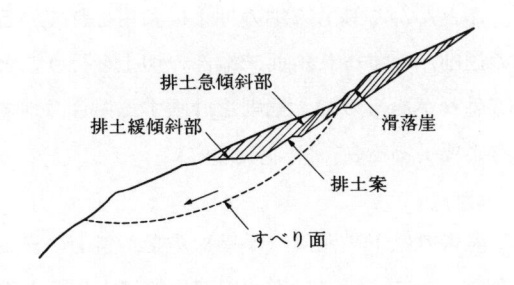

解図 11-35 排土工概念図

エ) 施工上の注意：排土は斜面の安定を損わないよう上部より下部に向って行うのを原則とする。施工時期は乾季を選び，降雨時の作業は避けるべきである。

② 排土後ののり面処理

排土後ののり面は一般に透水性が高く，降雨によって軟弱化し崩壊しやすくなるので排土後の地形に応じ，集・排水路網を整備して水はけを良くし植生工等ののり面保護工を施工するのが望ましい。

③ 排土の処理

排土の有効利用法としては，地すべり末端部の押え盛土や他の地区の盛土材料として転用することが多い。しかし，風化が進んでいる地すべり土塊のなかには，粘質土が多く盛土材料としては不適当な場合がある。そのような場合には排土の利用に細心の注意が必要であり，不適当な場合には事前に発生土受入地を用意する必要がある。

(f) 押え盛土工

押え盛土工を行う場合は，箇所の選定を慎重に行うとともに，盛土高の限度を基礎地盤の強度試験によって検討しておくことが必要である。地すべりの下部が河川に面しているときは，下流側に砂防堰堤を設けるとその背後の堆砂が押え盛土と同様の効果をもたらす。

また，小規模な地すべりの防止や大規模な地すべり末端部での2次的な崩壊を防止するために擁壁工が用いられる。地すべり地では地盤の変動がかなり大きく，湧水等も多いので井桁組擁壁（枠擁壁）が多く用いられる。

その他じゃかご，ふとんかご等も末端の押えに利用されている。なお擁壁を施工する際は，基礎の掘削，地すべり斜面末端部の切土を行うことになり，これが地すべりを誘発する恐れがあるので，掘削を計画する場合は地すべりの安定が保てることを確認する必要がある。

(g) 河川構造物

流水の浸食による河床の低下や河岸（渓岸）浸食が斜面の安定を損ねて崩壊の原因となることは多い。特に，河岸の崩壊が連鎖的に大規模な地すべりを誘発する場合もある。このような箇所では，床固め，護岸，水制等によって河床，河岸

の浸食を防止する必要があり，場合によっては流路の付け替えを検討すべきである。

（ⅱ）抑止工

(h) 杭工 及び (i) シャフト工

　杭工は，基盤が強固で移動土塊に対して十分対抗できるような地点で施工することが望ましい。しかし，地すべりの運動が激しく，1日1mmを越すような地すべり地内では計画した杭の全部が一度に施工されない限り，杭の働きは個別的なものとなって効果が期待できないので，このような箇所では適切な工法とはいえない。

　杭には鋼管杭，鉄筋コンクリート杭，H形鋼杭等があるが，施工法としては挿入杭がよく用いられる。挿入杭は大口径ボーリング孔に鋼管を挿入し，コンクリートで中詰めし，管と孔壁の間隙にグラウトして施工する。地盤が硬い転石を含む地層（安山岩混じりの集塊岩や段丘礫層等）の場合には，大口径ボーリングは非常に困難で，このような場合にはダウンザホールハンマー等の手法を用いるか，もしくは径2.5〜6.5mのライナープレート，鋼製及びRCセグメント等を用いて井戸を基盤まで掘り，鉄筋コンクリートを打設するシャフト工法の方がよい。シャフト工を施工する際は，集水井工と同じく狭い場所で掘削，ずり出しを行うことになり落石等に十分注意することが必要である。

〔参考〕杭及びシャフト工設計時の注意事項

<u>杭工</u>

　計画安全率 F_{SP} を得るための単位幅当りの杭の必要な抑止力 P_r は式（参11−2）によるが，これは式（解11−2）の分子に杭の抑止力 P_r を加えた式（参11−1）から導いたものである。

$$F_S = \frac{\Sigma\{c \cdot l + (W - u \cdot b)\cos\alpha \cdot \tan\phi\} + P_r}{\Sigma W \cdot \sin\alpha} \quad \cdots\cdots\cdots\cdots\cdots \text{（参11−1）}$$

$$P_r = F_{SP}\Sigma W \cdot \sin\alpha - \Sigma\{c \cdot l + (W - u \cdot b)\cos\alpha \cdot \tan\phi\} \quad \cdots\cdots \text{（参11−2）}$$

　ここに，F_{SP}：計画安全率

　　　　　　他の記号は式（解11−2）と同じである。

地すべりには現在運動を続けている地すべりの他に，休眠中の地すべり，あるいは建設工事に伴って新たな発生が予想される潜在すべり等がある。地すべりの現状安全率は「11－3　地すべりの安定解析」を参照して仮定し，対策工の計画を行う方法が一般的である。杭の鋼材の設計強度は「建設省河川砂防技術基準(案)」[7]を参照されたい。一般に杭が地すべりに抵抗する場合は杭には曲げモーメントとせん断力が発生し，杭の持ついずれかの破壊強度を越えたときに杭は破壊する。すなわち杭の設計を行う場合には曲げモーメントとせん断力に対するチェックが必要である。

杭は抑え杭とくさび杭に分類される。

① 抑え杭

杭の谷側の地盤反力が期待できない場合に，杭を片持ち梁と見なし，地すべりの滑動力が移動土塊中の杭に分布荷重または集中荷重として作用するものとして，設計するものをいう。抑え杭は地すべりの末端部や頭部付近に施工される（**参図11－1参照**）。

② くさび杭

地すべり移動土塊と不動土塊をつなぎ止める効果を持つ杭で，地すべりの移動に伴って移動土塊と一体なって杭が変形し，杭の変位の増大とともに抵抗力を発揮する杭である（**参図11－1参照**）。

なお，杭の設計の詳細については，参考文献8),9)を参照されたい。

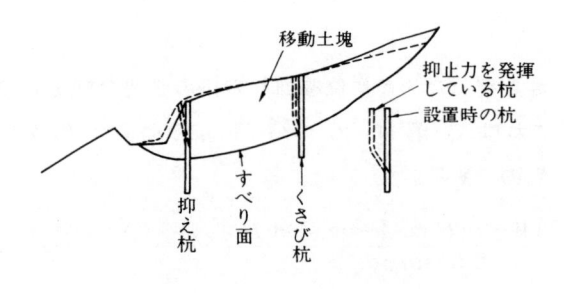

参図11－1　曲げ杭の種類

シャフト工

　シャフト工は地盤条件の関係で杭挿入の設置が不可能な場合または地すべり土圧が大きく，杭工では計画安全率の確保が困難な場合で，基礎の地盤が比較的良好な場合に用いられることが多い。

　現在のところシャフト工の設計方法は確立されたものがないが，次に示すような設計法も考えられる。

　式（参 11-2）より所定の安全率を得るための必要な抑止力を求め，杭間隔を適切に決めることにより，一本の杭に作用する力を求める。

　シャフト工のような大口径構造物を杭として設計するか，ケーソンとして設計するかの判定は次式により行う。

　$\beta \cdot l_2 \leq 2$ の場合はケーソン（剛体杭）として設計する。

　$\beta \cdot l_2 > 2$ の場合は曲げ杭として設計する。

　ただし，

$$\beta = \sqrt[4]{\frac{KD}{4EI}} \quad \cdots\cdots\cdots\cdots\cdots\cdots\cdots\cdots\cdots\cdots\cdots\cdots\cdots\cdots\cdots \text{（参 11-3）}$$

ここに，K：横方向地盤応力係数（kN/m³）

　　　　D：シャフトの直径（m）

　　　　E：シャフトの弾性係数（kN/m²）

　　　　I：シャフトの断面2次モーメント（m⁴）

　ケーソンとして設計する場合，シャフトに作用する外力は**参図11-2**に示すようにシャフト天端より $2/3\,l_1$ の位置に地すべりによる外力 H がすべり面に平行に作用すると仮定する。

　すべり面の位置をシャフトの仮想の天端とし，そこに地すべりによる外力 H やすべり面上部のケーソンの自重等によって生ずる力やモーメントが作用するものとして設計は行われる。設計の詳細については「道路橋示方書・同解説[10]」を参照されたい。

　なおシャフト工の天端変位量は一般的な地すべりでは 10 cm程度と考えられている。

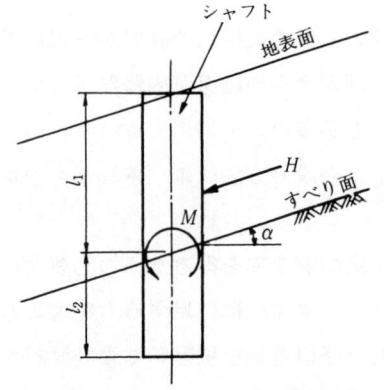

参図 11-2 シャフト工の概念図

(j) グラウンドアンカー工

　地すべり対策におけるグラウンドアンカー工は，鋼材等の引張り強さを利用して地すべりが滑動しようとするのを引き止める機能及び締め付け効果を期待して設計される。一般に規模が小〜中の岩盤すべりあるいは風化岩すべりに用いられ，杭やシャフト工と併用し，擁壁，枠工，独立受圧板等により抑止力を地盤に伝達するものとして用いられる。

　グラウンドアンカー工を検討する場合は，杭，枠工，独立受圧板等も同時に検討する必要がある。

　この場合，一般に地すべりの場合は杭工と同じように地すべり土塊が動き始めてアンカー力を発揮するものであるが，杭工と異なる点は初期にある程度のプレストレスをかけることにより，鋼材等の伸び（地すべりによる変形量）の少ない段階で抑止効果をあげられる点である。

　また，杭やシャフトの頭部等にグラウンドアンカー工を採用することがある。アンカーの緊張荷重により，杭に発生する断面力（曲げモーメント，せん断力）を低減でき，杭の剛性を高めることもできる。この工法により，杭やシャフト工の径等を小さく設計できることがあるが，計画に当たって，同一地すべり地内における他の抑止工の施工位置等に発生した地すべり現象（クラックや段差）及び地すべり発生機構並びにそれらの関係を十分に検討する必要がある。

これはアンカーの極限状態での支持機構や破壊のメカニズムが杭工等と異なると考えられるため，地すべりや斜面崩壊時の抑止効果を同一に評価できるかという問題や，規模に応じた抑止効果の出現時期に関する問題等があるためである。したがって，グラウンドアンカー工を併用する場合は伸びの範囲や管理基準値等を考慮した施工が必要である。

　定着長は 3.0～10.0mを原則とし，地すべりでは永久アンカーが用いられ，二重防食で耐久性のあるものが必要である。

　アンカーの計算式は，式（参 8-1, 11-4），式（参 8-2, 11-5）を用いる。すべり面は，仮定した形状とは異なり，実際には起伏等が認められることが多いので，推定すべり面よりさらに深い安定地盤に定着部を取る必要がある。

　一般に，40～80％の初期緊張力を与えることが多いが，引き止め効果を期待する場合は 20～30％の初期緊張力を作用させることがある。ただし，一本あたりの設計荷重が低い場合（300kN 以下）や自由長の長い場合（20m以上）は，定着部の荷重が支承構造物に伝達できず（特にくさびタイプ）アンカー機能が損なわれる場合もあるので十分注意することが必要である。

　一般にアンカーの打設角は水平から下向きに 15～45 度程度で行われることが多いが角度を急にした場合は下方への力が作用するので，杭を計画している場合には杭等の沈下も考慮しなければならない。アンカーの長さは 20～60m程度が多いが時にはそれ以上の長さのものも計画されることもある。地すべり地で杭頭等に施工するグラウンドアンカーの場合，すべりの荷重が作用し，部分的に過荷重が作用することがあるので，杭頭等に作用する荷重の再配分を考えた構造を設計する必要がある。すなわち，アンカー自由長を長くしたり，緊張時の余長を保持したり等して，緊張力の緩和や再緊張が，できるよう配慮する。

　アンカー用のボーリング口径は，165 mm以下が多い。なお，グラウンドアンカーの設計については「8-4-2 (8) グラウンドアンカー工」を参照すると同時に，参考文献11), 12) を参照されたい。

〔参　考〕

　計画安全率 F_{SP} を得るため単位奥行あたりの必要アンカー抑止力 T_d は式（参

8−2) による。これはアンカー力 T と安全率 F_S の関係を与える式（参 8−1）から導いたものである。

$$F_S = \frac{\sum c \cdot l + \sum (W - u \cdot b) \cos \alpha \cdot \tan \phi + \sum T\{\cos(\alpha + \theta) + \sin(\alpha + \theta) \tan \phi\}}{\sum W \cdot \sin \alpha}$$

・・・・・・・・・・（参 8−1：再掲）

ここに，(**参図 11−3 参照**)，

　　Fs　：安全率
　　c　：粘着力（kN/m²）
　　l　：分割片で切られたすべり面の弧長（m）
　　b　：分割片の幅（m）
　　W　：分割片の重量（kN/m）
　　u　：間隙水圧（kN/m²）
　　α　：分割片で切られたすべり面の中点とすべり面の中心を結ぶ直線と鉛直線のなす角（度）
　　ϕ　：せん断抵抗角（度）
　　T　：アンカー力（kN/m）
　　θ　：アンカーテンドンと水平面のなす角度（度）

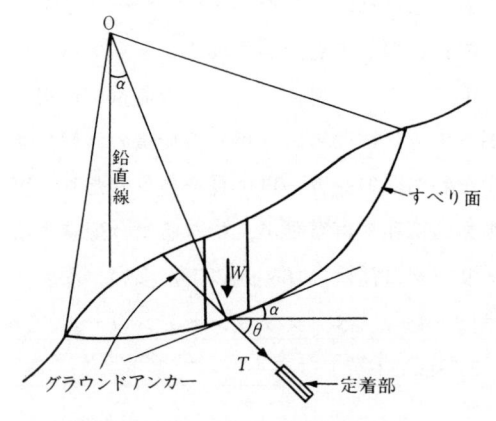

参図 11−3　地すべり斜面アンカー

アンカーによる抑止力は，

$$T_r = \frac{F_{sp} \cdot \Sigma W \cdot \sin\alpha - \{\Sigma c \cdot l + \Sigma (W-u \cdot b)\cos\alpha \cdot \tan\phi\}}{\Sigma\{\cos(\alpha+\theta)+\sin(\alpha+\theta)\tan\phi\}} \quad \cdots \quad (参 8-2：再掲)$$

ここに，T_r：必要アンカー力（単位奥行あたり）(kN/m)

F_{SP}：計画安全率

なお，地すべりの滑動力を減じる考え方もある。その場合，アンカーの計算式として次式（（参 11-4），（参 11-5））が使用されることもある。

$$F_S = \frac{\Sigma c \cdot l + \{\Sigma (W-u \cdot b)\cos\alpha + T \cdot \sin(\alpha+\theta)\}\tan\phi}{\Sigma W \cdot \sin\alpha - T \cdot \cos(\alpha+\theta)} \quad \cdots\cdots\cdots \quad (参 11-4)$$

アンカーによる抑止力は，

$$P_r = \frac{F_{SP} \cdot \Sigma W \cdot \sin\alpha - \Sigma c \cdot l - \Sigma (W-u \cdot b)\cos\alpha \cdot \tan\phi}{F_{SP} \cdot \cos(\alpha+\theta)+\sin(\alpha+\theta) \cdot \tan\phi} \quad \cdots\cdots\cdots \quad (参 11-5)$$

11-5 地すべり対策工の維持管理

11-5-1 概　　説

> 地すべり対策工の維持管理において，道路交通に支障を与えるような地すべりの発生や対策工の異常を点検により早期に察知し，その対策を立てることが重要である。

　一般に地すべり地の維持管理としては，地すべり地及び地すべり対策工の変状，異常を発見するための点検作業，地すべり対策工の機能を維持するための補修作業と地すべりが発生したときの応急対策とに分けられる。

11-5-2 点検作業

> 点検作業は，地すべりの兆候や対策工の異常を早期に把握するため行う。

　一般に地すべりは，のり面に比べ，その範囲が広く対策工も多種に渡っていることが多い。また，地すべり地の異常を知るための変状も，広範囲に分布してい

るので，点検作業に当たっては，地すべり対策工の位置，既存の地すべりの変状箇所を十分に把握しておくことが重要である。

点検は，以下の事項について，現地踏査により点検する。
1) 地すべりによる斜面変状の状況（亀裂，段差，抑止構造物や地面等の変形等）
2) 地表排水路の状況（目地の開き，割れ等の損傷，土砂等の堆積による閉塞，集水ますの破損，変形，土砂等の堆積状況）
3) 地下水排除施設の状況
a) 集水井
  ・集水井本体の破損変形，腐食の状況，湛水の有無
  ・集水ボーリング孔口の腐食，閉塞，集水の状況
  ・排水ボーリング孔出口の腐食，閉塞，排水の状況
  ・付帯施設（天蓋，立入り防護柵，昇降階段）の破損，変形，腐食の状況
  ・集水井周辺の変状（崩壊，亀裂，陥没等）
b) 横ボーリング
  ・孔口保護施設の破損変形状況
  ・孔口の腐食，閉塞状況
c) 排水トンネル
  ・排水トンネル内部の亀裂や歪みの状況
  ・排水路の破損，変形，土砂等の堆積状況
  ・集水ボーリング孔口の腐食，閉塞状況
4) 排土，切土，押え盛土斜面の状況
  ・斜面からの湧水の有無
  ・斜面の崩落等の有無
5) 河川構造物等の浸食防止施設の状況
  ・斜面末端の新たな浸食の有無
  ・構造物自体の安定状況

また，点検の他に地すべり対策工の機能低下及び地すべり斜面の安定状態を各々監視するために，必要に応じて地すべり地内外に計測機器を設置し観測する。

点検に当たっての留意点は以下のとおりである。

（ⅰ）路線選定の段階ですでに地すべりの存在が知られていたり，建設中に活発化したりした経歴を持つ斜面では道路の供用開始後も少なくとも斜面内に2箇所以上の孔内傾斜計等を設置して変状程度に応じた頻度で，1～3年間観測する必要がある。また主な亀裂等には地盤伸縮計を設置して観測し，異常な測定値が得られた場合には，さらに計測を密にするとともに現地踏査により斜面内の異常の有無を確かめる。また観測期間終了後も，道路構造物等に異常が現われていないか十分に巡視する必要がある。

（ⅱ）地すべり地の変状は，地すべり土塊の頭部等の境界付近や構造物に現れやすいため，点検に際しては，それらの位置を重点的に巡視する。

（ⅲ）変状を発見したらその変状の原因について調査し必要に応じ動態観測調査を行い，その累積性等について確認するものとする。測定値は，地すべり対策の項の地すべり変動程度（**解表11-5**，**解表11-6**）を参考として判定し，危険度が高ければ応急対策を検討する。

（ⅳ）変状は，融雪期，梅雨並びに台風等の異常気象時期に発生することが多いため，定期点検はこれらの時期の前後に行うのがよい。

（ⅴ）集水井内部の点検作業には，酸欠やガス中毒の危険性があるため，酸素や有毒ガス濃度を確認し必要に応じて換気をする等，点検者の安全を確保する。

11-5-3　地すべり対策工の維持補修

> 地すべり対策工の維持補修は，対策工の機能の低下を防ぎ，地すべりの活動を防止するため行う。

　地すべり対策工の維持補修の目的は，地すべり対策工の機能の低下を防ぎ，地すべりの再活動を阻止することにある。地すべり対策工の種類としては，「11-4　地すべり対策工」で述べたが，道路で多いものとして，水路工，横ボーリング工，集水井工，排土工，杭工，シャフト工，グラウンドアンカー工がある。ここでは，地すべり対策工毎の維持補修の留意点について述べる。

（ⅰ）水路工

水路工の断面は一般に小さく，土砂の流出，草木の繁茂により埋塞されやすいため，排土，草刈，清掃を実施する。排水路の両側の沈下，陥没等による排水不良箇所は，修理して排水路の機能を維持する。

(ⅱ) 横ボーリング工

横ボーリング工は，長年の間に目詰り等で排水不良になるので，これらについては洗浄して排水効果の復旧に努めるものとする。また，孔口付近の斜面の崩壊については，じゃかご，擁壁等で孔口の排水機能の維持に努める。

(ⅲ) 集水井工

集水ボーリング管及び排水ボーリング管は，長年の間に目詰り等が起こるので，洗浄して集・排水効果の維持に努めるとともに，底部に堆積した土砂の排除も併せて行う。

また，井筒の変形及び亀裂等を発見した場合は，補強することとし，補強し難いときは，栗石，玉石等で充填し排水効果の維持に努める。

(ⅳ) 排土工

排土工に伴うのり面で，亀裂，浸食，崩落が発生した場合は，状況に応じてのり面保護工を実施する等の補修を行うとともに，地すべりに関係すると思われる亀裂，崩落等が発生した場合は，対象地すべりに対する応急対策の検討を行う。

(ⅴ) 杭工

杭工については，杭頭部の変位，杭周囲の沈下，杭位置上部のはらみ出し等に着目し，異常があれば新たな地すべりの発生の可能性が高いので，動態観測の強化及び応急対策の検討を行う。

(ⅵ) グラウンドアンカー工

グラウンドアンカー工については，ロードセルによる緊張力の低下及び上昇，受圧構造物の変状，アンカー頭部の防食機能を確認し，異常が生じた場合は，地すべりの変動がある可能性が高いので観測強化や観測計器の追加及び応急対策の検討を行う。

杭工の頭部にグラウンドアンカー工を施工しているアンカー付き杭工は，一般にグラウンドアンカー工に荷重が集中しやすいため，常にアンカーの緊張力に注意する必要がある。アンカーに設計アンカー力以上の荷重が作用する恐れがあり，

杭頭の許容変位量に余裕がありその構造上可能な場合は，アンカー力をゆるめることが望ましい。杭頭変位に余裕がなく，杭工の設計抑止力を越える可能性がある時は，追加対策工の検討を行う必要がある。

11－6　地すべり地の応急対策
11－6－1　応急調査

> 　地すべりの兆候が認められた場合は，応急対策の検討のための応急調査を直ちに行う。
> ⑴　現地踏査により地すべり規模を把握する
> ⑵　斜面上の亀裂や段差部に地盤伸縮計等を設置し，変動量を計測する

　応急調査の主な調査項目を以下に示す。
（ⅰ）発生した亀裂，崩壊の状況と規模
（ⅱ）地すべり地内の構造物の変状
（ⅲ）周辺斜面からの地すべり地域への流入水，または地すべり地域内の湧水及び湿潤状況
（ⅳ）水路等の断面不足，閉塞による溢水，漏水状況
（ⅴ）移動状況と滑落予測
　道路の路面，上部斜面，あるいは下部斜面に亀裂，段差等が発生し，それらが拡大しつつあるときは滑落が発生するか否か，その時期は何時かを予想する必要がある。このためには亀裂及び段差をまたいで警報器付の地盤伸縮計（精度 0.2mm 程度）等を設置し，一定時間当りの変位量を測定して，危険状態と判断されるときは工事や交通を停止または制限する必要がある。
　一方で，斜面内外への立入りが危険なため，地盤伸縮計が設置できない場合もある。このような場合は，斜面にプリズム等の標的を必要としないノンプリズム型トータルステーション（無鏡式光波測量器）による移動量計測が行われているが，クロスボウ（弓）によって遠隔から標的を斜面に設置する技術が開発され，計測精度が向上してきている。

地すべりの活動性は地すべりの規模や土質とも関係を持っており，粘質土の場合は比較的大きなひずみ速度でもなかなか滑落しないし，砂質土や風化岩で構成されているときは短時間で滑落する傾向がある。

　また，短時間の崩壊予測については，地すべりのひずみ速度と斜面が崩壊に至るまでの余裕時間の関係により推定する方法がある。詳しくは，参考文献 12)，13) 等を参考にされたい。ただし，崩壊までの余裕時間は，ひずみの状況，岩質，すべり面の層厚や形状によって異なるため注意を要する。

　前述のように可塑性の大きい土塊ほど地盤が大きな変形をしてもなかなか滑落しない傾向があり，岩－風化岩－砂－粘土の順に亀裂発生から滑落までの時間が長くなり，すべりの加速度もこの順に小さくなる傾向がある。例えば粘質土の斜面の場合は運動速度が 1 mm/日程度でも降雨時や融雪時を除けば比較的安定しているが，岩盤主体の斜面では集中豪雨等によって急速に滑落することがある。

　地形との関連では地すべりの末端が斜面中に露出し，付近に崩壊等が発生しているような場合は滑落しやすく，地すべり末端部に隆起を生じているときは滑落し難いといえる。前者の場合は末端部の崩壊が地すべり地全体の安全率を低下させることになるので，ひいては全体の地すべりを誘発することとなり，特に危険である。したがって，切土に伴って地すべり面が露出したときやこれにより切土のり面が崩壊したときは十分注意する必要がある。

　かなり活発な地すべり運動が発生していると判断するための変動量の目安として，

(a) 地盤伸縮計で 1 mm/日以上が 10 日間連続
(b) 地盤伸縮計で 10 mm/日以上が 2 日以上連続
(c) 地盤傾斜計で 1 週間の累積傾斜量（継続累積）100 秒以上
(d) 地盤傾斜計で 1 週間の平均傾斜変動量が 30 秒/日以上

等がある。

　また，地すべり地内への立入り制限を行う目安として

(e) 地盤伸縮計で 2 mm/時以上が 2 時間以上連続
(f) 地盤傾斜計で傾斜量の累積が認められ，かつ 1 日の最大傾斜変動量が 100 秒以上

等があげられる。

11－6－2　応急対策

> (1)　応急対策は，応急調査の結果を踏まえて必要に応じて行う。
> (2)　応急対策は，現地の状況を勘案し，避難及び通行規制，応急工事により行う。

（ⅰ）避難及び通行規制

　地すべり運動が活発化した場合，道路管理上は警戒体制をとり，建設工事中ならば施工を中止して直ちに現地踏査に入る。このとき，亀裂の状態や進行，運動型を判断し，主亀裂をまたいで少なくとも2箇所以上で地すべり運動方向に地盤伸縮計を設置して，滑落の予測を行う。

　滑落の危険速度は2～5㎜/時で，これを超えると通行止めあるいは避難を行って万一に備える。

　一般に活動中の斜面が早期に滑落するか否かについてはその地すべりの運動型とすべり面形態によって異なるが，岩盤地すべりが最も早期に滑落し，クリープ時の運動速度も大きい。風化岩地すべり，崩積土地すべりはこれに次ぎ，滑落直前に斜面内に小崩壊が起こりやすい。粘質土地すべりは最も滑落しにくく，クリープ時の運動速度も緩慢であるが持続性に富む。すべり面は直線状のものが弧状のすべり面に比べて滑落しやすく，特にすべり面末端が斜面途中に露出している場合はその運動によって2次的に発生する崩壊と相前後して全土塊が滑落するので注意を要する。

　滑落直前に斜面でしばしば発生する徴候は次のとおりである。

(a) 末端部や側面部の斜面に崩壊や落石が連続的に発生したり，斜面や崖面から岩片や砂等がサラサラと落下したりしている場合は運動速度がかなり大きくなっている証拠で，斜面付近への立入りを厳重に禁止すべきである。
(b) 地盤の振動，地鳴りが生じたり，風もないのに樹木の枝や葉がすれ合って音を発したり，電線に揺れが認められるときや建物のキシミ音が連続的になった

ときは滑落直前である。
(c) 湧水や沢水が急に止まったり，濁ったり，あるいは沢沿いに泥土が押し出して来たときや，逆に湧水が急に増量することもある。これらは，クリープ運動が末端部まで影響を及ぼして地盤内に新たに亀裂を生じ，地下水や表面水の流路が変化したり側面部の小沢の上流部等で崩壊が発生した証拠が地すべり運動の末期的症状である。

(ⅱ) 応急工事

応急工事は，その工事によって運動速度を緩和して，斜面の安定度を高め，被害を最小限に留めるとともに，早期に通行止めや，避難を解除することを目的として行う。

なお，道路工事中に地すべりが発生した場合は直ちに工事を中止し，地すべりの全容を明らかにするための調査を実施し，その結果をもとに道路構造，施工法の再検討，及び地すべり対策工事を実施する必要がある。この場合の崩落土の処置や不安定土塊の除去，のり面の切直し等については(a)のような配慮が必要である。

応急工事は次のような工法が用いられる。

(a) 排土工

道路を応急的に供用させるためには，山側の不安定な土塊をある程度除去する必要がある。この場合，のり面全体を緩く切り直す場合が多いが，これは一見個々ののり面勾配は緩くなるため安定度が向上するようにみえるが，実際には地すべり末端土塊を欠如させる形となり，地すべりを一層不安定にし，再発させることがあるので十分注意する必要がある（**解図 11－36**(イ)）。

緩く切り直す場合は，**解図 11－36**(ロ)のように地すべり頭部付近の荷重を除去するような型が望ましい。のり面下部の不安定土塊の少量の除去はやむを得ない。

(b) 押え盛土工

地すべり斜面の下部に著しい隆起がある場合に押え盛土工は非常に有効な工法であるが，地すべり末端部の土は特にかく乱されて軟弱なため盛土の基礎破壊の起こる可能性や，盛土部の下方に潜在性地すべりがある場合には，これの誘発の可能性があり十分に注意を要する。また盛土の流失を防ぐため，ふとんかごや，じゃかご等で盛土表面を処置する場合もある。

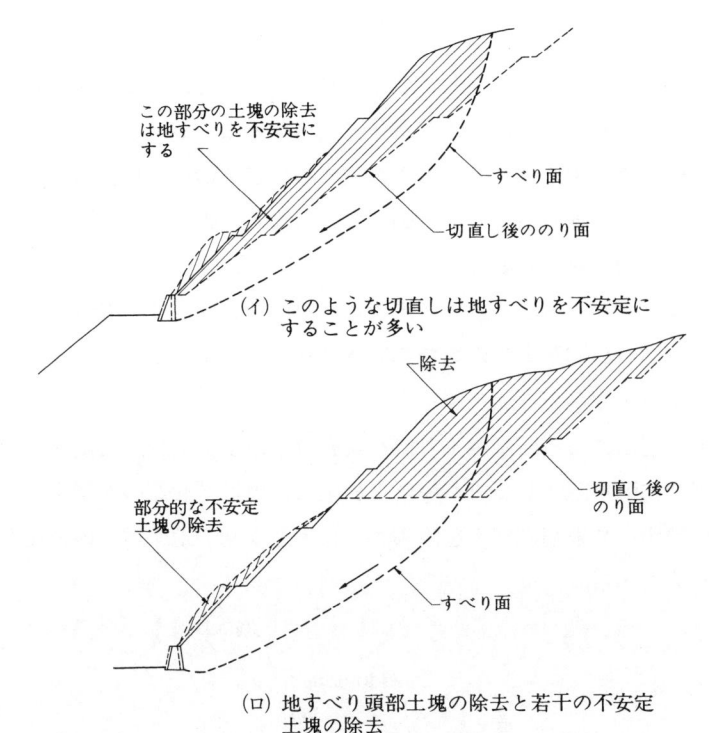

この部分の土塊の除去
　　　は地すべりを不安定に
　　　する
　　　　　　　　　　　　　　すべり面
　　　　　　　　　　　　　　切直し後ののり面

(イ) このような切直しは地すべりを不安定に
　　することが多い

　　　　　　　　　　　除去
　　　　　　　　　　　　　　　切直し後の
　　　　　　　　　　　　　　　のり面
部分的な不安定
土塊の除去
　　　　　　　　　　　　すべり面

(ロ) 地すべり頭部土塊の除去と若干の不安定
　　土塊の除去

　　　解図 11-36　不安定土塊の除去及び頭部土塊の除去の例

(c) 表面水の排除

　斜面上部に池沼，湿地等がある場合はできるだけ開削し排除する。亀裂等はビニール等で被覆して浸透を防止し，湧水や水路，沢等も浸透防止のため木樋，ビニール管等で応急的に排水する。

(d) 地下水の排除

　地すべり運動がなお活発な場合は斜面に発生している亀裂のうち，運動方向に直角である程度の長さに連続した主なものを対象に（陥没を伴っているものには必ず），地表面から10～15m下をねらって亀裂を切り，さらに10～20m程度の余裕をみた長さの横ボーリング排水工を亀裂方向で5～10m間隔になるように行う。ボーリングの孔口はなるべく地すべり地域外に求めることが望ましいが，やむを得ず地すべり地域内に求めるときはなるべく堅固な地盤を選ぶべきである。

(e) 地すべり発生後の道路復旧工

　道路供用後に地すべりが発生して道路が被災した場合，供用再開のための応急的な工事は地すべりの活動が停止した後に実施することが最も望ましいが，実際には通行確保のため地すべり防止工事に先立って道路の仮復旧工事を実施する場合がある。この場合地すべりの再活動や拡大による被害を未然に防ぐために少なくとも次のような配慮が必要である。

　応急的には地すべり区域を避けた形で道路建設を迂回させて仮復旧することが望ましい（**解図 11-37**）。この場合迂回させた道路による新しいすべりの誘発には十分注意する必要がある。

　平面線形の迂回による回避が不可能な場合は道路上に堆積した崩落土を除去しないで，縦断勾配を急にしてでも崩落土の上に仮復旧させるのが望ましい。崩落土の除去は地すべり末端の押えを除去することとなり，地すべりの再発を招く恐れがあるためである。

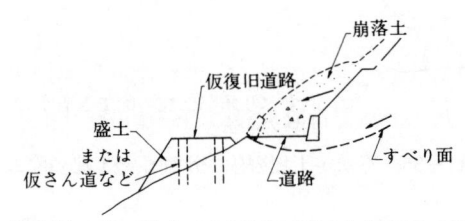

解図 11-37　地すべり区域を避けた仮復旧の例

　やむを得ず道路上の崩落土を除去して道路を仮復旧せざるを得ない場合は山側に土留めの施設を設けて除去土量を最小限に止める配慮が必要である（**解図 11-38**）。

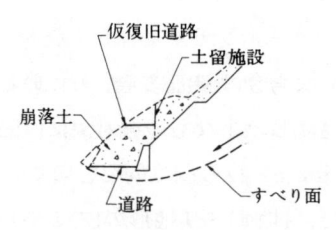

解図 11-38　崩落土の除去を最小限にとどめた仮復旧の例

盛土部の道路が地すべりによって被害を受けた場合は，**解図11-39**に示すように盛土部が地すべりの中部～頭部に位置していることが多い。この場合，地すべり頭部の荷重を減らすために盛土部を除去して道路を仮復旧させる必要が生じるが，道路は地すべり区域外に迂回させるか，縦断線形を変更するか，あるいはさん道型式のものを検討する。

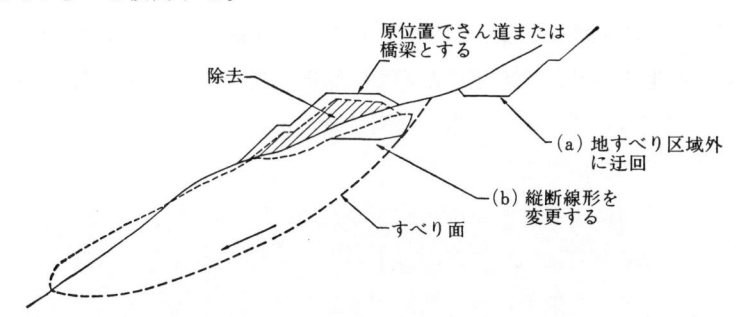

解図11-39 盛土を含んだ基礎地盤の地すべりの例

　仮復旧道路についてはたわみ性のあるものを採用し，切土のり面の保護，地すべり地への浸透防止のための路面排水施設の応急復旧及び排水系統の再検討，崩落土及び地すべりの地下水排除等も応急的に計画するのが望ましい。

参考文献
1) （財）高速道路調査会：トンネル坑口周辺の地すべり・崩壊対策に関する研究報告書，337p，1981．
2) 藤原明敏：地すべりの解説と防止対策，理工図書，p10，1979．
3) 藤澤和範ら：光ファイバーセンサーを活用した地すべりモニタリングシステム，第47回日本地すべり学会研究発表会，日本地すべり学会，pp349-352，2008．
4) （社）地盤工学会：地盤調査の方法と解説，2004．
5) （社）地盤工学会：地盤工学ハンドブック，1999．
6) （財）高速道路調査会：地すべり地形の安定度評価に関する研究報告書，p171，1985．
7) （社）日本河川協会：建設省河川砂防技術基準（案）同解説設計編Ⅱ，p61，

山海堂，1997.
8) （社）斜面防災対策技術協会：地すべり鋼管杭設計要領，2003.
9) 砂防・地すべり対策工事設計事例編集委員会編：最新技術基準に基づく砂防・地すべり設計事例，（財）砂防・地すべり技術センター，山海堂，1987.
10) （社）日本道路協会：道路橋示方書・同解説（I共通編，IV下部構造編），2006.
11) （社）日本アンカー協会：グラウンドアンカー施工のための手引書，2003.
12) （社）地盤工学会：グランドアンカー設計・施工基準・同解説，p219, 2000.

第12章　土石流対策

12−1　土石流対策の基本的考え方

> 　道路が土石流の発生が予測される渓流を横断する場合の土石流対策の基本的考え方は次のとおりである。
> (1)　路線の小シフトやカルバート等の道路構造単独での対応を検討する。
> (2)　道路構造単独での対応が困難な場合には，砂防えん堤等の土石流対策施設による対応を検討する（道路構造による対応との併用を含む）。
> (3)　大規模な自然斜面では，対策工のみでは対処し得ない場合もある。この場合には通行規制等の手段を活用し，道路交通の安全確保に努めるものとする。

（ⅰ）土石流による道路の被災形態
　土石流による道路の被災形態には次のようなものがある。
(a)　土石流発生域
　土石流の発生に伴い道路が崩壊したり埋没する。
(b)　土石流流下区域及び堆積区域
　①　カルバート，橋の断面不足により土石流中の礫，流木が捕捉され，カルバートや橋が閉塞し，これをきっかけとして土石流の一部が停止，堆積し，そこを起点に氾濫が生じる。結果的に道路上に土砂が堆積したり，道路上を流れる水により道路が崩壊する。
　②　橋梁が土石流により流される。
(c)　その他
　土石流が橋梁やカルバート等により，一度は安全に道路を通過しても，下流で堆積を開始し，その堆積が上流に向って遡上した場合，結果的に道路が浸水したり土砂に埋まることがある。
（ⅱ）土石流対策の基本的な考え方
　道路が，土石流の発生が予測される渓流を横断する場合は，道路構造で対応で

きるかを検討する。道路面と渓床の高低を比較し，道路面が渓床より高い場合は，原則として十分なクリアランスを持つ橋梁やカルバートで横断することとし，道路面が渓床よりも低い時は覆工で通過する等，適切な対策を実施する。

一方，道路構造で対応しきれない場合には，砂防えん堤等により土石流を制御することを考えなければならないが，その場合，砂防事業，治山事業等の他事業と十分に調整を行う。これら構造物により土石流に対処することが困難な場合には，通行規制のみによって対処する場合もある。

12－2 土石流の調査

> 土石流の調査は，土石流の発生に関する調査，土石流の規模等に関する調査，土石流氾濫区域の推定に関する調査，既設の砂防・治山施設の有無，諸元に関する調査を実施する。

(1) 調査の着眼点

土石流の調査には，
（ⅰ）土石流の発生に関する調査
　（a）路線沿いの土石流発生予想箇所の調査
　（b）土石流発生の頻度の調査
　（c）土石流を発生させる降雨条件の推定のための調査
（ⅱ）土石流の規模等の推定に関する調査
　（a）流出量に関する調査
　（b）最大粒径の調査
（ⅲ）土石流氾濫区域の推定に関する調査
（ⅳ）既設の砂防・治山施設の有無，諸元に関する調査
等が含まれる。

なお，これらの調査については，本指針以外にも，砂防基本計画策定指針（土石流・流木対策編）[1]や国土技術政策総合研究所資料[2]等を参考とする。

(2) **調査内容**
（ⅰ）土石流の発生に関する調査
(a) 路線沿いの土石流発生予想箇所の調査

　雨水が集まる凹地形のうち，少なくとも降雨時には流水の存在する渓流において，渓流の最急渓床勾配が10度以上で道路より上流の集水面積が1 ha（1×10^{-2} km²）以上ある場合を対象にして，土石流発生予想箇所を調査する。また，地形や地質，湧水，当該地域の崩壊履歴より，山腹崩壊の可能性や，土石流とともに流下すると考えられる流木についても調査する。これらの渓流は過去に土砂の流出を経験している場合があるため当該地域の谷の出口付近を踏査すると，どの程度の土石流が，どの程度の径の礫を含んで，どの程度の範囲に流出堆積したかをある程度知ることができる。

　以上の作業は，地形図，空中写真で概査した後，現地踏査を実施して修正されるのが望ましい。なお，調査箇所において道路防災点検や防災カルテ点検が実施されている場合は調査結果を活用するとよい。

(b) 土石流発生頻度の調査

　既往災害資料，聞き込み，現地踏査により，当該渓流における最近の土石流の発生時期，頻度を把握する。

(c) 土石流を発生させる降雨条件の推定のための調査（土石流発生危険基準線の作成）

　降雨状況の類似性を考慮して地域を分割し，過去に土石流を発生させた降雨と，強雨ながら土石流の発生に至らなかった降雨に関する資料を当該地域内より収集し，土石流の発生，非発生の境界となる降雨条件を求める。

　当該地域内に土石流を発生させた降雨が無い場合には，発生のなかった降雨の上限をもって仮の土石流発生降雨条件とする一方，地形，地質的に類似の他の地域の情報も利用する。

　これらの資料を整理して，土石流を発生させた降雨については，土石流発生時点までの総雨量等（連続雨量，実効雨量，土壌雨量指数等）と土石流の発生に対応した最大雨量強度，発生を見なかった降雨については，総雨量等と最大雨量強度の関係を図上にプロットし，発生，非発生の領域を分離するような線形を描き，

土石流発生危険基準線を作成する(**解図 12−1**)。

　当該地域で十分な資料が集められない場合は近隣の資料により暫定的な解析を行ない,適当な資料が集まった段階で改良していくのが望ましい。また,土石流が当該流域で発生した場合は,土石流発生危険基準線の適合性を検証するとともに,改訂の必要性を検討する。なお,各都道府県において,土砂災害警戒情報を発表するために用いる土砂災害警戒避難基準雨量が設定されている場合には,これを参考とすることができる。

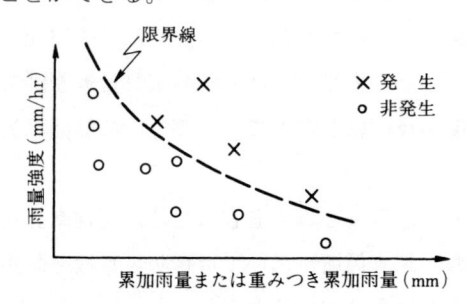

注)次の式で定義される重みつき累加雨量を用いてもよい。

$$\sum_{i=0}^{n} a_i r_i$$

ここに　a_i　:　係数
　　　　r_i　:　i 時間前の時間雨量
　　　　n　:　土石流発生に関する前期降雨時間

解図 12−1　土石流発生の降雨条件(概念図)

(ⅱ) 土石流の規模等の推定に関する調査

　土石流対策に際して,土石流の流出量(流出土砂量と流木量)やピーク流量といった土石流の規模や,流速,水深等を検討する必要がある。

　土石流の流出土砂量の推定,最大粒径の推定は現地踏査によってある程度可能であるが,土石流のピーク流量,流速,単位体積重量等は,一般的な土石流に関する実験的研究や理論的研究,土石流の現地計測に基づく経験式を参考にして推定することとなる。対象渓流の近くに発生した土石流の記録があれば,地形・地質の類似性を確認して推定の参考にすると良い。

(a) 流出量に関する調査

土石流の総流出量を算出するため，流出土砂量と流木量に関する調査を行う。

流出土砂量に関する調査は，渓床堆積土砂を対象にする場合は，道路横断部から分水界まで，土石流発生時に浸食が予測される平均渓床幅（B_d）と渓床堆積土砂の平均深さ（D_e）を現地踏査により推定する（**解図 12-2**）。近傍渓流において，土石流時の洗掘に関する資料がある場合は，これらの資料を参考に推定してもよい。**解図 12-3**に，過去の土石流災害におけるD_eの事例を示す。また，必要に応じて，弾性波探査や試掘を行う。

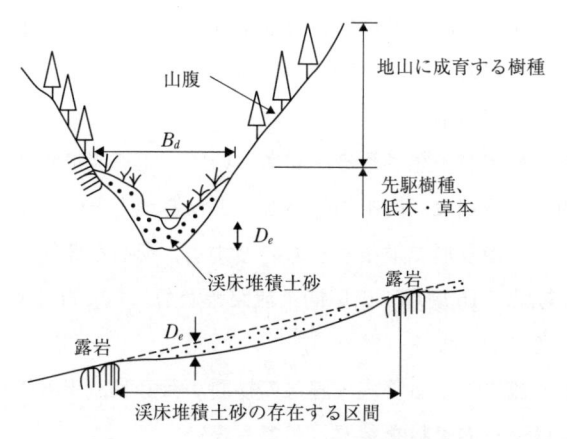

解図 12-2 浸食幅，浸食深の調査方法[2]

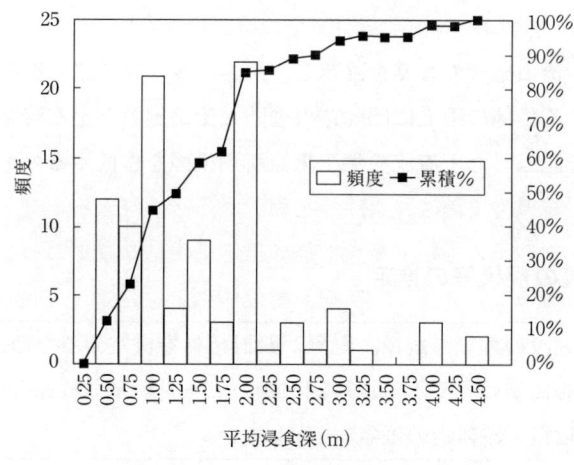

解図 12-3 平均浸食深の分布[2]

— 443 —

流出土砂量に関する調査では，渓床堆積土砂がほとんど無い場合でも斜面崩壊が土石流となって渓流を流下することがあるため，空中写真判読や現地踏査で斜面崩壊の可能性と規模について推定することが望ましい（「9－2　斜面崩壊対策の調査」参照）。

　流木量に関する調査については，土石流の発生・流下区間において，10m×10mの範囲でサンプリング調査を実施し，本数，胸高直径，長さを計測する[2)]。

(b) 最大粒径の調査

　土石流の最大粒径は，渓床堆積物を現地踏査し，約200個以上の礫の粒径頻度分布を調べ，累加曲線の95％をもって最大粒径とする[2)]。

(ⅲ) 土石流氾濫区域の推定

　土石流の流下，堆積が予想される区間において，土石流氾濫区域を推定する。なお，堆積区間の下流端は，渓床勾配が2°となる地点とする。土石流は，谷底平坦部及び扇状地を覆う形で堆積するものとする。氾濫を開始する点は谷の出口以外にも，渓床勾配が15度以下の区間で流路幅が急に広くなる点，または狭くなる点及び勾配が急に緩くなる点がある。

　なお，既に土石流に対する警戒・避難の検討が行われ，土石流氾濫区域が推定されている場合は，その資料を参考としても良い。

(ⅳ) 既設の砂防・治山施設の有無，諸元に関する調査等（土石流発生予想箇所点検図の作成）

　既設の砂防・治山施設の有無を確認し，高さ，長さ等の諸元を調査し，これらの資料を整理する。地形図上には既存の砂防・治山施設と土石流発生予想箇所，氾濫予想区域を記入した土石流発生予想箇所点検図を作成するのが望ましい。

12－3　土石流の規模等の推定

> 　土石流対策施設の種類，規模，配置，設計条件を決定するため，渓流における土石流の調査に基づき，土石流の流出量，ピーク流量，流速と水深，単位体積重量，最大粒径，流体力の推定を行う。

(ⅰ) 流出量

　土石流の総流出量は，流出土砂量と流木量の和である。

　流出土砂量は，「12-2　土石流の調査」で求めた土石流発生時に浸食が予測される平均渓床幅（B_d）と渓床堆積土砂の平均深さ（D_e）に，流出土砂量を求める地点から分水界まで，渓流に沿って計測した距離を乗じて概算する。渓流沿いに斜面崩壊が想定される場合は，この想定崩壊土砂量を考慮することが望ましい。

　流木量は，式（解12-1）及び式（解12-2）[2]により，「12-2　土石流の調査」の結果から100㎡当たりの樹木材積を求め，これと土石流発生時に浸食が予想される平均渓床幅，発生流木量を算出する地点から分水界まで渓流に沿って計測した距離をかけて発生流木量を求め，さらに流木流出率を乗じて流木量を概算する。流木流出率は，土石流・流木対策施設が無い場合，0.8〜0.9程度である[2]。

$$V_{wy} = \frac{B_d \times L_{dy13}}{100} \times \sum V_{wy2} \quad \cdots\cdots\cdots\cdots\cdots\cdots\cdots\cdots\cdots\cdots\cdots \text{（解12-1）}$$

$$V_{wy2} = \pi \cdot H_w R_w^2 \cdot \frac{K_d}{4} \quad \cdots\cdots\cdots\cdots\cdots\cdots\cdots\cdots\cdots\cdots\cdots\cdots \text{（解12-2）}$$

ここで，V_{wy}　　：発生流木量（㎥）

　　　　　B_d　　：土石流発生時に浸食が予想される平均渓床幅（m）

　　　　　L_{dy13}　：発生流木量を算出する地点から分水界まで流路に沿って測った距離（m）

　　　　　V_{wy2}　：単木材積（㎥）

　　　　　ΣV_{wy2}：サンプリング調査100㎡当たりの樹木材積（㎥/100㎡）

　　　　　H_w　　：樹高（m）

　　　　　R_w　　：胸高直径（m）

　　　　　K_d　　：胸高係数（**解図12-4**参照）である。

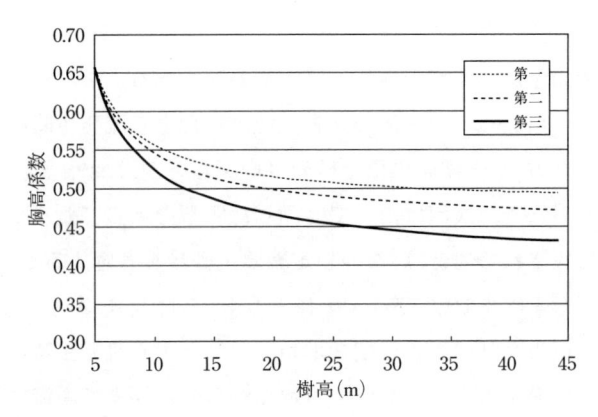

(備考)
第一　エゾマツ，トドマツ
第二　ヒノキ，サワラ，アスナロ，コウヤマキ
第三　スギ，マツ，モミ，ツガその他の針葉樹及び広葉樹
※胸高係数：人工林の材積量を推定するための係数で，胸高断面積×樹高の円柱体体積に対する幹材積の割合を示す。

$$f = v / (g \cdot H_w)$$
v：体積
g：胸高断面積

解図 12－4 胸高係数[3]

なお，発生流木量は，過去に土石流とともに発生した流木の実態調査に基づく**解図 12－5**を参考にして，単位流域面積当たりの発生流木量（V_{wy1}（m³/km²））を求め，下記の式で求めることができる[2]。

$$V_{wy} = V_{wy1} \times A \quad \cdots\cdots\cdots\cdots\cdots\cdots\cdots\cdots\cdots\cdots\cdots\cdots\cdots\cdots\cdots\cdots\cdots\cdots \text{（解 12－3）}$$

ここで，A：流域面積（km²）（渓床勾配が 5°以上の部分の流域面積）である。V_{wy}の値は**解図 12－5**より，針葉樹なら概ね 1000 m³/km²程度，広葉樹なら概ね 100 m³/km²程度で包含できる。

(ⅱ) ピーク流量

橋梁の高さやカルバートの断面を決定するため，土石流のピーク流量を求める。

土石流のピーク流量は，1 波の土石流により流出すると想定される土砂量に基づき，土石流観測から得られた土石流総流量とピーク流量の関係（**解図 12－6**）を表した式（解 12－4）[2]により，求められる。

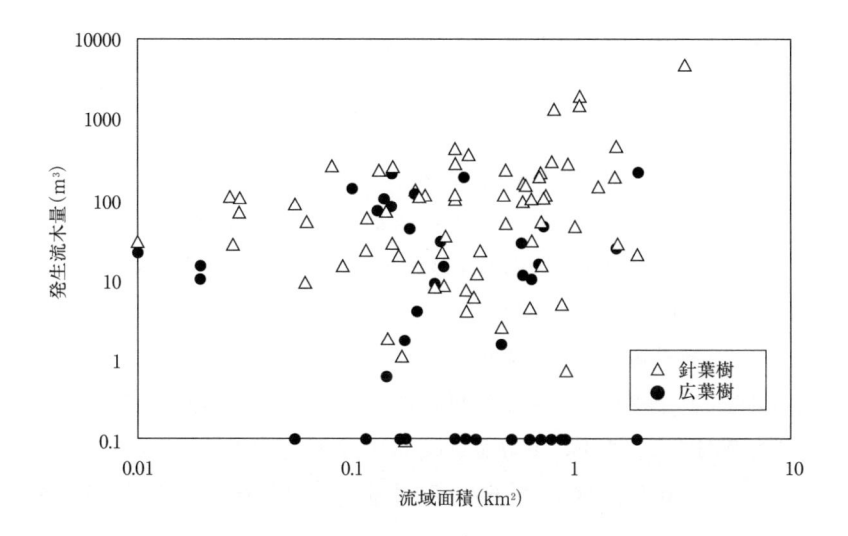

解図 12−5 流域面積と流木発生量[2]

　これまでの災害実態調査より，土石流発生時に，全支渓から同時に土砂が流出する例は少なく，土石流のピーク流量の最大値は，1洪水期間中に複数発生する土石流のうち，最大となる土砂量に対応したものとなる[2]。そのため，1波の土石流により流出すると想定される土砂量は，渓流長，浸食される断面積から判断して，最も土砂量が多くなる区間の土砂量とする。なお，流木の混入によるピーク流量の影響は考慮しない。

$$Q_{sp} = 0.01 \cdot \Sigma Q \quad \cdots\cdots\cdots\cdots\cdots\cdots\cdots\cdots\cdots\cdots \text{(解 12−4)}$$

$$\Sigma Q = \frac{C_* \cdot V_{dqp}}{C_d} \quad \cdots\cdots\cdots\cdots\cdots\cdots\cdots\cdots\cdots\cdots \text{(解 12−5)}$$

ここで，Q_{sp}：土石流ピーク流量（m³/s）

　　　　ΣQ：土石流総流量（m³）

　　　　V_{dqp}：1波の土石流により流出すると想定される最大の土砂量（空隙込み）（m³）

　　　　C_d：土石流濃度

　　　　C_*：渓床堆積土砂の容積濃度（0.6 程度）である。

土石流濃度は下記の平衡濃度式で求めるものとする[4]。

$$C_d = \frac{\rho \tan \theta}{(\sigma - \rho)(\tan \phi - \tan \theta)} \quad \cdots\cdots\cdots\cdots\cdots\cdots\cdots\cdots\cdots\cdots\cdots \text{(解 12-6)}$$

ここで，ρ：礫の密度（2,600 kg/m³程度）
　　　　σ：泥水の密度（1,200 kg/m³程度）
　　　　ϕ：渓床堆積土砂の内部摩擦角（°）（30°〜40°程度であり，一般に35°を用いてよい）
　　　　θ：渓床勾配（°）である。

上式は勾配 10°〜20°に対する高橋の式[4]であるが，それよりも緩勾配の範囲についても準用する。なお，計算値（C_d）が $0.9C_*$ よりも大きくなる場合は，$C_d=0.9\,C_*$ とし，計算値（C_d）が 0.3 よりも小さくなる場合は $C_d=0.30$ とする。

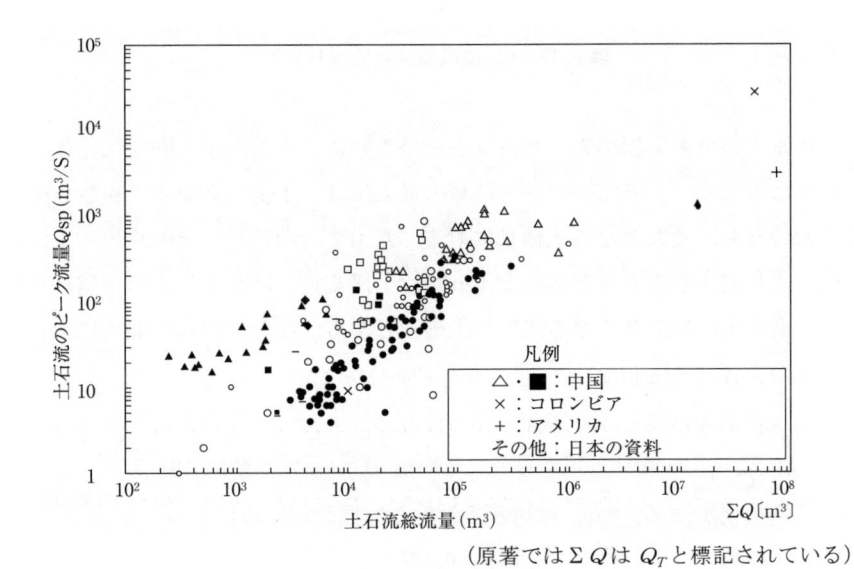

（原著では ΣQ は Q_T と標記されている）

解図 12-6　土石流総流量とピーク流量の相関[5]

土石流の発生過程において，渓床堆積物が不安定となって土石流が発生する場合，土石流のピーク流量は，降雨量に基づき，式（解 12-7）[6]により算出しても良い。

$$Q_{sp} = \frac{C_*}{C_* - C_d} \cdot Q_P \quad \cdots\cdots\cdots\cdots\cdots\cdots\cdots\cdots\cdots\cdots\cdots\cdots\cdots\cdots \text{(解 12-7)}$$

ここで，Q_p：清水の流量（m³/s）である。

なお，清水の流量 Q_p は，次式で求める。

$$Q_p = \frac{1}{3.6} \cdot f \cdot r_e \cdot A$$

ここで，f ：ピーク流出係数

r_e ：洪水到達時間内平均降雨強度（mm/hr）である。

(ⅲ) 土石流の流速と水深

土石流の流速は，土石流観測結果に基づき，マニング型の式（解 12-8）[7] を準用する。

$$U = \frac{1}{K_n} D_r^{2/3} (\sin\theta)^{1/2} \quad \cdots\cdots\cdots\cdots\cdots\cdots\cdots\cdots\cdots\cdots\cdots \text{(解 12-8)}$$

ここで，D_r ：土石流の径深（m）（ここでは $D_r \fallingdotseq D_d$（土石流の水深）とする）

θ ：渓床勾配（°）

K_n ：粗度係数（s・m$^{-1/3}$）である。粗度係数（K_n）の値は，自然河道ではフロント部で 0.10 をとる[2]。

土石流の水深 D_d（m）は，流れの幅 B_{da}（m）と土石流ピーク流量 Q_{sp}（m³/s）より，式（解 12-8），式（解 12-9），式（解 12-10）を連立させて求められる[2]。

$$Q_{SP} = U \cdot A_d \quad \cdots\cdots\cdots\cdots\cdots\cdots\cdots\cdots\cdots\cdots\cdots\cdots\cdots\cdots\cdots \text{(解 12-9)}$$

ここで，A_d：土石流ピーク流量の流下断面積（m²）である。なお，一般に土石流はピーク流量を流しうる断面一杯に流れると考えられるので，土石流の流下断面は**解図 12-7** の斜線部とする。流れの幅 B_{da}（m）は**解図 12-7** に示す通りとし，土石流の水深 D_d（m）は次式で近似した値を用いる。

$$D_d = \frac{A_d}{B_{d\alpha}} \quad \cdots\cdots\cdots\cdots\cdots\cdots\cdots\cdots\cdots\cdots\cdots\cdots\cdots\cdots\cdots \text{(解 12-10)}$$

(ⅳ) 土石流の単位体積重量

土石流の単位体積重量 γ_d（kN/m³）は，式（解 12-11）で求められる[2]。

$$\gamma_d = \{\sigma \cdot C_d + p \cdot (1 - C_d)\} g \cdots\cdots\cdots\cdots\cdots\cdots\cdots\cdots\cdots \text{(解 12-11)}$$

ここで，g：重力加速度（9.8（m/s²））とする。

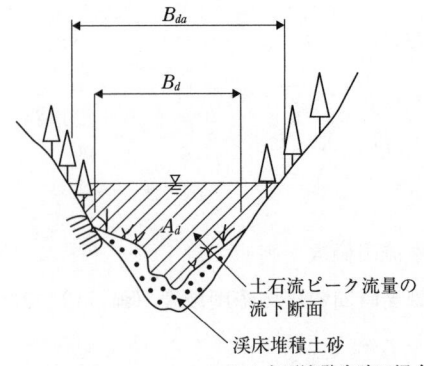

解図 12−7 土石流の流下断面と流れの幅 B_{da} のイメージ[2]

(v) 土石流の最大粒径

土石流中に含まれる礫の最大粒径は，過去の土石流堆積物及び上流の渓床堆積土砂の現地踏査結果（「12−2 土石流の調査」参照）から求める。

(vi) 土石流の流体力

土石流の流体力は，次式で求める[2]。

$$F = K_h \cdot \frac{\gamma_d}{g} \cdot D_d \cdot U^2 \quad \cdots\cdots\cdots\cdots\cdots\cdots\cdots\cdots\cdots\cdots\cdots\cdots\cdots\cdots\cdots\cdots （解 12-12）$$

ここに，F ：単位幅当りの土石流流体力（kN/m）
U ：土石流の流速（m/s）
D_d ：土石流の水深（m）
g ：重力加速度(9.8（m/s²))
K_h ：係数（1.0 とする）
γ_d ：土石流の単位体積重量（kN/m³）である。

12-4　土石流対策の選定

　土石流対策は，土石流の種類，発生頻度，規模，道路面と渓床高さの関係を考慮して適切に選定する。

(a) 火山山麓等で，規模が大きく高速で流下する土石流の発生が予想される渓流や，土石流発生頻度の高い（数年に1度以上）渓流の土石流発生区間，流下区間では十分なクリアランスを持つ橋梁，または土石流覆工，トンネルで横断することを原則とする。

(b) それ以外の土石流危険渓流では土石流発生区間，流下区間にあっては十分な断面を持つカルバートや十分なクリアランスを持つ橋梁で横断することを原則とするが次のような対策がある。
　① 渓床高に対して道路面が低い場合には土石流覆工を検討する。
　② 道路面と渓床面の高さにあまり差がない場合は，渓床を掘り下げてカルバート等の道路横断構造物によるほか，0～1次谷のような小渓流では，待ち受け擁壁等の比較的簡易な構造物で対応することも検討する。
　③ 渓流が小規模でかつ流出土砂量が少ないと想定される場合は，鋼製の柵等の設置と道路横断水路の組合せにより，土石を柵で補足し，泥水のみを水路に流す方法がある。

(c) 土石流堆積区間（2°度以上）は，土石流の発生に伴う渓床の変動が激しいため，できるだけ避け，上流または下流に路線をシフトし，この場合も十分なクリアランスを持つ橋梁によって横断することを原則とする（**解図12-8**）。

(d) 土石流堆積区間の扇状地で，既に河床が周辺に比べて高い天井川となっている場合には，道路をトンネルで河川の下を通過させることも考えられる。なお，下流で堆積が起こりその影響が上流に及ぶことが予測される場合はこれを考慮する。

(e) 道路自体の構造による対応が困難な場合には，次のような対策を行う。
　① えん堤等によって，流出する土石流の全部または一部を捕捉する。
　② 土石流として流出することが予想される渓床堆積土砂の移動を床固工等

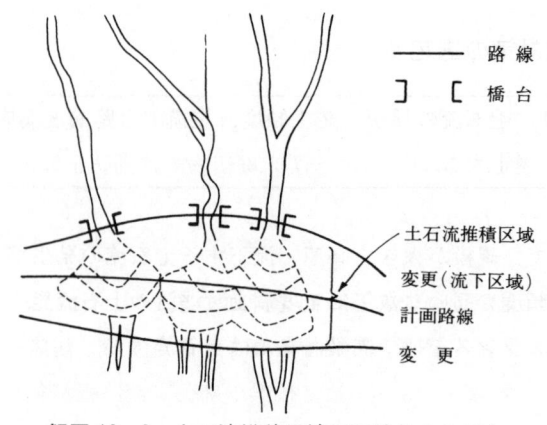

解図 12−8　土石流堆積区域における小シフト

　で抑える。

（f）道路構造や土石流対策施設での対応が困難な場合には，通行規制を併用する。
　以上をまとめると**解図 12−9**のようになる。

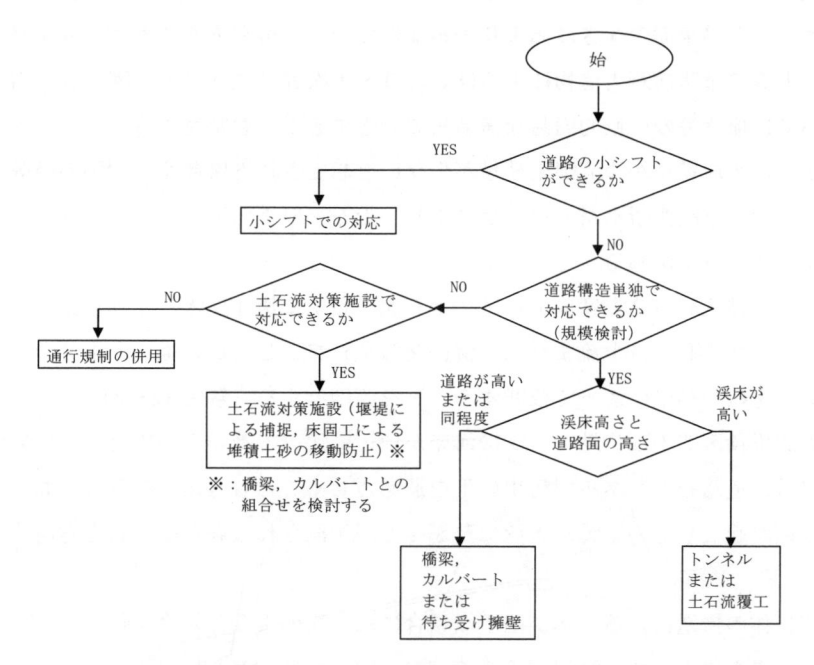

解図 12−9　土石流対策施設選定のフローチャート

12−5　土石流対策工とその留意点

> 土石流対策工には，橋梁，カルバート，土石流覆工，えん堤による流出土砂や流木の捕捉，そして床固工による渓床堆積物の移動防止等がある。

(1)　橋　　梁

　土石流ピーク流量が通過できる断面を計画する。
　土石流の波高に余裕高を加えて橋桁の高さを決定する。渓床にはできるだけ橋脚を設けないことが望ましい。また，橋梁の部分で流路幅が狭くならないように注意する。やむを得ず橋脚を渓床に設ける場合でも，中央部を避けるように計画する。

(2)　カルバート

　土石流ピーク流量が通過できる断面を計画し，水深方向，水平方向とも土石流に含まれる礫の最大粒径の2倍より大きな諸元のものを使用する。カルバート部で上流水路の幅より狭くならないように，また上流水路を含めてできるだけ直線的な法線で，土石流の流向にできるだけ一致させるように留意する。また，下流水路の断面及び水路勾配との整合に注意する。
　流木による閉塞にも留意する必要がある。多量の流木の流出が予想される場合には上流側渓流内に流木止めを設けるのが望ましい（**解図12－10**）。
　流下する流木を効果的に捕捉するため，流木止めは透過型の構造とする。

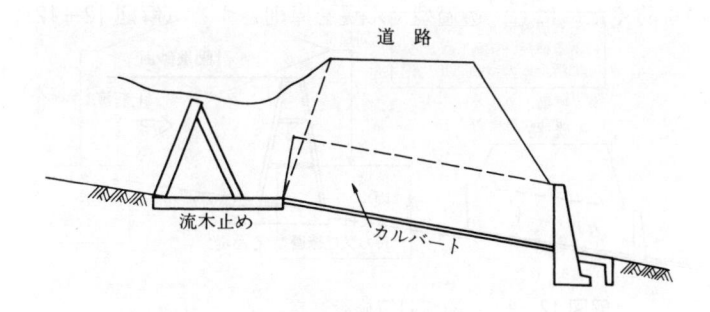

解図12－10　カルバートと流木止め

(3) 土石流覆工

　雪崩及び土砂覆工に準じた構造とする。縦断勾配は原則として上流渓床勾配程度とし，土砂が覆工上に堆積しないように注意する。幅は上流渓床幅に一致させるものとする（**解図 12-11**）。

　側壁は覆工上の土石流波高に余裕高を加えた高さとし，渓流から覆工へ土石流を誘導する。

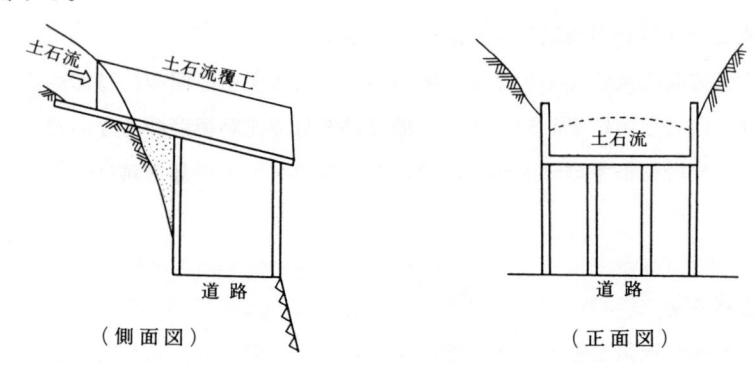

解図 12-11　土石流覆工

(4) えん堤による流出土砂の捕捉

　1基または複数基のえん堤によって土石流の全量または，巨礫及び流木を捕捉し，道路排水施設で排水可能な水及び土砂を流下させる。土石流とともに流下する流木を捕捉するためには，透過型の構造物を基本とする。

　計画堆砂勾配は現渓床勾配の1/2とし，平時の出水によって堆砂し貯砂容量が減少するのを防ぐためにも，透過型えん堤を原則とする（**解図 12-12**）。

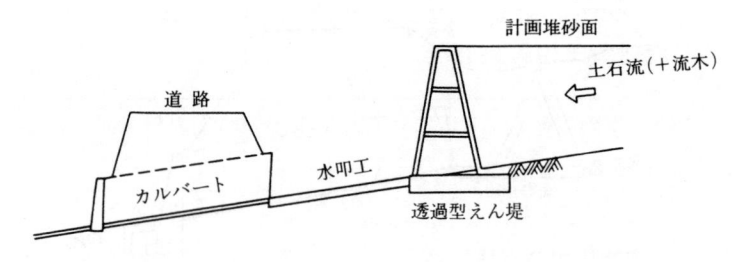

解図 12-12　透過型えん堤による流出土砂の捕捉

(5) 床固工による渓床堆積物の移動防止

床固工を複数基配置し，渓床堆積物の移動を防止する。床固工は，現渓床勾配の1/2を計画堆砂勾配として，上流の床固工の基礎部が下流の床固工の計画堆砂面と等しくなるように配置する。床固工の材料としては，コンクリート，鋼材，鉄筋コンクリート等がある。

(6) その他

土石流発生区域及び土石流流下区域において渓床と道路面の高さにあまり差がない場合，やむを得ず洗越を採用する際には，土石流が道路面上を通過しても破壊されにくい構造とする（解図 12－13）。なお，本工法は交通量が少ない道路等で限定して採用すべきである。

また，0～1次谷のような小渓流では，待ち受け擁壁等の比較的簡易な構造物で流出土砂の防止が可能な場合がある（「9－4－2　防護工」参照）。この場合，必要に応じて横断管渠を設ける。

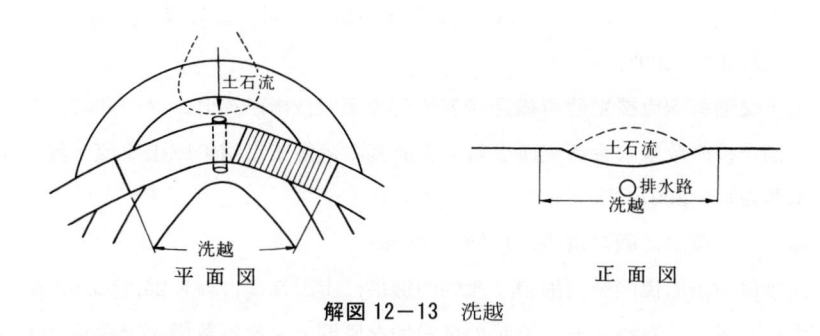

解図 12－13　洗越

12－6　土石流対策工の維持管理

> 現地踏査及び空中観察等により土石流発生予想箇所の点検を行い，必要に応じてえん堤，床固工，橋梁，カルバート等の補修を行う。

(1) 土石流発生予想箇所の点検

現地踏査及びヘリコプターによる空中観察等により異常の有無を調べ，必要に

応じて対策工を設ける等の措置をとることが望ましい。

なお点検に際しては、防災点検に基づき防災カルテを作成している箇所では、これを用いて必要な時期に点検を実施するものとする。

(2) 土石流対策工の維持

えん堤、橋梁、カルバート等に流木やゴミ、土砂が堆積していないか、構造物に損傷がないかを点検し、必要に応じて対策工の補修、土砂等の排除を行う。

(3) 土石流発生予想箇所点検図の整備及び定期的な修正

地形図上に、土石流発生予想箇所、氾濫予想区域を記入した土石流発生予想箇所点検図を作成しておくのが望ましい。図中には、既設の砂防、治山施設も記入するのがよい。点検図は定期的な調査に基づき必要に応じ修正することとする。

参考文献
1) 国土交通省河川局砂防部:「砂防基本計画策定指針（土石流・流木対策編）及び同解説」, 2007.
2) 国土交通省国土技術政策総合研究所危機管理技術研究センター砂防研究室:「国土技術政策総合研究所資料 砂防基本計画策定指針（土石流・流木対策編解説）」, 2007.
3) 嶺一三:測樹, 朝倉書店, 1958, 146pp
4) 高橋保:土石流の発生機構と流動の機構, 土と基礎, Vol.26, No.6, p46
5) 水山高久:土石流ピーク流量の経験的な予測, 文部省科学研究費重点領域研究,「自然と災害の予測と防災力」研究成果, 土石流の発生及び規模の予測に関する研究, 文部省科学研究費 重点領域研究「自然災害の予測と防災力研究成果, p54, 1990.
6) 芦田和男, 高橋保, 沢田豊明:山地流域における出水と土砂流出, 京大防災研年報, 19-B, pp. 345-360, 1976.
7) 水山高久, 上原信司:土石流の水深と流速の観測結果の検討, 新砂防, Vol.37, No.4, p23, 1984.

付　　録

付録1．地すべり対策の検討例

付録2．高速道路における切土のり面勾配の実態

付録3．のり面・斜面の安定度判定法の例

付録4．掘削の前処理及び掘削工法

付録5．労働安全衛生規則（抄）

付録6．植生工のための測定と試験

付録7．のり面緑化工の施工及びのり面の植生管理のための調査票

付録8．環境・景観を考慮したのり面工計画事例

付録1. 地すべり対策の検討例

1-1 概　　要

　本例は，長大のり面を計画した斜面で，地すべり発生の恐れがあるため，地すべり対策工を施工した事例である。

　当該地区は，中央構造線の影響により破砕・風化が著しい三波川結晶片岩を基盤岩として風化岩及び崩積土が厚くこれを覆っている地質構造である。

　長大のり面が計画されていた部分の調査ボーリングのコア観察から，岩盤中に挟在する粘土層が見つかった。これと同時に行っていた，計画ルート沿いの1/2,000の地形図・1/5,000の地質図を用いた自然斜面調査及び現地踏査も考え合わせ，この粘土層が連続して存在する可能性があり，計画通りの切土を行った場合，この部分がすべり面となる恐れがあったため，詳細な調査及び解析を行った。

　調査項目としては，ボーリングの追加（コア観察，地下水位観測，孔内傾斜計による地盤変動調査用），電気検層，弾性波探査，すべり面付近の乱さない試料による土質試験等である。

1-2 すべり面の推定

　調査の結果，追加した調査ボーリングによるコア観察でも，破砕粘土及び岩片状破砕部や泥質片岩強風化帯が複数確認され，地質断面図上でも粘土層の連続が考えられた。

　また，当該箇所の粘土層の傾斜角はのり面勾配よりも緩く，流れ盤構造となっており，シュミットネットの図解法において，粘土層をすべり面とするのり面崩壊が発生する条件を満たしていることが確認された。これらから，「1-3」に示すヤンブ（Janbu）法を用いた安定解析を行うこととした。

1−3 ヤンブ（Janbu）法による解析（陥没帯を生じていない場合）

付図1−1にヤンブ法の概念図，式（付1−1）に安定計算式を示す．

$$F = f_o \frac{\sum_{i=1}^{n-1} \frac{c \cdot b + (W - u \cdot b) \tan \phi'}{n_\alpha} + \frac{(W_n - V \cdot \cos\theta) \tan \phi'}{n_{\alpha_{n-1}}}}{\sum_{i=1}^{n-1} W \cdot \tan\alpha + W_n \cdot \tan\alpha_{n-1} + Q} \quad \cdots\cdots\cdots (\text{付}1-1)$$

ここに，c', ϕ'：すべり面土の粘着力と内部摩擦角

F　：安全率

$n_\alpha = \cos^2\alpha\,(1 + \tan\alpha \cdot \tan\phi'/F)$

α　：各スライスのすべり面傾斜角

$Q = \dfrac{1}{2}\gamma\omega \cdot Z\omega^2$　（$\gamma\omega$：水の単位重量）

$Z\omega$　：クラック a−a' での水位高

θ　：クラック a−a' での傾斜角

$V = \dfrac{1}{2}\dfrac{\gamma\omega}{\sin\theta} \cdot Z\omega^2$

f_o　：修正係数＝1.0（$d/L=0$）

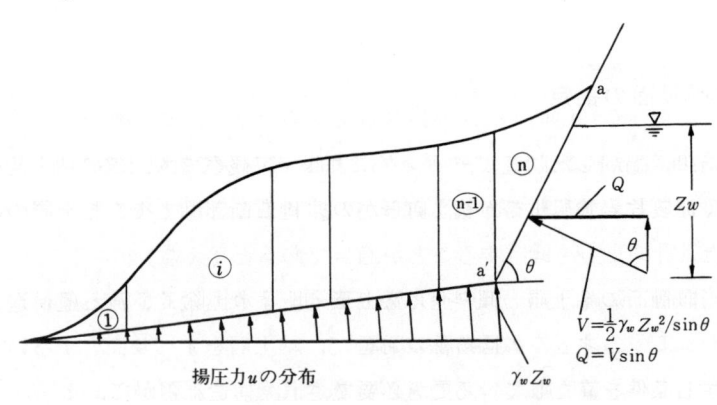

付図1−1　ヤンブ法の概念図

(1) 土質定数の設定

当該地区からすべり面粘土と思われる乱さない試料を採取し，三軸圧縮試験（CU）を行った。その結果から有効応力表示による土質定数は，粘着力：$c'=16$kN/m^2，せん断抵抗角：$\phi'=19.9\sim20.0°$の値を設定した。

(2) 単位体積重量

「三波川結晶片岩（泥質片岩及び珪質片岩）の岩盤分類」に基づいて，各地層の単位体積重量値を以下のように定めた。

表　層　土（土　砂　A・B）　＝17kN/m^3
風化基盤岩層（軟岩C（WBR））＝22kN/m^3
基　盤　岩　層（軟岩A（B　R））＝25kN/m^3

1-4　地すべり対策工法の選定手法

地すべりを安定化させる工法には，大きく分けて抑制工と抑止工があるが，道路周辺における地すべり地では，通過する人間や車両の安全のためにも，その許容変位は小さくあるべきで，それ故，当該地区においても抑止工を中心とした対策を選定することを基本とした。

(1) 必要抑止力の算定

当該地区における必要抑止力を安定解析で求めた結果，安全率が最小となる断面では1,320kN/mとなった。この値から，抑止工のみで対処することは経済性，施工性の面から考えて不利であり，何らかの抑制工と併用することにより安全性を向上し，設計抑止力を低減することが適当であると考えた。

一般的に抑制工には，排土工・押え盛土工・地下水排除工が考えられるが，

　　排　土　工……排土の移動場所の問題
　　押え盛土工……道路線形の変更が必要で，道路構造上困難である
といった問題があり，地下水排除工を採用する方向で検討した。

地下水排除工には，横ボーリング工，集水井，排水トンネル等があるが，経済

性，施工性で有利な横ボーリング工を採用した。

　抑止工の安定解析には，この抑制工を施工した場合の地下水低下量が必要となる。一般に横ボーリング工の施工では，2～4mの低下が見込まれるが，当地域では年間降雨量が2,000mmを越える日本でも有数の多雨地域であること，また岩盤は結晶片岩であるため節理や片理が発達していても開口しておらず透水性が小さいことが当該地区周辺での切土のり面勾配の現地試験の結果からも判明しており，切土による水位低下を見込んでも最大3.0m低下させることが限界と考えた。

　したがって，切土施工に先立ち水位観測孔を事前に設け，確実に3.0mの地下水位低下が得られるように横ボーリングを水位観測と併行して施工することにより，ここでの安定解析における水位低下の設定は3.0mとした。

　その結果，必要抑止力の最大値は，740kN/mとなった。（当該地区の計算した断面での必要抑止力は460～740kN/m）。

(2) 対策工法，施工範囲の決定及びその留意点

　弾性波探査から得られた断層破砕帯の位置並びに破砕粘土の位置から，最も経済性に優れかつ施工性も有利な工法を考え，また解析結果及び地形の変化点から施工の範囲を決定した。

　その結果，杭工を第2小段（付図1-3参照）で施工することとした。

　また，施工位置はのり面中であるため，杭工より下部の斜面で安定が得られることが必要であり，その検証として杭工から下部斜面の安定が得られるか否かの検討を行い，安全であることを確認した。

　施工に当たっては，これら対策工は横ボーリングによって地下水位を3.0m低減させることが前提となっており，抑制工である集水ボーリングの延長及び本数は地下水位の低下状況を観測しながら施工し，確実に地下水位を3.0m低下させるように行った。

(3) 原地形における安定解析

　これまで設定してきた計算方法，土質定数，すべり面の位置に妥当性があるかを照査するため，切土施工前の原地形において安定解析を行うことにより，設定

条件の正当性を判断することが必要である。原地形における安定解析を実施したところ $Fs>1.0$ であることが確認された。

1-5 対策工の見直し

切土及び対策工の施工に併行して，対策の基本となる破砕粘土（すべり面）の確認及びそれに伴う対策工の妥当性の検討を行った。

① 破砕粘土の確認……杭施工範囲のほぼ中央の杭から掘削を開始し，推定破砕粘土層付近まで掘削が完了した時点で調査したところ，脆弱な破砕帯が確認されたため，当初設計通り対策工として抑止杭を施工した。

② 動態観測結果……横ボーリングにより地下水位は低下しつつあり，計画水位に近づいている。また，降雨による地下水の上昇も横ボーリング施工後は小さくなっている。したがって，横ボーリングの効果が現われているものと考えられるが，引き続き観測を行い，様子を見ることとする。

③ 対策工の検討……地下水位は施工途中では，計画水位より高い状態であり，もう一段の切り下げに先行して，追加の横ボーリングを検討・実施し，地下水位が計画水位以下になったことを確認した。

1-6 工事完了後の動態観測・管理手法

工事完了後も1年程度の継続観測を行い，観測結果を踏まえて管理段階への引継を決定する。

① 変状進行がまったく認められない。
 管理段階での定期的な動態観測を行わず，定期点検を実施する。

② わずかながら変状進行が認められる。
 定期的な動態観測を継続し，進行が認められなくなるまで実施。

③ 変状が認められる場合。
 定期的な動態観測を継続し，災害を事前に予測するため，警報装置等を備えた伸縮計を設置する。

また，対策を行った切土のり面については台帳等を作成し，管理を引き継ぐとともに，横ボーリングについては定期的な清掃作業を行うようにする。

1-7 まとめ

　本例は，切土を行う前の予備調査やその後の継続調査・対策工施工により，大規模な地すべりの発生を未然に防いだ例である。地すべりを想定する場合に問題となるのは，土質や地下水の状態，また基盤の存在や地すべりの形態等であるが，それが大規模である場合，その機構を立体的に捉えることが必要である。また，地すべりは動きだしてからでは対応が難しいため，できるだけ初期の段階で対処することが必要で，経済性・安全性の面からも，工事施工前の事前調査・対策の持つ意義は大きい。

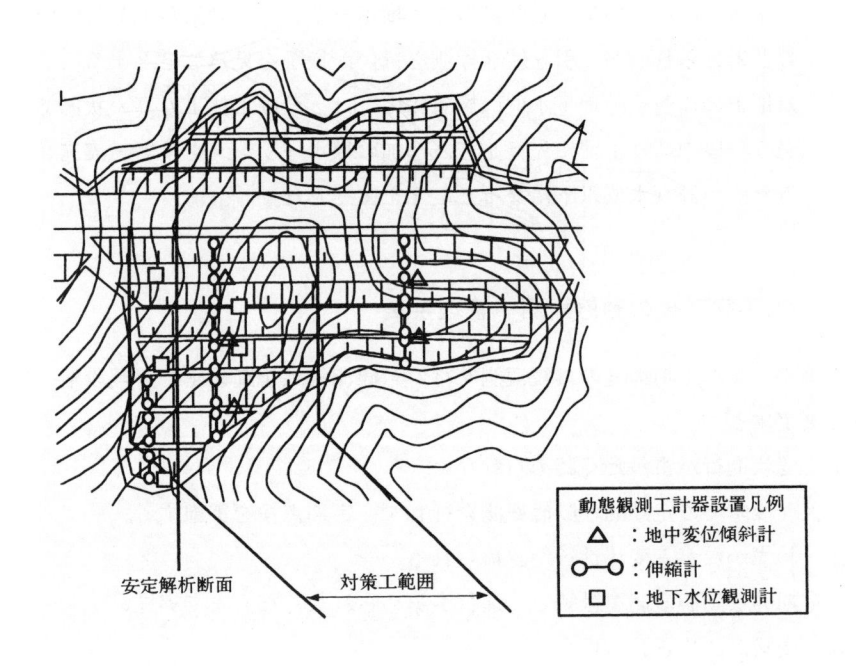

付図1-2　平面図

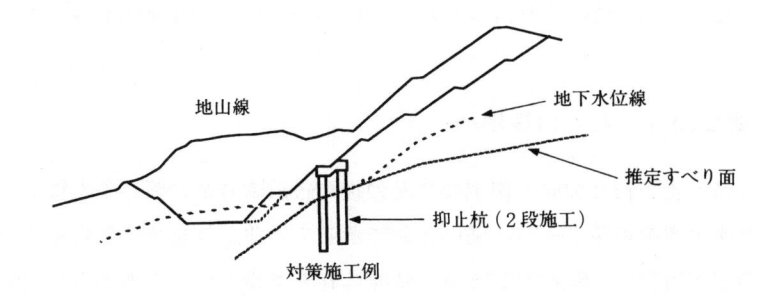

付図1-3　断面図

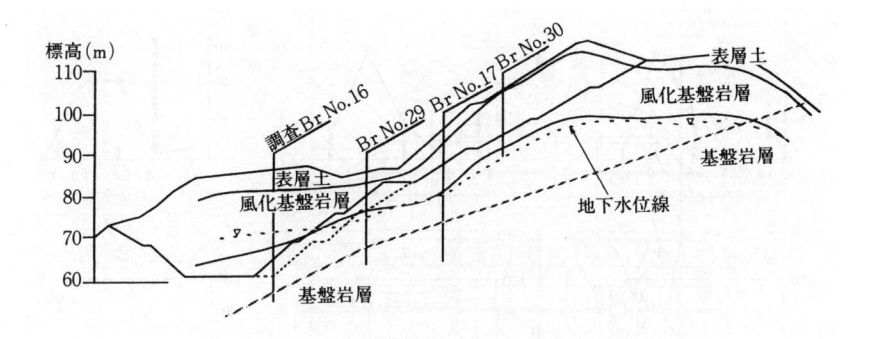

付図1-4　調査ボーリング等による推定地質断面図

付録2. 高速道路における切土のり面勾配の実態

2-1 切土のり面勾配の採用率

　高速道路の全国約2,200の切土のり面台帳から，軟岩及び硬岩の地質毎ののり面勾配の採用率を**付図2-1，付図2-2**に示している。軟岩及び硬岩の各地質における勾配採用率は，軟岩で1:1.0，硬岩で1:0.8がピークであるが，勾配決定に際しては，2-2の弾性波速度や亀裂の程度等も参考に総合的な検討を行う必要がある。

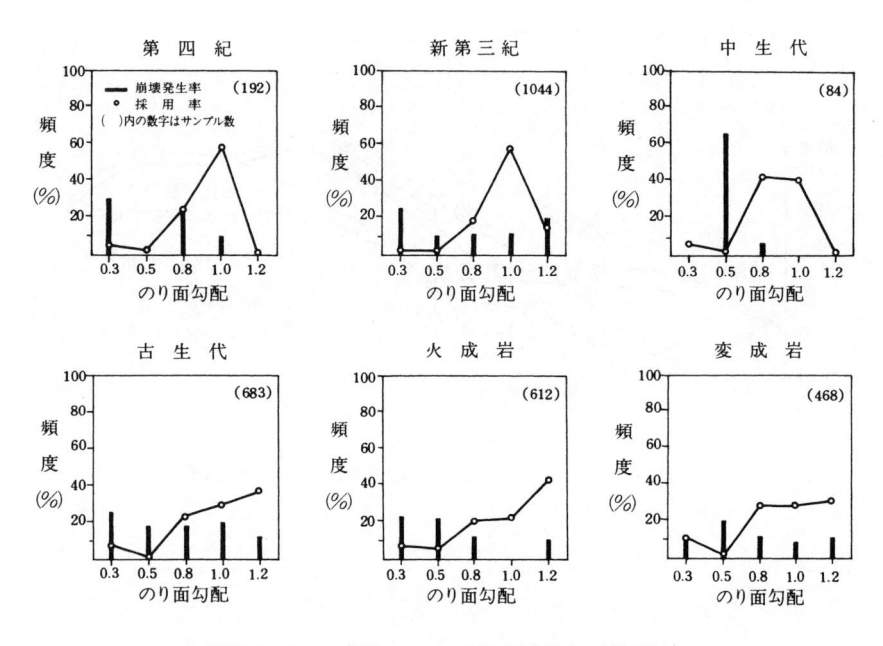

付図2-1　地質毎ののり面勾配採用率（軟岩）[1]

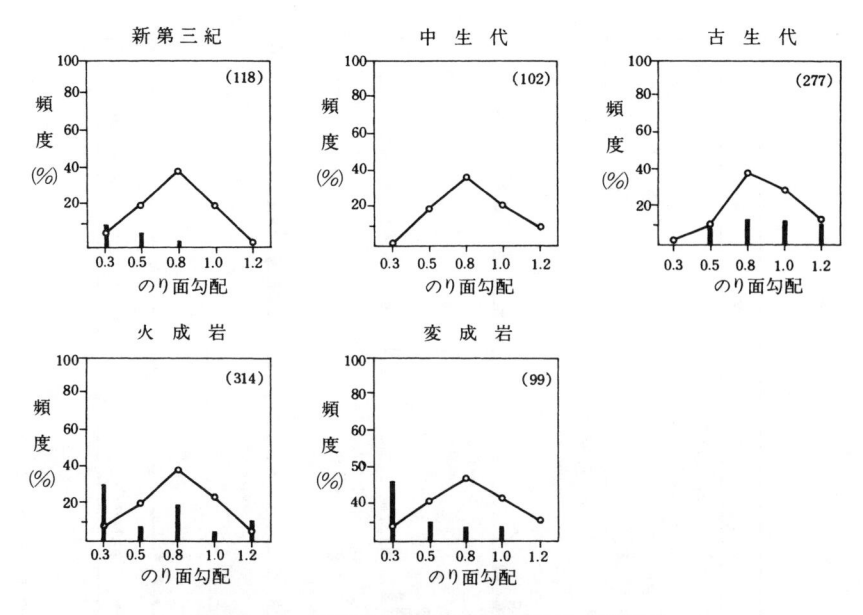

付図2−2　地質毎ののり面勾配採用率（硬岩）[1]

2−2　のり面勾配と弾性波速度との関係

付図2−3は，高速道路ののり面の調査で，地質別にのり面勾配と弾性波速度の頻度分布を示したものである。他の地質状況を参考にして，総合的な検討を行う必要がある。

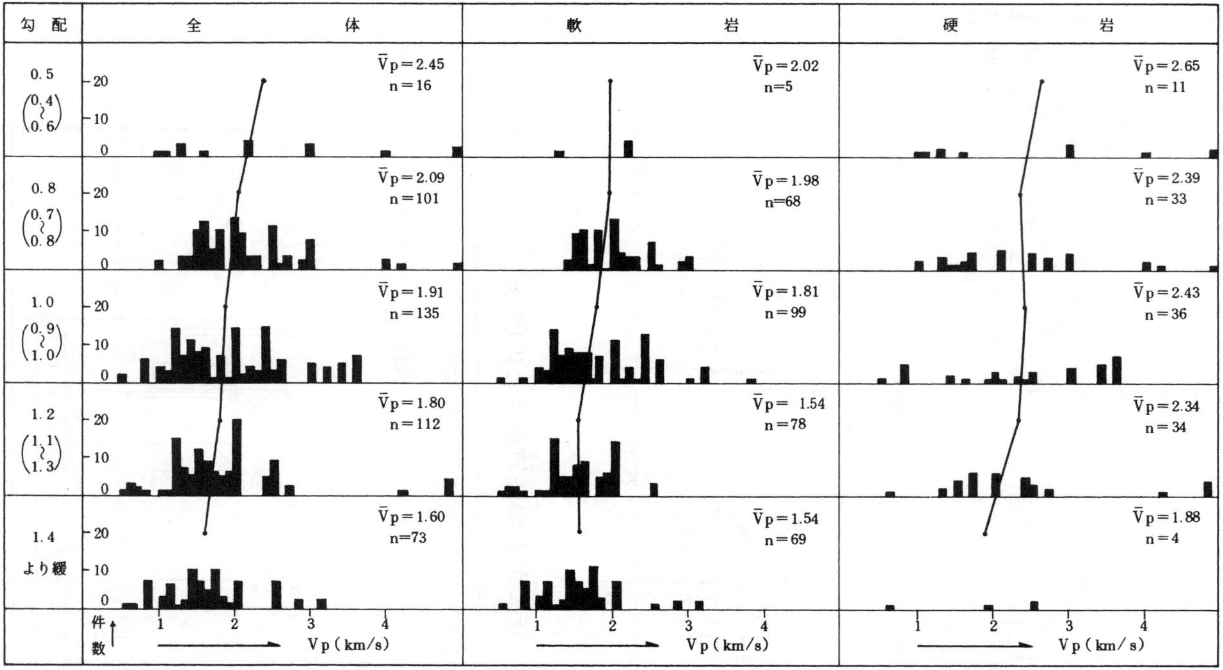

付図 2–3 のり面勾配と弾性波速度との関係[1]

注) 図中の折れ線は $\bar{V}_p$ (弾性波速度の平均値) を結んだもので, n は合計件数を示す.

2-3 崩積土の切土のり面勾配

崩積土は，地質構造的には基盤傾斜角が急で，崩積土の厚さが厚いほど崩壊しやすい。また，物性値では，マトリックス（礫径2mm以上を除く）における自然含水比が40～60％のものが最も崩壊しやすい。これらの要因から地山区分をすると**付表2-1**のようになる。地山区分，のり面勾配と切土高さの関係を示したものが**付図2-4**である。

付表2-1 崩積土における地山区分表[1]

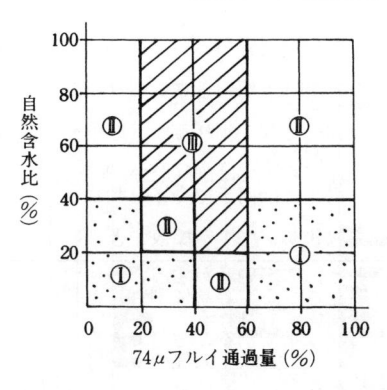

注）付表2-1 は $d < 6.1\cos\theta - 0.4$ の場合の地山区分を示す。
ここに，
  d：崩積土厚さ
  θ：基盤傾斜角
また，$d \geq 6.1\cos\theta - 0.4$ の場合は①の領域が全て③となる。

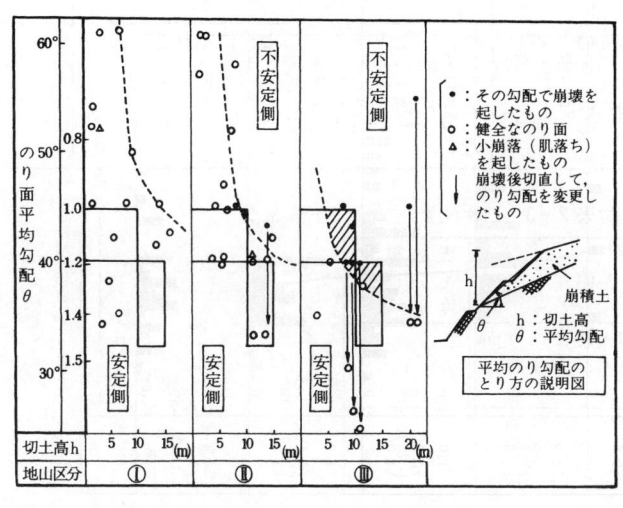

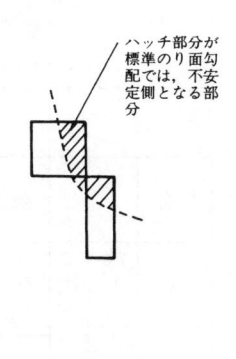

付図2-4 崩積土地山区別切土高さと限界のり面勾配の関係[1]

2-4 風化が速い岩ののり面勾配

安定を左右する要因としては，基盤（地表付近で風化の影響を受けていない）での岩質強度と掘削後，地表にさらされた時の風化作用による強度低下がある。上記要因を区分したのが**付表2-2，2-3**である。これにより，岩質区分したものをのり面勾配とのり面高さの関係で示したものが**付図2-5**である。

付表2-2　硬さによる岩質区分 [1]

岩質区分	岩の見掛け	ハンマーによる打診	土壌硬度
I	新鮮で硬い。岩の組織構造は完全に認められる。	たたいたとき澄んだ音あるいはにぶい音がする。ハンマーの先端は全然突きささらないか非常に困難である。ハンマーの強い打撃で割れるが，層理や亀裂に沿って割れる。偏平な小岩片でも手では割れない。泥岩，シルト岩の場合には両手でやっと割れる程度。ハンマーで塊状サンプルが採取できる。	30以上
II	時代が新しく固結度の低い岩，あるいは風化によって軟化した岩。風化の場合には岩の微細な組織は消えかけている。	たたいたとき，にぶい音がする。ハンマーの先は突きささる。容易に割れ，亀裂や層理に無関係にも割れる。偏平な小石片は指で割ることができる。こわれやすいのであまり大塊のサンプルは採取困難である。	24～30
III	未固結の堆積物あるいは風化や変質を強く受けた岩。岩の形状を示さないで，むしろ土砂として扱うべきもの。	たたいたとき崩れるように割れるか，ハンマーがめり込んでしまう。ハンマーの先は容易につきささる。岩片は指先でつぶれる。ハンマーでは不攪乱サンプルを採取できない。	24以下

付表2-3　二次的変化による岩質区分 [1]

区分	説　明	表層軟化帯発達速度 α
A	放っておけば切土後にのり面の二次的強度低下が必ず起こるもの。	$\alpha > 12$
B	普通の状況下では二次的強度低下がのり面の安定に問題となるほどには起こらないもの。	$\alpha < 9$

$$\alpha = \frac{a}{\log T}$$

ただし　α：軟化速度
　　　　a：表層軟化帯の厚さ(cm)
　　　　T：切取り後の経過月数

※　$\alpha = 9 \sim 12$ の間は中間的なものとしてABで表示する。

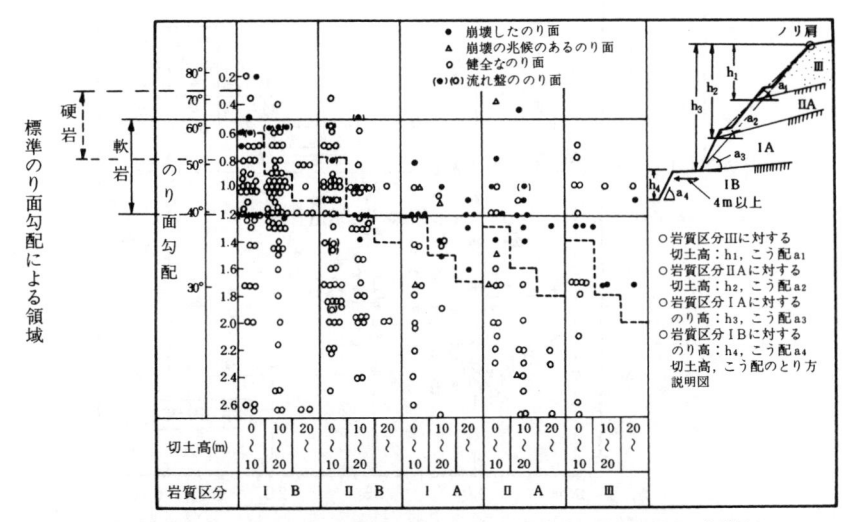

付図2-5 泥岩・凝灰岩の岩石区分と適正のり面勾配[1]

注）図中のり面勾配は，適用に示す平均のり勾配であるので，標準のり面勾配領域と若干異なる。

2-4 中・古生層（片岩・片麻岩等），火成岩ののり面勾配

　安定を左右する要因として地山強度，亀裂の程度がある。地山強度の指標としては弾性波速度，亀裂の程度を表わす指標としては亀裂係数がある。これらの要因に対するのり面の安定度の判断として，各指標とのり面勾配の関係を示したものが**付図2-6，2-7**である。

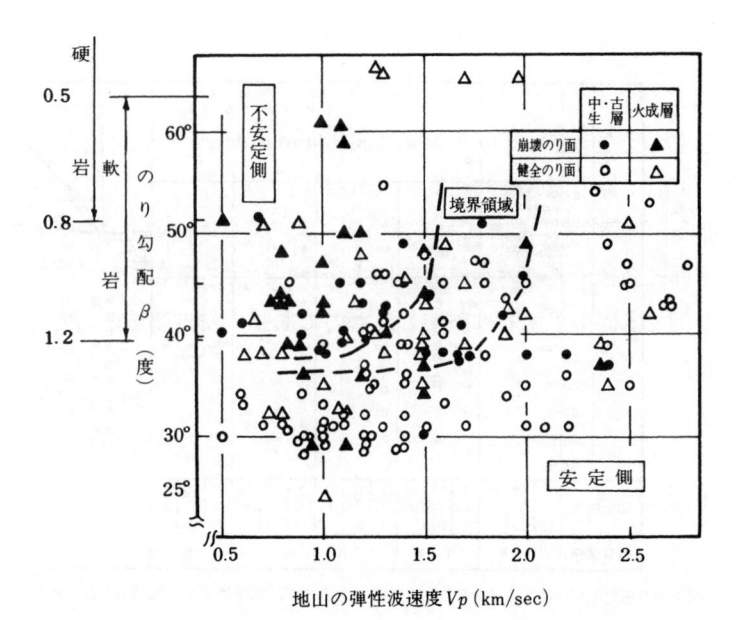

付図 2-6　弾性波速度-のり面勾配とのり面の安定性[1]

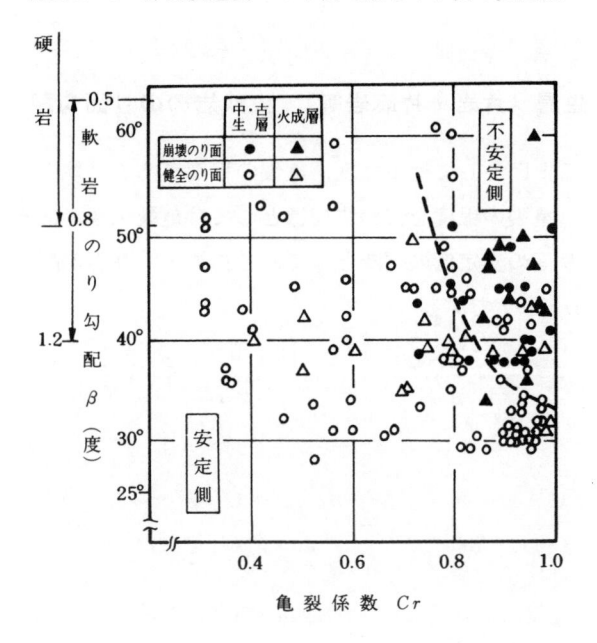

付図 2-7　亀裂係数-のり面勾配とのり面の安定性[1]

亀裂係数 Cr は

$Cr = 1 - (Vp_2/Vp_1)^2$

ここに，Vp_1：ボーリングコアの弾性波速度（m/sec）

Vp_2：地山の弾性波速度　（m/sec）

で求められる。**付図2-7**は旧日本道路公団（現　東日本高速道路株式会社・中日本高速道路株式会社・西日本高速道路株式会社）による亀裂係数とのり面勾配の関係の調査例で，図中黒塗りは破壊したものであり，安定領域と不安定領域との境界が破線で示されている。

参考文献
1) 東日本高速道路（株）・中日本高速道路（株）・西日本高速道路（株）：設計要領第1集　土工編，2006.

付録3．のり面・斜面の安定度判定法の例

のり面・斜面崩壊，落石等による道路災害を防止するには，現状ののり面・斜面についての安定度を判定し必要に応じて適切なのり保護工や斜面安定工を実施する必要がある。

のり面・斜面は，まず簡単な点検，現地踏査による予備調査で不安定と思われる箇所が選び出され，次にその箇所についてのボーリング等の詳細調査が実施される。

予備調査による不安定箇所の抽出には，現地踏査により行う安定度判定法が利用されており，以下これについて紹介する。

3−1 防災点検による安定度判定及びその活用

防災点検は，落石等の恐れがある箇所について，その箇所の把握と対策事業計画の策定等を目的として行ってきた。初回の防災点検は昭和43年の飛騨川バス転落事故を契機として行われ，それ以降は昭和45年，46年，48年，51年，55年，61年，平成2年，8年，18年に行われている。各々の点検は，建設省（現国土交通省）通達に基づいて，各道路管理者が一斉に点検を行う形で実施されている。

防災点検において，「対策が必要と判断される」と評価された箇所で対策工の実施までに日数を要する箇所，または「防災カルテを作成し対応する」と評価された箇所に関しては，防災カルテを作成してその後の日常点検，定期点検において活用することとしている。

また，対策工を実施する際には，施工中におけるのり面・斜面の変状を観察し，施工記録を整理して，維持管理を効率的に実施することが必要である。

ここでは平成18年度に行われた点検の落石・崩壊，岩盤崩壊，地すべり，土石流に関する点検に使用された安定度調査表[1]（付表3−1〜3−4）及び防災カルテ[2]（付表3−5），施工記録表の例を示す（付表3−6）。

付表 3−1 安定度調査表（落石・崩壊）

付表3-2　安定度調査表（岩盤崩壊）

施設管理番号	N	*	*	B	0	0	1

品檢者	防災　太郎
所屬機関	○○○株式会社

区分記号

項目(A)	要因	評点区分	配点	評点
現象・前兆	開口亀裂の継続	大 / 小 / なし	(30) 15 / 0	30/(30)
	連続する水平系亀裂の目の方向	流れ目方向 / 受け目方向 / なし	(10) 5 / 0	10/(10)
	小崩落・落石	有り / なし	(7) 0	7/(7)
亀裂等の状況	硬い岩	連続的で間隔が1m以上 / 連続的で間隔が1m未満 / 不連続 / なし	(15) 11 / 7 / 4 / 0	11/(15)
	軟い岩	連続的で間隔が1m以上 / 連続的で間隔が1m未満 / 不連続 / なし	(11) 7 / 4 / 0	0/(11)
組織等のゆれ・ずれ・割れ目	上部速具・下部欠損 / 上部欠損・下部割れ目 / 全体が破砕 / 全体に割れ目		(7) 5 / 2 / 0	0/(7)
湧水等ダム跡	湧水大 / 湧水小 / 水跡 / なし		(15) 13 / 4 / 0	15/(15)
のり面・斜面の形状	オーバーハング / 60°以上 / 60°未満		(4) 2 / 0	4/(4)
	擁壁の高さ	100m以上 / 50〜100m / 30〜50m / 30m以下	(10) 7 / 3 / 0	4/(10)
斜面型	鹿模型斜面 / 直線型斜面 / 谷型斜面 / 複合型・谷型の中間斜面		(4) 3 / 2 / 0	4/(4)
遷急線	明瞭 / どちらともいえない / 不明瞭		(7) 4 / 0	7/(7)
地下水・湧水・降雨	連続最湧水	水漏りが長期に渡る、もしくは突発湧水あり / 水漏りが突発湧水あり / 水漏りは通常		(4) 2 / 0	4/(4)
	湧水	垂直亀裂型 / 水平亀池接触型 / ほとんど認めず		(2) 0	2/(2)
合計			(A)	98点

既設工[B]=(A)+α または=(A)×0	点数(α)
[対策工] 既設対策工の効果の程度	
想定される岩盤崩壊をかなり予防している、もしくは、それが発生した場合でも十分に防護し得る。	×0点
想定される岩盤崩壊をかなり予防している、もしくは、それが発生した場合かなり防護しているが、完全ではない。	-20点
想定される岩盤崩壊を一部予防している、もしくは、それが発生した場合一部を防護しているが、その他の部分については効果が弱い。	-10点
対策がなされていない、もしくは、なされていても、効果があまり期待できない。	±0点
合計	(B) 78点

【総合評価】

判定	対応
○	対策が必要と判断される。防災カルテを作成し対応する。
	特に新たな対応を必要としない。

注) ( )は各項目の満点を表す。
該当する区分記号欄に○印をつけると共に点数を記入する。不明な場合は中間的な数値を採用する。

付表3-3 安定度調査表（地すべり）

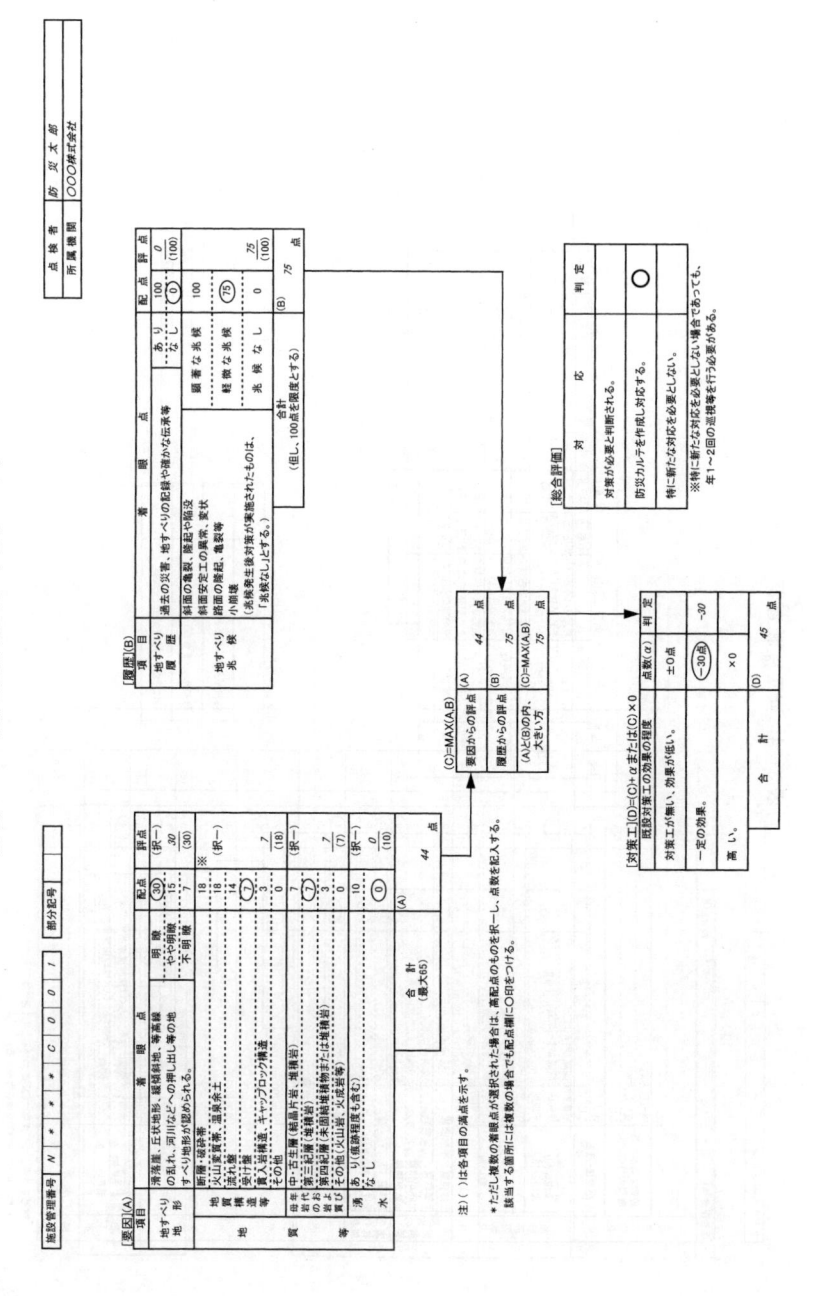

点検者	防災太郎
所属機関	○○○株式会社

施設管理番号 ： N＊＊＊C001　　部分記号：

[要因(A)]

項目	着眼点	配点	評点
地すべり地形	滑落崖、丘状地形、緩傾斜地、等高線の乱れ、河川などの押し出し等の地すべり地形が認められる。	③	(択一) 30
	不明瞭	15	
	不明瞭	7	
地質・構造等	断層・破砕帯	18	(択一) ※
	火山噴出物、温泉余土	18	
	流れ盤	14	7 (18)
	受け盤	3	
	貫入岩構造、キャップロック構造	3	
	その他	3	
貫入岩体等	母岩中古生層（結晶片岩等、堆積岩）	7	(択一) 7 (7)
	第三紀層（堆積岩）	3	
	第四紀層（未固結堆積物まとは堆積岩）	3	
	その他（火山岩、火成岩等）	3	
湧水等	あり（低位程度も含む）	10	(択一) 0 (10)
	なし	0	
		合計 (最大65)	(A) 44点

注) ( )は各項目の満点を示す。

*ただし複数の着眼点が選択された場合は、高配点のものを選択し、点数を記入する。
該当する箇所には複数の場合でも配点欄に○印をつける。

[履歴(B)]

項目	着眼点	配点	評点
地すべり履歴	過去の災害、地すべりの記録や確かな伝承等	100	100 ⓪ (100)
		なし	
地すべり兆候	斜面の亀裂や降起や陥没		顕著な兆候 75
	斜面安定工の異常、変状		軽微な兆候 0 ㊆
	路面の降起、亀裂等		兆候なし 0 (B) 75
	小崩壊		
	(未発生後対策が実施されたものは、「兆候なし」とする。)		
		合計 (但し、100点を限度とする)	75点

(C)=MAX(A,B)

要因からの評点 (A)	44点
履歴からの評点 (B)	75点
(AとB)の内、大きい方 (C)=MAX(A,B)	75点

[対策工(D)=(C)×αまたは(C)×0]

既設対策工の効果の程度	判定	点数(α)又は0点
対策工が無い、効果が低い、一定の効果、高い。		±0点
	㊀	-30点
		×0
	合計	(D) 45点

[総合評価]

対応	判定
対策が必要と判断される。防災カルテを作成し対応する。特に新たな対応を必要としない。年1～2回の巡視等を行う必要がある。	○

※発生後対応を必要としない場合であっても、特に新たな巡視等を行う必要がある。

— 477 —

付表3-4 安定度調査表（土石流）

施設管理番号	N**E001
部分記号	

点検者	防災太郎
所属機関	○○○株式会社

[要因](A)

項目	要因	評点区分	配点	評点
渓流の特性	発生源面積	0.50㎢以上	10	4
		0.15㎢以上0.50㎢未満	8	(10)
		0.15㎢未満	4	
	渓床勾配15°以上の区間距離			
	流域面積			10
				(10)
	最急渓床勾配	40°以上	10	0
		30°以上40°未満	5	(10)
		30°未満	0	
斜面の特性	斜面勾配30°以上の斜面の面積	0.20㎢以上	10	2
		0.08㎢以上0.20㎢未満	6	(8)
		0.08㎢未満	2	
	墓地及び潅木（樹高10m程度以下）のある面積	0.20㎢以上	10	0
		0.08㎢以上0.20㎢未満	5	(5)
		0.08㎢未満	0	
	不安定な土砂の有無	有り	5	0
		なし	0	(5)
	新しい亀裂、滑落、土工事の末端等	有り	5	0
		なし	0	(5)
	比較的規模の大きい崩壊履歴	有り	10	0
		なし	0	(10)
		合計		26(A) (56)

[道路構造](C)=(B)+α

構造	評点区分	点数α	評点
流路幅	10m以上	-40点	
	5m〜10m	-30点	-30
	3m〜5m	-20点	
	3m未満	±0点	
	1m未満又は	土砂	
桁下高さ	橋梁・ボックスカルバートのない場合	±0点	-15
	1m〜2m	-5点	
	1m〜5m	-15点	
	2m〜5m	-30点	
	5m以上	-40点	
	合計		55点

[履歴](D)

評点区分	配点	評点
直近の対策後に、土石流により交通に支障が生じたことがある。	90	0
交通に支障が生じたことはないが、土石流の発生履歴がある。	40	(D)
土石流の発生履歴がない。	0	0点

(E)=MAX(C,D)

要因からの評点 (C)	55点
履歴からの評点 (D)	0点
(C)と(D)のうち、大きい方 (E)=MAX(C,D)	55点

[想定被形態]

構築の破損	
盛土流出	
路上への土砂堆積	○

※該当欄に○印をつける

[対策工](B)

対策工	20点以上	15点以上20点未満	10点以上15点未満	10点未満
既設対策工の効果	(ない／低い)	100点	70点	50点	30点
	普通	70点	50点	30点	10点
	(高い／十分)	50点	30点	10点	0点

| | | (B) |
| | | 100 |

[総合評価]

対応	判定
対策が必要と判断される。	
防災カルテを作成し対応する。	○
特に新たな対応を必要としない。	

注）( )は各項目の満点を示す。
該当する項目は配点欄に○印をつけると共に点数を記入する。
不明な場合は中間的な値を採用する。

付表 3-5 (a)　防災カルテ様式Ⓐ（落石・崩壊）

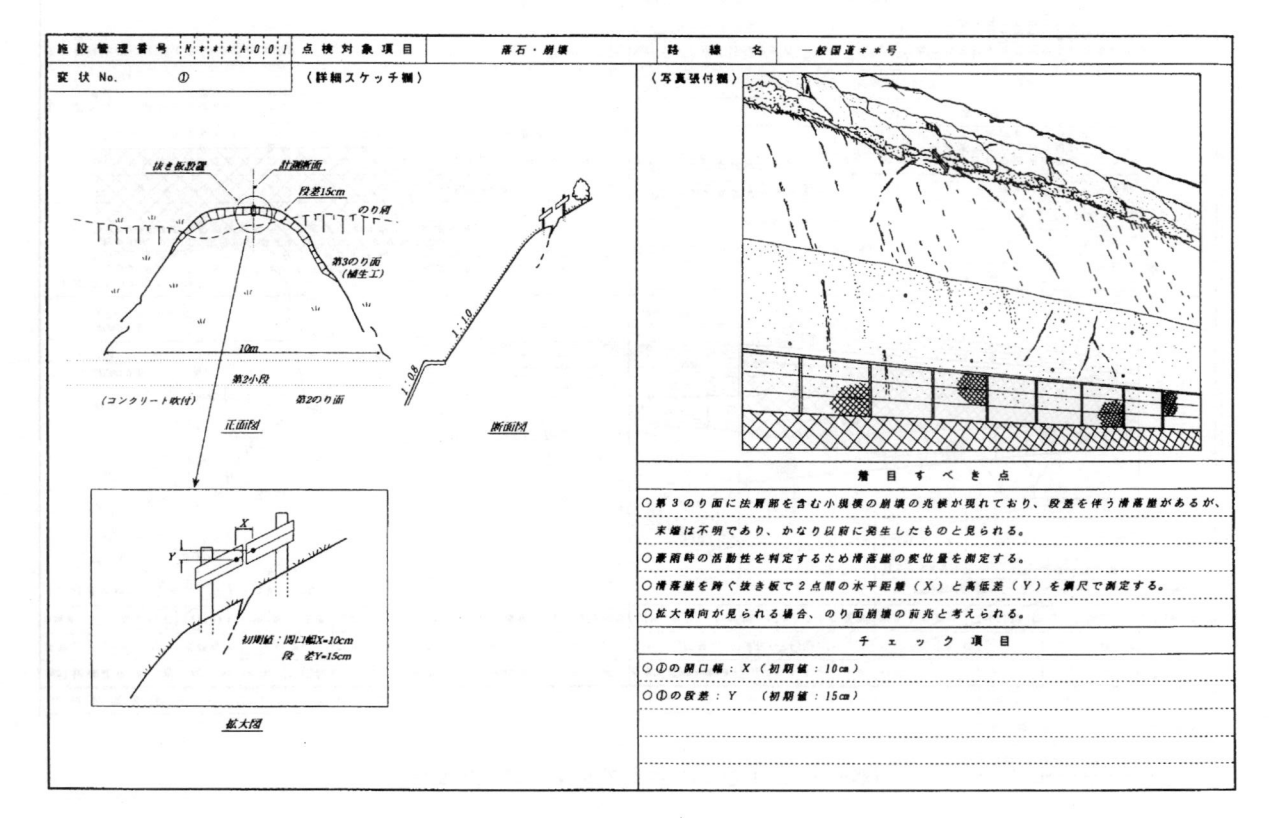

付表 3-5 (b) 防災カルテ様式 ⑧-1 (落石・崩壊)

施設管理番号	M:::A:0:0:1	点検対象項目	落石・崩壊	場所名	一般国道**号

現状 No. ①	(詳細スケッチ欄)	(写真貼付欄)

チェックすべき項目

○第3のり面に波用をを含む小規模の崩壊の兆候が現れており、段差を伴う滑落層があるが、末端は不明である。かなり旧層に発生したものと見られる。
○崩壊時の活動性を判定するため旧層に発生した滑落層の位置度を測定する。
○滑落層を挟んで2点間の水平距離(X)と高低差(Y)を巻尺で測定する。
○拡大傾向が見られる場合、のり面崩壊の両充大と考えられる。

チェック項目

○①の開口幅：X（初期値：10cm）
○①の段差：Y（初期値：15cm）

付表3-5 (c) 防災カルテ様式Ⓑ-2（落石・崩壊）

施設管理番号	N:... :A:0:0:1	落石・崩壊	路線名	一般国道**号

点検対象項目	⑦, ⑦, ⑨			

〈詳細スケッチ欄〉　　　　　　　　　　　　　　　〈写真貼付欄〉

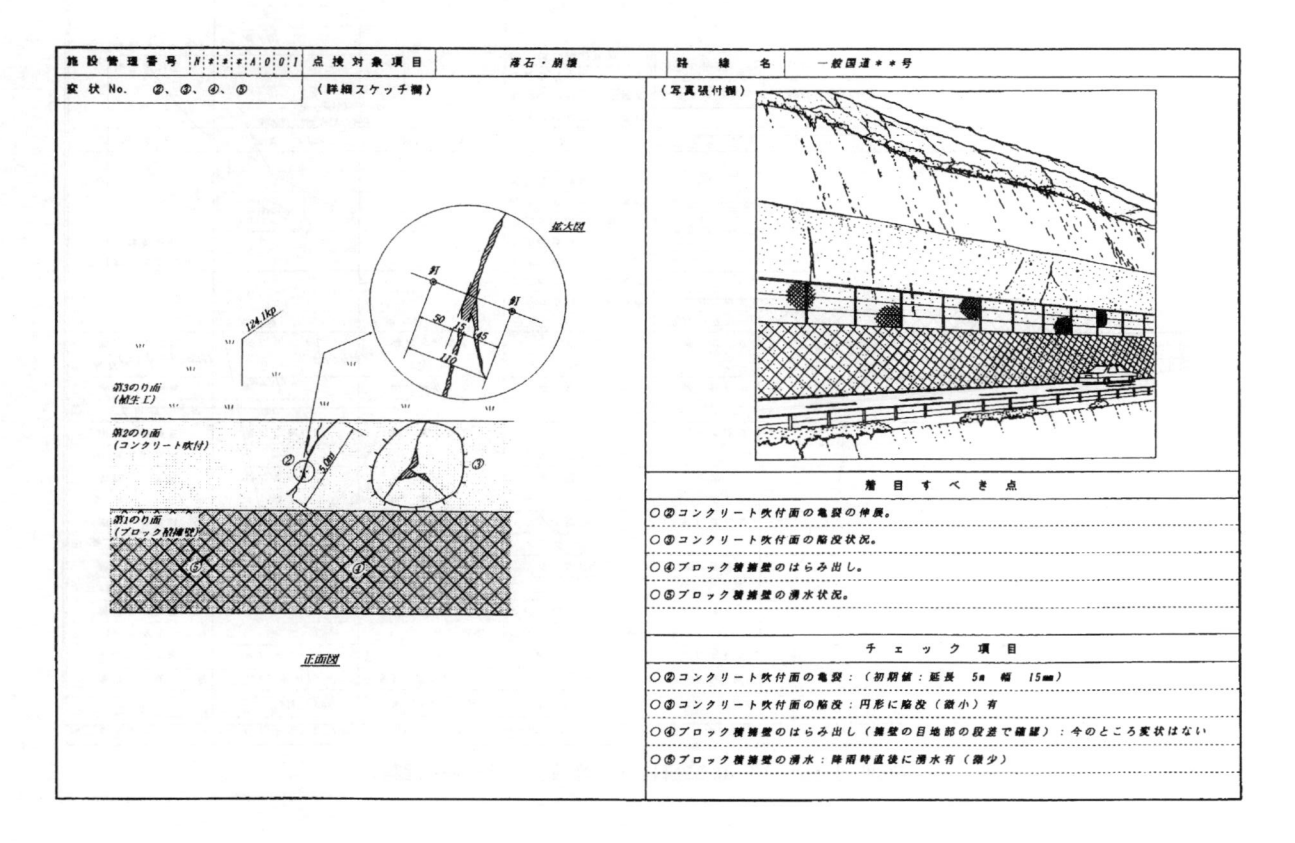

着目すべき点
○⑦コンクリート吹付面の亀裂の神長。
○⑦コンクリート吹付面の剥皮状況。
○⑦ブロック積擁壁のはらみ出し
○⑨ブロック積擁壁の湧水状況。

チェック項目
○⑦コンクリート吹付面の亀裂：（初期値：延長 5m 幅 15mm）
○⑦コンクリート吹付面の剥皮：円形に剥皮（僅少）有
○⑦ブロック積擁壁のはらみ出し（模型の目地前の段差で確認）：今のところ変状はない
○⑨ブロック積擁壁の湧水：降雨時直後に湧水有（僅少）

正面図

付表3-5 (d) 防災カルテ様式◎-2（落石・崩壊）

施設管理番号 ×-×-×-×-×-0:0:1	点検対象項目	9年 4月 20日	9年 11月 17日	10年 3月 1日	10年 3月 18日	(自) 年 月 日 1:2:3:5:0:0 (至) 年 月 日 1:2:3:6:2:0	⊕下・他 120m 年 月 日 延長
	①第3のり面の亀裂	幅10a、段差15cm	幅10a、段差15cm	幅10a、段差15cm	幅10a、段差15cm		
	前回との差異	特に変化なし	特に変化なし	特に変化なし	特に変化なし		
	②コンクリート吹付面の亀裂	長さ 5m、幅 15mm	長さ 5m、幅 15mm	長さ 5.5m、幅 25mm	長さ 5.5m、幅 25mm		
	前回との差異	特に変化なし	特に変化なし	長さ+0.5m、幅+10mm	特に変化なし		
	③コンクリート吹付面の剥設	−	縮小	−	特に変化なし		
	前回との差異	特に変化なし	特に変化なし	−	特に変化なし		
	④縫望のはらみ出し	−	−	−	−		
	前回との差異	特に変化なし	特に変化なし	特に変化なし	特に変化なし		
	⑤湧水	滲下	滲下	多少有	滲下		
	前回との差異	特に変化なし	特に変化なし	特に変化なし	特に変化なし		
	⑥落石防止網	−	−	新たに落石多少有	特に変化なし		
	前回との差異	特に変化なし	特に変化なし	−	特に変化なし		
	⑦落石発生源の状況	−	−	−	−		
	前回との差異	特に変化なし	特に変化なし	特に変化なし	特に変化なし		
	⑧落石発生源の状況	−	−	−	−		
	前回との差異	特に変化なし	特に変化なし	特に変化なし	特に変化なし		
点検時の特記事項（点検者の対応）		天候：晴 なし	天候：曇 なし	天候：晴 ○崩壊面の前で新たに落石がみられ、落石防止網に堆積。○②の亀裂が拡大○②を計測した結果、拡大していたので専門技術者へ連絡。	天候：曇 ○の後の伸展からは落石がみられない。		
点検者名		防災 次郎	防災 次郎	防災 次郎	防災 次郎		
点検後の対応（専門技術者の判定）				○崩壊に結びつく変状ではないので詳細調査は必要なし。○点検の継続実施。			
点検月日：専門技術者名				10年3月2日：防災 太郎			

付表3-6 施工記録表の例

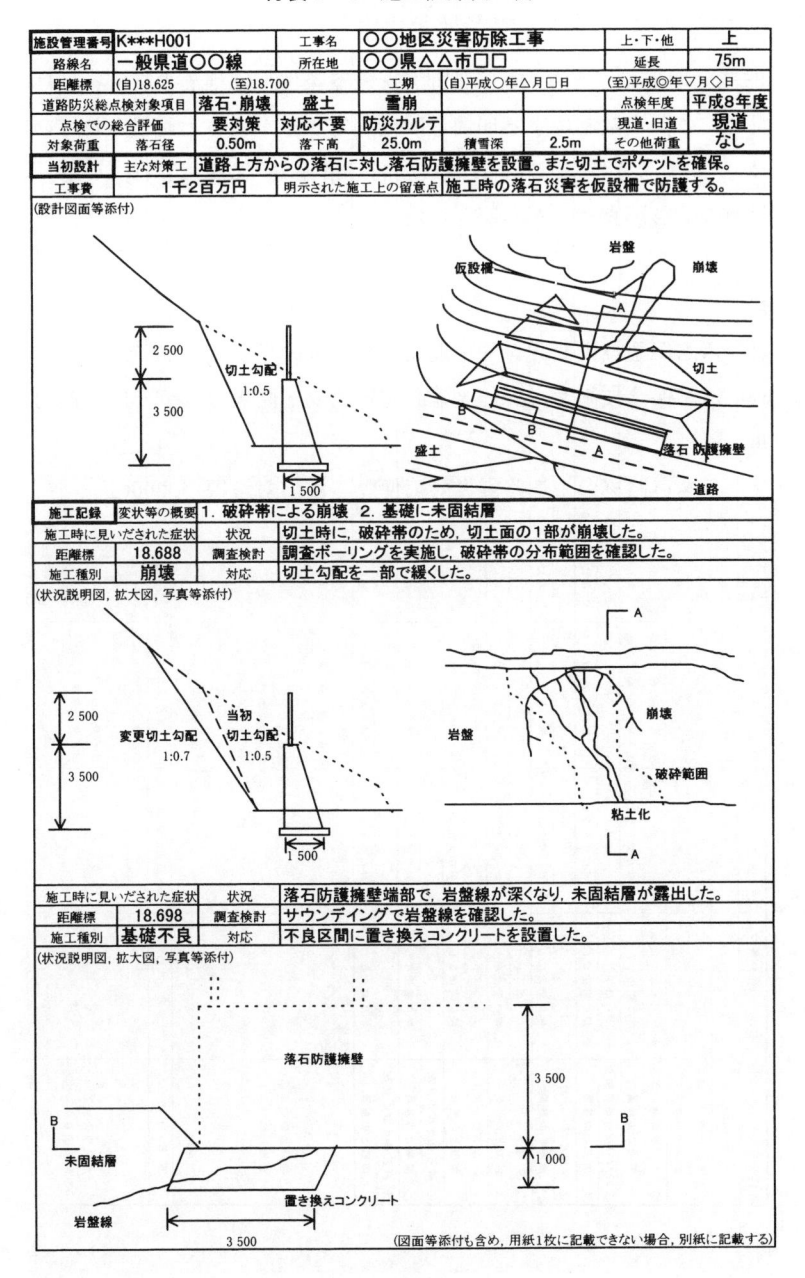

施設管理番号	K***H001		工事名	○○地区災害防除工事		上・下・他		上
路線名	一般県道○○線		所在地	○○県△△市□□		延長		75m
距離標	(自)18.625	(至)18.700		工期	(自)平成○年△月□日		(至)平成◎年▽月◇日	
道路防災総点検対象項目	落石・崩壊		盛土		雪崩		点検年度	平成8年度
点検での総合評価		要対策	対応不要		防災カルテ		現道・旧道	現道
対象荷重	落石径	0.50m	落下高	25.0m	積雪深	2.5m	その他荷重	なし
当初設計	主な対策工	道路上方からの落石に対し落石防護擁壁を設置。また切土でポケットを確保。						
工事費	1千2百万円		明示された施工上の留意点	施工時の落石災害を仮設柵で防護する。				

(設計図面等添付)

施工記録	変状等の概要	1. 破砕帯による崩壊 2. 基礎に未固結層				
施工時に見いだされた症状		状況	切土時に、破砕帯のため、切土面の1部が崩壊した。			
距離標	18.688	調査検討	調査ボーリングを実施し、破砕帯の分布範囲を確認した。			
施工種別	崩壊	対応	切土勾配を一部で緩くした。			

(状況説明図、拡大図、写真等添付)

施工時に見いだされた症状		状況	落石防護擁壁端部で、岩盤線が深くなり、未固結層が露出した。
距離標	18.698	調査検討	サウンデイングで岩盤線を確認した。
施工種別	基礎不良	対応	不良区間に置き換えコンクリートを設置した。

(状況説明図、拡大図、写真等添付)

(図面等添付も含め、用紙1枚に記載できない場合、別紙に記載する)

3-2 切土のり面・斜面の耐震性判定法

「6-3-2 切土のり面の勾配 (1)地域・地盤条件 ⑨地震の被害を受けやすい地盤の場合」で，点数制による崩壊危険度判定手法があると記述されている．それらについては，「道路震災対策便覧（震前対策編）」[3]に記載されている「切土のり面・斜面の耐震調査法」を参照されたい．

参考文献
1) （財）道路保全技術センター：道路防災点検の手引き，2007．
2) （財）道路保全技術センター：建設省道路局・防災カルテ作成・運用要領，1996．
3) （社）日本道路協会：道路震災対策便覧（震前対策編），2006．

付録4．掘削の前処理及び掘削工法

4－1 伐開除根

切土または盛土の施工に先立って，次のような伐開除根を行う。
① 樹木の伐開は，在来地盤面に近い位置で行う。
② 計画路床面下約1ｍ以内にある切株，竹根，そのほか障害物は，将来舗装に影響を及ぼす恐れがあるので除去する。なお，これ以上深くても将来舗装に影響を及ぼす恐れがあるものは除去する。
③ 土取場（利用土に使用する切土箇所を含む）では，掘削に先立ち草木，切株，竹根等をあらかじめ除去する。

工事用地内の樹木は，通常あらかじめ伐開されているが，これらが残っている場合にはブッシュクリーナ，チェーンソー等により伐開を行う。雑木や小さな樹木，竹等の伐開除根は，ブルドーザ，レーキドーザあるいはバックホウによると効率的である。除根は，小さいものでは直接ブルドーザの排土板にかけて除去し，大きい切株は周囲の土を起こして根を切った後，切株の上部へ排土板をあてて掘り起こす。表土の削り取りを伴わない除根作業には，レーキドーザが有効である。また，バックホウにより切株の掘り起こしと，積込を同時に行うこともある。

伐開除根によって発生した木根等は，道路構造上支障のない箇所に埋め込むか，場外に用材または産業廃棄物として適正に処理する。また，現場で破砕機等を使用して樹木を粉砕し，緑化基材に利用する方法もある。

伐採除根は全工区を一度に先行させると，降雨の際に土砂流出等の災害を起こす恐れがあるので，流末の対策を十分に考慮した上で，切土の工程に影響を与えない程度に施工するとよい。

4－2 表土処理

表土は，従来特に質の悪い土質の場合を除き盛土の一部として使用していたが，

伐開除根後も草木根等の混入が多く，盛土材料としてはあまり望ましくない。しかし，表土は植物の生育に適した貴重な土であるから，盛土のり面や切土のり面の衣土に活用すれば緑化に有効である。そのため表土を仮置きして利用することもある。

表土を衣土として利用する場合は，次のような点に注意して仮置きする。
① 仮置きは，降雨等で土砂が流出しないように整形し，周囲に排水溝を設けることが望ましい。
② 仮置きののり面勾配は安息角より緩くし，高さは1～2m程度が望ましい。
③ 表土は仮置き直後と使用時点では体積の変化が大きく，一般には圧縮や流出等で使用時に大幅に減少するので注意が必要である。
④ 表土の剥取り・集積は，ブルドーザ，湿地ブルドーザ，バックホウ，被けん引式クレーパ等により行う。
⑤ 表土剥ぎを行う際は，降雨による土砂の流出や汚濁を考慮して，各流路の流末に必要に応じて防止施設を設ける。

4－3 岩石の破砕
4－3－1 発破工法

(1) **岩石掘削と発破**

　岩石掘削は，リッパやブレーカ等による施工が有効である場合を除けば，発破による施工が一般的である。発破による岩掘削の作業計画となる装薬量及びせん孔の配列は，類似現場における実績または試験発破によって決めなければならない。発破による岩の掘削は，地形，地質，作業の規模，工法等の条件によって，作業能力の格差は大きい。そのため，ベンチカット工法等の大規模な発破では，試験発破によって適切な薬量を決定するとともに，その現場に適合した作業計画を立て，せん孔，装薬，爆破，ずり処理の一連の作業サイクル時間を算定して，現場条件に応じた積み上げ計算をすることが必要である。一方，中小規模の発破では，その掘削断面がさまざまであるので，作業編成あるいは作業サイクルを事前に想定することが困難な場合が多い。したがって，類似の現場における作業能

力や過去の平均的な作業能力を参考として，現場条件を十分考慮して作業能力を推定しなければならない。以下，これらに対する基本的な考え方を示す。

(i) 発破基本式

一般に発破の効果は，次のような種々の条件によって左右される。

① 自由面の大きさとその数
② 被爆破物の強度（硬度）と靭性
③ 岩石の場合，塊状・節理・成層・亀裂等の状態
④ 火薬類の性能と薬量
⑤ 同時に発破する孔数
⑥ せん孔配置・最小抵抗線及びせん孔長
⑦ 破砕の程度及びずり出しの方式
⑧ 発破振動，騒音等の制約

これらの条件に基づいて発破効果を最大限に得るには，理論と実際の施工経験によって適切な施工方法を決定しなければならない。ここでは，ハウザーの公式を主体として発破の基本式を示す。

a) 盤下げ（1自由面）発破

付図4－1のように地山をせん孔して爆薬を込めて爆破すると，ほぼ円錐状の爆破孔ができる。爆破は，ある半径の範囲内にのみ有効であり，爆破効果は図に示すように順次減少する。爆薬による破砕量$V(\mathrm{m}^3)$及び爆薬量$L(\mathrm{kg})$には次のような式が成り立つとされている。

$$\left.\begin{array}{l} L = CW^3 \quad (\mathrm{kg}) \\ V = \pi r^2 W/3 \quad (\mathrm{m}^3) \end{array}\right\} \quad \cdots\cdots\cdots\cdots\cdots\cdots\cdots\cdots\cdots\cdots\cdots\cdots\cdots (付4-1)$$

適正装薬の場合 $r = W$ であるから $V = \pi W^3/3$

ここに，W：最小抵抗線の長さ（m）
C：発破係数　　$C = e \cdot g \cdot d$
e：爆薬の威力係数（**付参表4－1**参照）
g：岩石の抵抗係数（**付参表4－2**参照）
d：填塞係数（**付参表4－3**参照）

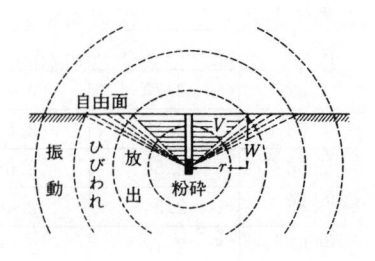

付図 4-1 爆破範囲

付参表 4-1 爆薬威力係数（e）の例

	比重	爆　速 m/sec	比エネルギー l-kg/cm²	猛度からみた威力係数	仕事からみた威力係数
松ダウナマイト	1.60	7,500	12,800	0.5	0.6
桜ダイナマイト(60%)	1.50	7,000	8,000	1.0	1.0
桐ダイナマイト	1.42	6,700	9,700	0.8	0.8～0.9
梅ダイナマイト	1.57	5,700	6,850	2.5～3.0	1.3～1.5
硝　安　爆　薬	0.96	3,500	7,210	3.0～4.0	1.2～1.4
黒カーリット	1.05	4,500	11,000	1.5～1.7	0.8～0.9
ア　ン　ホ　爆　薬	0.85	3,500	10,000	2.0～3.0	0.9～1.0

付参表4−2 岩石抵抗係数 (g)

岩石の種類	最大	最小	平均	略近
硬 け い 岩	4.32	2.70	3.26	3.3
硬 角 閃 岩	3.08	2.56	2.88	2.5〜3.0
け い 岩	2.85	2.54	2.68	
硬 石 灰 岩	2.55	2.34	2.46	2.0〜2.5
硬 砂 岩	2.35	2.16	2.26	
硬 粘 板 岩	2.16	2.16	2.16	
花 こ う 岩	2.34	1.85	2.09	
せ ん 緑 岩	2.32	1.84	2.08	
片 麻 岩	2.30	1.84	2.07	
粗 面 岩	2.27	1.85	2.02	1.5〜2.0
安 山 岩	2.16	1.44	1.80	
頁 岩	1.66	1.66	1.66	
石 灰 岩	1.85	1.44	1.62	
砂 岩	1.98	1.22	1.44	1.0〜1.5
片 岩	2.58	1.08	1.30	
凝 灰 岩	1.80	1.08	1.28	
明 ば ん 岩	1.08	0.72	1.00	

(60%桜ダイナマイトを基準薬として)

付参表4−3 填塞状態と填塞係数 (d)

てん塞の状態		てん塞係数
適当に深い装薬孔	てん塞安全	$d=1.0$
	てん塞不安全	$1.0 < d < 1.25$
	てん塞なし	$d=1.25$
外 部 装 薬	多くの場合時として	$2.0 < d < 4.5$
		$d=9$

b) ベンチカット（2自由面）発破

付図 4-2 のようにベンチカット工法にて発破を行う場合は，自由面が2以上となることから爆薬量 L(kg) は次式によって求められる。

$$L = C \cdot D \cdot H \cdot W \text{ (kg)} \quad \cdots\cdots\cdots\cdots\cdots\cdots\cdots\cdots\cdots\cdots\cdots\cdots \text{(付 4-2)}$$

$$V = H \cdot W \cdot D \text{ (m}^3\text{)}$$

ここに，C：発破係数
　　　　　D：削孔間隔（m）
　　　　　H：ベンチ高さ（m）
　　　　　W：最小抵抗線の長さ（m）

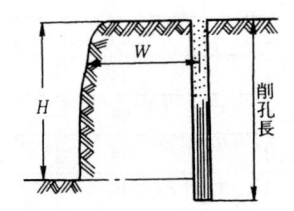

付図 4-2　ベンチカット発破

(ⅱ) 爆破孔の配列と薬量

　爆薬の爆破効果が最大になるような爆破孔の大きさ，配列及び1孔にてん充する爆薬の量は，前述の発破基本式を参考に発破試験を行って決めるのが望ましい。爆破孔の配列は使用するドリルと孔径，孔の深さ，岩の種類，自由面の数，採取する岩の最大寸法等により変わる。小さい径の孔を多数配列すれば均一な大きさの岩が破砕され，岩砕の取扱いは容易になるが，あまり孔の間隔をつめるとせん孔経費が増大する。一方，大きい径の孔には多量の装薬ができ，孔の間隔を大きくすることができるのでせん孔の経費は少なくなるが，大きな岩砕を生じて二次破砕を必要とする場合があり，逆に施工経費が増大することもある。

　しかし，道路土工における発破は，一般に作業ヤードが狭いことや採取した岩を盛土材として利用する場合が多いことから，リッピングによる二次破砕及び多少の小割を必要とする発破を用いることが多い。

　経済的なせん孔及び爆破作業で考慮すべき要素は，次の3つである。

① 孔の長さ1m当りの岩の採取容積
② 岩の採取容積1m³当りの薬量
③ 孔の長さ1m当りの薬量

(2) 道路土工の発破工法

道路土工における発破には，大規模なベンチカットによる発破，斜面の切取りやベンチ段取り等の中小規模な発破のほか，ふかし発破，のり面制御発破，転石小割発破，浮石処理発破等がある。ベンチカットの発破でも，部分的には中小規模の発破やその他の発破が混在して併用される。

1) ベンチカット発破

岩石の掘削量が多く掘削高さの大きい箇所において，平坦に造成されたベンチを上部から段々に発破していく工法（**付図4-3参照**）で，2自由面であるため発破効率もよく，せん孔，装てん等の作業も容易であり，発破の発生ずり処理も機械施工に適しており，道路土工における大規模発破として最適な工法である。

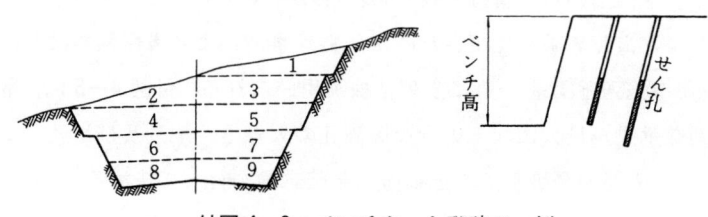

付図4-3　ベンチカット発破の一例

道路土工においては道路部分の切取りも土取場の切取りも，ともに発生ずりを道路の盛土材料として用いることが多く，盛土に適した粒度を要求されるので，発破に際してはせん孔の径，配列，装てん方式，火薬量の加減等について現場で発破試験を行い，発破方法を工夫することが肝要である。

一般にベンチの高さはレッグハンマのせん孔によるときは2〜3mで，クローラドリルのドリフタによるときは10〜15m程度で，さらに深いせん孔にはロータリードリルまたはダウンホールドリル等の特殊な機械が用いられる。一般に土工においては，ずり処理作業の効果等を考慮して，ベンチ高さはずり処理機械に応

じて2～3mを採用することが多い。

　せん孔の配列は，一般に千鳥形配列であるが，ほかの配列を採用することもある。**付図4-4**に配列の一例を示す。せん孔間隔は地質や使用爆薬，せん孔径，せん孔深さ，装てん方式等により異なるが，一般には2～3mが多く，中には4～5mのこともある。せん孔の配列数は，ずり処理作業等一連の作業サイクルが連続するように発破効果や経済面から考慮して決められる。

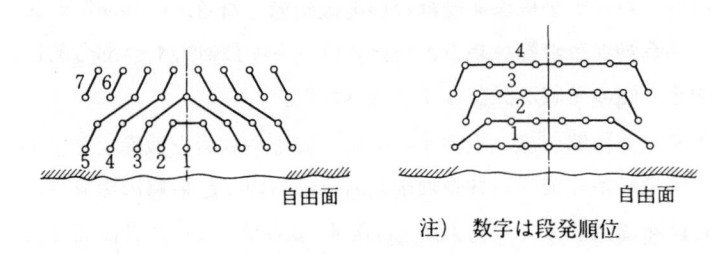

付図4-4 MS段発電気雷管によるせん孔配列の一例

　ベンチカットに用いる爆薬はANFO，ダイナマイト及び含水爆薬が多く使用され，ほとんど電気発破が採用されるが，特殊事情により導爆線発破が行われることもある。電気発破は，一般に直列結線が用いられる。**付図4-5**に，電気発破の装てん例を示す。

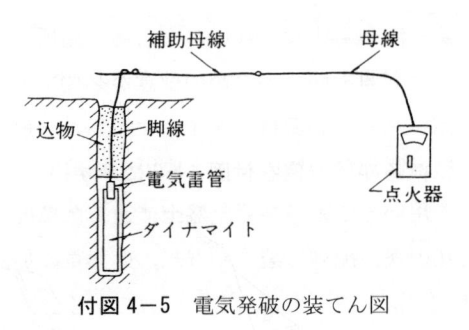

付図4-5 電気発破の装てん図

　ベンチカットは，広い作業面を利用して同時に広範囲に渡り発破を行い発破の効果をあげる利点がある反面，振動が大きいため地山をゆるめて切取面の崩壊を助長するなどの欠点も生じるので，発破の規模や方法について考慮するとともに，

ふかし発破あるいはのり面制御発破等を併用することも欠かせない。
2) ふかし発破
　岩盤の掘削処理材料を盛土材に利用する場合，あるいは保安物件に近接して発破を行う場合等は，ふかし発破を行った後にブルドーザでリッピングする工法が大規模な岩盤処理方法として実施されてきている。
　一般にふかし発破は，1孔当りの装薬量が少なく，せん孔長に対する装薬長が小さくなるので，自由面の影響を受けない発破状態となる。
　この爆薬の体積と爆薬筒体積との比は，1：8～10程度がよいといわれている。
3) 中小規模の発破
　道路土工では，山腹斜面に点在する岩石，表土や軟岩を取除いた後の硬岩，ベンチカットのベンチ段取り，補足掘削あるいは石塊や転石層の発破等，ブルドーザの入れない規模の小さい発破がある。
　掘削は，ベンチカットと同様に上から下に向かって作業を進めるが，せん孔の方向や配列は多様である。
　これに用いる機械は，クローラドリルを用いることもあるが多くはレッグハンマが使用される。
　これらの発破は，規模が小さく，作業サイクルも連続することが少なく，作業能率も低いので，施工単価が割高になりやすい。また，往々にしてせん孔数を減じて過装薬になり，飛石事故も少なくないので，施工箇所によってはふかし発破や制御発破を併用するなど事故防止のための留意が必要である。
　この規模の発破に用いられる爆薬は，ダイナマイトが一般的である。
　発破の形態は多様に渡るが，一例を**付図4-6**に示す。

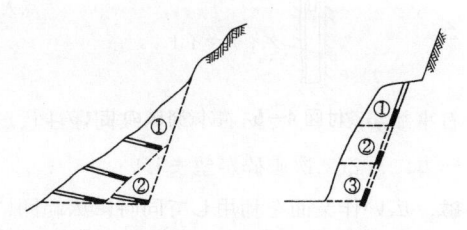

ベンチ段取りまたは片切りの発破　　　ベンチの補足掘削

付図4-6　中小規模の発破の一例

4) のり面制御発破

　ベンチカット発破において，のり面の損傷や余掘を防止するため，あらかじめ切取のり面に沿ってせん孔，微量装てん（または低爆速爆薬装てん），長孔装てん等の方法により岩盤に割れ目線を形成する発破をのり面制御（プレスプリット）発破といい，その一例を**付図4-7**に示す。

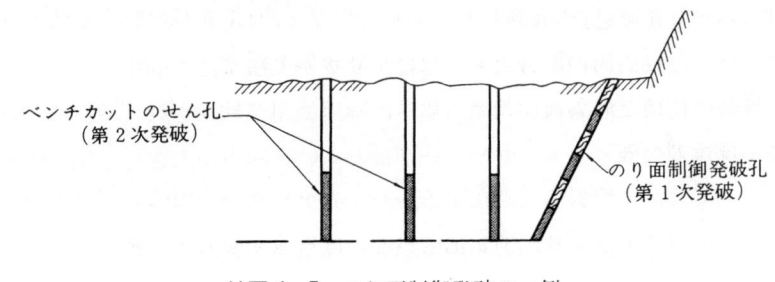

付図4-7　のり面制御発破の一例

5) その他の発破
① 転石小割発破

　転石は巨石から小転石にいたるまでであり，密度，周囲の地質，処理作業条件等が多様で，施工の難易度，工費等の格差が大きい。特に巨石大塊が多い場合は難作業であり，周囲の事情により作業サイクルが不規則で機械や人力の段取り待ち時間も多い。

　これらの作業は過去の資料も乏しいので，実態に応じた施工計画や対策を慎重に配慮する必要がある。

　転石小割発破は，過装てんによる飛石事故が多いので，不断の作業指導と防護設備が重要である。

② 小割発破

　小割発破は飛石事故が多いので転石小割発破同様注意が必要であり，できるだけ大型油圧ブレーカによる二次破砕が望ましい。

③ 浮石処理発破

　切取のり面に残った浮石の処理は，機械によるほか発破によることも多い。

　この作業は，道路開通後の落石事故防止のためにも念入りに実施することが必

要である。作業中は，作業足場や作業用車両，安全地帯等の災害防止措置を忘れてはならない。また，用いる爆薬は微量装てんか威力の弱い爆薬がよい。

4－3－2　リッパ工法

(1)　リッパビリティと適用範囲

　発破によらない岩の掘削方法としては，リッパ工法が最も効率がよく，大型ブルドーザの普及により岩種に対する施工の適用範囲が拡大された。リッパの砕岩，掘削性能は重量の大きい大型ブルドーザほどくい込み力が大きく，作業能率が大きい。

　地山の弾性波速度は，掘削を始める以前の原地形の状態で地震探査法等から推定された値と，施工面において上方が既に掘削されて失われた状態で直接測定した値とでは，後者は前者に比して 20～30％程度，時には 50％近くも低い値となる。これは切取りに伴うサーチャージの除去とゆるみによるものと考えられる。

　また道路土工の場合には，一般に掘削幅に制約があるため，地層や割れ目の方向に対して自由な方向から掘削をすることができない場合があり，このような時にはリッパ作業が可能な上限値はかなり低下する。

(2)　弾性波速度の測定

　弾性波速度の測定は，ハンマ打撃やダイナマイトの爆発によって振動を起こし，その振動を離れた位置で受振器により受振し，その間の岩盤の弾性波速度を知るものである。通常，リッパビリティを知る場合は，測定作業の簡便なハンマと受振器を組合わせた簡易弾性波探査装置によることが多い。

　なお，測定は他の影響による振動を避ける必要があるので，施工時に実施する場合は，重機の影響のない箇所か，または休止期間に実施する必要がある。

(3)　目視によるリッパビリティの判断

　岩種に対しては一般に砂岩，頁岩，粘板岩等の堆積岩の薄い層状のものはリッパ作業がしやすく，花崗岩，玄武岩，安山岩等の火成岩で大きな塊状をなしてい

るものは，リッパ作業が困難な場合が多い。しかし，風化や節理の発達の程度によっては可能な場合もあるので，経験的に目視により亀裂の有無，大きさを調査し，リッパ作業が可能かどうかのおおよその判断をすることも必要である。**付表4－1**に，目視あるいはテストハンマによるリッパビリティの判断の目安を示す。

付表4－1　目視あるいはテストハンマによるリッパビリティの判断の目安

岩種の特徴	テスト	判定
○亀裂，節理はよく密着し，それらの面に沿って風化の跡の見られないもの	テストハンマで強打しても割れない。	リッパ不可能。発破によらなければならない。
○岩種はかなり堅硬であっても風化作用のため多少軟化した傾向が見られる。 ○1～2 mmの空隙を有するかなり大目の節理あるいは亀裂が発達している。	ハンマによって軽打すれば節理あるいは亀裂に沿って剥脱する。	リッパ可能の場合もある。ふかし発破作用ならば可能。
○風化作用を受けて変質し，黄褐色ないし褐色を呈し，岩種は著しく軟質のもの。 ○岩盤に大きな開口亀裂あるいは節理が発達し，そのため岩盤は各個の岩塊に分離している。 ○樹木の毛根が岩盤の節理あるいは亀裂面に侵入しているのがみられるようなもの。	だれがみても風化岩とみえるもの 亀裂面に樹木の毛根がみられるようなもの。	リッパ可能

(4) リッパ作業

リッパ作業は，積込み機械の作業性をあげるために，掘削地盤を必要な程度まで破砕する。地形は下り勾配を利用して行うのがよいが，岩盤の亀裂方向によりリッパのかかり方が異なるため，方向を変えて作業を行うこともあるので，当初は平坦地から作業を始めるとよい。岩盤の亀裂に対するリッパ作業の効果的な方向を**付図4－8**に示す。一般に亀裂に対して逆目あるいは直角方向が破砕効果は大きい。

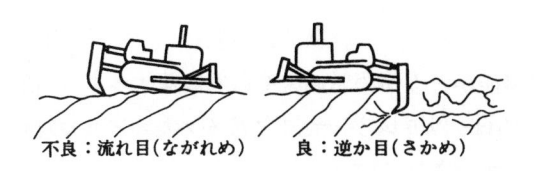

付図4−8　岩盤の亀裂に対するリッパ作業の方向

(5) ポイント，シャンクプロテクタの消耗

　ポイント等の磨耗は，岩種によって大きく異なる。また，同じ岩種でも作業速度を上げることにより加速度的に磨耗も早まるので，作業速度を遅くして可能な限り深くくい込ませるのがよい。リッパ工法においては，ポイントやシャンクプロテクタの磨耗の早さが工費に大きな影響を与えるので，作業中も磨耗状況をよく把握し，耐用時間が極端に短くなってきた場合には，他の工法との比較検討を行うことも必要である。

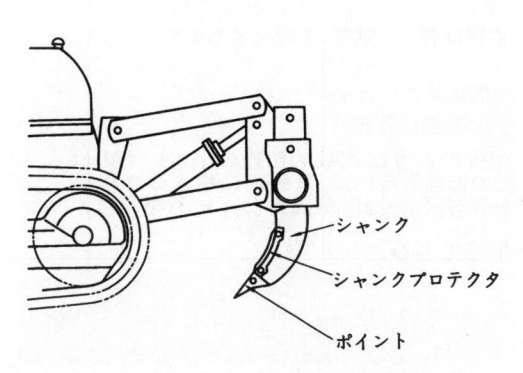

付図4−9　リッパ各部の名称

4−3−3　ブレーカ工法

　ブレーカによる破砕は，発破のできない場所での破砕工法の一つで，能率的ではないが，軟岩，亀裂の多い岩石，圧縮強度100mN/㎡程度以下の岩塊の小割，舗装路盤の破砕等に用いる。硬い一枚岩は効果が少なく，岩塊の大きさ2㎡程度以

下のものの破砕に適する。土丹等ではノミがもぐってしまい破砕できないことがある。

ブレーカの動力源には，圧縮空気によるものと油圧によるものがあるが，油圧ショベル等でその油圧を利用しブレーカをアタッチメントしているものは，機動性に優れており広く使用されている。

いずれもブレーカ内のピストンの打撃反力で先端のノミに打撃力を与えて破砕するのでピストンが大型のものほど破砕力は大きい。

4－4　転石及び玉石混じり土の掘削

(1)　転　　石

転石が土中に埋まっている場合は，ブルドーザで掘り起こすかリッパで破砕するが，相当大きいと予想される場合は周囲を掘削し，転石を露出させて押し出す。なお，一つの塊が大きくて掘り起こせない場合や，転石同士がかみ合ってリッパによる破砕が困難な場合は，発破工法を併用する。

(2)　玉　　石

玉石や礫混じり土等のように比較的粒径の小さいものは，ブルドーザやショベル系掘削機で直接掘削する。地山が固結している場合は，リッパで破砕してから掘削集土すると効果的である

(3)　その他

掘削のり面が高い場合，浮石は入念に除去し，また掘削作業中に機械が転石に乗り上げて，横滑りや転倒等の事故のないように十分に注意しなければならない。

4－5　構造物基礎・水路等の掘削

道路土工における構造物には，カルバート，擁壁等があり，これらの構造物の基礎や水路等の掘削は入念に施工しなければならない。

特に基礎掘削は地盤面から下の掘削を行うために，掘削中に崩壊を生じやすいので，現場の状況に応じた工法を選定し，安全の確保に留意することが必要である。

(1) のり切りオープンカット工法

掘削を行う土質の安定勾配を利用して掘削斜面を残し，崩壊を防ぎながら掘削する工法で，山留め工は行わない。一般に工事費が安く，掘削時の障害物がないので比較的大型の機械が使用でき，施工が容易である。

掘削方法及び掘削機械の選定は，土質，掘削深さ，掘削面積，地下水位，排水方法，掘削土の処理方法等を考慮して決定される。斜面部分に構造物基礎を作る場合には，作業用道路の取付けが困難な場合が多く，建設機械の運搬，土砂の搬出方法が最も問題となる。

基礎底面の掘削は狭い場所での作業となるので，小型ブルドーザや小型バックホウ等が使用されることが多い。湧水等により底面が軟弱なところでは湿地型の機種を使用すると同時に，釜揚を設けて排水に心掛け，できるだけドライに近い状態で作業できるようにすることが必要である。

砂質土で地下水位が高く，掘削規模が大きい場合には，ウェルポイント工法等を用いて周辺の地下水を下げ，ドライな状態で掘削するのが有利な場合が多い。詳細については，「道路土工－軟弱地盤対策工指針」を参照されたい。

岩盤の場合は，ブレーカ，発破等により破砕した後，集積搬出する。

(2) 山留めオープンカット工法

掘削区域周辺に十分な用地がない場合に，支保工（切ばり，腹越し），矢板等で掘削周囲の土圧を押さえながら掘削する工法である。

山留め工を施工して構造物の基礎を掘削する場合，掘削深さを切ばりの深さに合わせて掘削し，掘り過ぎないように注意する。地表から掘削する場合，地上の建設機械は土留め壁から少なくとも1m以上離れて作業を行い，また土留め杭等の変形や崩壊には十分注意する。通常，切ばり1段目までの掘削はバックホウが使用されることが多く，2段目からはクラムシェルの効率がよい。

フーチングのための箱掘りが連続するような基礎を機械掘削する場合，山留め工を施工して個々の箱掘りを行うより，掘削土量が増えても連続したのり切りオープンカット工法を採用した方が施工が容易で工程も早くなり，経済的になる場合もある。詳細については，「道路土工－仮設構造物工指針」を参照されたい。

(3) 水路，水面下等の掘削

水路や水面下等の掘削作業では，できる限り水替えを行いドライにして作業を行うことが望ましい。付近に水田等がある場合には農閑期に行うとよい。一般に水路等の掘削は小規模な場合が多く，小型のバックホウやクラムシェルを使用するとよい。

付録5. 労働安全衛生規則（抄）

（昭和47年9月30日　労働省令第32号）

　労働安全衛生法（昭和47年法律第57号）及び労働安全衛生法施行令（昭和47年政令318号）の規定にもとづく労働安全衛生規則。

（掘削面のこう配の基準）

第356条　事業者は，手掘り（パワー・ショベル，トラクター・ショベル等の掘削機械を用いないで行う掘削の方法をいう。以下次条において同じ。）により地山（崩壊または岩石の落下の原因となる亀裂がない岩盤からなる地山，砂からなる地山及び発破等により崩壊しやすい状態になっている地山を除く。以下この条において同じ。）の掘削の作業を行うときは，掘削面（掘削面に奥行きが2m以上の水平な段があるときは，当該段により区切られるそれぞれの掘削面をいう。以下同じ。）の勾配を，次の表の左欄に掲げる地山の種類及び同表の中欄に掲げる掘削面の高さに応じ，それぞれ同表の右側に掲げる値以下としなければならない。

地山の種類	掘削面の高さ （単位・m）	掘削面の勾配 （単位・度）
岩盤または堅い粘土からなる地山	5未満 5以上	90 75
その他の地山	2未満 2以上5未満 5以上	90 75 60

2　前項の場合において，掘削面に傾斜の異なる部分があるため，その勾配が算定できないときは，当該掘削面について，同項の基準に従い，それよりも崩壊の危険が大きくないように当該各部分の傾斜を保持しなければならない。

第357条　事業者は，手掘りにより砂からなる地山または発破等により崩壊しやすい状態になっている地山の掘削の作業を行なうときは，次に定めるところによらなければならない。

　1.　砂からなる地山にあっては，掘削勾配を35°以下とし，または掘削面の高

2. 発破等により崩壊しやすい状態になっている地山にあっては，掘削面の勾配を 45°以下とし，または掘削面の高さを 2 m 未満とすること。
2　前条第 2 項の規定は，前項の地山の掘削面に傾斜の異なる部分があるため，その勾配が算定できない場合について，準用する。

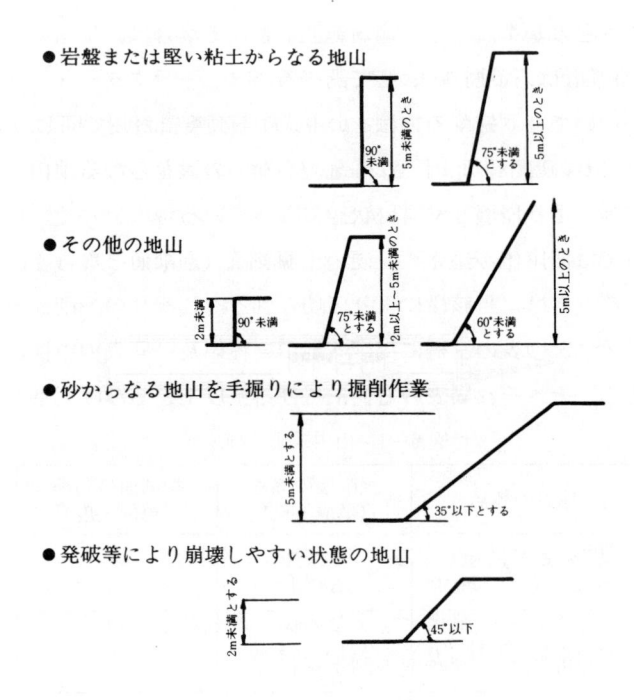

● 岩盤または堅い粘土からなる地山

● その他の地山

● 砂からなる地山を手掘りにより掘削作業

● 発破等により崩壊しやすい状態の地山

付図 5-1　地山の掘削面と勾配（切取工事の安全より）

付録6．植生工のための測定と試験

6－1　土壌硬度

　施工前にのり面の土壌硬度を測定し，それらが設計図書に示された植生工の適用範囲にあるかどうかを調べる。適用範囲外となる場合は，工法の変更等を検討する。その他，凹凸の程度もあわせて調べる。

　一般に土壌の硬さを測定するには，山中式土壌硬度計が用いられる（**付図6－1**参照）。山中式土壌硬度計は，長さ20cm，径3cmの大きさの試験器で，先端の円錘体を土中に挿し込み，その時の抵抗をバネの縮む長さによって測るものである。軟らかい土壌では測定値が小さく，硬い土壌では大きな値となる。

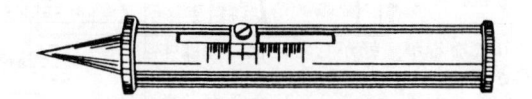

付図6－1　山中式土壌硬度計

6－2　土壌酸度

　泥岩，頁岩及びそれらの風化土，また火山・温泉地帯等では，施工前に土質の変化により適当な間隔で土壌酸度の測定を行う。

　測定用の試料は，のり表面の空気にさらされたものと，のり表面下10cmのものを採取する。土壌酸度は，H_2O法でそれぞれのpHを測定し，そのpHの差が1以上の場合には，採取した試料を1週間程度空気にさらして再度測定する。酸度の低下がみられる場合には，H_2O_2法によりpH測定を行い，pH4以下の場合は酸度矯正等の対策を検討する。

　H_2O法による土壌酸度試験は，以下の手順で行う。

(1)　土壌酸度は，土質別に試料を採取し，ガラス電極式pH計で測定する。
(2)　試料20gに蒸留水を50cc加えて懸濁液を作り，上澄液を取りpHを測定する。

1つの試料について2回測定し，その差が0.2以内の場合には，両者の平均値をその試料の値とする。差が0.3以上の場合には，改めて試料を採取し再測定を行う。

6-3 土性（国際法）

土性（国際法）とは，礫（径2mm以上）を除いた細土の粒径組成，すなわち，砂，シルト，及び粘土の割合により分類するものであるが，同時に，礫の含有率も調査するとよい。土性区分には，このほかに，日本農学会法や土木分野で用いられるJISによる方法があり，それぞれ粒径区分の方法が異なる。

土性	基準	紐状にした場合の試料の形状
砂土	転がしても粒状のままで固まらない。	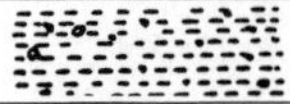
砂壌土	多少固まりになるが，転がして紐状に伸ばすことができない。 転がして伸すと太紐（＞3mm）になるが，さらに細くしようとすると切れてしまう。	
壌土	転がして伸すと紐（3mm）になるが、さらに伸したり，曲げたりすると切れてしまう。	
埴壌土	転がして伸すと細い紐（＜3mm）になるが，さらに伸したり曲げたりすると切れてしまう。	
埴土	転がして伸すと細い紐（＜3mm）になり，曲げるときれいに輪になる。	

付図6-2　日本農学会法による土性判定[1]

土性判定は，室内での篩い分け試験及び沈降試験による粒径分析に基づいて行う。室内試験には原土500g程度が必要である。

土性は土壌の保水性や通気性，透水性等の物理的性質を総合的に把握する指標として重要であり，特に，保水性に関しては，シルト分が多くなるほど有効水分が増加することが知られている。なお，礫は保水性や保肥力等の機能を有しない

ので，礫含有率はなるべく小さいことが望ましい。含有率40%以下であれば保水性の低下等の問題が生じにくい。

なお，日本農学会法については現場での指頭法による簡易な方法があるので，その方法及び判定基準を**付図6-2**に示す。この場合，壌土または砂壌土に分類される土壌であればよい。

6-4 発芽試験

種子は，発芽試験を行ったものを用いる。**表8-5**の発芽率と著しく異なるもの（誤差±30%を目安とする）は，取り換えるか，増量または減量して施工する。

草本類の種子の発芽試験は，以下の手順で行うのが一般である。

(1) 清潔なシャーレの底一面に密着するように，ろ紙2枚を敷き，その上に種子を並べ水で浸す。
(2) 通常，定温の場合20〜25℃，変温の場合18〜28℃で行う。
(3) 毎日，正常な幼芽の発生した種子を数えて取り除き，28日（外来草本類については14日）でしめきり，発芽率を算定する。
(4) シャーレの中が乾かないように水を補給する。
(5) 試験は，各種子について3組以上行い，平均値をその種子の発芽率とする。

参考文献
1) （社）日本道路協会：道路緑化技術基準・同解説，1988.

付録7　のり面緑化工の施工及びのり面の植生管理のための調査票

のり面緑化工の設計及び施工のための調査や，施工後の植生の追跡調査は，次の調査票（**付表7-2**）を用いて行うと良い。施工前の周辺環境調査やのり面条件の調査には，様式1～3とその副票を用いる。施工後の植生の追跡調査には，様式4とその副票を用いる。

様式4の被度の項目は，優占度階級（**付表 7-1** 参照）や百分率被度等で記載する。特殊な優占度階級を使用する場合には，後の解析のためにどのような尺度を利用したか記入しておく。

調査票は整理・保存しておき，植生が成立した後の植生管理を検討する際に参考にできるようにしておく。スキャニング等により電子データ化するなどして，データの使用，共有，保存がしやすいように工夫すると良い。

付表7-1　優占度階級の例（文献1に一部加筆）

優占度階級	百分率被度の範囲
5	75～100%
4	50～75%
3	25～50%
2	10～25%
1	1～10%
+	～1%

参考文献
1)　森林立地調査法編集委員会編：森林立地調査法，博友社，275pp，1999．

付表 7-2　植生管理のための調査票（周辺環境調査票①）

● 周辺環境調査票(様式 1)

（整理No.　　　　　　　　　　　　　）

調査地No.		調査日	調査者
所在地	地内	年　月　日	
工事名	工事	周辺土地利用状態	

地形	地形区分（山地・丘陵地・台地・段丘・低地・平地） 斜面位置（尾根・中腹・山裾） 起伏状態（大・中・小） 傾斜（平均傾斜角度　　　°）	地質分類	未固結堆積物 半固結～固結堆積物 火山岩類 深成岩類 変成岩類	生成年代	
				地質名	

気象	最寄観測所	緯度(N) °	経度(E)	標高 m

月	1	2	3	4	5	6	7	8	9	10	11	12	年降水量・平均気温
降水量mm													
平均気温℃													
最高気温℃													
最低気温℃													
温量指数													

（特記事項）
積雪深　　　cm　　堆積期間　　　日　　凍結深　　　cm
陽当り（陽・中・陰）　風当り（強・中・弱）

周辺植生	森林帯（亜寒帯・冷温帯　暖温帯・亜熱帯） 林相（天然林・二次林・人工林・低木林・草原） 林種（針葉樹・落葉広葉樹・針広混交林・常緑広葉樹林・竹林・その他） 群落名（　　　　　　　　　　　） 周辺植生断面図

付表7-2 植生管理のための調査票（周辺環境調査票②）

●周辺環境調査票(様式 2)

調査日	年 月 日			（整理No. ）	
近隣既施工地ののり面	のり面形状	勾配　　1： 小段間直高　　　　　m 小段間のり長　　　　m 備考	のり面状態	標高　　　　　　　m のり面方位 風当たり(強・中・弱) 陽当たり(陽・中・陰)) 湧水状態(有・無) 備考	
	適用工種・工法 (t=　cm)			施工年月日	年　月　日
				施工後年ヶ月	年　ヶ月
	植物の優占種			全体被覆率	％
	(植物の生育状態に関するコメント)		(周辺環境との調和などに関するコメント)		
位置図					

付表 7-2 植生管理のための調査票（周辺環境写真副票②-1）

周辺土地利用状態

周辺植生

付表7-2 植生管理のための調査票（周辺環境写真副票②-2）

●周辺環境写真(副票2-2)

調査日　　年　　月　　日	（整理No.　　　　　　　　）

近隣の既施工地のり面の状態

付表7－2　植生管理のための調査票（のり面条件調査票③-1）

●のり面条件調査票(様式 3-1)

（整理No.　　　　　　　　　）

調査地No.	所在地		調査日		
		地内	年	月	日
	工事名		調査者		
		工事			

標高	のり面方位	風当たり・日当たり	段数	勾配	平均のり長	湧水状態
m		強・中・弱 陽・中・陰	(上・下)から 段目	1:	m	有・無

土砂・岩盤 区分

土砂	岩盤
レキ質土, 砂質土, 粘性土, その他(　　　　)	軟岩(Ⅰ・Ⅱ), 中硬岩, 硬岩, その他(　　　　)

土壌硬度					割れ目状態(クラック間隔)			
測定箇所	第1回	第2回	第3回	平均	Ⅰ	5cm以内		流れ盤
A-1	mm	mm	mm		Ⅱ	5～15cm未満		受け盤
A-2					Ⅲ	15～50cm未満		その他
A-3					Ⅳ	50cm以上		
A-4								
A-5							規則性 (規則・不規則) 連続性 (連続・不連続)	
A-6								
A-7								
A-8								
A-9								
A-10								

土壌酸度pH(H_2O法)					のり面の凹凸				
測定箇所	第1回	第2回	平均	備考	測定間隔	C-1	C-2	C-3	備考
B-1					+20	cm	cm	cm	
B-2					+40				
B-3					+60				
B-4					+80				
B-5					+100				
B-6					+120				
B-7					+140				
B-8					+160				
B-9					+180				
B-10					+200				
					最大				

緑化目標*

* 緑化目標は, 後に周辺の土地利用状況や自然環境の調査結果および, 以後の維持管理の面からも検討した上で決定する。

付表7-2 植生管理のための調査票(のり面条件調査票③-2)

●のり面条件図(様式 3-2)

調査日　　年　　月　　日　　　　　　　　　　(整理No.　　　　　　　　)

様式-3の調査項目の測定位置の他,湧水やクラックの位置など気づいた点を記入

展開図

標準断面図

付表7-2 植生管理のための調査票(のり面条件調査写真副票③-1)

●のり面条件調査写真(副票3-1)

調査日　　　年　　月　　日　　　　　　　　　　(整理No.　　　　　　　　　)

のり面全景

のり面状態(湧水,その他)

付表7－2　植生管理のための調査票（のり面条件調査写真副票③-2）

●のり面条件調査写真(副票3-2)

調査日　　年　　月　　日　　　　　　　　　　　（整理No.　　　　　　　　　　　）

岩盤の割れ目の状態

のり面の凹凸状態

付表7－2　植生管理のための調査票（のり面条件調査写真副票③-3）

●のり面条件調査写真(副票3-3)

調査日　　　年　　月　　日　　　　　　　　　（整理No.　　　　　　　　　　）

土壌硬度測定

土壌酸度測定

付表7-2　植生管理のための調査票（植生追跡調査票④-1）

●植生追跡調査票(様式　4-1)

（整理No.　　　　　　　　　）

調査地No.		所在地	
			地内
工事名		工法名	
工事			(t=　　cm)

緑化目標

のり面勾配		のり面方位			
導入種・導入形態				風当たり	陽・中・陰
				日照	強・中・弱
調査日				施工年月日	
	年　　　月　　　日			年　　　月	
調査者				施工後年ヶ月	
				年　　　ヶ月	

調査項目

土壌(基材)硬度指数(mm)	1ヶ所目	2ヶ所目	3ヶ所目	4ヶ所目	5ヶ所目	土壌(基材)硬度指数平均値(mm)
	6ヶ所目	7ヶ所目	8ヶ所目	9ヶ所目	10ヶ所目	

群落高		m	全体被覆率			%	

導入種	種類	被度	樹高・草丈(cm)				個体数 /(　×　㎡)	個体数 /㎡
			1	2	3	平均		

(植生の成立状態・導入植物の生育，侵入植物の有無および生育や今後必要なの維持管理などに関するコメント)

(生育基盤の浸食，流亡，地山の状態などに関するコメント)

※施工後年数が経過している場合や侵入種が多い場合，森林表土利用工，自然侵入促進工の施工地では様式4-2も使用して調査を行う。

付表 7-2 植生管理のための調査票（植生追跡調査票④-2）

● 植生追跡調査票(様式 4-2)

（整理No.　　　　　　　　　　）

調査地No.・コドラートNo.	調査面積 m × m	調査日 年 月 日	調査者

導入種および侵入種			
階層	優占種	群落高（m）	植被率（%）
Ⅰ 高木層		m	%
Ⅱ 亜高木層		m	%
Ⅲ 低木層		m	%
Ⅳ 草本層		m	%
		植物による全体の被覆率	%

階層	出現種	被度	最高樹高・草丈(cm)	階層	出現種	被度	最高樹高・草丈(cm)
		総出現種数				種	

付表 7-2 植生管理のための調査票（植生追跡調査写真副票④-1）

●植生追跡調査写真（副票4-1）

調査日　　年　　月　　日　　　　　　　　（整理No.　　　　　　　　）

全景写真

調査区画の写真（区画の大きさ：　　　×　　　）

付録8. 環境・景観を考慮したのり面工計画事例
－鬼首道路の環境保全対策について－

8-1　はじめに

　一般国道 108 号は，宮城県石巻市から，古川市，湯沢市，横手市を経て秋田県本荘市（現：由利本庄市）を連絡する最短経由路となる路線であり，宮城県と秋田県の産業・経済・文化交流にとって重要な横断道路となっている。鬼首道路は，この国道 108 号の中で両県の境界に位置する奥羽山脈の鬼首峠を挟む区間にあたり，沿道は急峻な山岳地形になっている（**付図8-1**）。

付図8-1

　当該区間は，栗駒国定公園区域内を通過することから良好な自然が保全されており，区間の前後には温泉郷等もあって観光資源に恵まれており観光道路としての役割も担っている（**付図8-2**）。

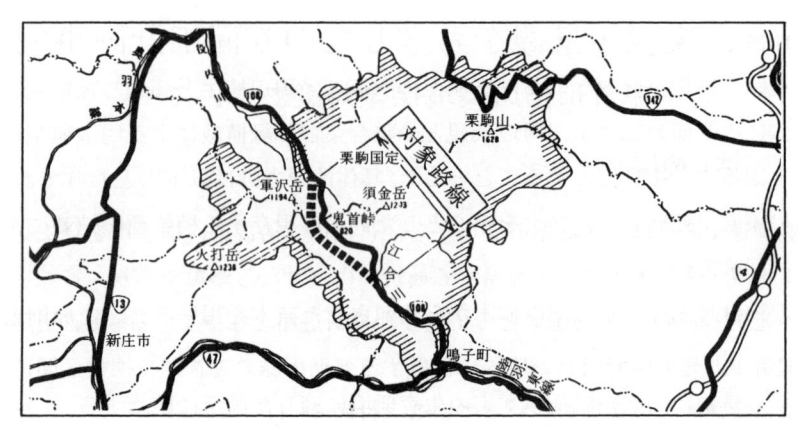

付図8-2

8-2 のり面の緑化計画

(1) 鬼首道路の環境保全対策の基本方針

　鬼首道路はその全線が，栗駒国定公園の区域内にあり，その大部分は第3種特別地域を通過している。国定公園は，日本を代表する傑出した自然風景地として指定される国立公園に準ずる風景地であり，周辺の山や渓流が主な景観要素である。環境庁の「第3回自然環境保全基礎調査」（昭和58～62年）では，自然環境資源の調査が行われている。

　また，環境庁の「第2回，第3回自然環境保全基礎調査」では，当該区域の植生は，ブナクラス域自然植生が大部分を占めており，この植生を主とした周辺環境との調和のとれた保全対策を講じることを基本方針として実施することとした。

(2) 鬼首道路の緑化整備方針

（ⅰ）植物の保護・保全

　鬼首道路の緑化整備方針における植物の保護・保全は，可能な限り現況の環境を維持・継続できる道路構造を採用するとともに，工事中及び供用中の貴重種の採掘や損傷の防止や林縁植栽の形成による現存植生の保全対策を講じること

とした。

(ⅱ) 植生の回復

鬼首道路の緑化整備方針における植生の回復は，周辺植生と調和した植生の回復とともにのり面の安定化，周辺景観との整合及び林縁植栽による周辺植生環境の保全を図ることを目的とすることとした。具体的な方針は以下のとおりである。

・事前の調査で把握されたブナを中心とした周辺に現存する植物種の植栽によって植生の回復を行う。

・植栽樹種は可能な限り現地の樹木から繁殖させた苗木を用いることを原則とする。

・使用する植物は，その樹種の本来の生育環境に適した箇所に植栽する。

・林縁には低木類（現況種）を植栽し，林内の環境変化の軽減に努める。

・周辺の植生のうち，植林された樹種（スギ，カラマツ）は，植栽対象樹木としない。

・切土には一次植栽で種子吹付工を行い，二次植栽で樹木の植栽を行う。

・路側には，道路景観及び道路防災・除雪の観点から樹高3m未満となる樹木を使用する。

付写真8-1　鬼首道路

執筆者（五十音順）

秋山　一弥	嶋津　晃臣
石井　靖雄	千田　容嗣
泉澤　大樹	冨田　陽子
上野　将司	西本　　聡
大内　公安	細木　大輔
加藤　俊二	松江　正彦
倉橋　稔幸	三木　博史

道路土工－切土工・斜面安定工指針（平成21年度版）

平成21年6月30日　初　版　第1刷発行
令和7年2月28日　　　　　第15刷発行

編　集　公益社団法人　日本道路協会
発行所　東京都千代田区霞が関3－3－1

印刷所　大和企画印刷株式会社
発売所　丸善出版株式会社
　　　　東京都千代田区神田神保町2－17

本書の無断転載を禁じます。

ISBN978-4-88950-415-6　　C2051

日本道路協会出版図書案内

【電子版】　　　　　　　　※消費税10%を含む（日本道路協会発売）

図　書　名	定価(円)
道路橋示方書・同解説Ⅰ共通編（平成29年11月）	1,980
道路橋示方書・同解説Ⅱ鋼橋・鋼部材編（平成29年11月）	5,940
道路橋示方書・同解説Ⅲコンクリート橋・コンクリート部材編（平成29年11月）	3,960
道路橋示方書・同解説Ⅳ下部構造編（平成29年11月）	4,950
道路橋示方書・同解説Ⅴ耐震設計編（平成29年11月）	2,970
道路構造令の解説と運用（令和3年3月）	8,415
附属物（標識・照明）点検必携（平成29年7月）	1,980
舗装設計施工指針（平成18年2月）	4,950
舗装施工便覧（平成18年2月）	4,950
舗装設計便覧（平成18年2月）	4,950
舗装点検必携（平成29年4月）	2,475
道路土工要綱（平成21年6月）	6,930
道路橋示方書（平成24年3月）Ⅰ～Ⅴ（合冊版）	14,685
道路橋示方書・同解説（平成29年11月）（Ⅰ～Ⅴ）5冊＋道路橋示方書講習会資料集のセット	23,870
道路橋点検必携～橋梁点検に関する参考資料～（令和6年12月）	3,410

購入時，最新バージョンをご提供．その後は自動でバージョンアップされます．

上記電子版図書のご購入はこちらから
https://e-book.road.or.jp/

最新の更新内容をご案内いたしますのでトップページ最下段からメルマガ登録をお願いいたします．

日本道路協会出版図書案内

【紙版】　　　　　　　　　　　　　　※消費税10%を含む（丸善出版発売）

図　書　名	ページ	定価(円)	発行年
交通工学			
クロソイドポケットブック（改訂版）	369	3,300	S49. 8
自転車道等の設計基準解説	73	1,320	S49.10
立体横断施設技術基準・同解説	98	2,090	S54. 1
道路照明施設設置基準・同解説（改訂版）	240	5,500	H19.10
附属物（標識・照明）点検必携 ～標識・照明施設の点検に関する参考資料～	212	2,200	H29. 7
視線誘導標設置基準・同解説	74	2,310	S59.10
道路緑化技術基準・同解説	82	6,600	H28. 3
道路の交通容量	169	2,970	S59. 9
道路反射鏡設置指針	74	1,650	S55.12
視覚障害者誘導用ブロック設置指針・同解説	48	1,100	S60. 9
駐車場設計・施工指針同解説	289	8,470	H 4.11
道路構造令の解説と運用（改訂版）	742	9,350	R 3. 3
防護柵の設置基準・同解説（改訂版） ボラードの設置便覧	246	3,850	R 3. 3
車両用防護柵標準仕様・同解説（改訂版）	164	2,200	H16. 3
路上自転車・自動二輪車等駐車場設置指針 同解説	74	1,320	H19. 1
自転車利用環境整備のためのキーポイント	140	3,080	H25. 6
道路政策の変遷	668	2,200	H30. 3
地域ニーズに応じた道路構造基準等の取組事例集（増補改訂版）	214	3,300	H29. 3
道路標識設置基準・同解説（令和2年6月版）	413	7,150	R 2. 6
道路標識構造便覧（令和2年6月版）	389	7,150	R 2. 6
橋梁			
道路橋示方書・同解説（Ⅰ共通編）（平成29年版）	196	2,200	H29.11
〃（Ⅱ鋼橋・鋼部材編）（平成29年版）	700	6,600	H29.11
〃（Ⅲコンクリート橋・コンクリート部材編）（平成29年版）	404	4,400	H29.11
〃（Ⅳ下部構造編）（平成29年版）	572	5,500	H29.11
〃（Ⅴ耐震設計編）（平成29年版）	302	3,300	H29.11
平成29年道路橋示方書に基づく道路橋の設計計算例	564	2,200	H30. 6
道路橋支承便覧（平成30年版）	592	9,350	H31. 2
プレキャストブロック工法によるプレストレスト コンクリートTげた道路橋設計施工指針	81	2,090	H 4.10
小規模吊橋指針・同解説	161	4,620	S59. 4

日本道路協会出版図書案内

【紙版】　　　　　　　　　　　※消費税10%を含む（丸善出版発売）

図　書　名	ページ	定価(円)	発行年
道路橋耐風設計便覧（平成19年改訂版）	300	7,700	H20. 1
鋼道路橋設計便覧	652	7,700	R 2.10
鋼道路橋疲労設計便覧	330	3,850	R 2. 9
鋼道路橋施工便覧	694	8,250	R 2. 9
コンクリート道路橋設計便覧	496	8,800	R 2. 9
コンクリート道路橋施工便覧	522	8,800	R 2. 9
杭基礎設計便覧（令和2年度改訂版）	489	7,700	R 2. 9
杭基礎施工便覧（令和2年度改訂版）	348	6,600	R 2. 9
道路橋の耐震設計に関する資料	472	2,200	H 9. 3
既設道路橋の耐震補強に関する参考資料	199	2,200	H 9. 9
鋼管矢板基礎設計施工便覧（令和4年度改訂版）	407	8,580	R 5. 2
道路橋の耐震設計に関する資料（PCラーメン橋・RCアーチ橋・PC斜張橋等の耐震設計計算例）	440	3,300	H10. 1
既設道路橋基礎の補強に関する参考資料	248	3,300	H12. 2
鋼道路橋塗装・防食便覧資料集	132	3,080	H22. 9
道路橋床版防水便覧	240	5,500	H19. 3
道路橋補修・補強事例集（2012年版）	296	5,500	H24. 3
斜面上の深礎基礎設計施工便覧	336	6,050	R 3.10
鋼道路橋防食便覧	592	8,250	H26. 3
道路橋点検必携～橋梁点検に関する参考資料～	719	3,850	R 6.12
道路橋示方書・同解説Ⅴ耐震設計編に関する参考資料	305	4,950	H27. 4
道路橋ケーブル構造便覧	462	7,700	R 3.11
道路橋示方書講習会資料集	404	8,140	R 5. 3
舗　装			
アスファルト舗装工事共通仕様書解説（改訂版）	216	4,180	H 4.12
アスファルト混合所便覧（平成8年版）	162	2,860	H 8.10
舗装の構造に関する技術基準・同解説	104	3,300	H13. 9
舗装再生便覧（令和6年版）	342	6,270	R 6. 3
舗装性能評価法（平成25年版）―必須および主要な性能指標編―	130	3,080	H25. 4
舗装性能評価法別冊―必要に応じ定める性能指標の評価法編―	188	3,850	H20. 3
舗装設計施工指針（平成18年版）	345	5,500	H18. 2
舗装施工便覧（平成18年版）	374	5,500	H18. 2

日本道路協会出版図書案内

【紙版】　　　　　　　　　　　※消費税10%を含む　(丸善出版発売)

図書名	ページ	定価(円)	発行年
舗装設計便覧	316	5,500	H18. 2
透水性舗装ガイドブック2007	76	1,650	H19. 3
コンクリート舗装に関する技術資料	70	1,650	H21. 8
コンクリート舗装ガイドブック2016	348	6,600	H28. 3
舗装の維持修繕ガイドブック2013	250	5,500	H25.11
舗装の環境負荷低減に関する算定ガイドブック	150	3,300	H26. 1
舗装点検必携	228	2,750	H29. 4
舗装点検要領に基づく舗装マネジメント指針	166	4,400	H30. 9
舗装調査・試験法便覧（全4分冊）（平成31年版）	1,929	27,500	H31. 3
舗装の長期保証制度に関するガイドブック	100	3,300	R 3. 3
アスファルト舗装の詳細調査・修繕設計便覧	250	6,490	R 5. 3
道路土工			
道路土工構造物技術基準・同解説	100	4,400	H29. 3
道路土工構造物点検必携（令和5年度版）	243	3,300	R 6. 3
道路土工要綱（平成21年度版）	450	7,700	H21. 6
道路土工－切土工・斜面安定工指針（平成21年度版）	570	8,250	H21. 6
道路土工－カルバート工指針（平成21年度版）	350	6,050	H22. 3
道路土工－盛土工指針（平成22年度版）	328	5,500	H22. 4
道路土工－擁壁工指針（平成24年度版）	350	5,500	H24. 7
道路土工－軟弱地盤対策工指針（平成24年度版）	400	7,150	H24. 8
道路土工－仮設構造物工指針	378	6,380	H11. 3
落石対策便覧	414	6,600	H29.12
共同溝設計指針	196	3,520	S61. 3
道路防雪便覧	383	10,670	H 2. 5
落石対策便覧に関する参考資料－落石シミュレーション手法の調査研究資料－	448	6,380	H14. 4
道路土工の基礎知識と最新技術（令和5年度版）	208	4,400	R 6. 3
トンネル			
道路トンネル観察・計測指針(平成21年改訂版)	290	6,600	H21. 2
道路トンネル維持管理便覧【本体工編】（令和2年版）	520	7,700	R 2. 8
道路トンネル維持管理便覧【付属施設編】	338	7,700	H28.11
道路トンネル安全施工技術指針	457	7,260	H 8.10
道路トンネル技術基準（換気編）・同解説（平成20年改訂版）	280	6,600	H20.10

日本道路協会出版図書案内

【紙版】　　　　　　　　　　　※消費税10％を含む（丸善出版発売）

図　書　名	ページ	定価(円)	発行年
道路トンネル技術基準（構造編）・同解説	322	6,270	H15.11
シールドトンネル設計・施工指針	426	7,700	H21. 2
道路トンネル非常用施設設置基準・同解説	140	5,500	R 1. 9
道路震災対策			
道路震災対策便覧（震前対策編）平成18年度版	388	6,380	H18. 9
道路震災対策便覧（震災復旧編）（令和4年度改定版）	545	9,570	R 5. 3
道路震災対策便覧（震災危機管理編）（令和元年7月版）	326	5,500	R 1. 8
道路維持修繕			
道路の維持管理	104	2,750	H30. 3
英語版			
道路橋示方書（Ⅰ共通編）〔2012年版〕（英語版）	160	3,300	H27. 1
道路橋示方書（Ⅱ鋼橋編）〔2012年版〕（英語版）	436	7,700	H29. 1
道路橋示方書（Ⅲコンクリート橋編）〔2012年版〕（英語版）	340	6,600	H26.12
道路橋示方書（Ⅳ下部構造編）〔2012年版〕（英語版）	586	8,800	H29. 7
道路橋示方書（Ⅴ耐震設計編）〔2012年版〕（英語版）	378	7,700	H28.11
舗装の維持修繕ガイドブック2013（英語版）	306	7,150	H29. 4
アスファルト舗装要綱（英語版）	232	7,150	H31. 3

紙版図書の申し込みは、丸善出版株式会社書籍営業部に電話またはFAXにてお願いいたします。
〒101-0051 東京都千代田区神田神保町2-17　TEL(03)3512-3256　FAX(03)3512-3270

なお日本道路協会ホームページからもお申し込みいただけますのでご案内いたします。
・日本道路協会ホームページ　https://www.road.or.jp　出版図書 → 図書名 → 購入

また、上記のほか次の丸善雄松堂(株)においても承っております。

〒160-0002　東京都新宿区四谷坂町10-10
丸善雄松堂株式会社　学術情報ソリューション事業部
法人営業統括部　カスタマーグループ
TEL:03-6367-6094　FAX:03-6367-6192　Email:6gtokyo@maruzen.co.jp

※なお、最寄りの書店からもお取り寄せできます。